1, 2, 3 그리고 무한

ONE TWO THREE...
INFINITY
by George Gamow

Copyright ⓒ 2004 by George Gamow • All rights reserved.
• Korean translation copyright ⓒ 2012 by Gimm-Young Publishers, Inc. • Korean translation rights arranged with Estate of George Gamow through EYA co., Ltd.

1, 2, 3 그리고 무한

지은이 조지 가모프
옮긴이 김혜원
1판 1쇄 발행 2012. 4. 16.
1판 5쇄 발행 2025. 4. 23.

발행처_ 김영사 • **발행인**_ 박강휘 • **등록번호**_ 제406-2003-036호 • 등록일자_ 1979. 5. 17. • **주소**_ 경기도 파주시 문발로 197(문발동) 우편번호 10881 • **전화**_ 마케팅부 031)955-3100, 편집부 031)955-3200 • **팩시밀리**_ 031)955-3111 • 이 책의 한국어판 저작권은 (주)이와이에이를 통한 저작권사와의 독점 계약으로 김영사에 있습니다. • 저작권법에 의해 한국 내에서 보호를 받는 저작물이므로 무단전재와 무단복제를 금합니다.

값은 뒤표지에 있습니다. ISBN 978-89-349-5688-4 03440, 978-89-349-5063-9(세트) • 독자의견 전화_ 031)955-3200 • 홈페이지_ www.gimmyoung.com • 이메일_ bestbook@gimmyoung.com • 좋은 독자가 좋은 책을 만듭니다. • 김영사는 독자 여러분의 의견에 항상 귀 기울이고 있습니다.

1, 2, 3 그리고 무한

ONE TWO
THREE...
INFINITY
*Facts and Speculations
at Science*

조지 가모프 지음 | 김혜원 옮김 | 곽영직 해제

김영사

Contents

해제 • 6
개정판 서문 • 18
초판 서문 • 20

1부 숫자 놀이

1 큰 수
얼마나 큰 수까지 셀 수 있을까? • 27 | 무한대는 어떻게 셀까? • 42

2 자연수와 인공수
가장 순수한 수학 • 57 | 불가사의한 $\sqrt{-1}$ • 67

2부 공간, 시간 그리고 아인슈타인

3 공간의 이상한 성질들
차원과 좌표 • 81 | 측정치가 없는 기하학 • 84 | 공간 뒤집기 • 96

4 4차원의 세계
시간이 네 번째 차원이다 • 113 | 시간-공간 등가 • 124 | 4차원의 거리 • 131

5 공간과 시간의 상대성
공간을 시간으로 시간을 공간으로 바꾸기 • 141 | 에테르 바람, 그리고 시리우스 여행 • 147 | 휘어진 공간, 그리고 중력의 수수께끼 • 165 | 닫힌 공간과 열린 공간 • 174

3부 미시우주

6 계단 내려가기 그리스인의 생각 · 181 | 원자는 얼마나 클까? · 188 | 분자 빔 · 192 | 원자의 사진 · 195 | 원자의 해부 · 199 | 마이크로 역학과 불확정성의 원리 · 211

7 현대의 연금술 기본 입자들 · 225 | 원자의 중심부 · 243 | 원자 파괴 · 258 | 핵공학 · 272

8 무질서의 법칙 열적 무질서 · 289 | 무질서한 운동을 어떻게 묘사할 수 있을까? · 297 | 확률 계산 · 307 | '불가사의한' 엔트로피 · 327 | 통계적 요동 · 334

9 생명의 수수께끼 우리는 세포로 이루어져 있다 · 341 | 형질유전과 유전자 · 358 | '살아 있는 분자'로서의 유전자 · 369

4부 거시우주

10 팽창하는 지평선 지구와 그 이웃 · 389 | 별들의 은하 · 400 | 미지 세계의 한계를 향해서 · 414

11 창조의 시대 행성의 탄생 · 427 | 별의 사생활 · 447 | 초기의 혼돈과 팽창하는 우주 · 462

찾아보기 · 473

해제

현대물리학을 조감하다

곽영직 (수원대학교 물리학과 교수)

1, 2, 3 그리고 무한

 조지 가모프가 쓴 《1, 2, 3 그리고 무한》은 1948년에 초판이 출판되고 1961년에 개정판이 출판된 책이다. 이 책의 초판과 개정판의 출판연도를 확인한 사람들이라면 누구나 요즘처럼 세상이 빠르게 변하고 과학이 놀랍게 발전하는 시대에 왜 50년 전에 출판된 책을 번역하여 출판할까 하는 의문을 가지게 될 것이다. 이 책을 읽으면 이런 의문이 자연히 풀리게 되겠지만 이제는 고전이라고 해도 좋을 이 책을 읽어야 할지를 망설이는 독자들에게는 이 책을 쓴 조지 가모프가 어떤 사람이고 그리고 그가 쓴 이 책이 어떤 내용을 다루고 있는지를 소개한다면 책을 선택하는데 큰 도움이 될 것이다.
 이 책을 쓴 조지 가모프는 과거에 소련의 일부였고 현재는 독립국가인 우크라이나의 오데사에서 1904년에 태어났다. 가모프는 오데사에 있는 노보로시아 대학에 진학하여 물리학을 공부하기 시작했고, 스무 살이 되던 1923년에 레닌그라드 대학으로 갔다. 레닌그라드 대학에서 원자핵 물리학을 공부한 후에는 독일의 괴팅겐 대학, 덴마크 코펜하겐에 있는 이론물리 연구소, 영국 케임브리지 대학의 캐번디시 연구소 등에서 보어, 하이젠베르크, 러더퍼드 등과 같이 연구하고 원자핵의 알파 붕괴를 설명하는 이론을 발표하여 세계적으로 주목 받는 물리학자가 되었다. 소련의 신문들은 가모프의 연구 성과를 크게 보도하고, 소련에서도 서유럽의 유명한 과학자들과 어깨를 나란히 할 수 있는 과학자가 나왔다고 크게 선전했다.

그러나 가모프는 소련에서의 생활을 싫어했다. 당시 소련에서는 과학 활동에도 정치적 제약이 심했다. 어떤 이론이 과학적으로 옳은가 하는 것보다는 그 이론이 공산주의 사상과 맞는지를 더욱 중요하게 생각했다. 따라서 때로는 이미 다른 나라에서는 과학적으로 사실이 아니라고 밝혀진 것도 사실로 받아들여야 했고, 어떤 때는 사실이라고 검증된 것도 받아들이지 말아야 했다. 그는 과학적으로 사실이냐 아니냐 하는 것은 과학적 실험이나 이론적 분석을 통해 결정되는 것이지 정치적 견해나 판단에 따라 결정되어서는 안 된다고 생각했다.

그래서 가모프는 역시 물리학자였던 아내와 소련을 탈출하기로 결심했다. 그가 소련을 탈출하기 위해 했던 여러 가지 시도는 후에 유명한 일화가 되었다. 그중 하나는 1932년에 흑해를 건너 터키로 탈출하려고 시도한 것이었다. 작은 배를 저어 250km나 되는 흑해를 건넌다는 것은 실제로 가능한 일이 아니었지만 그는 아내와 둘이 번갈아 노를 저으면 6일 안에 흑해를 건널 수 있을 것이라고 생각했다. 이론물리학자의 무모한 이 시도는 성공하지 못했고 그는 도중에 다시 소련으로 돌아가야 했다.

1933년에 가모프는 정부 당국의 허가를 얻어 아내와 함께 브뤼셀에서 열렸던 핵물리학을 위한 솔베이 회의에 참석했다가 소련으로 돌아가지 않고 유럽을 거쳐 미국으로 건너가 조지 워싱턴 대학에 자리를 잡았다. 가모프는 이곳에서도 처음에는 원자핵 물리학을 연구했지만 차츰 우주론 연구로 관심이 옮겨갔다. 그가 미국에 정착한 1930년대에는 우주가 팽창하고 있다는 것이 밝혀져 있었다. 미국의 에드윈 허블은 1929년에 관측 자료를 바탕으로 우주가 팽창하고 있다는 것을 밝혀냈다.

가모프는 우주가 팽창하고 있다면 과거에는 우주가 현재보다 더 작아 밀도가 아주 높고 온도도 높았을 것이라고 생각했다. 가모프의 관심은 그런 상태에서 어떻게 현재 우주에서 우리가 발견할 수 원소들이 만들어졌는가 하는 것이었다.

가모프가 우주의 창조 과정과 그 후의 진화과정을 연구하던 1940년대는 2차 세계대전이 일어나 유럽과 아시아에서 치열한 전쟁이 계속되고 있던 때였다. 미국도 여기에 참전했기 때문에 국가 정책도 모두 전시 체제로 운영되고 있었다. 미국에서 활동하고 있던 대부분의 물리학자와 화학자들은 원자폭탄을 만들기 위해 비밀리에 진행되던 맨해튼 계획에 참여하도록 차출되었다. 그러나 원자핵 물리학 분야에서 인정받던 물리학자였던 가모프는 소련에서 탈출해 왔다는 이유로 비밀 프로젝트인 맨해튼 계획에 차출되지 않아 우주론 연구에 전념할 수 있었다.

가모프는 1945년부터 랠프 앨퍼라는 젊은 학생과 함께 우주를 구성하고 있는 원자가 형성되는 과정에 대해 본격적인 연구를 하기 시작했다. 수학적 계산 능력이 뛰어났던 앨퍼는 계산을 통해 우주가 원자핵을 만들 수 있는 온도와 밀도 상태에 있던 시간은 아주 짧아 불과 몇 분밖에 안 된다는 것을 밝혀냈다. 그러니까 우주 초기의 높은 온도와 밀도 상태에서 양성자, 중성자, 전자의 스프로부터 불과 몇 분 동안에 우주를 구상하는 모든 원자핵이 만들어졌다는 것이다. 가모프와 앨퍼는 원자핵 합성이 끝날 쯤에는 10개의 수소당 1개 비율로 헬륨 원자핵이 만들어졌다는 것을 계산해냈다. 이것은 천문학자들이 현재 우주에서 측정한 수소 원자와 헬륨 원자의 비와 정확히 일치하는 값이다. 현재 우주는 약 90%의 수소와 10%의 헬륨으로 이루어져 있다. 다른 원소들은 모두 합해도 0.01%도 안 된다. 가모프와 앨퍼의 계산으로 우주가 왜 대부분 수소와 헬륨으로 이루어졌는지를 설명할 수 있었다.

  그들은 이 결과를 1948년 4월 1일에 〈화학원소의 기원〉이라는 제목으로 발표했다. 이것이 후에 빅뱅 우주론이라고 불리게 된 우주의 기원과 진화 과정을 설명한 최초의 논문이었다. 1848년 4월 14일 워싱턴포스트지에는 '세상이 5분 만에 만들어졌다'라는 제목의 기사가 실렸고, 많은 신문과 잡지들이 다투어 해설기사를 실었다. 그러나 이런 축제는 오래가지 않았다. 가모프 연구팀의 계산 결과에 이의를 제기하는 사람들이 나타나기 시작했기 때문이다. 영국 케임브리지 대학의 알프레드 호일을 중심으로 모인, 정상우주론을 제안한 빅뱅 우주론의 반대자들은 가모프와 앨퍼가 계산해낸 수소와 헬륨의 비율은 우연의 일치일 뿐이라고 평가절하했다. 그들은 우주가 팽창하여 만들어진 빈 공간에 새로운 물질이 만들어져 채워지기 때문에 우주의 팽창에도 불구하고 전체적인 우주의 모습은 똑같은 상태로 유지된다고 주장했다.

가모와 앨퍼는 로버트 헤르만을 합류시켜 또 다른 연구를 시작했다. 그들은 우주 초기로 돌아가 우주가 발전해나가는 과정을 연구하기 시작했다. 우주는 초기의 짧은 순간에 수소와 헬륨 원자핵을 만든 후에도 팽창을 계속하여 온도와 밀도는 점점 작아졌다. 하지만 전자가 원자핵과 결합하여 중성원자를 만들기에는 아직 온도가 너무 높았다. 따라서 이 시기에는 원자핵과 전자가 플라스마 상태를 이루고 있었다. 이런 우주에서는 빛이 전자들과의 상호작용 때문에 조금도 앞으로 나갈 수 없어 우주는 불투명했다. 이런 우주는 그 후 약 38만년 동안 계속되었다.

시간이 지남에 따라 우주가 팽창하면서 우주의 에너지 밀도가 점점 작아지게 되어 온도는 더 낮아졌다. 그리고 결국은 전자와 원자핵이 결합하여 원자를 형성할 수 있는 온도인 약 3,000℃까지 내려갔다. 우주의 온도가 이 온도까지 내려가는 데는 약 380,000년이 걸렸을 것이라고 계산되었다. 이 때가 되자 우주 안개가 갑자기 걷혔다. 전자들이 원자핵과 결합해버렸기 때문에 더 이상 빛의 진행을 방해하지 않게 된 것이다. 이제 빛은 아무런 방해를 받지 않고 마음대로 우주를 날아다니게 되었다.

만약 그들의 이런 계산이 옳다면 그때 우주를 달리기 시작한 빛은 지금도 우주를 달리고 있어야 한다. 그러나 이 빛은 우주가 팽창함에 따라 파장이 길어져 이제는 눈으로는 볼 수 없는 마이크로파가 되어 있을 것이다. 이런 마이크로파를 우주배경복사라고 한다. 만약 우주 여기저기를 떠돌고 있는 우주배경복사를 발견한다면 그들의 계산이 옳다는 것을 증명할 수 있을 것이고 그것은 가모프 연구팀이 제안한 빅뱅우주론이 옳다는 결정적인 증거가 될 것이다. 하지만 당시에는 누구도 우주배경복사를 찾아내려는 시도를 하지 않았다. 기술적으로 어려운 일이었기 때문이기도 했지만 그들의 이론을 심각하게 받아들이는 사람들이 거의 없었기 때문이기도 했다. 가모프 연구팀은 자신들의 이론과 계산 결과를 굳게 믿었지만 그것을 다름 사람에게 설득시키기에는 역부족이었다.

다른 사람들을 설득시키는 데 성공하지 못한 가모프의 연구팀은 우주론에 대한 더 이상의 연구를 포기하고 각자의 독립된 연구를 위해 뿔뿔이 흩어졌다. 세 사람은 자신들의 연구결과에 대한 세상의 무관심을 탓하면서 1953년에 그때까지의 연구를 종합하는 마지막 논문을 출판한 후 우주론 연구팀을 해체했다. 가모프는 DNA 분자에 포함되어 있는 유전정보를 해독하는 새로운 연구를 시작했고, 앨퍼는 대학을 떠나 제너럴 일렉트릭사의 연구원이 되었으며 헤르만은 제너럴 모터스 연구소에 취직했다. (이들이 우주론 연구팀을 해체하고 10년 지난 1964년에 아르노 펜지아스와 로버트 윌슨이 우주배경복사를 발견했다. 이로 인해 빅뱅 우주론은 대부분의 천문학자들이 받아들이는 우주론이 되었다.)

유전학에 대한 연구를 시작한 가모프는 DNA 분자에 포함되어 있는 유전정보를 해독하는 데 결정적인 기여를 했다. DNA 분자의 염기서열이 단백질을 구성하는 아미노산을 지정하는 정보라는 것을 밝혀낸 것이다. 아데닌(A), 구아닌(G), 시토신(C), 티민(T)의 네 가지 염기로 이루어진 유전정보는 세 개의 염기가 하나의 아미노산을 나타낸다는 것을 밝혀낸 것이다. DNA분자의 구조를 발견한 왓슨과 크릭은 가모프의 연구가 유전정보를 해독해 내는 데 큰 도움이 되었다는 것을 여러 책에서 밝혀놓았다.

1954년에는 조지 워싱턴 대학에서 명예 퇴직한 가모프는 캘리포니아 대학을 거쳐 콜로라도 대학으로 자리를 옮겼다. 여러 가지 분야에서 뛰어난 재능을 보였던 가모프는 과학 서적을 집필하는 데도 남다른 재능과 열정을 보여 역사상 가장 뛰어난 과학 저술가 중의 한 사람이 되었다. 물리학을 공부하는 학생들을 위한 물리 교과서도 여러 권 저술했지만 그가 특히 관심을 가진 것은 일반인들이 과학을 쉽게 이해할 수 있도록 하는, 일반인을 위한 과학책이었다. 여러 분야를 섭렵한 그의 폭넓은 지식과 남다른 해학과 기지는 그의 책에 깊이와 재미를 더했다. 가모프는 그의 책에 사용되는 그림을 직접 그렸고 수많은 일화를 곁들여 과학이 어렵지 않도록 배려했다. 그러면서도 과학의 핵심적인 내용을 피해가지 않고 정면으로 다루려고 노력했다. 이것은 쉽고 재미있는 과학책을 쓴다는 명분으로 정작 중요한 부분은 생략하는 많은 과학 저술가들과 크게 다른 점이었다.

1956년 유네스코는 가모프에게 우수한 과학 서적을 쓴 공로로 칼링가 상을 수여했다. 이 상은 가모프가 1939년에서 1967년 사이에 시리즈로 발표한 《톰킨스씨 시리즈》와 1948년에 출판한 《1, 2, 3 그리고 무한》을 쓴 공로로 수여되었다. 이것은 가모프가 쓴 수많은 책들 중에서 《톰킨스씨 시리즈》와 《1, 2, 3 그리고 무한》이 그의 대표적인 저작이라는 것을 나타낸다. 이 책에는 가모프가 바라보는 우주의 모습과 20세기 물리학에서 다룬 주제들이 가장 잘 나타나 있다. 《이상한 나라의 톰킨스씨(1940)》, 《톰킨스씨 원자를 연구하다(1945)》, 《톰킨스씨 생명을 연구하다(1953)》와 이들을 결합하거나 재편집하여 출판한 톰킨스씨 시리즈는 물리학자가 아닌 평범한 톰킨스씨가 과학의 다양한 원리를 체험을 통해 이해하여 가는 과정을 다룬 것으로 많은 사람들에게 읽혔다. 특히 《이상한 나라의 톰킨스씨》는 톰킨스가 상대론적 효과와 양자론의 효과가 일상생활에서도 나타나는 이상한 나라로 여행하면서 겪는 일들을 통해 상대성이론과 양자이론을 쉽게 이해할 수 있도록 한 책으로 톰킨스씨 시리즈 중에서 가장 널리 알려졌다.

가모프가 빅뱅이론을 처음으로 제안했던 1948년에 초판을 출판하고, 우주론 연구를 그만두고 유전학 연구에 몰두해 있던 1961년에 개정판을 출판한 《1, 2, 3 그리고 무한》은 한 권의 책에 우주에 대한 인간의 이해를 가장 폭넓게 그리고 명쾌하게 다룬 책이다. 4부 11장으로 구성된 이 책은 수에 대한 인간의 이해로부터 이야기를 시작해서 태양계와 우주의 형성 과정을 다루는 것으로 이야기를 마무리한다.

1장 큰 수와 2장 자연수와 인공수로 구성되어 있는 1부는 무한대의 의미와 허수를 집중적으로 다루고 있다. 따라서 1부는 본격적인 과학 이야기를 시작하기 전에 워밍업을 하는 기분으로 부담 없이 읽어나갈 수 있다. 그러나 수에 대한 간단한 이야기 속에도 자연현상을 이해하고 설명하기 위해 필요한 수에 대한 기본 개념이 담겨 있어 소홀히 넘길 수는 없다.

시간과 공간을 주로 다룬 2부는 3장으로 구성되어 있다. 가모프가 초판을 쓰던 1940년대에는 상대성이론이 이미 완전히 자리를 잡았고 그 이후 별다른 변화가 없었다. 따라서 이 책의 2부는 상대성이론에서 시간과 공간을 어떻게 다루고 있는지를 알고 싶은 사람들이 꼭 읽어야 할 부분이다. 공간, 시간, 그리고 아인슈타인이라는 제목이 붙은 2부는 1960년대 이후 출판된 상대성이론을 다룬 어떤 책보다도 상대성이론에서의 시간과 공간의 의미를 쉽고 정확하게 설명해놓았다. 1부와 2부를 읽고 나면 출판된 지 50년이나 되는 책을 다시 번역하여 출판하는 이유를 충분히 알 수 있을 것이다.

3부 미시우주는 가모프가 젊은 시절 연구했던 원자와 원자핵의 세계를 주로 다루고 있다. 3부의 첫 번째 두 장에서는 원자와 원자핵의 존재를 알게 되는 과정, 원자와 원자핵의 성질, 그리고 원자와 원자핵을 이용하는 기술과 관련된 물리 이론을 주로 다루고 있다. 3부를 읽다 보면 자연을 이루고 있는 물질세계의 기본 구조를 폭넓게 다루려고 노력한 흔적을 쉽게 발견할 수 있다. 물질의 근원을 다루는 입자물리 분야는 1960년대 이후 큰 발전이 있었다. 따라서 이 책에서는 원자나 원자핵보다 더 작은 세계를 다루는 입자물리학의 내용은 포함되어 있지 않다. 그러나 그것이 이 책의 무게를 결코 가볍게 하지는 않는다. 원자와 원자핵을 이해하기 위한 연구의 최전선에서 활동했던 가모프의 설명은 인간이 새로운 세계를 어떻게 이해하여 가는지를 보여주는 생생한 증언이기 때문이다. 원자와 원자핵에 대한 새로운 사실을 밝혀내는 가모프의 이야기를 통해 지금부터 50년 전 과학자들이 가지고 있던 물질의 근원에 대한 생각을 엿볼 수 있다는 것 역시 책을 읽는 재미를 더할 것이다.

4장으로 이루어진 3부의 마지막 두 장은 통계물리(8장) 분야와 생명의 수수께끼(9장)을 다루고 있다. 8장에서는 양자물리학, 열물리학, 원자물리학의 기본 원리를 이용하여 자연현상을 포괄적으로 이해하는 통계물리학의 핵심 개념인 엔트로피를 알기 쉽게 설명하고 있다. 자연에서 일어나는 변화의 방향을 제시하는 엔트로피가 물리학의 기본 원리로부터 유도되는 과정과 엔트로피를 이용하여 여러 가지 자연현상을 이해하는 과정은 자연에 대한 시각을 새롭게 하는 데 큰 도움을 줄 것이다.

가모프가 1953년에 우주론에 대한 연구를 중단하고 새롭게 연구를 시작했던 생물학에 대한 내용이 9장에 실려 있다. 물리학자가 생물학 이야기를 쓸 수도 있고, 생물학자가 물리학 이야기를 쓸 수도 있다. 슈뢰딩거는 양자물리학을 개척한 물리학자였지만《생명이란 무엇인가?》라는 생물학 책을 썼고 그 책은 생물학 분야에서도 주목 받는 책이 되었다. 그러나 물리학자이면서 천문학자이고 생물학자인 사람이 생물학에 대해서 쓴 글을 찾기는 쉽지 않다. 그런 사람이 없기 때문이다. 원자핵 물리학, 우주론, 유전학을 연구했고 뛰어난 저술가였던 가모프가 쓴 생물학에 대한 이야기는 비록 한 장에 지나지 않는 짧은 글이지만 생명체에 대한 새로운 시각과 포괄적인 접근 방법을 살펴보기에는 충분하다. 다만 1960년대 이후 분자생물학에 대한 연구가 크게 발전하여 여기서 다루는 내용 중에는 조금은 시대에 뒤떨어진 내용이 포함되어 있지만 가모프가 활동하던 시기를 감안하면서 읽는다면 별문제가 되지 않을 것이다.

가모프는 자신이 가장 하고 싶어 했었을 우주 이야기를 가장 뒤로 돌려놓았다. 그러나 팽창하는 지평선(10장), 창조시대(11장)의 두 장으로 이루어진 4부 거시우주는 독자들의 기대와는 달리 매우 간단하게 기술되어 있다. 이에 대해 저자는 서문에서 "'태양의 탄생과 죽음'과 '지구의 일생'에서 거시우주와 관련된 문제들을 너무 많이 다루었기 때문에 여기에서 다시 상세하게 다룬다면 지루한 반복이 될 것이기 때문이다."라고 밝혀 놓고 있다. 따라서 정작 하고 싶었던 우주 이야기는 행성과 별, 그리고 은하의 물리적 사실을 포괄적으로 다루는 정도에 그치고 있다.

현대 우주론을 대표하는 빅뱅 우주론에 대한 상세한 설명이나 빅뱅 우주론을 제안하게 되는 과정에 대한 이야기를 기대했던 독자들이라면 이 부분에서 실망하게 될 것이다. 빅뱅 우주론은 현대과학의 가장 흥미로운 주제가 되어 있지만 이 책의 초판을 쓰던 1948년에는 아직 빅뱅이라는 단어도 없었고, 빅뱅이론은 가모프와 앨퍼의 머릿속에서 겨우 형상을 갖추어 가고 있을 때였다. 마지막 장을 읽다보면 그의 머릿속에서 태동하고 있던 빅뱅 이론의 윤곽을 느낄 수 있을 것이다.

개정판이 출판된 1961년에는 아직 우주배경복사가 발견되지 않아 빅뱅이론이 천문학계에서 공식적으로 받아들여지지 않고 있던 때였다. 그러나 우주론 연구를 포기한 지 10년에 다 되어 가는 1961년에도 그의 머릿속에는 아직 빅뱅 이론에 대한 미련이 남아 있었던 것이 틀림없다. 초판과 개정판을 비교해 보지 않아 마지막 장의 내용이 개정판에서 어느 정도 바뀌었는지는 모르지만 이 글 속에는 빅뱅이론에 대한 그의 생각과 아쉬움이 잘 나타나 있다.

지금부터 약 2500년 전에 시작된 과학에는 세 가지 핵심적인 연구 주제가 있다. 첫 번째 주제는 물질을 이루는 기본 단위를 찾아내고 이들 사이의 상호작용을 밝혀내는 것이고, 두 번째 주제는 생명체의 생명현상을 이해하는 것이며, 세 번째 주제는 우주가 어떻게 구성되어 있으며 우주가 어떻게 현재의 모습으로 발전해왔는지를 밝혀내는 것이다. 이 책은 이 세 가지 문제에 대해 인류가 알아낸 해답을 1950년대의 관점으로 포괄적으로 설명해놓고 있다. 이 책을 읽다 보면 1950년대 이후 자연에 대한 인류의 이해가 지엽적인 것을 제외하면 별로 변한 것이 없다는 것을 느낄 수 있을 것이다.

물리학은 1910년대에 완성된 상대성이론과 1920년대에 기초를 다진 양자이론을 바탕으로 하고 있다. 가모프가 이 책을 쓰던 1948년에는 이미 이 두 이론이 잘 다듬어져 자리 잡고 있었다. 50년이 지났지만 상대성이론과 양자이론에 대한 일반인들의 이해는 그때에 비해 거의 나아진 것이 없다. 아직도 중고등학교 교과서에는 이 이론들이 전혀 다루어지지 않고 있고, 대학 교과과정에서도 뒤로 밀려나 있다. 그럼에도 불구하고 정보 통신의 시대라고 불리는 21세기를 주도하는 과학과 기술은 상대성이론과 양자이론에 그 바탕을 두고 있다. 현대과학의 기초를 다지는 데 크게 기여한 가모프의 시각을 통해 현대과학의 핵심인 상대성이론과 양자이론을 들여다 볼 수 있다면 그것은 참으로 다행한 일일 것이다.

개정판 서문

> 왈루스는 말했다.
> "많은 것에 대해 논의할 시간이 왔다"고…….
> 루이스 캐럴 - 《이상한 나라의 앨리스》

1, 2, 3 그리고 무한

　모든 과학서는 출간되고 몇 년이 지나면 시대에 뒤떨어지게 마련이다. 특히 빠른 발전을 거듭하고 있는 과학 분야에서는 더더욱 그렇다. 그런 의미에서 13년 전에 처음으로 출간된 《1, 2, 3 그리고 무한》은 행운아다. 이 책은 많은 중요한 과학적 진보가 이뤄진 직후에 집필되었던 까닭에 진보된 내용 모두를 담고 있었으므로, 개정판을 내기 위해 그다지 많이 고칠 필요가 없었다.

　중요한 진보들 가운데 하나는 열핵반응을 이용해서 수소폭탄 폭발의 형태로 원자 에너지를 성공적으로 방출시켰을 뿐만 아니라, 느리지만 꾸준한 발전으로 열핵과정을 통한 에너지 방출을 통제할 수 있게 되었다는 것이다. 열핵반응의 원리와 그 반응을 천체물리학에 응용하는 것은 이 책의 초판 11장에서 설명했기 때문에, 동일한 목표를 향한 인간의 진보 문제를 다루기 위해서는 7장의 말미에 새로운 자료를 추가하는 것으로 충분했다. 다른 변화들은 우주의 대략적인 나이가 20억~30억 년에서 50억 년 이상으로 늘어난 것, 그리고 캘리포니아 팔로마 산에 있는 새로운 5미터 헤일 망원경으로 탐사한 결과 밝혀진 개정된 천문 거리 규모와 관련되어 있다.

또 최근에 생화학 분야에서 이루어진 진보로 간단한 생물의 합성물을 다루는 9장 말미에 새로운 자료를 추가해야 했을 뿐만 아니라, 그림 일부를 변경하고 관련 내용을 수정해야 했다. 13년 전에 출간한 초판에서 나는 이렇게 썼다.

"그렇다, 생물과 무생물 물질 사이에는 확실히 전이 단계가 있으며, 아마도 머지않은 미래에 어떤 유능한 생화학자가 일반적인 화학 원소에서 바이러스 분자 하나를 합성해낼 수 있다면, 그가 '내가 죽은 물질 조각에 생명의 입김을 불어넣었다!'고 외친다고 해도 용서받게 될 것이다."

하지만 몇 년 전에 캘리포니아에서 이런 일이 실제로 이루어졌다. 아니, 거의 이루어졌다. 독자들은 9장 끝에서 이 연구에 관한 간단한 설명을 접하게 될 것이다. 그리고 한 가지 더 바뀐 게 있다. 책의 초판은 '카우보이가 되고 싶어 하는 나의 아들 이고르에게' 헌정되었다. 독자들이 내게 편지를 써서 내 아들이 실제로 카우보이가 되었는지를 물었다. 대답은 '아니오'이다. 내 아들은 금년 여름에 생물학 전공으로 졸업할 예정이며, 유전학을 공부할 계획이다.

1960년 11월

조지 가모프

초판 서문

1, 2, 3 그리고 무한

  원자와 별과 성운에 대해서, 엔트로피와 유전자에 대해서. 그리고 공간을 휘게 할 수 있는지와 로켓은 왜 줄어드는지에 대해서. 그뿐 아니라 우리는 이 책을 통해 이런 모든 주제와 그에 못지않게 흥미로운 다른 수많은 주제에 대해서 논의하려고 한다.
  처음 이 책을 쓰기 시작했던 것은 현대 과학의 가장 흥미로운 사실들과 이론들을 모아서 오늘날 과학자들의 눈에 비친 우주의 미시적·거시적 모습을 독자들이 이해할 수 있도록 설명하기 위함이었다. 그러나 이런 광대한 계획을 수행하는 데 있어서 모든 이야기를 담지는 않았다. 그렇게 했다가는 결국 방대한 백과사전이 될 뿐이라는 것을 잘 알고 있기 때문이다. 그럼에도 불구하고 어느 하나 놓치지 않고 기본적 과학 지식의 전 분야를 짧게나마 훑어보기 위해서는 논의해야 할 주제들을 선별해야 했다.

주제 선정의 기준이 평이성이 아니라 중요성과 관심도였기 때문에 결국 균형이 맞지 않을 수밖에 없었다. 이 책의 어떤 장章들은 어린아이도 이해할 수 있을 정도로 간단한 반면, 또 어떤 장들은 다소 집중해서 공부해야만 완전히 이해할 수 있을 것이다. 그러나 문외한인 독자가 이 책을 읽을 때 너무 심각한 어려움에 봉착하지 않기를 바란다.

　독자는 '거시우주Macrocosmos'를 논의하는 이 책의 마지막 부분이 '미시우주Microcosmos'에 관한 부분보다 상당히 짧다는 것을 알게 될 것이다. 그 주된 까닭은 내가 이미 《태양의 탄생과 죽음The Birth and Death of the Sun》과 《지구의 일대기Biography of the Earth》에서 거시우주와 관련된 너무나 많은 문제를 상세히 논의해왔던 터라 여기서 또다시 상세히 다룬다면 지루한 반복이 될 것이기 때문이다. 그러므로 이 부분에서 나는 행성과 별과 성운 세계의 물리적 사실과 사건들에 대한 일반적인 설명과 그것들을 지배하는 법칙들만 다루었으며, 지난 수년 동안 이루어진 과학 지식의 발전으로 새로이 조명된 문제들을 논의할 때에만 조금 더 깊이 들어갔다. 이런 원칙에 따라 '초신성'으로 알려진 거대한 별의 폭발이 물리학에서 알려진 가장 작은 입자인 이른바 '중성미자'에 의해 촉발된다는 최근의 견해와, 태양과 일부 다른 행성이 충돌해 행성이 생겨났다는 현재 수용되고 있는 견해들을 폐기하고 거의 절반쯤 잊힌 칸트Immanuel Kant와 라플라스Pierre Simon Marquis Laplace의 오래된 견해들을 재확립시키는 새로운 행성 이론에 특별한 주의를 기울였다.

　나는 위상학적 변형 작업을 통해(3장 2절 참고) 이 책에 실린 많은 삽화의 기초가 되는 작품들을 만들어주었던 수많은 아티스트와 일러스트레이터에게 깊은 감사를 표하고 싶다. 특히 나의 어린이 친구 마리나 폰 노이만에게 고마움을 전하고 싶다. 녀석은 유명한 자신의 아버지보다 모든 걸 더 잘 안다고 주장하는 당찬 꼬마다. 물론 수학은 예외이며, 수학만은 자신과 아버지의 실력이 똑같다고 너스레를 떤다. 녀석이 이 책의 몇 장章을 원고 상태로 읽고 자신이 이해하지 못했던 수많은 것을 내게 말해준 뒤에야, 나는 이 책이 내가 원래 의도했던 아동용이 아니라는 사실을 깨닫게 되었다.

1946년 12월
조지 가모프

---

* 각각 1940년과 1941년에 바이킹 출판사(The Viking Press)에서 출간되었다.

1부

숫자 놀이

ONE TWO THREE...
INFINITY
Facts and Speculations at Science

1
큰 수

BIG NUMBERS

1
큰 수

얼마나 큰 수까지 셀 수 있을까?

옛날 헝가리 귀족 둘이서 가장 큰 수를 대는 사람이 이기는 내기를 했다.

한 귀족이 먼저 운을 뗐다. "자네가 먼저 말해보지 그래."

한참을 생각한 끝에 두 번째 귀족이 마침내 자신이 생각할 수 있는 가장 큰 수를 댔다.

"셋." 그가 자신 있게 외쳤다.

이제 첫 번째 귀족이 고민에 빠졌다. 15분이 지난 뒤 그는 결국 포기하고 말았다.

"자네가 이겼네." 그가 순순히 자신의 패배를 인정했다.

물론 이들 두 헝가리 귀족이 높은 지능 지수를 가진 이들을 대표하지도 않거니와* 아마 이 이야기는 헝가리인들에 대한 심술궂은 조롱에 불과한지도 모른다. 하지만 만약 그 두 사람이 헝가리인이 아니라 아프리카의 미개인인 호텐토트Hottentot 사람들이었다면 실제로 그런 대화가 오갔을 가능성이 있다. 아프리카 탐험가들의 문서에는 정말로 많은 호텐토트 부족민이 3보다 큰 수에 대해서는 명칭을 갖고 있지 않다는 내용이 담겨 있다. 그곳의 원주민에게 아들이 몇 명 있는지 혹은 적을 몇 명이나 죽였는지 물었는데, 그 수가 만약 3보다 크다면 그 원주민은 그저 "많다"고 대답할 것이다. 따라서 수를 세는 기술에서는 아무리 맹렬한 호텐토트 전사라고 해도 10까지 너끈히 셀 수 있는 미국의 유치원생을 당해낼 재간이 없을 것이다!

요즘 우리는 숫자의 오른쪽에 0을 충분히 많이 붙이기만 하면, 그게 센트로 환산한 전쟁 비용이든 인치로 환산한 별의 거리이든 얼마든지 큰 수를 쓸 수 있다는 생각에 익숙해져 있다.

손이 아플 때까지 0을 붙이다 보면 자기도 모르는 사이에 우주에 존재하는 원자들의 총수**인 300,000,000,000,000,000,000,000,000,000,000,000,000,000,000,000,000,000,000,000,000,000,000보다 더 큰 수를 얻게 된다.

---

* 동일한 모음집에는 한 무리의 헝가리 귀족이 알프스 산에서 하이킹을 하다가 길을 잃었다는 또 다른 이야기가 실려 있는데 그 이야기도 이 말을 뒷받침한다. 그 귀족들 가운데 하나가 지도를 꺼내고는 한참을 뚫어지게 살핀 뒤 외쳤다. "이제 우리가 어디에 있는지 알겠군!" "어딘데?" 다른 귀족들이 물었다. "저기에 있는 저 큰 산이 보이지? 우리가 바로 그 산 꼭대기에 있는 거야."
** 가장 큰 망원경이 꿰뚫어볼 수 있는 거리로 측정된 수.

혹은 그 수를 더 간단히 3×10^{74}라고 쓸 수도 있다.

여기서 10의 오른쪽 상단에 붙어 있는 74라는 작은 수는 그 수만큼 0이 쓰여야 한다는 것을, 즉 다시 말해서 3에다 10을 74번 곱해야 한다는 것을 나타낸다.

그러나 이런 '쉽게 만들어진 산술' 방식이 고대에는 알려져 있지 않았다. 사실 이 방식은 어떤 무명의 인도 수학자가 2000년 전쯤에 고안해냈다. 그가 이 위대한 발견(그것은 위대한 발견이었지만, 우리는 보통 그 사실을 깨닫지 못한다)을 하기 전에는, 우리가 지금 십진 단위라고 부르는 것의 각각에 해당하는 특별한 기호를 이용해서, 그리고 이 기호를 단위들의 수만큼 반복하는 방식으로 숫자들을 썼다. 예컨대 8,732라는 수를 고대 이집트 사람들은 이렇게 썼다.

𓆼𓆼𓆼𓆼𓆼𓆼𓆼𓆼 ⊂⊂⊂⊂⊂⊂⊂ ∩∩∩

반면에 카이사르Gaius Julius Caesar의 사무실에 있는 한 서기는 그 수를 다음과 같은 형태로 썼을 것이다.

MMMMMMMMDCCXXXII

나중에 쓴 기호들은 여러분도 익히 잘 알고 있을 게 틀림없다. 로마 숫자들이 여전히 책의 권수나 장章을 나타내거나 호화로운 기념 서판에 역사적인 사건의 날짜를 표기할 때 사용되고 있으니 말이다. 그러나 고대의 회계는 수천이라는 수를 넘지 않았기 때문에 더

:: 그림 1
아우구스투스Gaius Octavianus와 닮은 고대 로마인이 '100만'을 로마 숫자로 쓰려고 애쓰고 있다. 하지만 벽보의 전 공간을 사용한다고 해도 '10만'조차 쓰기 버겁다.

높은 십진 단위에 해당하는 기호들은 존재하지 않았고, 고대 로마인은 산술 훈련을 아무리 잘 받더라도 '100만'을 써보라고 하면 크게 당황했을 것이다. 그가 그런 요구에 부응할 수 있는 방법이라곤 M을 연달아서 1,000개를 쓰는 게 최선이었을 테고, 그것은 많은 시간을 들여야 하는 힘든 일이었을 것이다(그림 1).

고대인들에게 하늘의 별이나 바닷속의 물고기나 혹은 해변의 모래알 수 같은 아주 큰 수는, 호텐토트인이 '5'를 헤아릴 수 없어서 그저 "많다"라고 했던 것처럼, "헤아릴 수 없었다"!

정말로 큰 수를 쓰는 것이 가능하다는 사실을 입증한 사람은 기원전 3세기의 유명한 천재 과학자 아르키메데스Archimedes였다. 아르키메데스는 〈모래 계산가The Psammites, Sand Reckoner〉라는 논문에서 이렇게 말한다.

"모래 알갱이의 수가 무한하다고 생각하는 사람들이 있다. 여기에서 내가 말하는 모래란 시라쿠사와 그 밖의 시칠리아 섬에 존재하는 모든 모래뿐만 아니라 사람이 사는 곳이든 살지 않는 곳이든 지구의 모든 지역에서 찾을 수 있는 모래 알갱이 전부를 의미한다. 또 그 수가 무한하다고 생각하지는 않지만 **지구의 모래 알갱이들 수를 나타내는 수보다 훨씬 더 큰 수는 있을 수 없다**고 생각하는 사람들이 있다. 그리고 이런 생각을 하는 사람들은 모든 바다와 지구의 구멍 전부를 모래로 메우고 다시 이 세상에서 가장 높은 산만큼 지구를 모래로 덮어놓았다고 해도, 그 모래알의 개수를 넘어서는 수 역시 이름을 붙일 수 있음을 감히 상상조차 하지 못할 것이다. 그러나 나는 내가 이름 붙인 숫자들 가운데 일부가 지구뿐만 아니라, 심지어 우주 크기의 질량과 같은 모래 알갱이들의 수보다도 크다는 것을 입증하려고 한다."

아르키메데스가 이 유명한 논문에서 제시한 매우 큰 수를 쓰는 방식은 현대과학에서 큰 수를 쓰는 방식과 유사하다. 그는 고대 그리스 산술에 존재하는 가장 큰 수인 '미리아드myriad' 즉 1만으로 시작한다. 그 뒤 그는 '1만×1만(1억)'이라는 새로운 수를 도입하고, 그것을 '옥타드octade' 즉 '제2종 단위'라고 불렀다. '옥타드 옥타드(즉 100경)'는 '제3종 단위'라고 부르고, '옥타드 옥타드 옥타드'는

'제4종 단위'라고 부르는 식이다.

　책의 몇 페이지를 할애하여 큰 수를 쓰는 일이 너무 하찮게 보일지도 모르지만, 아르키메데스의 시대에는 큰 수를 쓰는 방법을 알아내는 것이 위대한 발견인 동시에 수학이라는 과학에 있어서 한 걸음 더 나아가는 중요한 단계였다.

　우주 전체를 채우는 데 필요한 모래 알갱이들을 표현하는 수를 계산하기 위해서, 아르키메데스는 우주가 얼마나 큰지 알아야 했다. 그의 시대에는 우주가 별들이 박혀 있는 투명한 구로 에워싸여 있다고 믿었고, 그와 동시대인인 유명한 천문학자 사모스의 아리스타쿠스Aristarchus는 지구부터 천구까지의 거리를 100억 스타디아Stadia, 즉 약 10억 마일로 어림했다.*

　천구의 크기를 모래 알갱이의 크기와 비교해서, 마침내 아르키메데스는 고등학생 소년을 질리게 할 기나긴 일련의 계산을 통해 이런 결론에 도달했다.

　"아리스타쿠스가 어림한 천구의 크기만 한 공간에 들어갈 수 있는 모래 알갱이들의 수는 1,000미리아드의 제8종 단위보다 크지 않

---

* 그리스의 1스타디움은 606피트 6인치 혹은 188미터이다.
** 우리의 기호법으로 쓰면 이렇게 된다.

1,000미리아드	제2종	제3종	제4종
(10,000,000) ×	(100,000,000) ×	(100,000,000) ×	(100,000,000) ×
제5종	제6종	제7종	제8종
(100,000,000) ×	(100,000,000) ×	(100,000,000) ×	(100,000,000)

혹은 더 간단히 표현하면 이렇게 된다. 10^{63}.

은 게 분명하다."**

 여기서 아르키메데스의 우주 반지름 계측이 현대과학자들의 계측보다 다소 적다는 것을 알아챘을 것이다. 10억 마일이라는 거리는 우리 태양계의 행성인 토성 바로 너머까지 뻗친다. 나중에 알게 되겠지만 우주는 이제 망원경으로 50해(10^{20}) 마일까지 탐사되었으므로 볼 수 있는 우주 전체를 채우는 데 필요한 모래 알갱이들의 수는 10^{100}을 훌쩍 넘을 것이다.

 물론 이 수는 이 장을 시작할 때 언급했던 우주 안에 있는 원자들의 총수인 3×10^{74}보다 훨씬 더 크지만, 우리는 우주가 원자들로 **빽빽하게 채워져 있지 않다**는 사실을 잊지 말아야 한다. 사실 우주 공간에는 평균적으로 1세제곱미터당 한 개 정도의 원자만 존재할 뿐이다.

 그러나 정말로 큰 수를 얻기 위해서 반드시 우주 전체를 모래로 가득 채우는 무지한 일을 할 필요는 없다. 사실 언뜻 보기에는 매우 간단해 보이는 문제에서, 그리고 수천보다 큰 수가 나오게 될 거라 예상하지 못했던 문제에서 그런 큰 수들이 아주 가끔 나타나기도 한다.

 인도의 왕 시르함은 압도적인 수의 희생자였다. 오래된 전설에 따르면, 왕은 체스 게임을 발명한 시사 벤 다히르Sissa Ben Dahir 총리에게 상을 내리고 싶었다. 이 영리한 총리의 소망은 아주 수수해 보였다. "폐하." 그가 왕 앞에 무릎을 꿇고 말했다. "이 체스판의 첫 번째 사각형 위에 올려놓을 밀알 한 개와 두 번째 사각형 위에 올려놓을 밀알 두 개, 세 번째 사각형 위에 올려놓을 밀알 네 개, 그리고 네 번째 사각형 위에 올려놓을 밀알 여덟 개를 제게 주십시오. 그리고 오,

왕이시여! 각각의 계속되는 사각형마다 그 수를 두 배로 해서 체스판의 사각형 64개 모두를 채우기에 충분한 밀알을 주십시오."

"나의 충실한 신하여, 그대의 요구가 너무나 조촐하구나." 왕은 그 놀라운 게임을 발명한 신하에게 어떤 상이든 내리겠노라고 말했음에도 큰 재물을 주지 않아도 된다는 생각에 내심 즐거워하면서 외쳤다. "그대가 바라는 대로 주고말고." 그리고 왕은 밀 한 가마니를 가져오라고 명령했다.

그러나 첫 번째 사각형에는 밀알 한 개를, 두 번째 사각형에는 두 개를, 세 번째 사각형에는 네 개를 놓는 식으로 밀알을 세기 시작하자, 스무 번째 사각형에 놓을 밀알을 세기도 전에 밀 한 가마니가 동나고 말았다. 더 많은 밀 가마니를 가져왔지만 사각형을 옮겨갈 때마다 필요한 밀알의 수가 어찌나 빨리 늘었던지…… 인도에서 수확

:: **그림 2**
노련한 수학자인 시사 벤 다히르 총리가 인도의 왕 시르함에게 상을 요구하고 있다.

한 밀알을 모두 가져와도 약속했던 양을 채울 수 없었다. 약속을 지키기 위해서는 1,844경 6,744조 737억 955만 1,615개의 밀알이 필요하니까 말이다!*

그것이 우주 안에 있는 원자의 총수만큼 많지는 않지만 그래도 상당히 큰 수이다. 1부셸(약 28킬로그램)의 밀이 약 500만 개의 밀알을 포함한다고 가정할 때, 시사 벤 다히르의 요구를 충당하기 위해서는 약 4조 부셸이 필요할 것이다. 세계에서 1년에 생산되는 밀이 평균적으로 20억 부셸이므로, 이 인도 수상이 요구했던 양은 **세계가 약 2000년 동안 생산한 밀의 양에 해당했다!**

시르함 왕은 자신이 총리에게 발목을 잡혔다는 걸 알고는 총리의 끊임없는 요구를 들어주거나 아니면 그의 목을 치는 수밖에 없다는 것을 깨달았다. 우리는 그가 총리의 목을 쳤으리라는 것쯤은 짐작할 수 있다.

큰 수가 중요한 역할을 하는 또 다른 이야기 역시 인도에서 유래하는데 이것은 '세상의 끝'이라는 문제와 관련되어 있다. 수학적 상

---

* 이 영리한 총리가 요구했던 밀알의 수는 아마 다음과 같이 표현할 수 있을 것이다.
$$1+2+2^2+2^3+2^4+\cdots+2^{62}+2^{63}$$
산술적으로 동일한 인수씩(이 경우에는 2라는 인수로) 계속 증가되는 수열은 등비수열로 알려져 있다. 그런 수열에 있는 모든 항의 합은 등비(이 경우에는 2)를 그 수열에 있는 단계들의 수로 표현된 지수(이 경우에는 64)까지 올리고, 첫 번째 항(이 경우에는 1)을 뺀 다음 위에 언급된 등비에서 1을 뺀 값으로 나눠주면 구할 수 있다. 이것을 공식으로 표현하면 다음과 같고,
$$\frac{2^{63} \times 2-1}{2-1} = 2^{64}-1$$
명확한 수로 쓰면 18,446,744,073,709,551,615와 같다.

상력이 풍부한 역사가인 월터 볼Walter William Rouse Ball은 이 이야기를 다음과 같이 서술한다.*

인도 동부에 있는 힌두교의 옛 성도인 바라나시Varanasi의 큰 사원에 세계의 중심을 명시하는 돔 밑에는 높이가 각각 1큐빗(약 46센티미터)이고 굵기가 벌의 몸통만 한 다이아몬드 침봉 세 개가 고정되어 있는 동판 하나가 놓여 있다. 신은 이것을 만들 때 이 침봉들 가운데 하나에 64개의 순금 원판을 놓았는데, 가장 큰 원판을 제일 밑에 놓고 위로 올라갈수록 원판의 크기를 점점 더 작게 했다. 이것이 바로 브라만의 탑이다.

당직인 사제는 밤이고 낮이고 쉬지 않고 한 다이아몬드 침봉에서 또 다른 다이아몬드 침봉으로 원판을 옮겨야 하는데, 이때 원판을 한 번에 하나씩만 옮겨야 하며, 침봉에 놓을 때는 작은 원판이 큰 원판 아래에 있어서는 안 된다는 절대 불변의 브라만 법칙에 따라야 한다. 만약 64개의 모든 원판이 처음에 신이 올려둔 침봉이 아닌 다른 침봉으로 옮겨지게 되면 탑과 사원과 브라만들이 다 함께 무너져 먼지로 변할 것이며, 청천벽력과 함께 세상도 사라지게 될 것이다.

그림 3은 원판들의 수가 더 적기는 하지만 이 이야기에서 묘사된 배열을 보여준다. 우리도 황금 원판 대신에 마분지 원판을 이용하고, 인도 전설의 다이아몬드 침봉 대신에 긴 철못을 이용해서 이 수

---

* W. W. R. Ball, *Mathematical Recreations and Essays*, New York: The Macmillan Co., 1939.

:: **그림 3**
거대한 브라만의 상 앞에서 '세상의 끝' 문제에 몰두하고 있는 사제. 64개나 되는 황금 원판을 다 그리기가 어렵기 때문에 여기에서는 적게 그려져 있다.

수께끼 장난감을 만들어볼 수 있다. 원판들을 제거하는 일반적인 규칙을 찾기는 어렵지 않지만, 그 규칙을 찾게 되면 각 원판을 옮길 때 바로 전보다 두 배씩 더 옮겨야 한다는 사실을 깨닫게 될 것이다. 첫 번째 원판은 그저 한 번만 옮기면 되지만, 그 다음 원판을 옮기는 데 필요한 횟수는 기하급수적으로 증가해서, 64번째 원판에 다다랐을 때는 시사 벤 다히르가 요구했던 밀알만큼이나 수없이 옮겨야 한다!

브라만의 탑에 있는 64개의 원판 모두를 한 침봉에서 또 다른 침봉으로 옮기는 데 얼마나 오래 걸릴까? 사제들이 밤이고 낮이고 휴

일도 없이 일하면서 1초마다 한 번씩 원판을 옮긴다고 가정해보자. 1년은 약 3,155만 8,000초이므로 **58조 년**보다 조금 더 넘게 걸릴 것이다.

순전히 전설적으로 예언된 우주의 존속 기간을 현대과학의 예측과 비교하는 것은 흥미롭다. 우주의 진화와 관련된 현재의 이론에 따르면, 별과 태양과 지구를 포함하는 행성들은 무형의 물질로부터 약 30억 년 전에 만들어졌다. 또한 별에, 특히 우리의 태양에 활기를 돋우는 '원자 연료'가 향후 100억 년 혹은 150억 년 동안 지속될 수 있다는 것도 알고 있다('창조의 시대'에 관한 장 참고). 따라서 우주의 총생존 기간은 확실히 인도의 전설이 어림한 58조 년이 아니라 200억 년보다도 짧다!

아마도 지금까지 문헌에서 언급된 가장 큰 수는 그 유명한 '인쇄행의 문제'와 관련되어 있을 것이다. 매 행마다 다른 문자의 알파벳과 다른 인쇄 기호를 골라서 자동으로 잇달아 인쇄하는 인쇄기를 만든다고 가정하자. 그런 기계는 테두리를 따라 문자와 기호들이 찍혀 있는 수많은 각각의 원판으로 이루어질 것이다. 이 원판들은

---

* 우리가 만약 단 7개의 원판만 갖고 있다면, 필요한 이동 횟수는 다음과 같다.
$$1+2^1+2^2+2^3+\text{etc 혹은}$$
$$2^7-1 = 2\times 2\cdot 2\cdot 2\cdot 2\cdot 2\cdot 2-1 = 127$$
만약 단 한 번의 실수도 없이 원판들을 빠르게 옮긴다면 이 일을 마치는 데 1시간 정도 걸릴 것이다. 64개의 원판이 있다면, 필요한 총 이동 횟수는 다음과 같다.
$$2^{64}-1 = 18,446,744,073,709,551,615$$
이것은 시사 벤 다히르가 요구했던 밀알의 수와 똑같다.

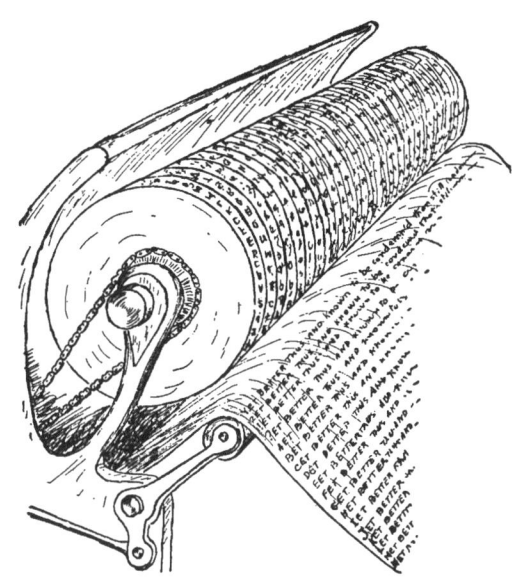

::: 그림 4
셰익스피어의 글귀를 정확히 인쇄한 자동 인쇄기.

우리 자동차의 마일리지 표시기에 있는 숫자 원판들과 똑같은 방식으로 맞물려 있어서 각 원판이 완전히 한 바퀴 돌아야 다음 원판을 한 칸 앞으로 이동시킬 것이다. 원판이 한 번 이동할 때마다 롤러에서 나오는 종이는 저절로 원통에 눌릴 것이다. 그런 자동 인쇄기는 큰 어려움 없이 만들 수 있으며, 그림 4를 보면 모습을 짐작할 수 있다.

 이제 그 기계를 작동시켜 인쇄기에서 나오는 다른 인쇄 행들의 끝없는 행렬을 조사해보자. 대부분의 행은 전혀 의미가 통하지 않는다. 그것들은 다음과 같은 형태다.

 'aaaaaaaaaa……' 혹은 'booboobooboobooboo……' 혹은

'zawkporpkossscilm……'.

그러나 이 기계는 문자와 기호의 **모든 가능한** 조합을 인쇄하기 때문에, 무의미한 쓰레기 같은 문장들 가운데서 의미가 있는 것을 발견하게 된다. 물론 '말은 여섯 개의 다리를 갖고 있으며……'나 '나는 독에 넣어 요리한 사과를 좋아한다' 같은 쓸모없는 문장들도 많다. 그러나 잘 살펴보면 셰익스피어William Shakespeare가 썼던 모든 글을 비롯해서, 심지어 그가 쓰레기통 속에 던졌던 종이의 글귀들까지도 발견하게 될 것이다.

사실 그런 자동 인쇄기는 그야말로 사람들이 글 쓰는 것을 배운 시대부터 써왔던 모든 것을 인쇄할 것이다. 모든 산문과 시구를, 신문의 모든 사설과 광고, 모든 어려운 과학 논문들, 모든 사랑의 편지들, 우유 배달부에게 쓴 모든 쪽지들…….

더욱이 그 기계는 앞으로 수 세기 동안 인쇄될 모든 것 또한 인쇄할 것이다. 우리는 회전 원통에서 나오는 종이에서 13세기의 시와, 미래의 과학 발견들과, 미국의 500번째 의회에서 이루어질 연설들과, 2344년의 행성 간 교통사고에 대한 기사들을 발견하게 될 것이다. 아직 인간의 손으로 쓰인 적 없는 단편과 장편소설도 있을 테니, 지하실에 그런 기계를 갖고 있는 출판업자들은 수많은 쓰레기 중 주옥같은 글귀들만 골라내어 편집하면 될 것이다. 그게 바로 그들이 지금 하고 있는 일이겠지만.

그런데 왜 이런 일이 이루어질 수 없을까?

문자와 다른 인쇄 기호들의 모든 조합을 표현하기 위해서 그 기계가 인쇄해야 할 행의 수를 세어보자.

영어 알파벳에는 26개의 문자가 있고, 10개의 숫자(0, 1, 2……9)와 14개의 기호(빈칸, 마침표, 쉼표, 쌍점, 쌍반점, 물음표, 느낌표, 줄표, 붙임표, 따옴표, 아포스트로피, 모난 괄호, 괄호, 중간 괄호)가 있으니 모두 다 합해서 50개의 기호가 있다. 이제 이 기계의 바퀴가 65개라서 평균 한 행에 65개의 자리가 있다고 하자. 인쇄 행은 이런 기호들 가운데 어떤 것으로도 시작할 수 있으므로 여기에는 50가지의 가능성이 있다. 또 이런 50가지의 가능성마다 그 행의 두 번째 자리 또한 50가지의 가능성이 있다. 즉 다 합해서 $50 \times 50 = 2{,}500$가지의 가능성이 있다. 그러나 임의 조합의 처음 두 문자마다 세 번째 자리에 놓을 기호를 선택할 수 있는 가능성이 50가지가 있고, 그렇게 계속

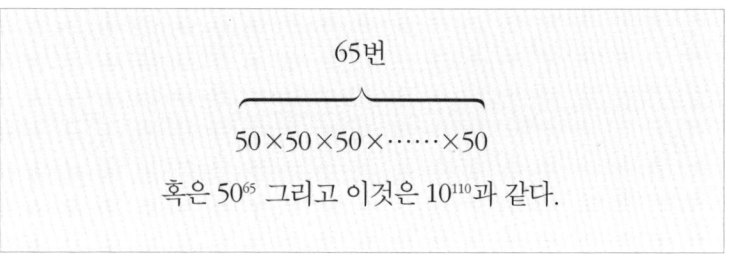

$$\underbrace{50 \times 50 \times 50 \times \cdots \times 50}_{65번}$$

혹은 50^{65} 그리고 이것은 10^{110}과 같다.

이어진다. 따라서 전체 행에 인쇄할 수 있는 가능한 배열들의 총수는 다음과 같이 표현될 수 있을 것이다.

저 수의 막대함을 느끼기 위해서는 우주 안에 있는 각 원자가 별개의 인쇄기가 된 3×10^{74}개의 기계가 동시에 작동하고 있다고 생각해보자. 그리고 또 이 기계들이 우주가 창조된 이후 30억 년 동안 혹은 10^{17}초 동안 계속 작동하면서 원자의 진동 속도인 초당 1,015

행씩 인쇄하고 있다고 가정하자. 지금쯤 그 기계들은 약 $3 \times 10^{74} \times 10^{17} \times 10^{15} = 3 \times 10^{106}$ 행을 인쇄했을 것이다. 이것은 필요한 총수의 1퍼센트의 $\frac{1}{30}$ 정도밖에 되지 않는다.

그렇다, 이 자동적인 인쇄물들 가운데 어떤 종류의 선택을 하려면 정말로 아주 오랜 시간이 걸릴 것이다!

무한대는 어떻게 셀까?

앞 절에서 우리는 수에 대해 논의했다. 그 가운데 대부분은 상당히 큰 수였다. 그러나 비록 시사 벤 다히르가 요구했던 밀알의 수처럼 믿을 수 없을 만큼 큰 수가 있다고 해도, 그런 수들은 여전히 유한하므로, 충분한 시간만 있다면 마지막 수까지 다 쓸 수 있다.

하지만 아무리 오랫동안 작업을 해도 우리가 쓸 수 있는 수보다 더 큰, 정말로 무한한 수들이 있다. 따라서 '모든 수의 수'는 확실히 무한하며, '선 위의 모든 기하학적 점의 수'도 그렇다. 그런 수들이 무한하다는 것 말고 그것들에 대해서 말할 수 있는 게 있을까? 또 두 개의 다른 무한대를 비교해서 어느 쪽이 '더 크다'고 말할 수 있을까?

'모든 수의 수가 선 위의 모든 점의 수보다 클까, 작을까?'라고 묻는 게 어떤 의미가 있을까? 언뜻 터무니없어 보이는 이런 물음들을 최초로 고민했던 사람은 유명한 수학자 게오르크 칸토어Georg Cantor로, 그는 '무한대 산술'의 진정한 창설자라고 할 수 있다.

만약 더 크고 더 작은 무한대에 대해서 말하고 싶다면, 우리는 이름을 붙일 수도 없고 쓸 수도 없는 수들을 비교하는 문제에 직면하며, 마치 자신의 보물상자를 조사해서 유리구슬을 더 많이 갖고 있는지 동전을 더 많이 갖고 있는지 알고 싶어 하는 호텐토트인과 같은 상황에 놓이게 된다. 그러나 기억하겠지만, 호텐토트인들은 3 이상은 셀 수 없다. 그러면 그가 숫자를 셀 수 없다고 해서 구슬과 동전의 수를 비교하는 것을 포기해야 할까? 그가 만약 영리하다면 구슬과 동전을 하나씩 비교하는 방법으로 답을 얻을 수 있을 것이다. 구슬 하나를 동전 옆에 놓고, 또 다른 구슬을 또 다른 동전 옆에 놓는 방식으로 계속해나갈 수 있을 것이다. 만약 동전은 여전히 남아 있는데 구슬이 바닥났다면, 그는 구슬보다 동전을 더 많이 갖고 있었음을 깨닫게 된다. 구슬은 남아 있는데 동전은 다 떨어졌다면 동전보다 구슬을 더 많이 갖고 있었음을 깨닫게 될 테고, 똑같이 떨어진다면 구슬과 동전을 똑같이 갖고 있었음을 깨닫게 된다.

칸토어가 두 개의 무한대를 비교하는 방법이 바로 이것이었다. 만약 어떤 무한 집단의 사물마다 또 다른 무한 집단의 사물과 짝을 짓는 방식으로 두 무한 집단의 사물을 짝짓기할 수 있다면, 그리고 어느 쪽 집단도 사물이 남지 않는다면, 두 무한대는 똑같다. 그러나 만약 한쪽 집단에 사물이 남는다면, 이 집단에 있는 사물의 무한대가 다른 집단에 있는 사물의 무한대보다 더 크다고, 혹은 더 강력하다고 말할 수 있다.

이것은 분명히 가장 합리적인 방법이며, 사실 우리가 무한한 양을 비교하는 데 사용할 수 있는 유일한 해법이지만, 실제로 그 방법

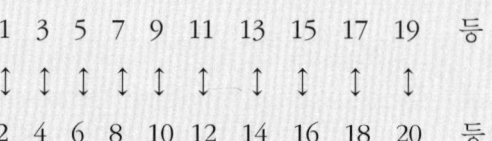

을 적용할 때 꼭 들어맞는 것은 아니다. 모든 짝수의 무한대와 모든 홀수의 무한대를 예로 들어보자. 우리는 직관적으로 홀수와 짝수의 수가 똑같다고 느끼며, 이런 수를 일대일로 대응시킬 수 있으므로 이것은 위의 해법과도 완벽하게 일치한다.

이 표에는 각 홀수에 대응하는 짝수가 있으며, 그 반대의 경우도 그렇다. 따라서 짝수의 무한대는 홀수의 무한대와 똑같다. 아주 간단하고 정말로 당연해 보인다!

그렇다면 짝수와 홀수가 모두 있는 모든 수의 수와, 짝수만으로 이루어진 수 중 어느 쪽이 더 크다고 생각하는가? 물론 모든 수의 수란 본질적으로 모든 짝수에다가 모든 홀수까지 더해져 있으니 모든 수의 수가 더 크다고 말할 것이다. 그러나 그것은 그저 우리의 막연한 느낌에 불과하며, 정확한 답을 얻기 위해서는 두 개의 무한대를 비교하는 위의 해법을 이용해야 한다. 그 해법을 이용하면, 놀랍게도 우리의 느낌이 틀렸다는 사실을 알게 된다. 여기 한쪽에는 모든 수를 놓고 다른 한쪽에는 짝수만 놓아 일대일로 대응시킨 표가 있다.

무한대를 비교하는 해법에 따르면 짝수의 무한대와 모든 수의 무한대가 정확히 똑같은 크기라고 말해야 한다. 짝수는 모든 수의 일부이기 때문에 물론 이런 말이 역설처럼 들리지만, 우리가 여기서 다루는 건 무한한 수이므로, 다른 특성들을 만날 준비를 해야 한다는 사실을 기억해야 한다.

사실 무한대의 세계에서는 **일부가 전체와 똑같을 수 있다!** 이를 가장 잘 설명할 수 있는 것은 아마도 독일의 유명한 수학자 다비트 힐베르트David Hilbert에 관한 이야기가 아닐까 싶다. 사람들은 그가 무한대에 대해서 강의할 때 이런 무한한 수의 모순적인 특성을 다음과 같이 설명한다고 한다.*

유한한 방이 있는 어떤 호텔을 상상하고, 모든 방에 손님이 있다고 가정합시다. 새로운 손님이 도착해서 방이 있는지 묻습니다. "죄송하지만 빈 방이 하나도 없습니다." 자 이제 무한한 방이 있는 어떤 호텔을 상상하고, 모든 방에 손님이 있다고 합시다. 그리고 이 호텔에도 새로운 손님이 와서 방이 있는지 묻습니다.

"있고말고요!" 호텔 주인이 이렇게 외치고는 이전에 N1방에 있던 손님을 N2방으로 옮기고, N2방에 있던 손님을 N3방으로 옮기고, N3방에 있던 손님을 N4방으로 옮기고, 이런 식으로 계속 옮깁

---

* 출간되지도 않았고, 심지어 집필된 적도 없지만 널리 회람된 R. 쿠랑의 〈힐베르트 이야기 모음집〉에 실려 있다.

니다. 그리고 새로운 손님은 이렇게 방을 옮긴 결과 비게 된 N1방을 받습니다.

이제 무한한 방이 있는 호텔이 있고, 모든 방에 손님이 있으며, 무한한 수의 새로운 손님이 와서 방이 있는지 묻는다고 합시다.

"물론이지요, 신사 여러분!" 호텔 주인은 이렇게 말합니다. "잠깐만 기다리세요."

그는 N1방의 손님을 N2방으로 옮기고, N2방의 손님을 N4방으로 옮기고, N3방의 손님을 N6방으로 옮기고, 이런 식으로 계속 방을 옮깁니다.

이제 모든 홀수 방이 비게 되어 무한한 수의 새로운 손님은 쉽게 숙박할 수 있습니다.

글쎄, 전시의 워싱턴에서도 힐베르트가 묘사한 상황을 상상하기란 쉽지 않지만, 확실히 이 예는 무한한 수를 다룰 때는 우리가 보통 산술에서 익숙한 특성과는 다소 다른 성질을 만나게 된다는 요지를 제대로 설명한다.

두 개의 무한대를 비교하는 칸토어의 해법에 따라, 우리는 $\frac{3}{7}$이나 $\frac{735}{8}$ 같은 보통 분수들의 수도 모든 정수의 수와 똑같다는 것을 입증할 수 있다. 사실 우리는 모든 보통 분수를 다음과 같은 규칙에 따라 배열할 수 있다. 우선 분자와 분모의 합이 2인 분수를 쓴다. 그런 분수는 $\frac{1}{1}$ 하나밖에 없다. 그 뒤 분자와 분모의 합이 3인 분수들인 $\frac{2}{1}$와 $\frac{1}{2}$을 쓴다. 그 다음에는 합이 4인 분수들인 $\frac{3}{1}$, $\frac{2}{2}$, $\frac{1}{3}$을 쓴다. 이런 식으로 계속 이어나간다. 이런 과정을 따르면 우리는 생

:: 그림 5
자신의 산술 능력을 넘어서는 수들을 비교하고 있는 아프리카 원주민과 칸토어 교수.

각할 수 있는 모든 분수가 들어 있는 분수의 무한 수열을 얻게 된다 (그림 5). 이제 이 수열 위에 정수들의 수열을 쓰면 무한한 분수와 무한한 정수를 일대일로 대응시킬 수 있다. 따라서 그들의 수는 똑같다!

"참, 대단히 멋지군요." 그러나 이런 의문이 생길지도 모른다. "하지만 그렇다고 해서 그게 **모든** 무한대가 서로 똑같다는 말은 아니잖아요? 그리고 설령 그게 사실이라고 해도, 아무튼 그것들을 비교하는 게 무슨 소용이 있겠어요?"

아니, 그건 사실이 아니며, 모든 정수의 무한대나 모든 분수의 무한대보다 더 큰 무한대는 쉽게 찾을 수 있다.

사실 앞서 이 장에서 선 위의 점들의 수와 모든 정수의 수를 비교했던 물음을 살펴보면, 이런 두 무한대가 다르다는 것을 알 수 있다. 즉 선 위에는 정수나 분수의 수보다 더 많은 점이 있다. 이 명제를 입증하기 위해서 예컨대 1인치 길이의 선 위에 있는 점들과 정수 수열을 일대일로 대응시켜보도록 하자.

선 위의 각 점을 그 선의 한쪽 끝에서부터의 거리로 규정하면, 이 거리는 0.7350624780056……이나 0.38250375632…… 같은 무한 소수의 형태로 쓸 수 있다.* 따라서 우리는 모든 정수를 모든 무한 소수의 수와 비교해야만 한다. 위에 주어진 것 같은 무한 소수와, $\frac{3}{7}$이나 $\frac{8}{277}$ 같은 보통의 분수는 어떻게 다를까?

우리는 산술법을 통해서 모든 보통 분수를 무한 **순환** 소수로 바꿀 수 있다는 사실을 기억해야 한다. 따라서 $\frac{2}{3}=0.66666……=$ 0.(6), $\frac{3}{7}=0.428571|428571|428571|4……=0.(428571)$이 된다. 우리는 위에서 모든 분수의 수가 모든 정수의 수와 같다는 것을 입증했다. 따라서 모든 **순환** 소수의 수 역시 모든 정수의 수와 똑같아야만 한다. 그러나 선 위의 점들은 반드시 **순환** 소수로 표현될 필요가 없으며, 대부분의 경우에 소수점 이하의 수들이 전혀 순환되지 않는 무한 분수를 얻게 될 것이다. 그리고 그런 경우에는 일대일 대응이 전혀 가능하지 않다는 걸 쉽게 보여줄 수 있다.

누군가 그런 배열을 만들었고 그것이 다음의 형태라고 하자.

---

* 우리는 그 선의 길이를 1로 가정했기 때문에 이 분수들은 모두 1보다 작다.

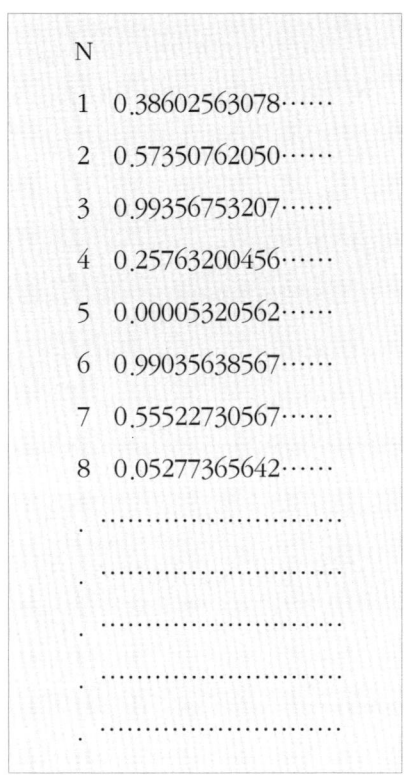

물론 무한개의 수와 무한개의 소수를 일대일 대응시키는 것은 사실 불가능하기 때문에, 위의 주장은 표를 만든 사람이 표를 만드는 어떤 일반적인 규칙(우리가 보통 분수들의 배열을 위해 사용했던 것과 유사한)을 갖고 있으며, 이 규칙에 따르게 되면 우리가 생각할 수 있는 모든 소수가 반드시 이 표에 나타날 것임을 의미한다.

하지만 우리는 항상 이런 무한한 표에 포함되지 **않는** 어떤 무한 분수를 쓸 수 있기 때문에, 저런 종류의 어떤 주장도 믿을 수 없다는 것을 어렵지 않게 입증할 수 있다. 방법은 매우 간단하다. 그저 이 표에 있는 N1과 소수 첫째 자릿수가 다르고, N2와 소수 둘째 자릿수가 다르고, N3과 소수 셋째 자릿수가 다르고, 이런 식으로 계속 이어지는 분수를 쓴다. 그러면 다음과 같은 수를 얻게 될 것이다.

```
        3   7   3   6   5   6   3   5
        ↓   ↓   ↓   ↓   ↓   ↓   ↓   ↓
       not not not not not not not not      etc.
        ↓   ↓   ↓   ↓   ↓   ↓   ↓   ↓
     0. 5   2   7   4   0   7   1   2
```

아무리 찾아보아도 그런 수는 이 표에 포함되어 있지 않다. 사실 만약 이 표를 만든 사람이 우리가 여기에 쓴 이 분수가 그의 표에서 No.137(혹은 어떤 다른 수) 밑에 있다고 말한다면, 우리는 즉각 이렇게 대답할 수 있다.

"아니, 그건 똑같은 분수가 아니야. 왜냐하면 너의 분수에 있는 소수점 이하 137번째 수는 내가 생각하고 있는 분수의 137번째 수와 다르거든."

따라서 선 위의 점들과 정수들을 일대일로 대응시키는 것은 불가능하며, 그것은 **선 위의 점의 무한대가 모든 정수나 분수의 무한대보다 더 크다는 것을, 혹은 더 강력하다는 것을** 의미한다.

우리는 '1인치 길이'의 선 위에 있는 점들에 대해 논의하고 있지만, 이제 우리의 '무한대 산술법' 규칙에 따라, 어떤 길이의 선이든 이 사실이 똑같이 성립한다는 것을 쉽게 입증할 수 있다. 사실, **선의**

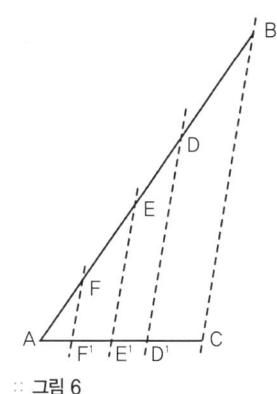
:: 그림 6

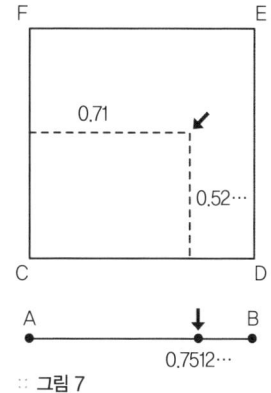
:: 그림 7

길이가 1인치든 1피트든 1마일이든 그 선 위에 있는 점들의 수는 똑같다. 그것을 입증하려면 그림 6을 보라. 이 그림은 길이가 다른 두 선분 AB와 AC에 있는 점들의 수를 비교한다. 두 선 위에 있는 점들을 일대일 대응시키기 위해서 우리는 선분 AB에 있는 각 점을 통해 선분 BC에 평행한 선을 그리고 그 교점들을 예컨대 D와 D1, E와 E1, F와 F1 등으로 짝을 짓는다. 선분 AB 위의 각 점은 선분 AC 위에 해당하는 점이 있으며, 그 반대도 마찬가지다. 따라서 우리의 해법에 따라 두 점의 무한대는 똑같다.

무한대의 분석으로 나온 훨씬 더 놀라운 결과는 **어떤 평면 위에 있는 모든 점의 수는 어떤 선 위에 있는 모든 점의 수와 똑같다**는 명제이다. 이것을 입증하기 위해서 1인치 길이의 선분 AB에 있는 점들과 정사각형 CDEF 안의 점들을 생각해보자(그림 7).

이 선 위에 있는 어떤 점의 위치가 예컨대 0.75120386……이라는 숫자로 주어져 있다고 하자. 우리는 이 수로부터 소수점 이하 짝수 번째 수들과 홀수 번째 수들만을 모아서 두 개의 다른 수를 만들 수 있다. 그러면 다음의 두 수를 얻는다.

> 0.7108……
>
> 0.5236……

우리의 정사각형에서 이런 수들에 의해 수평과 수직 방향으로 결정되는 거리를 재고 그렇게 얻은 점을 우리의 선 위에 있는 원래 점의 '짝점'이라고 부른다. 거꾸로, 만약 사각형 안에 0.4835……와 0.9907……로 묘사되는 점이 있다면, 이들 두 숫자를 한 점으로 몰아서 선 위의 해당 '짝점'의 위치인 0.49893057……을 얻을 수 있다.

이런 과정이 두 점 집합 사이의 일대일 관계를 성립시키는 것은 분명하다. 선 위의 모든 점이 사각형 안에 짝을 갖고, 사각형 안의 모든 점이 선 위에 짝을 가지니, 어떤 점도 남지 않을 것이다. 따라서 칸토어의 기준에 따라, 사각형 안에 있는 모든 점의 무한대는 선 위에 있는 모든 점의 무한대와 똑같다.

마찬가지로 육면체 안에 있는 모든 점의 무한대가 사각형 안이나 선 위에 있는 모든 점의 무한대와 같다는 것도 입증하기 쉽다. 이렇게 하기 위해서는 그저 원래의 소수를 세 부분으로 나누고, 그렇게 얻는 세 개의 새로운 소수를 이용해서 육면체 안에 있는 '짝점'의 위치를 정의하기만 하면 된다. 그러면 길이가 다른 두 선의 경우처럼, 사각형이나 육면체 안에 있는 점들의 수도 크기에 상관없이 똑같을 것이다.

그러나 모든 기하학적 점의 수가 모든 정수와 분수의 수보다 크기는 해도, 수학자들에게 알려진 가장 큰 수는 아니다. 사실 **가장 기이한 모양들을 포함하는 모든 가능한 곡선의 종류는 모든 기하학적 점의 모임보다 더 많으며, 따라서 무한 수열의 세 번째 수로 기술**되어야 한다.

'무한대 산술법'의 창시자인 게오르크 칸토어에 따르면, 무한 수는 히브리 문자인 알레프(ℵ)의 오른쪽 아래에 무한대의 순서를 나타내는 작은 숫자를 붙여서 표시한다. 이제 수들(무한한 수를 포함해서!)의 수열은 이렇게 나아간다.

$$1, 2, 3, 4, 5 \cdots\cdots \aleph_1, \aleph_2, \aleph_3 \cdots\cdots$$

그리고 우리는 '세계는 일곱 부분으로 나누어져 있다'거나 '카드 한 팩에는 52장이 있다'고 말하는 것처럼, '어떤 선에는 문자 한 개의 점이 있다'거나 '문자 두 개의 다른 곡선들이 있다'고 말한다.

무한한 수에 대한 이야기를 마무리하면서 이런 수들은 그것들이 적용될 수 있는 어떤 가능한 모임도 아주 금방 초과한다는 점을 지적한다. 우리는 문자가 모든 정수의 수를 나타내며, 문자 1은 모든

---

* 예를 들면, 0.73516822548312……등으로부터 다음과 같은 수들을 만든다.

    0.71853……
    0.30241……
    0.56282……

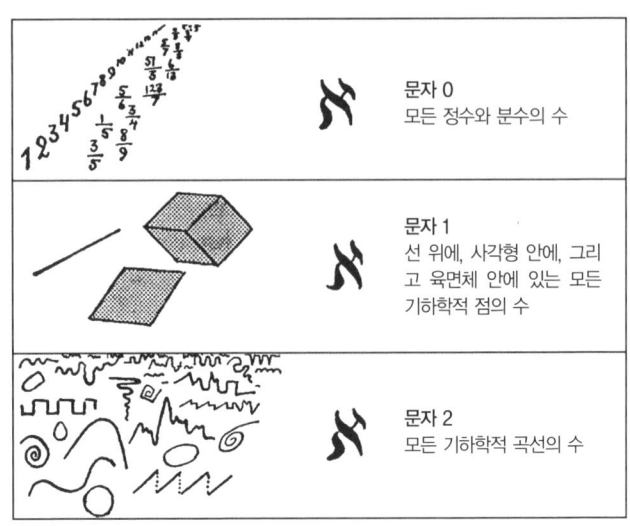

:: 그림 8
처음 세 개의 무한 수.

기하학적 점의 수를 나타내고, 문자 2는 모든 곡선의 수를 나타내지만, 문자 3으로 묘사되어야 할 사물의 명확한 무한 모임은 아직 아무도 생각해내지 못했다는 것을 알고 있다. 이 처음 세 개의 무한 수는 그 어떤 것도 충분히 셀 수 있으며, 여기서는 우리가 많은 아들을 두었지만 셋 이상은 셀 수 없었던 호텐토트인들과 정반대의 입장에 처해 있다는 사실을 깨닫게 된다.

2

자연수와 인공수

NATURAL
and
ARTIFICIAL
NUMBERS

2
자연수와 인공수

가장 순수한 수학

수학은 특히 수학자들에 의해 모든 과학의 여왕으로 여겨지며, 여왕인 까닭에 당연히 다른 지식 분야들과의 귀천상혼 관계를 피하려고 한다. 따라서 힐베르트는 '순수수학과 응용수학의 연합회의'에서 두 집단 사이의 적대감을 무너뜨리는 데 도움이 될 개회사를 맡아달라는 부탁을 받았을 때, 다음과 같은 말로 시작했다.

"우리는 종종 순수수학과 응용수학이 서로를 적대시한다는 말을 듣습니다. 이 말은 사실이 아닙니다. 순수수학과 응용수학은 서로를 적대시하지 않습니다. 순수수학과 응용수학은 결코 서로를 적대시한 적이 없습니다. 순수수학과 응용수학은 절대로 서로를 적대시하지 않을 것입니다. 순수수학과 응용수학은 서로를 적대시할 수 없습니다. 왜냐하면 사실 그 둘 사이에는 조금도 공통점이 없기 때문입니다."

그러나 수학이 순수하고 싶어 하고 다른 과학들과 멀리 떨어지고 싶어 해도, 다른 과학들 특히 물리학은 수학을 좋아하며 가능한 한 수학과 '친하게 지내려고' 애쓴다. 사실 이제 순수수학의 거의 모든 분야가 우주의 이런저런 특징을 설명하는 작업에 동원되고 있다. 여기에는 가장 순수해서 어떻게도 응용할 수 없다고 여겨지던 추상군群 이론abstract group theory과, 불가역성 대수학noncommutable algebra, 그리고 비유클리드 기하학non-Euclidean geometry 같은 분야들이 포함된다.

그러나 지금껏 수학의 커다란 체제 하나는 두뇌 훈련을 자극하는 것 이외엔 무용지물이므로, '순수의 극치'라는 영예를 안을 수 있다. 이것은 순수한 수학적 사고의 가장 오래되고 정교한 산물들 가운데 하나인 이른바 '수 이론theory of numbers'이다(여기서 수는 정수를 의미한다).

이상해 보일지 모르지만, 수 이론은 가장 순수한 종류의 수학이기 때문에 어떤 면에서는 경험 과학 혹은 실험 과학이라고 부를 수 있다. 사실 그 명제들의 대부분은, 다양한 일과 물체를 관련시키려는 노력의 결과 물리학 법칙들이 만들어진 것처럼, 다양한 일을 수와 관련시키려는 노력의 결과 공식화되었다. 그리고 물리학에서처럼 이런 명제들의 일부는 '수학적으로' 입증되었던 반면, 또 일부는 여전히 경험적인 원천으로만 남아서 최고 수학자들의 두뇌에 도전하고 있다.

소수의 문제를 예로 들어보자. 소수란 자신보다 더 작은 두 개 이상의 수들의 곱으로 표현될 수 없는 수를 뜻한다. 1, 2, 3, 5, 7, 11, 13, 17 등은 소수지만, 예컨대 12는 2×2×3으로 쓸 수 있으므로 소수가 아니다.

소수는 끝이 없을까, 아니면 각각의 수가 우리가 이미 갖고 있는 소수들의 곱으로 표현 가능한 최대 소수가 있을까? 이 문제를 가장 먼저 공략했던 사람은 유클리드Euclid였다. 그리고 그는 소수들의 수가 무한히 뻗어 있어서 '최대 소수' 같은 건 없음을 아주 간단하고 정연하게 증명해 보였다.

이 문제를 조사하기 위해서 잠시 유한개의 소수만 알려져 있으며 문자 N으로 명시된 큰 수가 알려진 최대 소수를 나타낸다고 가정하자. 이제 알려진 모든 소수를 곱하고 거기에 1을 더하자. 그러면 우리는 그것을 아래와 같은 형태로 쓸 수 있다.

$$(1\times 2\times 3\times 5\times 7\times 11\times 13\times \cdots\cdots \times N) + 1$$

물론 이것은 '최대 소수'라고 추정되는 N이라는 수보다 훨씬 더 크다. 그러나 이 수는 만들어진 방식으로 판단하건대, 이들 소수 가운데 어떤 것으로 나누어도 나머지 1을 남긴다는 것을 알기 때문에 우리의 어떤 소수(N까지 N을 포함하는 모든 소수)로 나누어도 정확히 딱 떨어질 수 없는 게 분명하다.

따라서 우리의 수는 소수 자체이거나, 아니면 N보다 큰 소수로 나누어질 수 있어야 하며, 그 두 경우 모두 N이 존재하는 최대 소수라는 우리의 원래 가정에 모순된다.

이 증명은 수학자들이 가장 좋아하는 도구 가운데 하나인 **귀류법**에 의한 것이다.

일단 소수들의 수가 유한하다는 것을 알고 있으니, 그것들을 단 하나도 빠뜨리지 않고 연달아 나열할 수 있는 간단한 방법이 있는지 자문해볼 수 있다. 이렇게 하는 한 가지 방법으로는 '체'가 알려져 있으며, 고대 그리스의 철학자이자 수학자인 에라토스테네스Eratosthenes가 처음으로 제안했다. 우리는 그저 완전한 정수인 1, 2, 3, 4 등을 늘어놓은 뒤 우선 2의 모든 배수를 삭제하고, 그 다음에

∷ 그림 9
에라토스테네스의 체

는 3의 배수를 삭제하고, 그 다음에는 5의 배수를 삭제하는 식으로 계속 해나가면 된다. 첫 100개의 숫자에 대한 에라토스테네스의 체가 그림 9에 제시되어 있다. 이 체에는 총 26개의 소수가 포함되어 있다. 위와 같이 간단히 체를 쳐서 걸러내는 방법을 사용하여 최대 10억까지의 소수표가 구축되었다.

그러나 자동으로 신속히 소수만 찾아낼 수 있는 공식을 고안해낼 수 있다면 문제는 훨씬 더 간단해질 것이다. 하지만 수백 년 동안의 시도에도 불구하고 그런 공식은 여전히 존재하지 않는다. 1640년에 프랑스의 유명한 수학자 페르마 Pierre de Fermat는 오직 소수만 만들어내는 공식을 고안했다고 생각했다.

그의 공식, $2^{2^n}+1$에서, n은 1, 2, 3, 4 등의 연속 값을 나타낸다.
이 공식을 이용하면 다음과 같은 수를 얻는다.

$$2^{2}+1=5$$
$$2^{2^2}+1=17$$
$$2^{2^3}+1=257$$
$$2^{2^4}+1=65,537$$

사실 이런 수들 각각은 소수이다. 그러나 페르마가 이 공식을 발표하고 100년 쯤 뒤, 독일의 수학자 오일러 Leonhard Euler는 페르마의 다섯 번째 계산인 $2^{2^5}+1$에서, 그 결과인 4,294,967,297이 소수가 아니라, 사실 6,700,417과 641의 곱이라는 사실을 입증했다. 따라서 소수를 계산하는 페르마의 경험 규칙은 결국 틀린 것으로 드러났다.

많은 소수를 만드는 또 다른 놀라운 공식은 n^2-n+41으로, 여기서 n은 1, 2, 3 등과 같다. n이 1부터 40일 때는 위의 공식을 적용했을 때 오직 소수만 얻을 수 있지만, 불행히도 이 공식은 41번째 단계에서 실패하고 만다.

사실, $(41)^2-41+41=41^2=41\times41$은 제곱이며, 소수가 아니다.

또 다른 공식도 있다. $n^2-79n+1601$은 n이 79가 될 때까지는 소수를 주지만, 80에서 실패하고 만다!

따라서 오직 소수만 만들 수 있는 일반적인 공식을 찾는 문제는 여전히 해결되지 않은 상태이다.

입증된 것도 아니고 입증되지 않은 것도 아닌 수 이론의 또 다른 흥미로운 정리 하나는 1742년에 제안된 이른바 '골드바흐의 추측'이다. 이것은 **모든 짝수가 두 소수의 합으로 표현될 수 있다**고 설명한다. $12=7+5$, $24=17+7$, 그리고 $32=29+3$에서 알 수 있듯이, 간단한 사례들에 적용해보면 이게 사실이라는 것을 쉽게 알 수 있다. 그러나 이런 작업을 수없이 해왔음에도, 수학자들은 이 명제가 반드시 확실하다는 것을 확증하는 증명도 하지 못했고 그것의 그릇됨을 증명할 반증 사례도 찾지 못했다. 1931년에 러시아의 수학자 슈니렐만Lev Genrikhovidh Schnirelmann이 원하는 증명을 위한 첫 번째 구축 단계를 밟는 데 성공했다. 그는 **각 짝수가 30만 개 이하의 소수들의 합이라는 사실**을 입증할 수 있었다. 더 최근에는 러시아의 또 다른 수학자 비노그라도프Ivan Matveyevich Vinogradov가 슈니렐만의 '30

만 개 소수의 합'과 원하는 '두 소수의 합' 사이의 차이를 상당히 좁혀 '네 소수의 합'으로 감소시킬 수 있었다. 그러나 비노그라도프의 네 소수에서 골드바흐의 두 소수로 가는 마지막 두 단계가 가장 어려워 보이며, 이 어려운 명제가 옳거나 그릇됨을 증명하는 데 또다시 수년이 걸릴지 수십 년이 걸릴지는 아무도 알 수 없다.

따라서 임의의 원하는 큰 수까지 모든 소수를 자동으로 구해줄 공식을 이끌어내는 일은 요원해 보이며, 그런 공식이 유도될 것이라는 확신도 없다.

이제 우리는 좀 더 가벼운 문제를 물어볼 수 있다. 이는 주어진 수의 구간 안에서 찾을 수 있는 소수들의 백분율에 대한 문제이다. 점점 더 큰 수로 나아가는 동안 이 백분율은 일정하게 유지될까? 만약 그렇지 않다면 증가할까, 감소할까? 우리는 표에서 주어진 대로 하나하나 소수의 수를 세어가며 이 문제를 경험적으로 풀어볼 수 있다. 그리고 이 방법으로 100보다 작은 소수는 26개 있고, 1000보다 작은 소수는 168개 있으며, 1,000,000보다 작은 소수는 78,498개 있고, 1,000,000,000보다 작은 소수는 50,847,478개 있다는 것을 알게 된다. 이런 소수의 수를 해당하는 수의 구간으로 나누면 다음과 같은 표를 얻는다.

구간 1-N	소수의 수	비율	$\frac{1}{\log.n n_N}$	편차 %
1-100	26	0.260	0.217	20
1-1000	168	0.168	0.145	16
1-10^6	78498	0.078498	0.072382	8
1-10^9	50847478	0.050847478	0.048254942	5

이 표는 특히 모든 정수의 수가 증가함에 따라 소수들의 상대적인 수가 점차 감소하기는 해도, 소수가 없는 구간은 없다는 것을 보여준다.

이렇게 큰 수들 사이에서는 소수의 백분율이 감소한다는 것을 수학적으로 표현할 어떤 간단한 방법이 있을까? 있다. 그리고 소수의 평균적 분포를 지배하는 법칙들은 수학이라는 과학의 가장 놀라운 발견들 가운데 하나이다. 그것은 **1부터 임의의 어떤 수 N까지의 구간 안에 있는 소수들의 백분율을 대략 N의 자연로그로 나타낼 수 있다고 말한다.**˙ 그리고 N이 클수록, 그 근삿값은 더 가까워진다.

앞 표의 네 번째 세로줄에 있는 게 N의 자연로그이다. 만약 이것들을 세 번째 세로줄에 있는 값들과 비교한다면, 그 값들이 상당히 일치하며, N이 클수록 일치 정도가 더 커진다는 것을 알게 될 것이다.

수 이론의 다른 명제들처럼, 위에 주어진 소수 정리도 처음에는 경험적으로 발견되었고 엄밀한 수학적 증명으로 확인되기까지 매우 오랜 시간이 걸렸다. 마침내 지난 세기말이 되어서야 프랑스의 수학자 아다마르Jacques Salomon Hadamard와 벨기에의 발레푸생de la Vallée-Poussin이 가까스로 증명하는 데 성공했지만, 여기서 설명하기에는 그 방법이 너무 복잡하고 어렵다.

정수에 대한 이런 논의를 마치기에 앞서 소수의 성질과 관련이

˙ 간단한 방법으로, 자연로그는 표에 있는 보통 로그에 2.3026이라는 인자를 곱한 것으로 정의할 수 있다.

없는 문제들에 도움이 될 '페르마의 마지막 정리'라는 유명한 정리를 언급하고자 한다. 이 문제의 근원은 고대 이집트로 거슬러 올라간다. 그곳에서는 좋은 목수라면 누구나 세 면의 비가 3:4:5인 삼각형에는 반드시 직각이 하나 있다는 사실을 알고 있었다. 사실 고대 이집트인들은 오늘날 이집트의 삼각형으로 알려진 삼각형을 목수의 직각자로 사용했다.*

3세기 동안 알렉산드리아의 디오판토스Dio Phantos는 두 정수의 제곱의 합이 세 번째 정수의 제곱과 같은 경우가 3과 4뿐인지 궁금해지기 시작했다. 그는 동일한 성질을 갖는 세 쌍이 더 있다는(사실 그런 것이 무한개 있다) 사실을 입증할 수 있었고, 그런 쌍을 찾는 일반적인 규칙을 제시했다. 세 변 모두 정수로 측정되는 직각삼각형은 이제 피타고라스의 삼각형으로 알려져 있으며, 이집트의 삼각형이 그런 최초의 삼각형이다. 피타고라스의 삼각형을 만드는 문제는 x와 y와 z가 반드시 정수인 대수 방정식으로 간단히 표현될 수 있다.**

$$x^2 + y^2 = z^2$$

1621년에 프랑스의 페르마는 피타고라스의 삼각형이 논의되어 있는 디오판토스의 《산술Arithmetica》이라는 책의 새로운 프랑스어

---

* 초등학교 기하학의 피타고라스 정리가 그 증거를 제시한다.

$$3^2 + 4^2 = 5^2$$

번역본 한 부를 구입했다. 책을 읽으면서 그는 그 여백에 $x^2+y^2=z^2$이라는 방정식은 무한개의 정수해를 갖는 반면, n이 2보다 큰 $x^n+y^n=z^n$이라는 형태의 방정식은 해가 전혀 없다는 의미의 짧은 메모를 해두었다.

"나는 이 명제에 대한 놀라운 증명을 찾아냈다." 페르마는 이렇게 덧붙였다. "그러나 그 증명을 다 적기에는 여백이 부족하다."

페르마가 사망했을 때, 그의 서재에서 디오판토스의 책이 발견되면서 이 메모가 세상에 알려졌다. 그게 300년 전이었고, 그 이후 각 세기마다 최고의 수학자들이 페르마가 메모를 적을 때 생각했던 증명을 재구성하기 위해 노력했다. 그러나 지금까지 아무런 증명도 발견되지 않았다. 확실히 상당한 진전이 이뤄졌고, 페르마의 정리를 입증하려는 시도로 '이데아론 theory of ideals'이라는 완전히 새로운 수학 분야가 만들어졌다. 오일러는 $x^3+y^3=z^3$ 와 $x^4+y^4=z^4$ 같은

** 디오판토스의 일반적인 규칙을 사용하면($2ab$가 완전 제곱이 되도록 임의의 두 수 a와 b를 택한다. $x=a+\sqrt{2ab}$ 이고, $y=b+\sqrt{2ab}$ 이고, $z=a+b+\sqrt{2ab}$ 이다. 그러면 $x^2+y^2=z^2$이며, 이것은 보통 대수학으로 쉽게 증명할 수 있다), 모든 가능한 해의 표를 만들 수 있고, 그것은 다음과 같다.

$3^2+ 4^2= 5^2$ (이집트의 삼각형)
$5^2+12^2=13^2$
$6^2+ 8^2=10^2$
$7^2+24^2=25^2$
$8^2+15^2=17^2$
$9^2+12^2=15^2$
$9^2+40^2=41^2$
$10^2+24^2=26^2$

방정식들의 정수해는 불가능하다는 것을 입증했고, 디리클레Peter Gustav Lejeune Dirichlet도 $x^5+y^5=z^5$이라는 방정식에 대해 동일한 입증을 했으며, 몇몇 수학자들의 공동 노력을 통해 우리는 이제 n이 269보다 작은 값일 때는 페르마 방정식의 해가 가능하지 않다는 증거들을 갖게 되었다. 그러나 어떤 수의 지수 n에 대해서도 성립하는 일반적인 증명이 이루어지지 않았으므로, 페르마 자신이 어떤 증명도 하지 못했거나 아니면 실수를 했던 게 아닐까 하는 의혹이 증폭되고 있다. 이 문제는 그 해를 찾아내는 사람에게 수십만 마르크의 상금을 준다는 광고로 유명해졌는데, 물론 상금을 노리는 아마추어들의 노력은 모두 수포로 돌아가고 말았다.

물론 이 정리는 틀리지만 두 정수의 동일한 두 거듭제곱의 합이 세 번째 정수의 동일한 거듭제곱과 같은 사례 하나를 찾을 수 있는 가능성은 항상 존재한다. 그러나 이제는 269보다 더 큰 지수만을 사용해야 하기 때문에, 찾는 게 결코 쉬운 작업은 아니다.

불가사의한 $\sqrt{-1}$

자, 이제 고등 산수를 해보도록 하자. 2 곱하기 2는 4이고, 3 곱하기 3은 9이며, 4 곱하기 4는 16이고, 5 곱하기 5는 25이다. 그러므로 4의 제곱근은 2이고, 9의 제곱근은 3이며, 16의 제곱근은 4이고, 25의 제곱근은 5이다.

그렇다면 음수의 제곱근은 어떻게 될까? $\sqrt{-5}$와 $\sqrt{-1}$ 같은 표현들은 어떤 의미가 있을까?

만약 그것을 합리적인 방법으로 알아내려고 한다면, 틀림없이 위의 표현들이 전혀 의미가 없다는 결론에 이르게 될 것이다. 12세기의 수학자 바스카라Bhāskara의 말을 인용해보자.

"양수의 제곱은 음수의 제곱처럼 양수이다. 따라서 양수의 제곱근은 양수와 음수 두 개를 갖고 있다. 음수의 제곱근은 없는데, 이는 음수가 제곱이 아니기 때문이다."

그러나 수학자들은 집요한 사람들이므로, 공식에 전혀 의미가 없는 것처럼 보이는 게 잇달아 튀어나오면, 그것에 의미를 부여하려고 온 힘을 다할 것이다. 그리고 음수의 제곱근은 확실히 과거의 수학자들을 사로잡았던 간단한 산술 문제들에서든, 혹은 상대성이론의 틀에서 시간과 공간을 통일시키는 20세기의 문제에서든, 온갖 종류의 장소에서 잇달아 튀어나온다.

전혀 무의미해 보이는 음수의 제곱근을 포함하는 공식을 최초로 쓰기 시작했던 용감한 사람은 16세기의 이탈리아 수학자 카르다노 Girolamo Cardano이었다. 그는 10이라는 수를, 곱해서 40이 되는 두 부분으로 나누는 가능성을 논의하면서, 비록 이 문제에 합리적인 해는 없지만 다음과 같은 두 개의 불가능한 수학적 표현을 갖는 형태의 해는 얻을 수 있다는 것을 입증했다.

---

* 다른 수들의 제곱근을 찾는 것도 쉽다. 예컨대 $\sqrt{5}=2.236\cdots\cdots$인데, $(2.236\cdots\cdots)\times(2.236\cdots\cdots)=5.000\cdots\cdots$이기 때문이며, 또 $\sqrt{7.3}=2.702\cdots\cdots$인데, $(2.702\cdots\cdots)\times(2.702\cdots\cdots)=7.300\cdots\cdots$이기 때문이다.

$$5+\sqrt{-15} \text{ 와 } 5-\sqrt{-15}$$

  카르다노는 위의 수식을 쓸 때 그것이 무의미하고 허구이며 상상의 수라는 단서를 달기는 했지만, 그래도 그것들을 쓰기는 했다.

  그리고 만약 대담하게 음수의 제곱근을 쓰기만 한다면, 그게 상상의 수이기는 해도 10이라는 수를 두 개의 원하는 부분으로 나누는 문제가 해결될 수 있다. 비록 언제나 굉장한 단서와 적당한 변명이 붙기는 했지만 일단 얼음이 깨지자, 음수의 제곱근들이, 혹은 카르다노의 별칭들 가운데 하나를 따서 부르면 이른바 허수들 imaginary numbers이 다양한 수학자들에 의해 점점 더 자주 쓰이게 되었다. 1770년에 독일의 유명한 수학자 오일러가 출간한 대수학 책에서는 "$\sqrt{-1}$, $\sqrt{-2}$ 등과 같은 모든 표현은 음수 양들의 제곱근을 나타내기 때문에 불가능한 혹은 상상의 수이며, 우리는 그런 수들이 무無도 아니고, 무의 이상도 이하도 아니므로 반드시 상상의 수나 불가능한 수여야만 한다는 사실을 솔직하게 단언해야 할 것이다"라는 장황한 설명이 붙어 있기는 했지만 허수들의 많은 응용을 발견할 수 있다.

  그러나 이런 남용과 변명에도 불구하고 허수들은 곧 수학에서 분

---

* 증명은 다음과 같다.

$(5+\sqrt{-15})+(5-\sqrt{-15}) = 5+5=10$이고

$(5+\sqrt{-15}) \times (5-\sqrt{-15}) = (5\times 5)+5\sqrt{-15}-5\sqrt{-15}-(\sqrt{-15} \times \sqrt{-15})$

$= (5\times 5)-(-15)=25+15=40$이다.

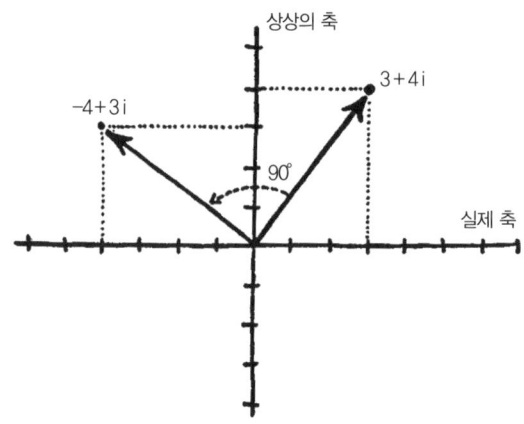

:: 그림 10 허수축, 실수축

수나 근根만큼이나 피할 수 없는 부분이 되었고, 사실상 우리는 어디에서든 그것들을 사용하게 되었다.

말하자면 허수족族은 보통 수 혹은 실수의 가짜 거울상을 나타내며, 우리가 기본 수 1부터 시작해서 모든 실수를 만들어낼 수 있는 것처럼, 대개 i라는 기호로 표시되는 기본 허수 단위 $\sqrt{-1}$부터 모든 허수를 만들어낼 수 있다.

$\sqrt{-9} = \sqrt{-9} \times \sqrt{-1} = 3i$ 이고, $\sqrt{-7} = \sqrt{7} \times \sqrt{-1} = 2.646\cdots\cdots i$ 라는 것을 쉽게 할 수 있으므로, 보통 실수는 모두 허수 짝을 갖는다. 또한 우리는 카르다노가 실수와 허수를 결합시켜서 처음으로 시도했던 $5 + \sqrt{-15} = 5 + i\sqrt{15}$ 와 같은 표현을 만들 수 있다. 그런 혼성 형태들은 대개 복소수로 알려져 있다.

허수는 수학의 영역으로 들어온 지 200년이 넘도록 미스터리와 경이의 베일에 싸여 있었지만 노르웨이의 측량기사인 베셀과 파리의 부기계원인 아르강이라는 두 명의 아마추어 수학자에 의해 마침내 간단한 기하학적 해석을 얻게 되었다.

그들의 해석에 따르면, 예컨대 3+4i 같은 복소수는 그림 10에서처럼 3은 수평 거리에 대응하고, 4는 수직 혹은 세로 거리를 나타내는 것으로 표현할 수 있다.

실제로 보통의 모든 실수는(양이든 음이든) 수평축에 있는 점들에 대응하도록 표현될 수 있는 반면, 모든 순수한 허수는 수직축 위의 점들로 표현된다. 그리고 예컨대 수평축 위의 점을 나타내는 3 같은 실수에 허수 단위인 i를 곱할 때는 순수한 허수를 얻으므로, 이 수는 수직축 위에 표시되어야만 한다. 그러므로 i를 곱하는 것은 **기하학적으로 반시계 방향으로 90도만큼 회전시키는 것과 같다**(그림 10 참고).

만약 이제 $3i$에 i를 한 번 더 곱하면, 그것을 또다시 90도만큼 돌려야 하므로, 그 결과 만들어지는 점은 다시 수평축으로 돌아오지만, 이제 음수 쪽에 위치하게 된다. 그러므로 $3i \times i = 3i^2 = -3$, 즉 $i^2 = -1$이다. 따라서 'i의 제곱은 -1과 같다'는 말이 '90도만큼 두 번 돌리면(두 번 모두 반시계 방향으로) 반대 방향에 있게 된다'는 말보다 훨씬 더 이해하기 쉽다.

물론 혼성 복소수에도 똑같은 규칙이 적용된다. $3+4i$에 i를 곱하면 다음과 같은 식을 얻는다.

$$(3+4i)i = 3i + 4i^2 = 3i - 4 = -4 + 3i$$

그리고 그림 10에서 곧바로 알 수 있는 것처럼, $-4+3i$라는 점은 원점을 중심으로 반시계 방향으로 90도만큼 회전시킨 $3+4i$라는 점에 대응된다. 마찬가지로 $-i$를 곱하는 것은 그림 10에서 볼 수 있는 것처럼 원점을 중심으로 시계 방향으로 회전시킨 것에 지나지 않는다.

만약 허수를 둘러싼 미스터리의 베일을 여전히 느낀다면, 실제로 응용할 수 있는 간단한 문제 하나를 해결함으로써 그것을 벗겨버릴 수 있을 것이다.

젊고 모험심 강한 한 젊은이가 증조할아버지의 문서들 가운데에서 감춰진 보물의 위치가 적힌 양피지 조각 하나를 발견했다. 거기엔 이런 설명이 적혀 있었다.

"북위＿＿＿와 서경＿＿＿*로 항해하면 무인도 하나를 발견하게 될 것이다. 떡갈나무 한 그루와 소나무 한 그루가 서 있는 이 섬의 북쪽 해안에는 넓은 초원이 펼쳐져 있다.** 거기서 그대는 한때 우리가 배신자들을 교수형에 처했던 낡은 교수대들을 발견할 것이다. 그 교수대들에서부터 걸음 수를 헤아리며 떡갈나무까지 걸어가라. 떡갈나무에서 **오른쪽**으로 90도 돈 뒤 똑같은 수의 걸음만큼 걸어가야 한다. 거기서 땅에 못을 하나 박아라. 이제 그대는 교수대로 다

---

* 문서에는 경도와 위도의 실제 숫자들이 적혀 있지만 그 비밀을 누설하지 않기 위해, 이 책에서는 생략되었다.
** 이 나무들의 이름 역시 위와 같은 이유로 바꾸었다. 열대의 보물섬에는 분명히 다른 다양한 나무가 있을 것이다.

:: 그림 11
허수들이 있는 보물찾기.

시 돌아가 걸음 수를 세며 소나무까지 걸어가야 한다. 소나무에서 **왼쪽**으로 90도 돌고 똑같은 수의 걸음만큼 걸어간 뒤 또 다른 못을 땅에 박아야 한다. 두 못 사이의 절반쯤 되는 지점을 파라. 그러면 거기에 보물이 있다."

설명이 아주 명료하고 분명했으므로, 우리의 젊은이는 배를 빌려 남해로 항해를 떠났다. 그는 섬과 들판과 떡갈나무와 소나무를 발견했지만, 슬프게도 교수대들은 이미 사라지고 없었다. 그 양피지가 쓰인 뒤로 너무나 오랜 시간이 흘렀던 터라 비와 태양과 바람에 교수대의 나무가 허물어져 흙으로 돌아가 버렸으므로 심지어 교수대가 서 있었던 장소의 흔적조차 남아 있지 않았다.

모험심 강한 젊은이는 절망에 빠졌지만, 그 뒤 격앙되어 들판 여기저기를 미친 듯이 마구 파기 시작했다. 그러나 그의 모든 노력은 헛수고로 끝나고 말았다. 섬이 너무 컸던 것이다! 결국 그는 빈손으로 돌아왔다. 그리고 그 보물은 여전히 그곳에 있을지도 모른다.

슬픈 이야기지만 훨씬 더 슬픈 것은 만약 그 젊은이가 수학에 대해서 조금만 더 알았더라면, 특히 허수를 사용할 수 있었더라면 보물을 얻었을지도 모른다는 사실이다. 이미 너무 늦어서 그에겐 아무 소용없게 되었지만, 우리가 그를 위해 보물을 찾을 수 있는지 알아보도록 하자.

이 섬을 허수 평면으로 생각하고 두 나무의 기부를 지나가는 한 축(실수축)을 그린 다음 첫 번째 축과 직각이고 두 나무의 중간점을 통과하는 또 다른 축(허수축)을 그린다(그림 11). 나무들 사이 거리의 절반을 우리의 길이 단위로 정하면, 떡갈나무는 실수축 위의 −1이라는 점에 놓여 있고, 소나무는 +1이라는 점에 놓여 있다. 우리는 교수대들이 어디에 있는지 모르기 때문에 그 가상 위치를 교수대 모양과 비슷한 그리스 문자인 대문자 감마(Γ)로 표시하도록 하자. 교수대들이 반드시 두 축 중 하나에 놓여 있지는 않기 때문에 Γ는 복소수로 생각해야 한다. 표현을 해보면 $\Gamma = a + bi$이고, 여기서 a와 b의 의미는 그림 11에 의해 설명된다.

이제 위에서 설명한 허수 곱셈의 규칙을 기억하면서 몇 가지 간단한 계산들을 해보자. 만약 교수대들은 Γ에 있고 떡갈나무는 -1에 있다면, 두 사물이 떨어진 거리와 방향은 $(-1)-\Gamma=-(1+\Gamma)$로 표시할 수 있다. 마찬가지로 교수대들과 소나무의 거리는 $1-\Gamma$이다. 이들 두 거리를 시계 방향(오른쪽)과 반시계 방향(왼쪽)으로 90도 돌리기 위해서는 위의 규칙에 따라 그 거리들에 $-i$와 i를 곱해서 우리가 두 개의 못을 박아야 하는 장소를 찾아야 하며, 그 장소들은 다음과 같다.

첫 번째 못: $(-i)[-(1+\Gamma)]+1=i(\Gamma+1)-1$
두 번째 못: $(+i)(1-\Gamma)-1=i(1-\Gamma)+1$

보물은 이 두 못 사이의 중간에 있으므로, 이제 우리는 위에 적힌 두 복소수의 합의 절반을 찾아야 하며 그 값은 다음과 같다.

$$\frac{1}{2}[i(\Gamma+1)+1+i(1-\Gamma)-1]=\frac{1}{2}[+i\Gamma+i+1+i-i\Gamma-1]$$
$$=\frac{1}{2}(+2i)=+i$$

이제 우리의 계산에서부터 Γ로 표시된 교수대들의 위치가 그 길을 따르는 어딘가에 있었으며, 교수대들이 어디에 서 있었든 간에 보물은 $+i$라는 점에 놓여 있어야 한다는 사실을 알게 된다.

따라서 우리의 모험심 많은 젊은이가 만약 이런 간단한 수학만 할 수 있었더라면 그는 섬 전체를 파헤칠 필요도 없었을 테고, 그림 11에 x로 표시된 지점을 찾아보았다면 보물을 발견할 수 있었을 것이다.

만약 보물을 찾기 위해서 꼭 교수대들의 위치를 알 필요가 없다는 사실을 여전히 믿지 못하겠다면, 종이에 두 나무의 위치를 표시하고, 교수대들의 위치를 몇 가지 다르게 가정해서 양피지에 적혀 있는 사항들을 따라가 보도록 해라. 그러면 항상 이 복소수 평면 위에 있는 $+i$라는 수에 해당하는 동일한 점을 얻게 될 것이다.

우리가 -1의 허수 제곱근을 이용해서 찾은 또 하나의 감춰진 보물은 보통 3차원 공간과 시간을 결합해서 4차원 기하학 법칙들이 지배하는 어떤 4차원 상황을 만들 수 있다는 놀라운 발견이었다. 우리는 다음 장章들 가운데 하나에서 이 발견으로 돌아가 알베르트 아인슈타인Albert Einstein의 생각들과 그의 상대성이론에 대해서 논의할 것이다.

2부

공간, 시간 그리고 아인슈타인

ONE TWO THREE...
INFINITY
Facts and Speculations at Science

3

공간의 이상한 성질들

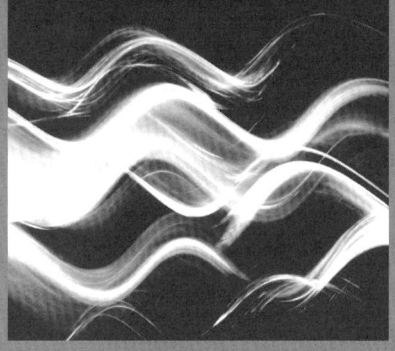

UNUSUAL PROPERTIES
of
SPACE

3
공간의 이상한 성질들

차원과 좌표

공간이 무엇인지는 누구나 알고 있지만, 만약 그 말이 정확히 무엇을 뜻하는지 정의해보라고 하면 다소 어물쩍거릴 것이다. 그러고는 아마도 공간이란 우리를 에워싸고 있는 것으로, 우리는 공간을 통해 전후좌우 상하로 움직일 수 있다고 대답할 것이다. 서로 수직인 세 개의 독립적인 방향의 존재는 우리가 살고 있는 물리적 공간의 가장 기본적인 성질들 가운데 하나를 대표한다. 따라서 우리는 공간이 세 방향을 갖고 있다고 혹은 3차원이라고 말한다. 공간의 어떤 장소라고 이 세 개의 방향을 이용해서 표시할 수 있다. 만약 낯선 도시에서 호텔 프런트에 어떤 유명한 회사의 사무실을 어떻게 찾아가야 하는지 묻는다면, 안내원은 이렇게 대답할 것이다.

"남쪽으로 다섯 블록(5) 걸어가신 다음, 오른쪽으로 두(2) 블록 가시면 건물이 나옵니다. 그 건물 7층으로 올라가시면 됩니다."

주어진 세 개의 숫자들은 대개 축으로 알려져 있고, 이 경우에는 도시의 거리와 건물의 층과 호텔 로비의 원점 사이의 관계를 나타낸다. 그러나 원점이 어디든, 이 새로운 원점과 목적지 사이의 관계를 정확하게 표현해줄 좌표계를 이용하면 똑같은 목적지까지 가는 방향들을 쉽게 찾을 수 있으며, 만약 구좌표계에 대한 신좌표계의 상대적 위치를 알고 있다면 간단한 수학적 과정을 거쳐서 신좌표계를 구좌표계로 표현할 수 있다는 것은 분명하다. 이 과정은 좌표 변환으로 알려져 있다. 여기서 세 좌표 모두가 반드시 어떤 거리를 나타내는 숫자로 표현될 필요 없다는 말을 덧붙여야 할지도 모르겠다. 사실 어떤 경우에는 각 좌표angular co-ordinates를 사용하는 게 더 편리하기도 하다.

예컨대 뉴욕 시의 주소들은 스트리트와 애비뉴로 표현되는 **직각 좌표계**로 가장 자연스럽게 표현되는 반면, 모스크바(러시아)의 주소 시스템은 확실히 극 좌표계로 변환시켜서 얻게 될 것이다. 이 오래된 도시는 크렘린이라는 중앙 성채를 중심으로 거리와 몇몇 동심원 모양의 원형대로들이 방사상으로 뻗어나가고 있으므로, 예컨대 크렘린 벽에서 북북서 방향으로 스무 번째 블록에 위치한 어떤 집에 대해서 말하는 게 당연할 것이다.

직각 좌표계와 극 좌표계의 고전적인 예로는 미국 해군부 건물과 2차 세계대전 때 전쟁 업무와 관련되었던 사람이라면 누구나 알고 있는 워싱턴 DC에 자리한 육군성의 펜타곤 건물을 들 수 있다.

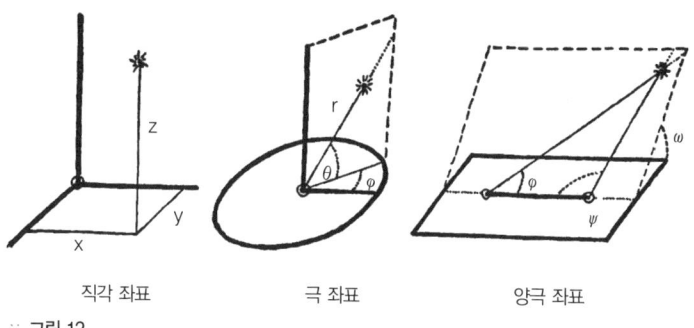

직각 좌표　　　　　극 좌표　　　　　양극 좌표

:: 그림 12

    그림 12는 공간에 있는 어떤 점의 위치가 거리와 각을 이용하는 세 좌표계에 의해 다른 방식으로 기술될 수 있음을 보여주는 몇 가지 사례를 제시한다. 그러나 어떤 좌표계를 선택하든, 우리가 3차원 공간을 다루고 있기 때문에 항상 세 개의 데이터가 필요할 것이다.

    비록 3차원 공간 개념을 이용해서 3차원 이상인 초공간을 상상하기는 어렵다고 해도(그러나 나중에 알게 되겠지만, 그런 공간들이 존재한다), 3차원보다 작은 공간을 상상하기는 쉽다. 평면이나 구의 표면, 혹은 사실상 어떤 표면이든 그 표면에 있는 점의 위치는 항상 두 개의 숫자로만 묘사되기 때문에 2차원 공간이다. 마찬가지로 선(직선이든 곡선이든)은 1차원 공간이므로, 그 위에 있는 어떤 위치를 묘사하려면 단 한 개의 숫자만 있으면 된다. 또한 점은 0차원 공간이라고 말할 수 있다. 왜냐하면 어떤 점 안에는 두 개의 다른 장소가 존재하지 않기 때문이다.

    우리는 3차원 생물이기 때문에 우리가 속한 3차원의 기하학적 성질들보다 우리가 '바깥에서' 볼 수 있는 선과 면의 기하학적 성질들을 훨씬 더 쉽게 이해할 수 있다. 우리가 곡선이나 곡면의 의미는 쉽게 이해하면서도, 3차원 공간 역시 휘어졌을 수 있다는 말에는 깜짝 놀라는 것이 바로 이 때문이다.

그러나 조금만 연습하고, '곡률'의 진정한 의미를 이해하게 되면, 휘어진 3차원 공간의 개념이 정말로 매우 간단하다는 것을 알게 될 것이며, 다음 장이 끝날 무렵이면 언뜻 보기에 끔찍한 개념처럼 보였던 휘어진 4차원 공간에 대해 편하게 말할 수 있게 될 것이다.

그러나 본격적인 논의에 앞서, 보통의 3차원 공간과 2차원 면과 1차원 선에 대한 몇 가지 사실들로 두뇌 훈련을 해보도록 하자.

측정치가 없는 기하학

학창 시절에 배웠던 기하학인 공간 측정의 과학*이 주로 다양한 거리와 각 사이의 수리 관계에 관한 많은 정리(예컨대 직각삼각형의 세 변에 관한 유명한 피타고라스의 정리처럼)로 이루어져 있기는 해도, 가장 기본적인 공간 성질들 대부분은 길이나 각의 측정을 필요로 하지 않는 게 사실이다. 이런 문제들을 다루는 기하학 분야는 위치의

---

* 기하학geometry이라는 이름은 지구, 더 정확하게 말하면 땅을 뜻하는 ge와 측정하다는 뜻의 mertrein이라는 두 그리스어에서 유래한다. 이 말이 만들어진 당시 고대 그리스인들이 이런 문제에 관심을 갖게 된 것은 자신들이 소유한 땅의 크기를 측정하기 위해서였다.

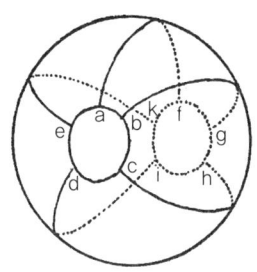 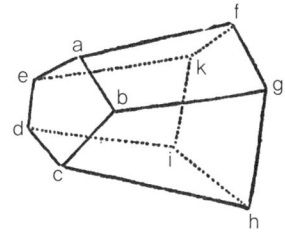

:: **그림 13**
잘게 나누어진 구가 다면체로 변형되었다.

분석, 즉 위상수학topology*으로 알려져 있으며 수학의 가장 도발적이고 어려운 분야 가운데 하나이다.

전형적인 위상수학 문제의 간단한 사례를 들기 위해서, 닫힌 기하학 평면인 구면을 생각하고 여러 개의 선을 이용해서 그 내부를 여러 영역으로 나눈다고 생각해보자. 구면 위에 임의로 많은 점을 찍고 선들이 서로 교차하지 않도록 연결하면 그런 모양을 준비할 수 있다. 원래 점들의 수와, 인접한 지역들 사이의 경계를 나타내는 선들의 수, 그리고 지역들 자체의 수 사이에는 어떤 관계가 있을까?

구 대신에 호박처럼 길고 납작한 구나, 오이 같은 긴 형태를 택했어도, 점과 선과 영역의 수는 완벽한 구의 경우와 정확히 똑같았을 것이다. 사실 고무풍선을 자르거나 찢는 것을 제외하고는, 모양을 바꾸고 잡아 늘이고 짓눌러서 얻을 수 있는 닫힌 면은 어느 것을 취한다고 해도, 공식뿐만 아니라 우리의 질문에 대한 답은 전혀 변하

---

* 이는 라틴어와 그리스어 각각으로부터, 위치의 조사를 뜻한다.

지 않을 것이다. 이 사실은 기하학의 보통 수리 관계들(선형 치수, 면적 그리고 기하학적 형태들의 부피 같은)에 대한 사실들과 놀라운 대조를 보인다. 사실 우리가 육면체를 잡아 늘여서 평행육면체로 바꾸고, 구를 짓눌러서 팬케이크를 만든다면 그런 관계들은 크게 왜곡될 것이다.

이제 여러 면으로 나누어진 우리의 구를 이용해서 할 수 있는 일들 가운데 하나는 구가 다면체가 되도록 각 면을 납작하게 누르는 것이다. 그렇게 하면 다른 면들의 경계선들은 다면체의 모서리가 되고, 원래의 점들은 그 꼭짓점이 된다.

이제 앞의 문제는 그 의미를 전혀 바꾸지 않고도, 임의 형태의 다면체 안에 있는 꼭짓점과 모서리와 면 들의 수 사이의 관계를 연결하는 문제로 다시 나타낼 수 있다.

그림 14는 모든 면의 모서리와 꼭짓점 수가 같은 정다면체 다섯 개와 그저 상상으로 그린 불규칙 다면체 하나를 보여준다.

이런 기하학적 형태에서 우리는 꼭짓점과 모서리와 면의 수를 셀 수 있다. 그러면 이들 세 수 사이에는 어떤 관계가 있을까?

직접 세어보는 방법으로 이와 같은 표를 만들 수 있다.

처음에는 세 개의 세로줄에 주어진 숫자들(V와 E와 F 밑에 있는)이 어떤 명확한 상관관계도 없는 듯 보이지만, 조금만 살펴보면 V와 F 세로줄에 있는 숫자들의 합이 E 세로줄에 있는 숫자보다 항상 2만큼 더 크다는 것을 알게 될 것이다. 따라서 우리는 그 수학적 관계를 다음과 같이 쓸 수 있다.

$$V+F=E+2$$

이름	V 꼭짓점의 수	E 모서리의 수	F 면의 수	V+F	E+2
4면체(피라미드)	4	6	4	8	8
6면체(입방체)	8	12	6	14	14
8면체	6	12	8	14	14
20면체	12	30	20	32	32
12면체 혹은 펜타곤-12면체	20	30	12	32	32
기형	21	45	26	47	47

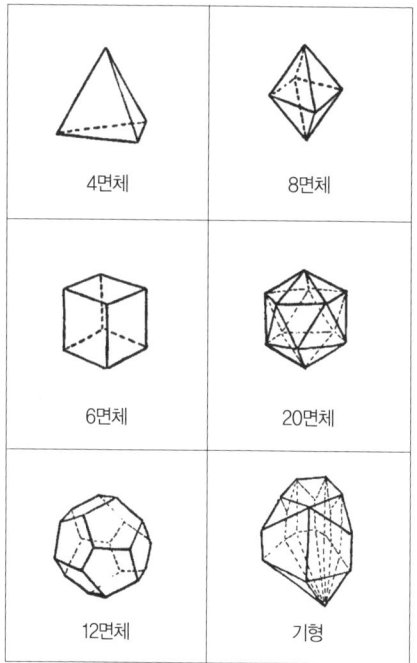

:: 그림 14
다섯 개의 정다면체(유일하게 가능한 것들)와 한 개의 불규칙 기형.

이 관계는 그림 14에 제시된 다섯 개의 특별한 다면체에서만 성립하는 걸까, 아니면 어떤 다면체에서나 성립하는 걸까? 만약 그림 14에 제시된 것들과 다른 다면체 몇 개를 그려서 그 꼭짓점과 모서리와 면의 수를 세어본다면, 모든 경우에 위의 관계가 존재한다는 사실을 알게 될 것이다. 그러면 분명히 $V+F=E+2$는 가로대의 길이나 면의 면적 측정치에 상관없이, 오직 관련된 다른 기하학적 단위(즉 꼭짓점, 모서리, 면)의 수하고만 관련되므로 위상수학적 성질을 갖는 일반수학의 정리이다.

우리가 방금 다면체의 꼭짓점과 모서리와 면의 수 사이에서 찾은 관계를 처음으로 알아챈 사람은 17세기의 유명한 프랑스 수학자 르네 데카르트René Descartes였다. 그러나 엄밀한 증명은 나중에 또 다른 천재 수학자인 오일러에 의해 이루어졌으므로, 결국 그 정리는 오일러의 정리Euler's theorem로 불리게 되었다.

그런 종류의 일들이 어떻게 이루어지는지 보여주기 위해서, 리처드 쿠랑Richard Courant과 허버트 로빈스Herbert Ellis Robbins의 《수학이란 무엇인가?What Is Mathematics?》에 실린 오일러의 정리에 관한 완전한 증명을 여기에 싣는다.

오일러의 공식을 입증하기 위해서, 주어진 간단한 다면체가 내부

---

* 쿠랑 박사와 로빈스 박사 그리고 그 증명 부분을 이 책에 실을 수 있도록 허락해준 옥스퍼드 대학교 출판사에게 감사드린다. 여기에 제시된 몇몇 사례들을 기초로 위상수학 문제에 관심을 갖게 된 독자들은 《수학이란 무엇인가?》라는 책을 읽으면 더 상세한 내용을 알게 될 것이다.

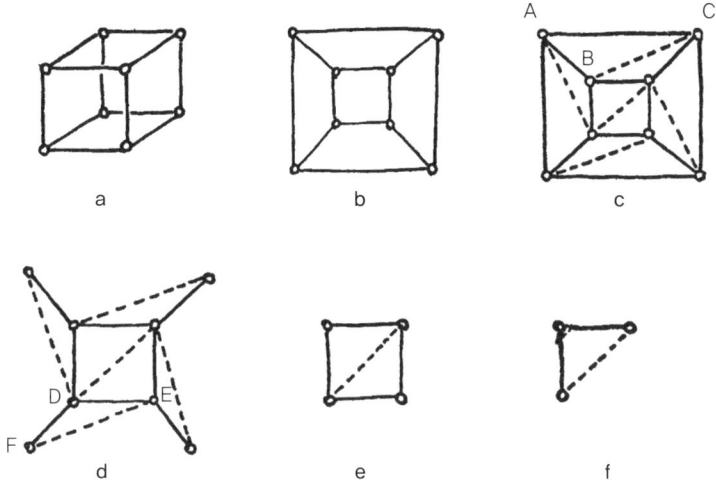

:: 그림 15
오일러의 정리 증명. 이 그림은 특히 6면체에 대해서 그린 것이지만, 다른 다면체의 경우에도 결과는 똑같을 것이다.

는 텅 비어 있고 면은 얇은 고무로 만들어져 있다고 상상해보자(그림 15a). 그러고서 이 텅 빈 다면체의 면들 가운데 하나를 자른다면, 남아 있는 면이 평면 위에 납작하게 펴질 때까지 모양을 바꿀 수 있다(그림 15b). 물론 이 과정에서 이 면들의 면적과 다면체의 모서리들 사이의 각들은 변할 것이다. 그러나 이 평면에 있는 꼭짓점과 모서리 들의 연결망은 원래의 다면체와 똑같은 수의 꼭짓점과 모서리를 포함하지만, 면 하나가 제거되었기 때문에 다각형들의 수는 원래의 다면체보다 하나 적을 것이다. 이제 우리는 평면 연결망에 대해서는 $V-E+F=1$이므로, 만약 제거된 면까지 셈에 포함시킨다면 원래의 다면체에 대해서는 $V-E+F=2$가 된다는 것을 입증할 것이다.

우선 우리는 다음과 같은 방식으로 평면 연결망을 '삼각형'으로 나눈다. 즉 연결망에서 이미 삼각형이 아닌 일부 다각형에는 대각선을 그린다. 이렇게 하면 E와 F 모두를 하나씩 증가시켜서 $V-E+F$의 값을 보존하는 효과가 있다. 이제 대각선들을 계속 그리면서 완전히 삼각형들로만 이루어진 모습이 될 때까지 점들의 짝을 연결하면 결국 그림 15c처럼 될 게 틀림없다. 삼각형 모양의 연결망에서는, $V-E+F$가 삼각형으로 나누기 전과 똑같은 값을 갖는다. 왜냐하면 대각선을 그린다고 해서 값이 바뀌지 않았기 때문이다.

일부 삼각형들은 연결망의 경계에 모서리를 갖고 있다. 물론 ABC 같은 일부 삼각형은 경계에 한 개의 모서리만 갖고 있지만, 어떤 삼각형들은 경계에 두 개의 모서리를 갖고 있다. 우리는 임의의 경계 삼각형을 택하고 그 삼각형에서 다른 어떤 삼각형에도 속해 있지 않은 부분을 제거한다(그림 15d). 따라서 ABC에서 모서리 AC와 그 면을 제거하면 꼭짓점 A, B, C와 두 모서리 AB와 BC가 남는다. 또 DEF에서는 그 면과, 두 개의 모서리 DF와 FE 그리고 꼭짓점 F를 제거한다.

ABC 같은 형태의 삼각형을 제거하면 E와 F는 하나씩 줄어드는 반면, V는 영향을 받지 않으므로 $V-E+F$의 값은 똑같이 유지된다. DEF 같은 형태의 삼각형을 제거하면 V는 하나가 줄어들고, E는 둘이 줄어들고, F는 하나가 줄어들므로, 이번에도 $V-F+E$는 똑같이 유지된다. 적절히 선택해서 이런 작업들을 계속하면, 경계에 모서리를 가진 삼각형들을 제거할 수 있고(제거할 때마다 경계가 바뀐다), 마침내 모서리와 꼭짓점이 세 개이고 면이 하나인 단 한 개의 삼각형만 남게 된다. 이 간단한 연결망의 경우에는, $V-$

$E+F=3-3+1=1$이다. 하지만 우리는 삼각형들을 끊임없이 제거하는 방법으로는 $V-E+F$가 바뀌지 않는다는 것을 알았다. 그러므로 원래의 평면 연결망에서도 $V-E+F$는 1일 게 틀림없고, 따라서 한 면이 없는 다면체에 대해서도 그 값은 1과 같다. 결국 완전한 다면체의 경우에는 $V-E+F=2$라는 결론을 얻는다. 이것으로 오일러의 공식의 증명이 완성된다.

오일러의 공식의 한 가지 흥미로운 결과는 **정다면체는 그림 14에 제시된 다섯 개밖에 없다**는 증명이다.

그러나 앞의 논의를 주의 깊게 살펴보면, 오일러의 정리의 증명으로 이어지는 수학적 논리에서뿐만 아니라 그림 14에서 보여준 '다른 모든 종류의' 다면체 그림을 그릴 때도, 우리의 선택을 제한하는 감춰진 가정이 하나 있다는 사실을 알아챘을 것이다. 이를테면 우리는 구멍이 하나도 없는 다면체들로만 대상을 제한했다. 그리고 구멍에 대해서 말할 때는 고무풍선의 찢어진 구멍 같은 게 아니라 도넛의 구멍이나 고무 타이어 관의 밀폐된 빈 굴 같은 무언가를 의미한다.

그림 16을 보면 상황이 명료해질 것이다. 여기에 있는 두 개의 다른 기하학적 입체는 그림 14의 입체들 같은 다면체이다.

이제 우리의 새로운 다면체에도 오일러의 정리를 적용할 수 있는지 알아보자.

첫 번째 다면체의 경우에는 총 16개의 꼭짓점과 32개의 모서리와 16개의 면을 갖고 있다. 따라서 $V+F=32$인 반면, $E+2=34$이다.

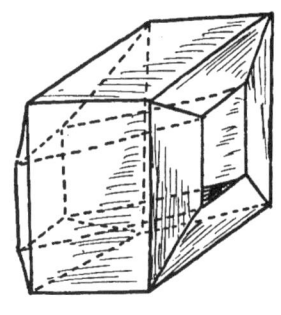 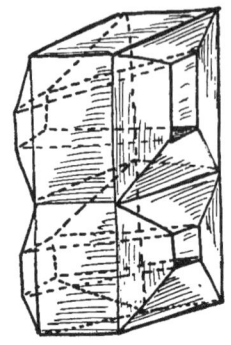

:: 그림 16
한 개의 구멍과 두 개의 구멍을 가진 보통 육면체 두 개. 면들이 모두 정확한 직사각형은 아니지만, 알다시피 이것은 위상수학에서 중요하지 않다.

두 번째 경우에는 28개의 꼭짓점과 46개의 모서리와 30개의 면을 갖고 있으므로 $V+F=58$인 반면, $E+2=48$이다. 이번에도 틀렸다!

왜 그런 걸까? 그리고 위에서 주어진 오일러의 정리의 일반적 증명이 이런 다면체에서는 성립하지 않는 이유가 무엇일까?

물론 문제는 우리가 위에서 고려했던 모든 다면체는 축구공이나 풍선과 관련시킬 수 있는 반면, 이 새로운 형태의 구멍난 다면체들은 타이어 관이나 혹은 훨씬 복잡한 고무 생산품들과 더 비슷하다는 점이다. 후자 같은 다면체에는 위에 주어진 수학적 증명을 적용할 수 없다. 왜냐하면 이런 입체들의 경우에는, 이 증명에 필요한 모든 작업을 수행할 수 없기 때문이다. 사실 우리는 '구멍난 다면체들의 면들 가운데 하나를 잘라내고 남아 있는 면이 평면에 납작하게 펴질 때까지 형태를 바꾸라'는 요청을 받았다.

만약 가위로 축구공 표면의 일부를 잘라낸다면, 그런 요청 조건을 충족시키는 데 전혀 어려움이 없을 것이다. 그러나 아무리 노력해도 타이어 관으로는 조건을 충족시킬 수 없다. 그림 16만으로 이를 확신하지 못하겠다면, 낡은 관을 구해서 시도해보라!

그러나 더 복잡한 형태의 다면체들의 경우에는 V와 E와 F 사이에 아무런 관계가 없다고 생각해서는 안 된다. 관계는 있지만 다른 관계이다. 도넛 모양, 혹은 더 과학적으로 말해서 원환체의 경우에는 $V+F=E$인 반면, '프레첼'의 경우에는 $V+F=E-2$이다. 일반적으로 $V+F+E+2-2N$이며, 여기서 N은 구멍의 수이다.

오일러의 정리와 밀접한 관련이 있는 또 다른 대표적인 위상수학 문제는 이른바 '네 가지 색깔의 문제'이다. 여러 개의 지역으로 나누어진 구면이 있는데 이들 지역을 인접한 두 영역(공통의 경계를 갖는 것들)이 똑같은 색깔이 되지 않도록 색칠하라는 말을 들었다고 하자. 그러면 그런 작업을 위해 사용해야만 하는 최소한의 색깔은 몇 개일까? 일반적으로 두 색깔만으로는 충분하지 않은 게 분명하다. 왜냐하면 세 개의 경계가 한 점에 모였을 때(예컨대, 그림 17에 있는 미국의 지도에서 버지니아와 웨스트버지니아와 메릴랜드의 경계들처럼)는 이 세 개의 주 모두가 다른 색깔이 필요하기 때문이다.

네 개의 색깔이 필요한 사례(독일이 오스트리아를 합병하고 있는 동안의 스위스)를 찾는 것도 어렵지 않다(그림 17).[•]

그러나 구면이나 평평한 종이[•]로는 아무리 노력해도 가상 지도를

• 합병 전에는 색깔 세 개면 충분했을 것이다. 스위스는 초록색으로, 프랑스와 오스트리아는 붉은색으로, 독일과 이탈리아는 노란색으로 칠하면 될 테니까.

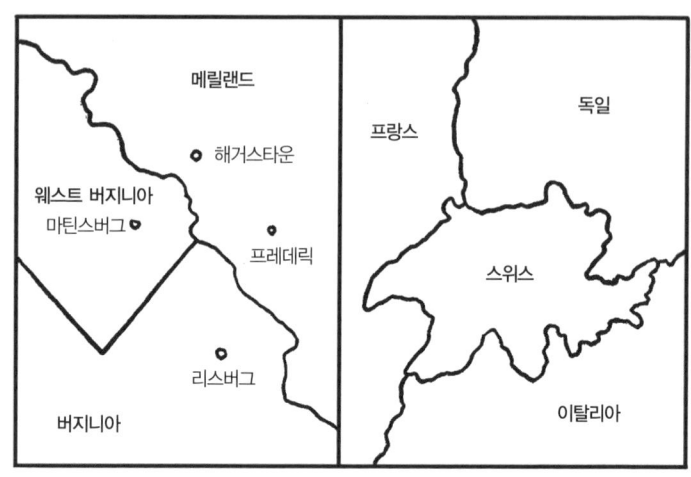

:: 그림 17
메릴랜드, 버지니아, 웨스트버지니아(왼쪽)와 스위스, 프랑스, 독일, 이탈리아(오른쪽)의 위상수학적 지도.

만들 수 없을 것이다. 그렇게 하려면 색깔이 네 개 이상 필요할 것이다. 지도를 몹시 복잡하게 만들어도 네 색깔이면 경계선의 혼란을 피하기에 항상 충분한 것 같다.

하지만 이 마지막 명제가 사실이라면 수학적으로 증명할 수 있어야 하는데, 여러 세대에 걸친 수학자들의 노력에도 불구하고 이런 증명은 아직 이루어지지 않았다. 여기에 실제로 아무도 의심하지 않지만 누구도 증명할 수 없었던 수학적 명제의 전형적인 사례가

---

* 평면 지도와 구면 지도의 경우는 색을 칠하는 문제의 관점과 똑같다. 왜냐하면 구면에서 이 문제를 풀 때는 항상 색이 칠해진 지역들 가운데 하나에 작은 구멍을 만들고 그렇게 생긴 표면을 평면 위에 '펼칠' 수 있기 때문이다. 이번에도 전형적인 위상수학 변형이다.

있다. 수학적으로 이루어진 증명이라곤 다섯 개의 색깔이면 항상 충분하다는 게 고작이었다. 그런 증명은 오일러의 관계식에 기초하고 있는데, 이 관계식은 나라의 수, 국경의 수, 그리고 몇몇 나라들이 만나는 3중점, 4중점 등의 수에 적용되어 왔다.

이 증명이 상당히 복잡한데다 이 논의의 주제를 벗어나기 때문에 굳이 설명하지는 않겠지만, 독자는 위상수학에 관한 다양한 책에서 그것을 찾아 곰곰 생각해봐도 좋다. 어떤 지도를 칠하든 다섯 개뿐만 아니라 심지어 네 개의 색깔로도 충분하다는 증명을 궁리해내려고 안간힘을 쓸 수도 있을 테고, 혹은 이 명제의 타당성에 대해 회의적이라면 네 개의 색깔로는 충분하지 않은 지도를 그려볼 수도 있다. 어느 쪽을 시도하든 성공하기만 한다면, 그의 이름은 향후 수백 년 동안 순수수학의 역사에 영원히 남을 것이다.

아이러니하게도, 구면이나 평면에 대해서는 해解를 찾기가 굉장히 힘든 색깔 칠하기 문제가 도넛이나 프레첼의 표면 같은 더 복잡한 표면들에 대해서는 비교적 간단하게 풀릴 수 있다. 예를 들면 도넛의 작은 영역들은 어떻게 짝을 지워도 일곱 개의 색깔만 있으면 인접한 두 부분이 겹치지 않게 칠할 수 있다는 것을 확실하게 입증할 수 있었으며, 실제로 일곱 가지의 색이 필요한 사례들이 제시되었다.

또 다른 난해한 문제를 풀어보고 싶다면, 바람을 넣은 타이어 관과 일곱 색의 페인트를 구해서 주어진 색의 각 지역이 다른 색으로 칠해진 여섯 개의 지역과 맞닿도록 타이어 관의 표면을 칠해보아라. 그렇게 하고 나서야 비로소 '도넛 주변의 길을 진정으로 안다'고 말할 수 있을 것이다.

공간 뒤집기

지금까지 우리는 다양한 표면, 즉 오직 2차원만 있는 공간들의 위상수학적 성질들을 논의했지만, 우리가 살고 있는 3차원 공간에 대해서도 유사한 질문들을 할 수 있다는 것은 분명하다. 따라서 지도 색칠하기 문제를 3차원으로 일반화시키면 다음과 같이 표현할 수 있다. 아주 다양한 모양의 물질들을 이용해서 공간 모자이크를 만들 때 똑같은 물질의 두 조각이 공통의 표면을 따라 닿지 않게 하고 싶다. 다른 물질이 얼마나 많이 필요할까?

3차원에는 구면이나 원환체에 색깔을 칠하는 문제와 유사한 문제가 뭐가 있을까? 보통 평면과 구면이나 원환체의 관계와 똑같은 관계를 갖는 기이한 3차원 공간이 우리의 보통 공간에도 있을까? 처음에는 이 문제가 무의미해 보인다. 사실 우리는 다양한 모양의 다양한 표면은 쉽게 생각할 수 있는 반면, 3차원 공간의 형태는 우리가 살고 있는 친근한 물리적 공간 단 한 가지밖에 없다고 믿기 쉽다. 그러나 그런 판단은 위험한 망상이다. 만약 상상력을 조금만 발휘한다면, 유클리드 기하학 교재에서 공부했던 것과 다소 다른 3차원 공간들을 생각할 수 있다.

그런 이상한 공간들을 상상하기 힘든 까닭은 우리 자신이 3차원 생물이므로, 우리가 이상한 모양의 다양한 표면을 다룰 때처럼 '밖에서'가 아니라 '안에서' 공간을 보아야 하기 때문이다. 그러나 조금만 두뇌 훈련을 하면 큰 어려움 없이 이런 이상한 공간들을 정복하게 될 것이다.

우선 구면과 유사한 성질을 갖는 3차원 공간의 모형을 만들도록 해보자. 구면의 주요 성질은 물론 경계가 없기는 해도 여전히 유한한 면적을 갖고 있다는 사실이다. 왜냐하면 구면이 그저 한 바퀴를 빙 돌면 출발점으로 되돌아오게 되는 닫힌 형태이기 때문이다. 그렇게 구면처럼 닫혀 있어서 뚜렷한 모양의 경계는 없지만 유한한 부피를 갖는 3차원 공간을 상상할 수 있을까? 사과가 껍질로 한정되어 있는 것처럼, 구면으로 한정되는 두 개의 구형을 생각해보라.

이제 이들 두 구형이 '서로 관통하고' 바깥쪽 표면을 따라 연결되어 있다고 해보자. 물론 사과 같은 두 개의 물리적 형태들을 서로 비집고 들어가게 하면 껍질들이 붙을 수 있다는 것을 말하려는 것이 아니다. 사과들은 짓이겨지겠지만 결코 서로를 뚫지는 못할 것이다.

우리는 사과를 벌레들이 파먹으며 지나가는 통로 같은 복잡한 시스템으로 생각해야 한다. 벌레는 흰 벌레와 검은 벌레 두 종류가 있으며, 그것들은 서로 좋아하지 않을뿐더러 비록 껍질에서 시작되는 통로의 출발점들은 아주 가까이 붙어 있어도 다른 사과의 통로에 절대로 들어가지 않는다.

이런 두 종류의 벌레들의 공격을 받은 사과의 내부는 그림 18처럼 촘촘히 뒤얽힌 이중통로 망으로 가득 찰 것이다. 그러나 백색 통로와 흑색 통로는 서로 아주 근접해서 지나가기는 해도, 이 미로의 절반에서 나머지 절반까지 도달하기 위해서는 표면을 뚫고 나가는 방법밖에 없다. 만약 이 통로들의 지름은 점점 더 짧아지고, 수는

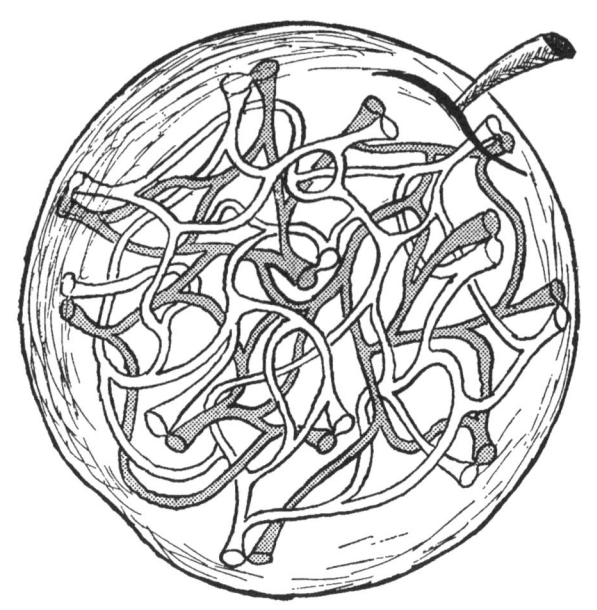
:: 그림 18

점점 더 많아진다고 하면, 마침내 사과 내부의 공간을 오직 공통의 표면에서만 연결된 두 독립 공간이 중첩되어 있는 모습으로 그려볼 수 있을 것이다.

만약 벌레를 좋아하지 않는다면, 예컨대 뉴욕 세계박람회 때 거대한 구 안에 복도와 계단의 이중폐쇄 시스템을 만들었던 것을 생각해볼 수 있다. 모든 계단은 구의 내부 곳곳에 설치될 수 있지만, 첫 번째 계단의 어떤 지점에서 두 번째 계단의 인접한 점까지 가기 위해서는 두 계단이 연결된 구면까지 갔다가 또 다시 돌아와야 할 것이다.

우리는 두 개의 구가 서로 방해하지 않고 중첩되어 있다고 말하며, 친구를 만나 악수를 나누기 위해서 먼 길을 돌아가야 하기는 해도 그 친구는 매우 가까운 사람일 수 있다! 두 계단의 맞닿은 점들은 사실 구 안에 있는 여느 다른 점과 다르지 않을 것이다. 왜냐하면 이 전체 구조를 변형시켜서 맞닿은 점들은 안쪽으로 끌어당기고 이전에 안에 있던 점들은 표면으로 올라오게 하는 게 항상 가능하기 때문이다.

우리 모형의 두 번째 중요한 점은 통로들을 연결한 길이 전체가 유한하기는 해도, '막다른 지점'이 없다는 사실이다. 복도와 계단은 벽이나 울타리에 막히지 않고 얼마든지 옮길 수 있으며, 만약 충분히 멀리 걷는다면 출발점으로 되돌아갈 수밖에 없을 것이다. **밖**에서 전체 구조를 바라보면 미로를 통해 이동하는 사람은 복도가 점차 회전하기 때문에 출발점으로 돌아오리라는 것을 알 수 있지만, **안**에 있어서 '바깥'이 존재하는지도 모르는 사람에게는 그 공간이 크기는 유한하지만 어떤 뚜렷한 경계도 없는 것으로 보일 것이다. 다음 장들 가운데 하나에서 알게 되겠지만, 분명한 경계도 없지만 전혀 무한하지도 않은 이런 **'자기폐쇄 3차원 공간'**은 우주의 성질을 논의할 때 매우 유용하다.

사실 매우 제한적인 성능의 망원경으로 이루어진 관측들은 마치 벌레들이 파먹은 사과 속의 통로들처럼, 이런 막대한 거리에서는 공간들이 휘어지기 시작해서 다시 제자리로 돌아와 닫히는 뚜렷한 경향을 보여준다는 것을 암시한다. 그러나 우리는 이런 흥미로운 문제들을 계속해서 더 논의하기 전에, 공간의 다른 성질들에 대해서 조금 더 배워야 한다.

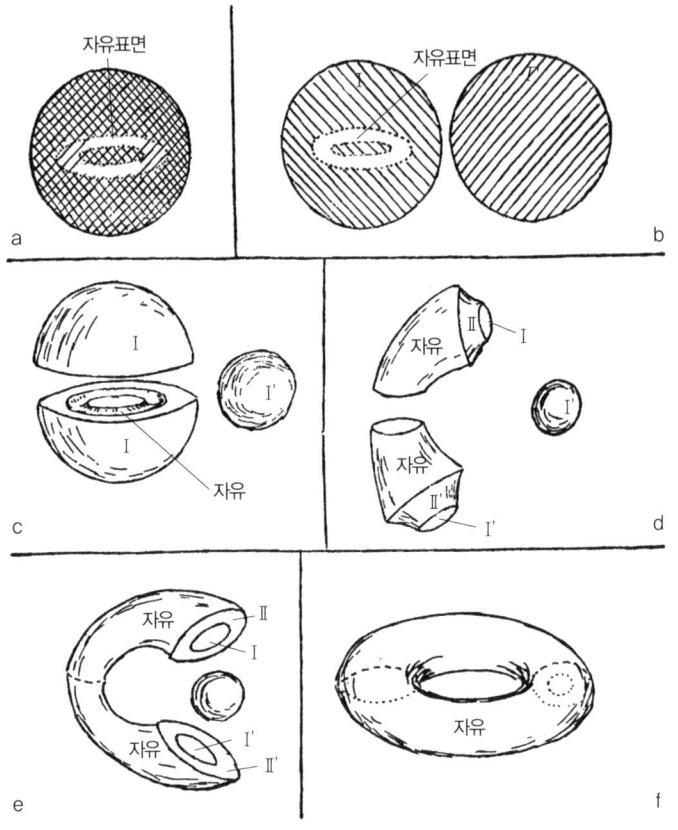

:: **그림 19**
벌레 먹은 이중사과를 멋진 도넛으로 바꾸는 방법. 마법이 아니다. 그저 위상수학일 뿐이다!

아직 사과와 벌레 문제도 완전히 끝내지 못했지만, 우리가 궁금한 다음 문제는 벌레 먹은 사과를 도넛으로 바꾸는 게 가능한지의 여부다. 아, 오해하지 말라. 벌레 먹은 사과를 도넛처럼 모양만 바꾼다는 뜻이다. 앞 절에서 논의한 것과 같은 이중사과, 즉 '서로 관통하고' 있고 껍질을 따라 '서로 붙어 있는' 두 개의 사과가 있다고 하자. 벌레 한 마리가 한쪽 사과의 안에서 그림 19처럼 넓은 원형 통로를 파먹었다고 하자. 이 한쪽 사과 안에서 통로 밖에 있는 점들은 두 사과 모두에 속해 있는 이중점인 반면, 통로 안에는 벌레가 먹지 않은 사과의 내용물만 있다는 것을 명심해라. 이제 우리의 '이중 사과'는 통로의 내벽들로 이루어진 자유표면을 갖고 있다(그림 19a).

이런 손상된 사과의 모양을 도넛으로 바꿀 수 있을까? 물론 사과의 내용물이 아주 말랑말랑해서 원하는 모양대로 무엇이든 만들 수 있다고 가정하며, 절대로 찢어지지 않는다는 조건이 붙어 있다. 이 작업을 돕기 위해서, 필요한 변형이 완성된 뒤에 접착제로 다시 붙인다는 가정에 따라 사과를 자를 수도 있다.

우리는 '이중사과'를 이루고 있는 두 부분의 껍질을 벗겨내고 두 부분을 떼어내는 일로 작업을 시작한다(그림 19b). 떼어낸 두 표면은 다음 작업을 하는 동안 기억했다가 작업을 마치기 전에 다시 붙일 수 있도록 로마숫자 I 와 I′로 표시한다. 이제 벌레 먹은 통로를 포함하는 부분을 도려내면, 도려낸 부분은 통로를 가로지를 것이다(그림 19c). 이 작업은 두 개의 새로운 단면을 만들며, 나중에 이것들을 정확히 어디에 붙일지 알 수 있도록 각각 II, II′와 III, III′로 표시한다. 또한 그것은 통로들의 자유표면들도 생기게 하는데, 이것이 바로 도넛의 자유표면을 이루게 된다. 자른 부분들을 그림 19d에서 보는 것처럼 잡아 늘여보자. 이제 자유표면이 많이 늘어났다(하지만 우리의 가정에 따라 사용된 물질은 얼마든지 잡아 늘일 수 있다). 동시에 자른 표면들 I과 II와 III은 크기가 작아졌다. 우리는 '이중

사과'의 첫 번째 절반에 대해 작업하고 있는 동안, 두 번째 절반도 짓눌러서 체리 크기로 작아지게 할 것이다. 이제 우리는 잘랐던 면들을 다시 붙일 준비가 되었다. 우선 III과 III'을 다시 붙여서 그림 19e에서 보는 모양을 얻는다. 이것은 쉽다. 다음은 그렇게 해서 집게 모양이 된 사과의 양쪽 끝 사이에 작아진 절반의 사과를 넣고, 양 끝을 이어 붙인다. I'로 표시된 공의 표면을 처음에 떼어낸 표면 I에 붙이면, 자른 표면 II와 II'가 서로를 막을 것이다. 결과적으로 우리는 매끈하고 멋진 도넛을 얻게 된다.

이 작업들의 요지는 무엇일까? 그저 휘어진 공간과 닫힌 공간 같은 이상한 것들을 이해하도록 도와줄 일종의 두뇌 훈련으로, 상상의 기하학을 연습할 수 있는 기회를 주는 것 이외에는 아무것도 없다.

만약 상상력을 조금 더 발휘하고 싶다면, 위의 과정을 '실제 응용'으로 실행해보자. 아마 한 번도 생각해본 적이 없겠지만, 우리의 몸에도 도넛 모양이 있다. 발달 초기 단계(태아 단계)일 때는 모든 생물이 '장배'로 알려진 단계를 거치는데, 이 안에는 넓은 통로가 가로지르는 구형이 하나 있다. 이 통로의 한쪽 끝으로는 음식이 들어오고, 다른 쪽으로는 몸이 사용하고 남은 것이 빠져나간다. 완전히 발달한 생물체에서는 이 내부 통로가 훨씬 더 가늘어지고 더 복잡해지지만, 원리는 똑같다. 즉 도넛의 모든 기하학적 성질은 변하지 않은 채로 남아 있다.

하지만 우리가 도넛이니, 그림 19에서 보여준 과정을 거꾸로 밟아 몸을 안에 통로가 있는 이중사과로 상상해보라. 그러면 부분적

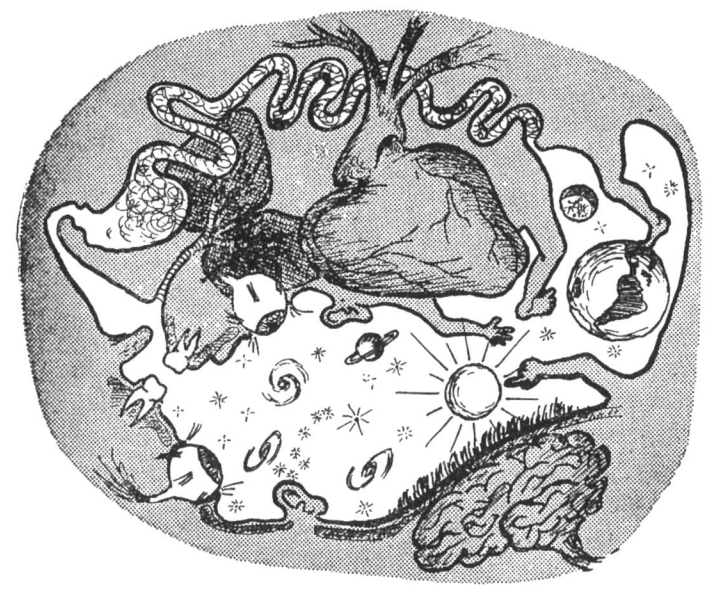

:: 그림 20
뒤집어진 우주. 이 초현실적인 그림은 지구의 표면 위를 걸어 다니면서 별들을 올려다보는 사람을 표현한다. 이 그림은 그림 19에 나타난 방법에 따라 위상수학적으로 변형되었다. 따라서 인간의 몸을 관통하고 인간의 내장들로 에워싸여 있는 비교적 좁은 통로에 지구와 태양과 별들이 빽빽이 모여 있다.

으로 겹쳐져 있는 몸의 다양한 부분은 '이중사과'의 형태를 이루는 반면, 지구와 달과 태양과 별을 포함하는 전체 우주는 짜부라져 내부의 원형 통로가 된다는 것을 알게 된다!

그게 어떤 모양일지 그림을 그려보아라. 만약 잘 그린다면 살바도르 달리Salvador Dali에게서 초현실주의 그림에 탁월한 재주가 있다고 인정받을 것이다(그림 20).

이제 마무리하기 전에, 오른손잡이용 왼손잡이용 물건들과 그것들의 일반적인 공간 성질과의 관계를 논의해보도록 하자. 이 문제

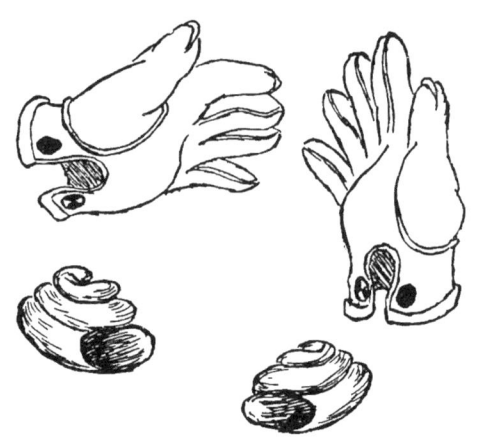

그림 21
오른손잡이용과 왼손잡이용 사물은 정확히 똑같은 듯 보여도 사실 무척 다르다.

는 한 쌍의 장갑을 언급하는 방법으로 가장 편리하게 설명할 수 있다. 만약 장갑 한 쌍의 양쪽을 비교해본다면(그림 21), 크기는 모두 똑같지만 왼쪽 장갑을 오른손에 낄 수 없고, 그 반대로도 할 수 없기 때문에 큰 차이가 있다는 것을 알게 될 것이다. 장갑 한 쌍을 이리저리 돌려보고 비틀어볼 수도 있지만, 오른쪽 장갑은 여전히 오른쪽 장갑이고, 왼쪽 장갑은 여전히 왼쪽 장갑이다. 오른손잡이용과 왼손잡이용 물건들 사이에서 발견되는 차이는 신발의 구조, 자동차의 핸들 메커니즘(미국과 영국의 유형들), 골프채 같은 다른 많은 사물에서도 똑같이 찾아볼 수 있다.

반면에 모자와 테니스채 같은 것들은 그런 차이를 띠지 않는다. 가게에서 왼손잡이용 찻잔을 수십 개 주문할 정도로 어리석은 사람은 없을 테고, 왼손잡이용 멍키 렌치를 빌려달라고 말하는 것도 확실히 바보 같은 짓이다. 이런 두 종류 물건들의 차이는 무엇일까?

조금만 생각해보면, 모자와 찻잔 같은 물건들은 정확히 이등분할 수 있는 대칭평면을 갖고 있다는 사실을 알게 된다. 장갑이나 신발에는 그런 대칭면plane of symmetry이 존재하지 않으므로, 아무리 애를 써도 장갑 한 짝을 두 개의 동일한 부분으로 나눌 수 없을 것이다. 만약 물건이 대칭평면을 갖고 있지 않아서 비대칭이라면, 그것은 두 개의 다른 변형인 오른손잡이용과 왼손잡이용이 될 수밖에 없을 것이다. 이런 차이는 장갑이나 골프채 같은 인공 사물뿐만 아니라 자연에서도 종종 일어난다.

예를 들면 달팽이는 두 변종이 있는데, 이들은 다른 모든 점에서는 똑같지만 집 짓는 방법이 다르다. 한 변종은 시계 방향으로 돌아나가는 껍데기를 갖고 있는 반면, 다른 변종은 반시계 방향으로 돌아나가는 껍데기를 갖고 있다. 심지어는 다른 모든 물질을 구성하는 기본 단위인 분자조차도 종종 오른쪽과 왼쪽 장갑이나, 시계 방향과 반시계 방향의 달팽이 껍데기와 아주 유사한 오른손잡이와 왼손잡이 형태를 갖고 있다. 물론 우리가 분자를 볼 수는 없지만, 비대칭은 결정의 형태와 물질의 일부 광학 성질에서 나타난다. 예컨대 설탕의 종류에도 오른손잡이용과 왼손잡이용 설탕이라는 두 종류가 있으며, 믿거나 말거나 설탕을 먹는 박테리아도 두 종류가 있어서 각각 대응하는 종류의 설탕만 먹는다.

위에서 말했듯이 오른손잡이용 물건을 왼손잡이용 물건으로 바꾸는 것, 즉 오른쪽 장갑을 왼쪽 장갑으로 바꾸는 것은 상당히 불가능해 보인다. 그러나 정말 그럴까? 아니면 이런 일이 이루어질 수 있는 어떤 교묘한 종류의 공간을 상상할 수 있을까? 이 물음에 답하

:: 그림 22
평면에 살고 있는 2차원 '그림자 생물'의 개념. 이런 2차원 생물은 그다지 '쓸모가' 없다. 이 사람은 얼굴은 있지만 옆모습이 없으므로 손에 들고 있는 포도를 입 안에 넣을 수 없다. 당나귀는 포도를 먹을 수 있지만 오른쪽으로만 걸어갈 수 있으므로 왼쪽으로 이동하기 위해서는 뒤로 가야 한다. 이는 당나귀에게 이상한 일이 아니지만, 일반적으로는 좋지 않다.

기 위해, 우수한 3차원적 사고방식으로 관찰할 수 있는 평평한 표면의 거주자들의 관점에서 이 문제를 살펴보도록 하자. 그림 22는 2차원 공간인 평지 거주자들의 몇 가지 사례를 제시한다. 손에 포도송이를 들고 서 있는 남자는 '얼굴'은 있지만 '옆모습'이 없기 때문에 '얼굴맨'이라고 부를 수 있다. 그러나 동물은 '옆모습 당나귀' 혹은 더 명확하게는 '오른쪽을 보여주는 당나귀'이다. 물론 우리는 '왼쪽을 보여주는 당나귀'도 그릴 수 있으며, 두 당나귀 모두 표면에 한정되어 있기 때문에, 2차원적 관점에서 보면 보통 공간에 있는 오른쪽과 왼쪽 장갑만큼이나 다르다. '왼쪽 당나귀'를 '오른쪽 당나귀'에 중첩시킬 수 없다. 이 당나귀들의 코와 꼬리를 맞추기 위해서는 둘 중 하나를 거꾸로 돌려야만 하고, 그렇게 되면 당나귀들이 땅을 딛지 않고 하늘로 다리를 쳐들게 되기 때문이다.

그러나 당나귀 한 마리를 표면에서 꺼내어 공간에서 빙그르 돌린 다음 다시 돌려놓으면, 두 당나귀는 일치하게 될 것이다. 유추를 통하여 공간에서 오른쪽 장갑을 꺼내 네 번째 방향에서 적당히 돌린 다음 다시 돌려놓으면 왼쪽 장갑으로 바뀔 수 있다고 말할 수 있을 것이다. 그러나 물리적 공간은 네 번째 차원을 갖고 있지 않으므로, 위에서 설명한 방법은 불가능한 것이 된다. 다른 방법은 없을까?

이제 2차원 세계로 다시 돌아가자. 그러나 그림 22에서처럼 보통 평면을 고려하는 대신, 이른바 '뫼비우스 표면'의 성질들을 조사해 보자. 100년 전에 그것을 연구했던 독일 수학자의 이름을 딴 이 띠는 보통 종이의 긴 띠를 고리로 만들고 한 번 비튼 다음 양 끝을 이어 붙이면 쉽게 만들 수 있다. 그림 23을 살펴보면 어떻게 만드는지 알 수 있을 것이다. 이 표면에는 독특한 성질들이 많은데, 그 가운데 하나는 가장자리에 평행한 선을(그림 23에 있는 화살표를 따라) 따라 가위로 완전히 잘라내면 쉽게 발견할 수 있다. 물론 그렇게 하면 완전한 두 개의 고리로 잘라질 것이라고 예상할 것이다. 그러나 실제로 해보면 그런 추측이 틀렸다는 것을 알게 된다. 즉 고리는 오직 하나만 생기지만 길이는 원래의 고리보다 두 배이고 너비는 절반이 될 것이다!

이제 당나귀가 뫼비우스의 띠 위에서 걸어다닐 때 무슨 일이 생기는지 알아보자. 먼저 당나귀가 '왼쪽 모습'으로 보이는 위치 1(그림 23)에서 걸음을 시작한다고 하자. 당나귀가 그림에서 확실히 볼 수 있는 위치 2와 3을 지나 계속해서 걸어가면, 마침내 처음 출발했

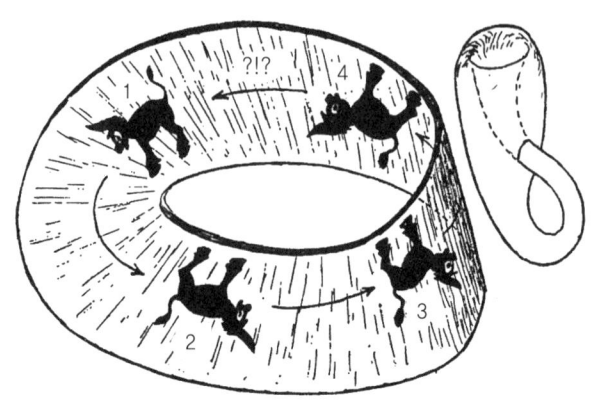

::: 그림 23
뫼비우스의 띠와 클라인의 항아리.

던 지점으로 돌아간다. 그러나 놀랍게도, 우리의 당나귀는 다리를 하늘로 쳐든 거북한 자세로(위치 4) 있다는 걸 깨닫게 된다. 물론 당나귀는 다리가 내려오도록 표면에서 돌 수 있지만, 그러면 엉뚱한 방향을 향하게 된다.

간단히 말해서 뫼비우스의 띠를 걸어다님으로써 우리의 '왼쪽 모습' 당나귀가 '오른쪽 모습' 당나귀로 바뀌었다. 당나귀가 줄곧 띠 위에 머물러 있었고, 공간으로 나와 방향을 전환하지 않았는데도 이런 일이 일어났다는 사실을 명심해라. 따라서 우리는 **비틀린 띠의 표면에서는 그저 비틀린 표면 주위로 가져가기만 하면 오른손 잡이용 사물이 왼손잡이용 사물로 변할 수 있으며, 그 반대도 마찬가지**라는 것을 알 수 있다. 그림 23에서 보여준 뫼비우스의 띠는 클라인의 항아리로 알려진(그림 23의 오른쪽에 제시된) 더 일반적인 표면의 일부이다. 클라인의 항아리는 단 하나의 면만 갖고 있으며, 단혀 있어서 예리한 경계선이 없다. 만약 이런 일이 2차원 표면에서 가능하다면, 적당한 방법으로 비틀 경우 우리의 3차원 공간에서도 똑같은 일이 벌어질 게 틀림없다. 당연히 공간에서 뫼비우스 비틀기를 상상하기란 쉽지 않다. 우리는 당나귀의 표면을 보았을 때처럼 우리의 공간을 밖에서 볼 수가 없으며, 우리가 사물들 한복판에 있을 때는 그것들을 똑바로 보기가 어렵다. 그러나 천문학적 공간이 닫혀 있는 것이나, 뫼비우스의 방식으로 비틀려 있는 것이 전혀 불가능하지는 않다.

만약 이게 사실이라면 우주 여행자들은 가슴의 오른쪽에 심장을 가진 채 왼손잡이가 되어 돌아올 것이고, 장갑과 신발 제작자들은 생산품을 단순화시켜 한 짝의 신발과 장갑만 만든 다음, 그 절반을 우주로 실어 보내 세상 사람들의 발과 손에 맞는 반대쪽 신발과 장갑으로 바꿀 수 있을 것이다.

이런 기상천외한 생각으로 이상한 공간들의 이상한 성질들에 관한 논의를 마친다.

ONE TWO THREE...
INFINITY
Facts and Speculations at Science

4

4차원의 세계

The
WORLD
of
FOUR
DIMENSIONS

4
4차원의 세계

시간이 네 번째 차원이다

4차원의 개념은 대개 미스터리와 의혹으로 둘러싸여 있다. 길이와 높이와 너비의 생물인 우리가 어떻게 감히 4차원 공간에 대해서 말하겠는가? 3차원적 지력을 총동원하여 4차원의 초공간을 상상하는 게 가능할까? 그리고 4차원 입방체나 구는 과연 어떤 모양일까? 비늘로 뒤덮인 긴 꼬리에 코에서 불을 뿜는 거대한 용이나, 날개에 수영장과 두어 개의 테니스 코트가 있는 초호화 여객기를 '상상한다'는 말은, 눈앞에 실제로 그런 것이 나타난다면 어떤 모습일지 머릿속으로 그림을 그리고 있는 것이다. 그리고 자신을 포함한 평범한 사물들이 존재하는 친근한 3차원 공간을 배경으로 그림을 그린다. 만약 이게 바로 '상상한다'라는 단어의 의미라면, 3차원 입체를 2차

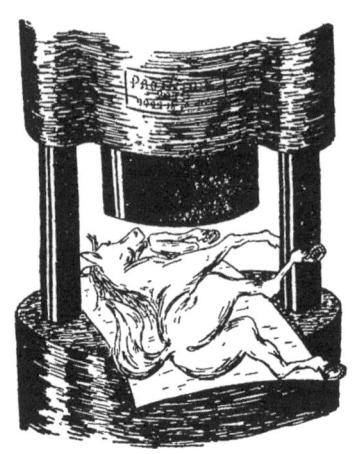

:: 그림 24
3차원 입체를 2차원 표면으로 '밀어넣는' 잘못된 방법과 올바른 방법.

원 평면으로 밀어넣는 것이 불가능한 것처럼, 4차원 입체를 3차원 공간을 배경으로 상상하는 것도 불가능하다. 하지만 잠깐, 사실 우리는 어떤 의미에서 3차원 입체를 그림을 그림으로써 그것들을 2차원 평면으로 밀어넣는다. 그러나 모든 경우에서, 그 일을 하기 위해 수압이나 다른 물리력을 사용하는 것이 아니라 기하학적 '투영'이나 그림자 건물로 알려진 방법을 적용한다. 어떤 입체(예를 들면 말의 몸통)를 평면으로 밀어넣는 이 두 가지 방법의 차이는 그림 24를 보면 금방 이해할 수 있다.

4차원 입체를 3차원 공간으로 '밀어넣는' 것은 불가능할지 모르지만, 다양한 4차원 입체를 3차원만 있는 우리의 공간으로 '투영'시킬 수 있음을 유추할 수 있다. 그러나 3차원 입체들을 평면에 투영시키면 2차원인 평면 모습이 되는 것처럼, 4차원 초입체들을 3차원

::: 그림 25
2차원 표면에 투영시킨 3차원 입방체의 그림자를 보고 놀란 2차원 생물들.

공간으로 투영시키면 공간 모습으로 표현될 것이라는 점을 명심해야 한다.

이 문제를 더 명료하게 하기 위해서 우선 표면에 살고 있는 두 개의 2차원 그림자 생물이 3차원 입방체에 대해 어떻게 느끼는지 생각해보자. 우리는 우월한 3차원 존재이기 때문에, 세 번째 방향인 위에서 2차원 세계를 내려다보는 것을 쉽게 상상할 수 있다. 입방체를 평면으로 '밀어넣는' 유일한 방법은 그림 25에서 보여준 방식으

:: 그림 26
4차원에서 온 방문객! 4차원 초입방체의 투영.

로, 평면 위로 '투영'하는 것이다. 그런 투영을 비롯하여 원래 입방체의 회전으로 얻을 수 있는 다양한 다른 투영을 살펴보면, 2차원 친구들은 '3차원 입방체'라는 이 미스터리한 형체의 성질들에 대해서 조금은 알 수 있게 될 것이다. 그들은 자신들의 평면에서 '뛰쳐나와' 입방체를 우리처럼 생생하게 그릴 수는 없지만, 투영된 모습을 관찰함으로써 입방체 여덟 개의 꼭짓점과 열두 개의 모서리로 구성되어 있다고 말할 수 있을 것이다. 이제 그림 26을 보면, 우리가 표면으로 투영된 보통 입방체를 살피고 있는 가엾은 2차원 그림자 생물들과 똑같은 상황에 처해 있다는 사실을 알게 될 것이다. 사실 이 가족이 놀란 표정으로 살피고 있는 이 이상하고 복잡한 구조는 3차원 공간으로 투영시킨 4차원의 초입방체이다.*

---

* 더 정확히 말하자면, 그림 26은 4차원 초입방체를 우리의 공간에 투영시킨 뒤 다시 종이 평면에 투영시킨 것이다.

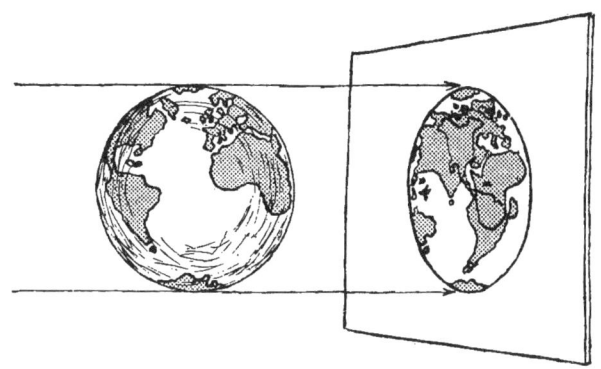
:: 그림 27
지구의 2차원 투영.

  이 그림을 주의 깊게 살펴보면 그림 25에서 그림자 생물들을 당황하게 하는 것과 똑같은 특징들을 쉽게 알아볼 수 있을 것이다. 즉 보통 입방체를 평면으로 투영시키면 한 사각형 안에 또 다른 사각형이 있고 꼭짓점끼리 연결된 두 개의 사각형으로 표현되지만, 초입방체를 보통 공간으로 투영시키면 한 입방체 안에 또 다른 입방체가 있고 꼭짓점들이 유사한 방식으로 연결된 두 개의 입방체가 된다. 그리고 수를 세어보면 초공간은 총 16개의 꼭짓점과 32개의 모서리와 24개의 면을 갖고 있다. 확실히 입방체이다, 안 그런가?

  이제 4차원 구는 어떤 모양인지 알아보자. 그렇게 하기 위해서는 보통 구를 평면 표면에 투영시킨 더 친근한 상자로 되돌아가는 게 좋다. 예를 들면 대륙과 바다가 표시되어 있는 투명한 지구본을 하얀 벽에 투영시킨다고 생각해보라(그림 27). 투영을 하면 물론 두 반구는 중첩될 것이므로, 투영으로 판단할 때는 뉴욕(미국)에서 베이징(중국)까지의 거리가 아주 짧다고 생각할 수도 있다. 그러나 그건 그저 느낌일 뿐이다. 사실 투영된 모습에 있는 모든 점은 실제의 구에서 정반대 편에 있는 두 점을 나타내며, 지구상의 뉴욕에서 중국까지 날아가는 여객기의 투영은 평면 투영의 가장자리 끝까지 갔다가 다시 돌아올 것이다. 그리고 그림에서는 다른 여객기 두 대의 투영들이 중첩될 수 있지만, 이 여객기들이 '실제로' 지구의 반대편에 있다면 충돌은 일어나지 않을 것이다.

보통 구를 평면에 투영할 때의 성질들도 마찬가지다. 상상력을 조금 더 발휘하면 4차원 초구를 3차원 공간에 투영하면 어떤 모습이 될지 생각하는 것이 전혀 어렵지는 않을 것이다. 보통 구를 평면에 투영하면 점끼리 서로 연결되어 있지만 바깥쪽 원둘레를 따라서만 맞닿아 있는 두 개의 평평한 원반으로 만들어지는 것처럼, 초구를 공간에 투영하면 서로 연결되어 있지만 바깥쪽 표면들을 따라서만 맞닿아 있는 두 개의 구체로 상상해야 한다. 그러나 이미 앞 장에서 닫힌 구면에 대한 닫힌 3차원 공간의 예로 이런 놀라운 구조를 논의한 바 있다. 따라서 여기서 덧붙일 말은 4차원 구의 3차원 투영이 우리가 앞서 논의했던 샴쌍둥이 같은 사과처럼, 전체 껍질 표면을 따라 연결되어 성장한 두 개의 보통 사과에 불과하다는 사실뿐이다.

마찬가지로, 유추를 통해 4차원 형체들의 성질에 관한 다른 많은 질문에 답할 수는 있지만, 물리적 공간에서는 아무리 노력해도 결코 네 번째 독립적인 방향을 '상상할' 수 없다.

그러나 조금만 더 생각해보면, 네 번째 방향을 상상하기 위해서 반드시 신비적일 필요는 없다는 것을 깨닫게 된다. 사실 우리가 일상적으로 사용하는 말 중에 물리적 세계에서 네 번째 독립적인 방향으로 생각할 수 있고, 또 생각해야 하는 것이 있다. 바로 공간과 함께 우리 주변에서 일어나는 사건들을 묘사하는 데 끊임없이 쓰이는 '시간'이다. 우리는 우주에서 일어나는 어떤 종류의 일에 대해 말할 때, 그것이 거리에서 우연히 어떤 친구를 만난 일이든 혹은 멀리 있는 별의 폭발에 관한 일이든, 그게 어디서 일어났는지 뿐만 아니라 언제 일어났는지도 이야기한다. 따라서 우리의 장소 위치에 들어가는 세 개의 방향이라는 사실에 날짜라는 사실 하나가 더 추가된다.

이 문제를 좀 더 고찰해보면 모든 물리적 사물이 공간 3차원, 시간 1차원 해서 모두 4차원을 갖고 있다는 것도 쉽게 깨달을 것이다. 따라서 우리가 살고 있는 집은 길이와 너비와 높이 그리고 시간에 있어서 굉장히 많이 확장되며, 맨 마지막 확장은 그 집이 지어진 날부터 그것이 마침내 다 불타버리거나, 수재 구호대에 의해 해체되거나, 아니면 너무 오래되고 낡아서 허물어지는 날까지의 기간으로 측정된다.

물론 시간의 방향은 공간의 세 방향과는 전혀 다르다. 시간 간격은 시계로 측정되며, 시계는 자로 측정되는 공간 간격과 반대로 초를 나타내기 위해서는 똑딱 소리를 내고, 시간을 나타내기 위해서는 땡땡 소리를 낸다. 또한 공간에서는 상하좌우로 움직였다가 다시 되돌아올 수 있는 반면, 시간은 거꾸로 돌려 미래에서 과거로 돌아갈 수 없다. 그러나 시간 방향과 세 방향의 공간 사이의 이런 모든 차이를 인정한다고 하더라도, 그게 전혀 똑같지 않다는 사실을

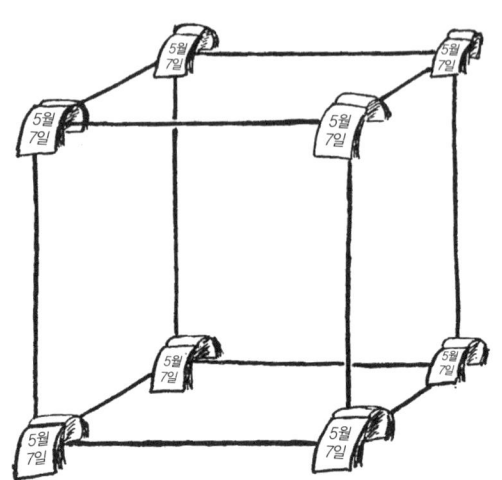
∷ 그림 28

명심하기만 한다면 여전히 시간을 물리적 사건들의 세계에서 네 번째 방향으로 사용할 수 있다.

시간을 네 번째 차원으로 선택하면 이 장의 앞부분에서 논의했던 4차원 형체들을 상상하기가 훨씬 더 쉽다는 것을 알게 될 것이다. 예컨대 4차원 입방체의 투영으로 잘린 이상한 형체를 기억하는가? 16개의 꼭짓점과 32개의 모서리와 24개의 면이라니! 그림 26에 있는 사람들이 그렇게 놀란 표정으로 이 기하학적 괴물을 바라보는 것도 당연하다.

그러나 우리의 새로운 관점에서 보면, 4차원 입방체는 특정한 기간 동안 존재하는 보통 입방체이다. 5월 1일에 열두 조각의 곧은 전선으로 입방체를 만들었다가 한 달 뒤에 해체했다고 하자. 그런 입방체의 각 꼭짓점은 이제 한 달이라는 기간 동안 실제 시간의 방향을 향해 확장되고 있는 선으로 여겨져야만 한다. 각 꼭짓점에 작은 달력을 붙이고 시간의 진행을 보여주기 위해 매일 달력을 넘길 수도 있다.

이제 4차원 그림에서 뼈대의 수를 계산하기는 쉽다. 그 존재가 시작되었을 때 12개의 '공간 뼈대'와 각 꼭짓점의 기간을 나타내는 8개의 '시간 뼈대'를, 그리고 그 존재의 끝에서 또다시 12개의 '공간 뼈대'를 갖게 된다.* 다 합하면 32개의 뼈대이다. 마찬가지로 5월 7일에도 8개의 공간 꼭짓점이 있고, 6월 7일에도 똑같이 8개의 공간 꼭짓점이 있다. 다 합하면 꼭짓점은 16개다. 4차원 형체의 면의 수를 세는 일은 독자가 연습할 수 있도록 남겨두기로 한다. 그렇게 할 때 일부 면들은 원래 입방체의 보통 사각형인 반면, 어떤 면들은 5월 7일부터 6월 7일까지 시간이 확장되면서 입방체의 원래 뼈대들에 의해 만들어지는 '공간 절반 시간 절반' 면들이라는 점을 기억해야 한다.

물론 여기서 4차원 입방체에 대해 논의했던 내용은 다른 어떤 기하학적 형체에도, 죽었든지 살았든지와 관계없이 어떤 물체에도 적용될 수 있다.

우리 자신을 태어나는 순간부터 자연적으로 생을 마감할 때까지 시간이 늘어나는 긴 고무 막대 같은 4차원의 형체로 생각해보자. 하

---

* 만약 이 말이 이해되지 않는다면, 네 개의 꼭짓점과 네 개의 면이 있는 사각형이 있는데 이 사각형을 그 표면에 수직하게(제3의 방향으로) 면들과 똑같은 길이만큼 움직인다고 생각해라.

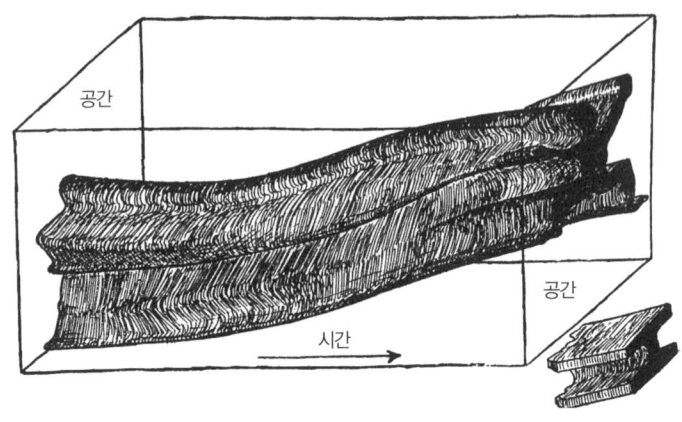

:: 그림 29

지만 불행히도 종이 위에 4차원 존재들을 그릴 수 없으므로, 그림 29에서 2차원 그림자 사람이 자신이 사는 2차원 평면에 수직한 공간 방향을 시간 방향이라고 생각하는 예로 이 개념을 전달하려고 했었다. 이 그림은 그림자 인간의 전체 수명 가운데 일부분만을 보여준다. 전체 수명은 훨씬 더 긴 고무 막대로 표현될 것이고, 그 고무 막대는 이 사람이 아직 갓난아기였을 때는 다소 가늘지만 여러 해가 지나는 동안 구불구불해지다가 죽음의 순간에는 일정한 모양에 도달하며(죽으면 움직이지 않기 때문에), 그 뒤 붕괴되기 시작한다.

더 정확히 하려면 이 4차원 막대가 수많은 섬유 조직 집단으로 형성되어 있으며, 각각의 섬유 조직은 다른 원자들로 구성되어 있다고 말해야 한다. 수명이 주어진 내내 이들 섬유 조직은 집단으로 모여 있다. 그리고 아주 소수는 머리나 손톱을 자를 때 떨어져 나간다. 원자들은 파괴할 수 없기 때문에 사후에 인체의 붕괴는 사실상

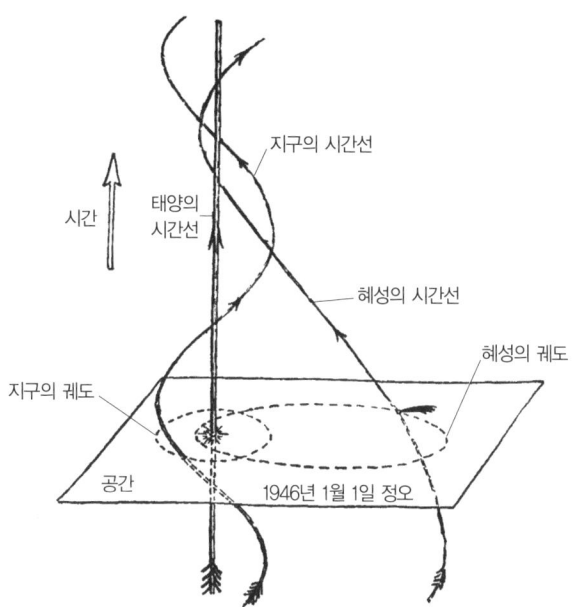

:: 그림 30

다른 섬유들이(아마도 뼈를 형성하는 것들을 제외하고) 제각기 다른 방향으로 분산되는 것이라고 보아야 할 것이다.

4차원 시공기하학의 언어로 표현할 때 모든 물질 입자의 역사를 표현하는 선은 세계선world line으로 알려져 있다. 마찬가지로 복합체를 형성하는 세계선들의 집단으로 구성된 세계띠world bands에 대해서도 말할 수 있다.

그림 30은 태양과 지구와 혜성의 시간선들을 보여주는 천문학적 사례를 보여준다. 앞에서 제시했던 뛰는 남자의 사례에서처럼, 여기서도 2차원 공간(지구의 궤도 평면)을 택하고 그것에 수직한 방향으로 시간축을 잡았다. 태양의 시간선은 이 그래프에서 시간축에

평행한 직선으로 표현되는데, 이것은 우리가 태양이 움직이지 않는다고 생각하기 때문이다.** 거의 원형 궤도에서 움직이는 지구의 시간선은 태양의 시간선 주위를 나선형으로 감고 있는 반면, 혜성의 시간선은 태양의 시간선에 다가가다가 다시 멀어진다.

4차원 시공기하학의 관점에서 보면 우주의 지형과 역사가 하나의 조화로운 그림으로 융합되므로, 우리는 그저 원자나 동물이나 별의 운동을 나타내는 세계선들이 복잡하게 뒤얽힌 덩어리를 고찰하기만 하면 된다.

시간-공간 등가

시간을 3차원 공간 차원과 동등한 네 번째 차원으로 생각할 때, 다소 어려운 문제에 부딪힌다. 길이나 너비, 높이를 측정할 때 세 가지 모두 한 개의 똑같은 단위, 이를테면 1인치나 1피트와 같은 단위를 사용할 수 있다. 그러나 시간은 피트나 인치로 측정될 수 없으므로, 전혀 다른 단위인 분이나 시간을 사용해야 한다. 그러면 그것들을 어떻게 비교할까? 만약 공간에서 길이와 너비와 높이가 모두 1

---

* 제대로 말하면 우리는 여기서 '세계띠'에 대해 말해야 하지만, 천문학적 관점에서는 별과 행성 들을 점으로 여길 수 있다.
** 사실 우리의 태양이 별들에 대해서 움직이고 있으므로 태양의 시간선은 성계에 대해서 다소 한쪽으로 기울어져 있어야만 할 것이다.

피트로 측정되는 4차원 입방체를 상상한다면, 우리의 네 차원 모두를 똑같게 만들기 위해서 시간을 얼마나 길게 확장해야 할까? 앞에서 가정했던 것처럼 1초일까, 1시간일까, 1개월일까? 1시간이 1피트보다 길까, 짧을까?

처음에는 이 문제가 무의미하게 들리지만, 조금만 더 생각해보면 길이와 기간을 비교할 수 있는 합리적인 방법을 찾을 수 있다. 우리는 종종 누군가가 '버스로 20분 거리 이내의 도심지에' 살고 있다거나 혹은 어떤 장소가 '기차로 5시간 거리밖에 떨어져 있지 않다'라는 말을 듣는다. 여기서 우리는 주어진 운송수단을 이용해서 가는 데 필요한 시간을 제시하는 것으로 거리를 지정한다.

따라서 어떤 **표준속도**에 동의할 수 있다면 시간 간격을 거리의 단위로, 혹은 그 반대로 표현할 수 있을 것이다. 물론 공간과 시간 사이의 기본적 변환 인자로 선택될 표준속도도 똑같이 기본적이고 일반적인 성질을 갖고 있어서 인간의 독창성이나 물리적 환경에 상관없이 항상 같아야 하는 것은 분명하다. 물리학에서 이런 요구를 충족시킬 만한 일반성을 갖고 있는 것으로 알려진 속도는 우주 공간 전체에 미치는 광속밖에 없다. 비록 대개 '광속'으로 알려져 있기는 해도, 그것은 '물리적 상호작용의 전파 속도'로 더 잘 묘사되는데, 이는 물체들 사이에 작용하는 어떤 종류의 힘들이, 전기 인력의 힘이든 중력의 힘이든 동일한 속도로 텅 빈 우주 공간에 미치기 때문이다. 나중에 알게 되겠지만, 광속은 가능한 물질 속도의 최상한선을 나타내므로, 그 어떤 물체도 광속보다 빠르게 공간을 여행할 수는 없다.

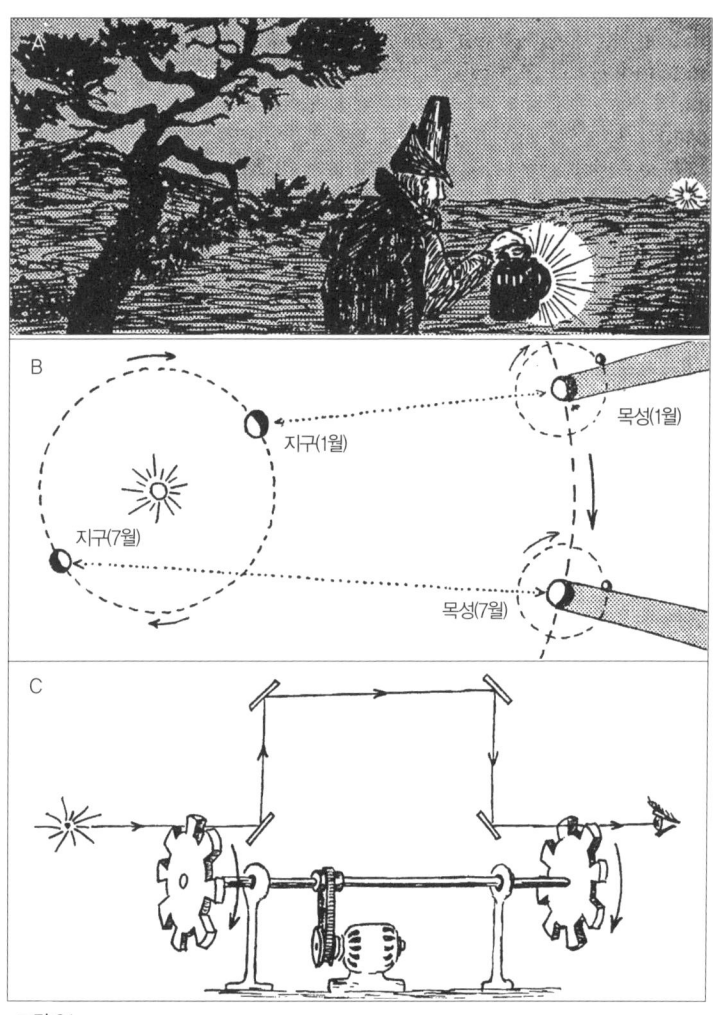

:: 그림 31

가장 먼저 광속을 측정하려고 했던 사람은 17세기의 유명한 이탈리아 과학자 갈릴레오 갈릴레이Galileo Galilei였다. 갈릴레오는 캄캄한

밤에 조수와 함께 전자식 셔터가 달린 두 개의 램프를 들고 피렌체 근처의 탁 트인 벌판으로 나갔다. 두 사람은 서로 몇 마일 떨어진 곳에 자리를 잡았고, 어느 순간 갈릴레오가 램프의 덮개를 열어 조수가 있는 쪽으로 빛줄기를 비추었다(그림 31A). 조수는 갈릴레오가 보내는 빛 신호를 보자마자 램프 덮개를 열라는 지시를 받았다. 빛이 갈릴레오에서 조수에게 갔다가 다시 갈릴레오에게 돌아오기까지 시간이 얼마간 필요할 게 틀림없으므로, 갈릴레오가 자신의 램프를 열었던 순간과 그가 조수에게서 돌아오는 반응을 보았던 순간 사이에는 일정한 지연이 있을 것으로 예상했다. 실제로 약간의 지연이 측정되었지만, 갈릴레오가 조수를 두 배 더 먼 위치로 보내고 실험을 반복했는데도 지연 시간은 전혀 더 늘지 않았다. 빛은 시간을 측정하지 못할 정도로 빠르게 몇 마일의 거리를 여행하는 것이 분명했고, 관측된 지연은 갈릴레오의 조수가 빛을 보자마자 바로 램프를 열 수 없었기 때문에 생긴 것이었다. 그것을 반사 지연이라고 부른다.

비록 갈릴레오의 실험이 긍정적인 결과를 이끌어내지는 못했지만, 그의 다른 발견들 가운데 하나인 목성의 위성 발견은 사실상 광속을 최초로 측정할 수 있는 기초가 되었다. 1675년에 덴마크의 천문학자 뢰머 Ole Chistensen Rømer는 목성의 위성들의 식蝕 현상을 관찰한 뒤 이 위성들이 목성이 드리우는 그림자 속으로 사라지는 순간들 사이의 시간 간격이 항상 똑같지 않으며, 특정한 시간에 목성과 지구 사이의 거리에 따라 그 간격이 짧아 보이기도 하고 길게 보이기도 한다는 사실을 알아챘다. 뢰머는 이런 효과가 목성의 위성 운동이 불규칙하기 때문에 생기는 것이 아니라, 그저 목성과 지구 사이의 거리가 변해서 이런 식 현상들의 지연 시간이 다르게 나타나는 것뿐이라는 사실을 곧바로(그림 31B를 상세히 살펴보면 알게 되겠지만) 깨달았다. 뢰머의 관측에 따르면 광속이 초속 185,000마일 정도 된다는 것을 알 수 있었다. 갈릴레오의 램프에서 나온 빛이 그의 조수에게 갔다가 다시 돌아오는 데 수십만 분의 몇 초밖에 걸리지 않았을 테니 그가 자신이 갖고 있는 장비로 광속을 측정할 수 없었던 것도 당연하다!

그러나 갈릴레오가 원시적인 셔터 램프로 할 수 없었던 일이 시간이 흐른 뒤 더 정밀한 물리학 장비들을 이용해서 이루어졌다. 그림 31C에는 프랑스의 물리학자 아르망 피조Armand Hippolyte Louis Fizeau가 비교적 가까운 거리에서 빛의 속도를 측정하는 데 최초로 사용했던 배열이 있다. 그의 배열의 주요 부분은 공동의 축 위에 설치된 두 개의 톱니바퀴로 구성되어 있다. 여기서 이 축에 평행한 톱니바퀴들을 살펴보면 첫 번째 톱니바퀴의 톱니들이 두 번째 톱니바퀴의 톱니 간격들을 메우고 있음을 알 수 있다. 따라서 이 축에 평행하게 보내진 가는 빛줄기는 축이 어떻게 돌든 통과할 수 없다. 이제 두 톱니바퀴 시스템이 빠른 회전에 들어간다고 하자. 첫 번째 톱니바퀴의 두 톱니 사이를 지나는 빛은 얼마간의 시간이 지나야 두 번째 톱니바퀴에 도달하기 때문에, 만약 그 시간 동안 이 톱니바퀴 시스템이 두 톱니들 사이 거리의 절반만큼 돌려진다면 빛이 통과할 수 있을 것이다.

이 상황은 동시 신호 시스템이 작동하는 거리를 일정 속도로 달리는 자동차의 상황과 다소 유사하다. 만약 톱니바퀴들이 두 배 빠르게 회전하고 있다면, 두 번째 톱니는 빛이 그곳에 도달하는 시간쯤 제자리에 들어올 테고, 빛의 진행은 다시 막힐 것이다. 그러나 훨씬 더 빠른 속도로 회전시키면, 톱니가 빛의 통로를 지났을 것이기 때문에 빛은 다시 통과할 수 있을 테고, 다음 구멍도 딱 맞아떨어지는 시간에 빛의 통로 안에 있어서 빛을 통과시킬 것이다. 따라서 빛의 잇따른 출현과 소실에 해당하는 회전 속도를 찾아내면 두 톱니바퀴 사이를 여행하는 빛의 속도를 어림할 수 있다.

이 실험에 필요한 회전 속도를 줄이고 수월케 하려면 빛이 첫 번째 톱니바퀴에서 두 번째 톱니바퀴로 가는 거리를 훨씬 더 벌려야 한다. 이렇게 하려면 그림 31C처럼 거울들도 필요하다. 이 실험에서 피조는 장치가 초당 1,000회를 회전하고 있을 때 그에게 가장 가까운 톱니바퀴의 구멍을 통해서 빛을 먼저 볼 수 있다는 것을 알았다. 이것은 빛이 초당 1,000회를 회전하는 속도로 바퀴들 사이를 여행하는 데 필요한 시간 동안 톱니들이 바퀴들간 거리의 절반을 움직였다는 걸 증명했다. 각 톱니바퀴는 모두 똑같은 크기의 톱니 50개를 갖고 있기 때문에, 이 거리는 분명히 바퀴 둘레의 $\frac{1}{100}$이었고, 여행 시간은 바퀴가 한 바퀴 도는 데 걸리는 시간과 똑같았다. 이런 계산을 빛이 바퀴들 사이를 통과하는 거리와 관련시켜서, 피조는 광속이 초속 300,000킬로미터, 즉 초속 186,000마일이라고 어림했고, 이 값은 뢰머가 목성의 위성들을 관측해서 얻었던 결과와 동일하다.

이런 개척자들의 노력에 이어, 천문학과 물리학적 방법들을 이용해서 많은 독립적인 측정이 이루어졌다. 현재 이용할 수 있는 광속의 가장 좋은 근삿값(보통 'c'로 표시한다)은 다음과 같다.

$$c = 299{,}776 \text{km/sec} \text{ 혹은 } 186{,}300 \text{km/sec}$$

이 엄청난 광속은 마일이나 킬로미터로 표현할 경우 지면이 모자랄 정도로 큰 숫자가 되는 광대한 천문학적 거리를 측정하는 데 편리한 표준이 된다. 따라서 천문학자는 특정 장소가 기차로 다섯 시간 거리만큼 떨어져 있다고 말하는 것과 같은 의미로 어떤 별이 5 '광년' 떨어져 있다고 말할 것이다. 1년은 31,558,000초이기 때문에 1광년은 31,558,000초×299,776=9,460,000,000,000킬로미터 혹은 5,879,000,000,000마일에 해당한다.

이렇게 광년이라는 용어를 거리의 측량 단위로 사용하면 이 과정을 거꾸로 해서 빛이 1마일의 거리를 가는 데 필요한 시간을 의미하는 광마일에 대해서도 말할 수 있다. 위에 있는 광속의 값을 이용하면 1광마일이 0.0000054초와 같다는 것을 알게 된다. 마찬가지로 1광피트는 0.0000000011초이다. 이것은 앞 절에서 논의한 4차원 입방체에 대한 물음에 답을 준다. 만약 이런 입방체의 공간 크기인 길이와 너비와 높이가 모두 1피트라면, 그 공간-존속 기간은 단 0.000000001초이어야 한다. 만약 이 입방체가 한 달 내내 존재한다면, 그것은 시간축의 방향으로 길게 잡아 늘여진 4차원 막대로 추정되어야 한다.

4차원의 거리

이 문제를 공간축과 시간축을 따라 사용될 비교 가능한 단위들과 관련해서 정리했으니, 이제 4차원의 시공 세계에 있는 두 점 사이의 거리를 무엇으로 이해해야 하는지 자문해볼 수 있다. 이 경우의 각 점은 대개 위치와 시간-날짜의 조합이라고 할 수 있는 '**사건**'임을 기억해야 한다. 이 문제를 명료하게 하기 위해서 다음의 두 사건을 예를 들어 고찰해보자.

사건 I. 뉴욕 시의 5번 애비뉴와 50번 스트리트의 모퉁이에 있는 건물 1층에 위치한 은행이 1945년 7월 28일 오전 9시 21분에 강도의 습격을 받았다.*

사건 II. 같은 날 오전 9시 36분에 안개 속에서 길을 잃은 한 군용 비행기가 뉴욕 시 5번 애비뉴와 6번 애비뉴 사이의 34번 스트리트에 있는 엠파이어 스테이트 빌딩의 79층 벽에 충돌했다(그림 32).

이들 두 사건은 공간적으로는 남북 방향으로 16블록 떨어져 있고, 동서 방향으로는 $\frac{1}{2}$ 블록 떨어져 있으며, 층으로는 78층 떨어져 있고, 시간으로는 15분 떨어져 있다. 확실히 두 사건 사이의 공간 거리를 묘사하기 위해서 애비뉴-블록과 층의 수를 적을 필요는 없다. 왜냐하면 공간에 있는 두 점 사이의 거리는 좌표 거리의 제곱의 합의 제곱근과 같다는 유명한 피타고라스 정리를 이용하면 두 거리를 결합시켜 단 하나의 직선거리로 나타낼 수 있기 때문이다(그림

---

* 만약 이 모퉁이에 정말로 어떤 은행이 있다면, 그것은 순전히 우연의 일치이다.

:: 그림 32

32). 피타고라스 정리를 이용하기 위해서는 먼저 모든 거리를, 피트 같은 비교 가능한 단위들로 표시해야 한다. 만약 남북 방향 블록 하나의 거리가 200피트이고, 동서 블록의 거리는 800피트이고, 엠파이어 스테이트 빌딩 한 층의 평균 높이는 12피트라면, 세 좌표 거리는 남북 방향으로는 3,200피트이고, 동서 방향으로는 400피트이고, 수직 방향으로는 936피트이다. 따라서 피타고라스 정리를 이용하면 두 장소의 직선거리를 다음과 같이 얻을 수 있다.

$$\sqrt{(3{,}200)^2+(400)^2+(936)^2} = \sqrt{11{,}280{,}000} = 3{,}360 \text{피트}$$

만약 네 번째 좌표로서의 시간의 개념이 실제로 타당성을 가지려면, 공간 거리를 나타내는 3,360피트라는 숫자를 두 사건 사이의 시간 차이를 나타내는 15분이라는 숫자와 결부시켜서 두 사건 사이의 **4차원 거리**를 나타내는 하나의 숫자로 표현할 수 있어야 할 것이다.

아인슈타인의 아이디어에 따르면 그런 **4차원 거리**는 사실 피타고라스 정리의 간단한 일반화로 결정될 수 있으며, 개별적인 공간과 시간의 차이보다 사건들 사이의 물리적 관계에 있어서 더 중요한 역할을 한다.

만약 공간 자료와 시간 자료를 결부시키려고 한다면, 물론 블록들의 길이와 층간의 거리를 피트로 나타낼 때 그것들을 비교 가능한 단위로 표현해야 한다. 위에서 보았던 것처럼 이것은 변환 인자인 광속을 이용해서 쉽게 이루어질 수 있으므로 15분의 시간 간격은 8,000억 '광피트'가 된다. 이제 피타고라스 정리를 간단히 일반화시킴으로써 4차원의 거리를 세 개의 공간 자료와 한 개의 시간 차원인 네 좌표들의 제곱의 합의 제곱근으로 정의하게 된다. 그러나 그렇게 할 때는 공간과 시간의 모든 차이를 모두 제거해야 하는데, 그것은 사실상 공간 측정치를 시간 측정치로 바꿀 수 있고 그 반대도 가능하다는 것을 인정하는 것이 된다.

그러나 자를 천 조각으로 덮고 마술봉을 흔들면서 '수리수리마수리, 금 나와라 뚝딱!' 같은 주문을 외워서 번쩍번쩍 빛나는 새로운 자명종으로 바꿀 수 있는 사람은 아무도 없다! 심지어 위대한 아인

:: 그림 33
아인슈타인은 결코 그 일을 할 수 없었다. 하지만 더 나은 일을 했다.

슈타인이라고 해도 말이다(그림 33).

따라서 피타고라스 정리에서 시간을 공간과 동일시하려면 그 둘의 자연적 차이 일부를 보존할, 관습에 얽매이지 않는 방법을 사용해야 한다.

아인슈타인에 따르면 공간 거리와 시간 기간 사이의 물리적 차이는 일반화된 피타고라스 정리의 수학 공식에서 시간 좌표의 제곱 앞에 (−)부호를 사용하는 방법으로 강조될 수 있다. 따라서 우리는 두 사건 사이의 4차원 거리를 **공간 세 좌표의 제곱의 합에서 시간 좌표의 제곱을 뺀 값의 제곱근**으로 표시할 수 있을 것이다. 물론 여기서는 먼저 공간 단위들을 표기해야 한다.

그러므로 은행 강도 사건과 비행기 충돌 사건 사이의 4차원 거리는 다음과 같이 계산될 수 있다.

$$\sqrt{(3{,}200)^2+(400)^2+(936)^2-(800{,}000{,}000{,}000)^2}$$

네 번째 항의 값이 다른 세 항에 비해 엄청나게 큰 까닭은 우리가 '보통 삶'의 예를 들었기 때문이며, 보통 삶의 표준으로 볼 때 사실 합리적인 시간 단위는 매우 작다. 만약 뉴욕 시 안에서 일어나는 두 사건을 고찰하는 대신, 우주 밖에 있는 예를 들고 싶다면 더 비교 가능한 숫자들을 제시해야 한다. 따라서 우선 1946년 7월 1일 오전 9시 정각에 비키니 산호섬에서 일어난 원자폭탄 폭발을 첫 번째 사건으로 택하고, 같은 날 오전 9시 10분에 화성 표면으로 운석 하나가 떨어진 것을 두 번째 사건으로 택하면, 약 6,500억 피트의 공간 거리와 5,400억 광피트의 시간 간격을 비교하게 될 것이다.

이 경우에 두 사건 사이의 4차원 거리는 $\sqrt{(65\times10^{10})^2-(54\times10^{10})^2}$ 피트 $=36\times10^{10}$ 피트가 되어, 순수한 공간 거리와 시간 간격 모두와 수리적으로 상당히 달라진다.

물론 혹자는 한 좌표가 다른 세 좌표와 다르게 취급되는 비합리적으로 보이는 기하학에 이의를 제기할지도 모르지만, 물리적 세계를 묘사하기 위해서 고안된 수학 체계는 무엇이든 상황에 맞는 형태를 취해야 하며, 만약 정말로 공간과 시간이 4차원 세계에서 다르게 행동한다면 4차원 기하학의 법칙들도 그에 걸맞은 모양을 갖춰야 함을 잊지 말아야 한다. 더욱이 아인슈타인의 시간과 공간기하학을 우리가 학교에서 배웠던 오래된 유클리드 기하학과 똑같은 모양으로 교정하는 간단한 수학적 방법이 있다.

이 방법은 독일의 수학자 민코프스키Hermann Minkowski가 제안한 것으로 네 번째 좌표를 순전히 상상의 양으로 생각한다. 이 책의 두 번째 장에서 보통 수에 $\sqrt{-1}$을 곱하면 허수가 되고, 그런 허수들이 다양한 기하학적 문제들에서 굉장히 편리하게 사용될 수 있다고 했던 내용을 기억할 것이다. 이제 민코프스키에 따라 시간을 네 번째 좌표로 간주하기 위해서는, 시간을 공간 단위로 표현해야 할 뿐만 아니라 $\sqrt{-1}$을 곱해야 한다. 따라서 네 개의 좌표 거리는 다음과 같을 것이다.

> 첫 번째 좌표: 3,200피트
> 두 번째 좌표: 400피트
> 세 번째 좌표: 936피트
> 네 번째 좌표: $8 \times 10^{11} \times i$ 광피트

이제 4차원 거리를 모든 네 좌표 거리의 제곱의 합의 제곱근으로 정의할 수 있다. 사실 허수의 제곱은 항상 음수이기 때문에, 민코프스키의 좌표에서 피타고라스의 공식은 아인슈타인의 좌표에서 비합리적으로 보였던 피타고라스의 공식과 수학적으로 동일해진다.

관절 류머티즘에 걸린 한 노인이 건강한 친구에게 어떻게 관절염을 피할 수 있었는지 물었다는 이야기가 있다.

"평생 하루도 빠짐없이 아침마다 냉수욕을 했지." 그게 친구의 대답이었다. "아, 그랬군!" 첫 번째 노인이 탄성을 질렀다. "그러면 자네는 관절염 **대신** 냉수욕을 가진 게로군."

류머티즘에 걸린 것처럼 보이는 피타고라스 정리가 마음에 들지 않는다면, 대신 상상의 시간 좌표라는 냉수욕을 가질 수도 있다.

시공 세계에서 네 번째 좌표의 가상 성질은 결국 물리적으로 다른 두 가지 유형의 4차원 거리를 고려하게 한다.

사실 위에서 논의한 뉴욕 사건들처럼 사건들 사이의 3차원 거리가 시간 간격(적절한 단위로)보다 수적으로 작은 경우에는, 피타고라스 정리에서 제곱근 밑에 들어가는 표현이 음수가 되므로 우리는 **일반화된 4차원 거리에 대해 허수**를 얻게 된다. 그러나 일부 다른 경우에는 시간 간격이 공간 거리보다 더 작으므로, 제곱근 밑에 양수를 얻게 된다. 물론 그런 경우에는 **두 사건 사이의 4차원 거리가 실수**임을 의미한다.

위에서 논의한 것처럼 공간 거리는 실수, 시간 간격은 순전히 허수이기 때문에, 실수 4차원 거리는 보통의 공간 거리와 더 밀접한 관련이 있고, 허수 4차원 거리는 시간 간격과 더 밀접한 관련이 있다고 말할 수 있다. **민코프스키**의 표현에 따라, 첫 번째 종류의 4차원 거리는 **공간적**이라고 부르고, 두 번째 종류의 4차원 거리는 **시간적**이라고 부른다.

우리는 다음 장에서 공간적 거리가 일상의 공간 거리로 바뀔 수 있으며, 시간적 거리는 일상의 시간 간격으로 바뀔 수 있다는 것을 보게 된다. 그러나 둘 중 하나는 실수, 다른 하나는 허수로 표현된다는 사실 때문에 서로서로 바꾸려고 할 때, 자를 시계로 바꿀 수 없고 시계를 자로 바꿀 수도 없게 만드는, 극복할 수 없는 장벽에 부딪힌다.

1, 2, 3 그리고 무한

5
공간과 시간의 상대성

RELATIVITY
of
SPACE
and
TIME

5
공간과 시간의 상대성

공간을 시간으로 시간을 공간으로 바꾸기

공간과 시간이 단 하나의 4차원 세계로 통일된다는 것을 입증하려는 수학적 시도들은 거리와 시간의 차이를 완벽하게 제거하지는 못해도, 확실히 아인슈타인 이전의 물리학에서보다 두 표현 사이의 유사성을 훨씬 더 분명하게 드러낸다. 사실 이제 **다양한 사건 사이의 공간 거리와 시간 간격은 이들 사건 사이의 기본적 4차원 거리를 공간축과 시간축에 투영시킨 것으로 생각해야만 하므로, 4차원 교차축을 회전시키면 거리를 시간 간격으로 또 그 반대로 부분적으로 변환시키는 결과를 가져올 수 있다.** 그러나 4차원 시공 교차축을 회전시킨다는 것이 무슨 뜻일까?

우선 그림 34a에서 볼 수 있는 것처럼 두 개의 공간 좌표로 만들

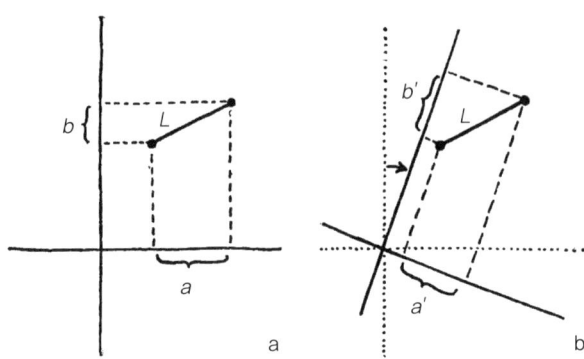

:: 그림 34

어진 교차축을 생각하고, L만큼 떨어져 있는 고정점이 두 개 있다고 하자. 이 거리를 좌표축에 투영시키면, 첫 번째 축의 방향에서는 두 점이 a피트만큼 떨어져 있고, 두 번째 축의 방향에서는 b피트만큼 떨어져 있다는 것을 알게 된다. 만약 이 교차축을 어떤 각도만큼 돌린다면(그림 34b), 똑같은 거리를 두 개의 새로운 축에 투영시킬 때 이전의 투영과 다른 새로운 값 a'와 b'를 얻게 될 것이다. 그러나 피타고라스 정리에 따라, 투영된 두 수치의 제곱의 합의 제곱근은 모두 똑같을 것이다. 왜냐하면 그것은 두 점 사이의 실제 거리에 해당하고, 거리는 축을 회전한다고 해서 변하지 않기 때문이다. 따라서 이는 $\sqrt{a^2+b^2} = \sqrt{a'^2+b'^2} = L$로 표현할 수 있다. 이 제곱들의 합의 제곱근은 좌표 변환에 대해 불변인 반면, 투영된 수치들은 임시적이어서 좌표계의 선택에 의존한다.

이제 한 축은 거리에 해당하고 또 한 축은 시간에 해당하는 교차축을 고찰해보자. 이 경우에 앞 보기의 두 고정점은 두 고정 사건이

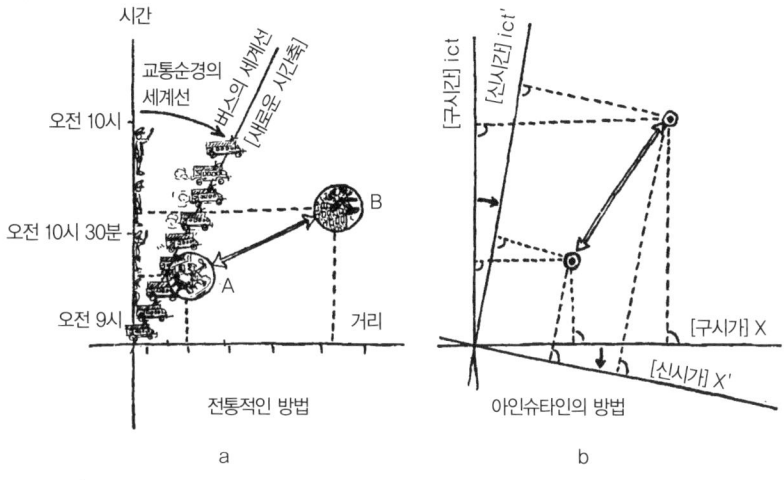

:: 그림 35

되며, 두 축에 투영된 것은 각각 공간과 시간의 거리를 나타낸다. 앞 절에서 논의한 두 사건인 은행 강도 사건과 비행기 충돌 사건을 택하면, 두 개의 공간 좌표를 나타내는 것(그림 34a)과 매우 유사한 그림(그림 35a)을 그릴 수 있다. 이제 교차축을 회전시키려면 어떻게 해야 할까? 그 답은 '시공 교차축을 회전시키고 싶다면, 버스를 타라'이다. 이것은 다소 뜻밖이며 당황스럽기까지 하다.

하지만 그런 사건들이 터진 7월 28일 아침에 우리가 정말로 5번 애비뉴를 달리는 버스의 이 층에 앉아 있다고 하자. 이기적이기는 하지만, 이 경우에 타고 있는 버스가 은행 강도 사건과 비행기 충돌이 일어난 장소에서 **얼마나 멀리 떨어져 있는지** 궁금할 것이다. 왜냐하면 그 거리가 얼마나 멀리 떨어져 있는지에 따라 우리가 그 사건들을 볼 수 있는지가 결정되기 때문이다.

만약 은행 강도 사건, 비행기 충돌과 함께 버스의 세계선의 연속적인 위치들을 나란히 보여주는 그림 35a를 살펴본다면, 이런 거리가 한쪽 모퉁이에 서 있는 교통 경찰관이 기록한 것들과 다르다는 사실을 알게 될 것이다. 이를테면 버스는 애비뉴를 따라 3분마다 한 블록씩 지나가고 있으므로(뉴욕의 심각한 교통체증을 고려하면 그렇게 이상한 일이 아니다!), 버스에서 보는 두 사건 사이의 공간 거리는 더 작아진다. 사실 오전 9시 21분에 버스는 52번 스트리트를 가로지르고 있기 때문에, 이 순간에 일어난 은행 강도 사건은 버스에서 두 블록 떨어져 있다. 비행기 충돌이 일어날 무렵(오전 9시 36분), 버스는 47번 스트리트에 있었으므로 충돌 현장에서 열네 블록 떨어져 있었다.

따라서 **버스에 대한 상대적** 거리를 측정할 때는 강도 사건과 충돌 사건 사이의 공간 거리가 14-2=12, 열두 블록이라고 결론 내릴 것이다. 이것은 그 도시 건물들에 대해 측정된 거리인 50-34=16, 열여섯 블록과 비교된다. 그림 35a를 다시 살펴보면, 버스에서 기록된 거리들은 예전처럼 수직축(정지한 교통순경의 세계선)이 아니라, 버스의 세계선을 나타내는 기울어진 선에서 계산되어야 하므로, 이제 새로운 시간축의 역할을 하고 있는 것은 바로 후자라는 것을 알게 된다.

'이런 시시한 이야기들'은 다음처럼 요약할 수 있다. 움직이는 차에서 관측되는 사건들의 시공 다이어그램을 그리려면 공간축은 그대로 둔 채로 시간축을 일정한 각도만큼(차의 속도에 따라) 회전시켜야 한다.

이 말은 고전물리학과 '상식'의 관점에서는 절대적 진리라고 해도, 4차원 시공 세계에 관한 새로운 개념과는 명백하게 모순된다. 사실 시간을 독립적인 네 번째 좌표로 간주할 수 있다면 우리가 버스에 앉아 있든, 손수레에 앉아 있든, 보도에 서 있든 상관없이 **시간축은 항상 세 개의 공간축에 수직**이어야만 한다!

　이런 점에서 우리는 두 가지 개념 중 하나만을 따라야 한다. 더 이상 통일된 시공기하학을 고려하지 말고, 공간과 시간에 관한 전통적인 개념을 유지하든지 아니면 '상식'이라고 말하는 우리의 낡은 개념을 깨뜨리고 시공 다이어그램에서는 공간축과 시간축이 언제나 서로 수직을 유지하도록 **함께 회전해야 함**을 가정해야 한다(그림 35b).

　그러나 시간축을 돌리는 것이 물리적으로 **두 사건들의 공간 거리가 움직이는 차에서 볼 때 다른 값을 갖는다는**(앞의 보기에서 열두 블록과 열여섯 블록으로) 것을 의미하는 것처럼, 공간축을 돌린다는 것은 **움직이는 차에서 관측된 두 사건의 시간 거리가 지상의 정지점에서 관측된 두 사건의 시간 거리와 다르다는** 것을 의미한다. 따라서 만약 은행 강도 사건과 비행기 충돌이 시청의 시계로 15분 차이가 난다면, 버스 승객의 손목시계로 기록된 시간 간격은 다를 것이다. 하지만 이는 두 시계가 기계적 결함이 있어서 다른 속도로 가기 때문이 아니라 **다른 속도로 움직이는 차에서는 시간 자체가 다른 속도로 흐르기 때문이며, 그것을 기록하는 실제의 메커니즘도 그에 따라 느려지지만**, 버스 운행 같은 느린 속도에서는 이런 지연이 감지할 수 없을 정도로 작다(이런 현상은 이 장에서 더 상세히 논의할 것이다).

더 좋은 예로, 움직이는 기차의 식당칸에서 저녁을 먹고 있는 남자를 생각해보자. 식당칸 웨이터의 관점에서는 그가 똑같은 장소에서(창가의 세 번째 테이블에서) 애피타이저와 디저트를 먹는다. 그러나 철도의 정지점에서 식당차의 안을 보고 있는 (한 명은 그가 애피타이저를 먹는 시간에, 또 다른 한 명은 그가 디저트를 먹는 시간에) 두 철도 직원의 관점에서는 이 두 사건이 몇 마일 간격을 두고 일어난다. 따라서 이렇게 말할 수 있을 것이다. **한 관측자가 볼 때 똑같은 장소에서 다른 두 순간에 일어나는 두 사건은 다른 운동 상태에 있는 다른 관측자들이 볼 때는 다른 장소에서 일어나는 것으로 보인다.**

원하는 공간-시간 등가 개념에 비추어, 위의 문장에 있는 '장소'라는 단어를 '순간'이라는 단어로, '순간'이라는 단어는 '장소'라는 단어로 대체해라. 그러면 이제 이런 문장이 될 것이다. **한 관측자가 볼 때 똑같은 순간에 다른 장소에서 일어나는 두 사건은 다른 운동 상태에 있는 또 다른 관측자가 볼 때는 다른 순간에 일어나는 것으로 보일 것이다.**

기차 식당칸 예에 적용하면, 웨이터는 식당칸의 양 끝에 앉은 두 승객이 저녁을 먹은 뒤 정확히 똑같은 순간에 담배에 불을 붙였다고 장담하는 반면, 여전히 철도에 서서 자신을 지나치는 기차를 바라보는 철도 직원은 이 두 신사 가운데 하나가 먼저 담배에 불을 붙였다고 우길 것이다.

따라서 **한 관측자의 관점에서 동시에 일어나는 것으로 보이는 두 사건은, 또 다른 사람의 관점에서 일정한 시간 간격을 두고 일어난 것으로 보일 것이다.**

이것들은 **공간과 시간이 그저 변하지 않는 4차원 거리를 해당 축에 투영시킨 것**에 불과한 4차원 기하학의 불가피한 결과들이다.

에테르 바람, 그리고 시리우스 여행

이제 그저 4차원 기하학이라는 말을 쓰고 싶다고 해서 공간과 시간에 대해 오랫동안 지녀온 편안한 개념에 그렇게 혁명적인 변화들을 도입하는 것이 정당화될 수 있는지 자문해보자.

만약 대답이 '그렇다'라면, 250년 전에 위대한 아이작 뉴턴Isaac Newton이 명확하게 서술한 공간과 시간의 정의에 기초한 고전물리학의 전체 체계에 이의를 제기하는 것이다. 뉴턴이 "공간 자체는 외부의 어떤 요인과 무관하게 항상 유사하고 움직이지 않으며, 절대적이고 정확한 시간은 자연히 그리고 본질적으로 외부의 어떤 요인과 무관하게 똑같이 흐른다"라고 쓸 때 그는 확실히 자신이 새로운 무언가나, 논쟁의 여지가 있는 무언가를 쓰고 있다고는 생각하지 않았다. 그저 그는 상식이 있는 사람이라면 누구에게나 명백한 공간과 시간의 개념들을 정확한 언어로 서술하고 있었던 것뿐이다. 사실 공간과 시간에 대한 이런 고전적 개념들이 옳다는 믿음은 절대적이어서 종종 철학자들은 **선험적**이라고 주장하며, 어떤 과학자도(문외한은 말할 것도 없고) 그것들이 거짓이며 따라서 재조사해서 새로 고쳐 말할 필요가 있을 거라고는 생각지도 않았다. 그런데 왜 이제 와서 그런 물음에 대해 다시 생각해야 하는 것일까?

공간과 시간에 대한 고전적 개념을 버리고 단 하나의 4차원 그림에서 통일시켜 구술할 수밖에 없었던 것은 아인슈타인의 바람 때문도, 수학적 천성의 끊임없는 충동 때문도 아니었으며, 그저 실험적 연구에서 끊임없이 나타나고 독립적인 공간과 시간이라는 고전적 그림에 잘 맞지 않는 다루기 어려운 사실들 때문이었다.

아름답고 절대로 변하지 않을 것처럼 보였던 고전물리학이라는 성채의 기초를 뒤흔들어, 마치 여호와의 나팔 소리에 무너진 예리코의 성벽처럼 사실상 이 정교한 건물의 돌 하나하나를 허물어뜨린 최초의 충격은, 1887년에 미국의 물리학자 앨버트 마이컬슨Albert Abraham Michelson이 언뜻 수수하게 보이는 실험을 수행하면서 시작되었다. 마이컬슨 실험의 요지는 매우 간단하다. 파동 운동을 하는 빛은 모든 물체의 원자들 사이뿐만 아니라 성간공간星間空間을 균일하게 가득 채우고 있는 가설적 물질인 이른바 '빛을 나르는 에테르'를 통해 움직인다는 것이다.

연못에 돌멩이를 떨어뜨리면 파동이 사방으로 퍼져나가는 것을 관찰할 수 있다. 밝은 물체에서 나오는 빛도 비슷하게 파동으로 퍼져나가며, 진동하는 소리굽쇠의 소리도 마찬가지다. 그러나 표면파는 물의 입자 운동을 나타내고, 음파는 소리가 여행하는 공기나 다른 물질들의 진동인 것으로 알려져 있는 반면, 빛의 파동을 나르는 매질은 발견할 수가 없다. 사실 빛은 완전히 텅 빈 공간을 손쉽게 (소리와 달리) 여행하는 것처럼 보인다!

그러나 진동할 것이 아무것도 없는데 진동하는 무언가에 대해서 말하는 것이 다소 비논리적인 것처럼 보이기 때문에, 물리학자들은 빛의 전파를 설명할 때 '진동한다'는 동사에 실재적 주체를 대입하기 위해서 '빛을 나르는 에테르'라는 새로운 개념을 도입했다. 동사는 반드시 주체가 있어야 한다는 순전히 문법적인 관점에서 보면, '빛을 나르는 에테르'의 존재는 부정될 수 없다. 그러나 문법의 규칙들은 올바르게 구성된 문장에 도입되어야 하는 실재하는 것의 물리적 성질들을 규정하지도 못하고 규정할 수도 없다!

만약 빛이 빛 에테르를 통해 움직이는 파동들로 이루어져 있어서 '빛 에테르'를 빛 파동이 여행하는 매질로 정의한다면, 절대적인 진리를 말하는 동시에 가장 하찮은 반복문을 되풀이하는 것이다. 그것은 빛 에테르가 무엇이며 그 물리적 성질이 무엇인지를 알아내는 것과는 전혀 다른 문제이다. 여기서는 어떤 문법도(심지어 그리스 사람도!) 우리를 도와줄 수 없으며, 대답은 오로지 물리학이라는 과학을 통해서만 얻을 수 있다.

다음 논의에서 알게 되겠지만, 19세기 물리학의 가장 큰 실수는 빛 에테르가 보통의 물리학적 물질과 유사한 성질들을 갖는다고 가정한 것이었다. 혹자는 빛 에테르의 유동성, 강도, 다양한 탄성 성질, 심지어는 내부 마찰에 대해 말한다. 따라서 빛 에테르가 빛 파동을 나를 때는 진동하는 고체처럼 움직이지만,* 또 한편으로는 완벽한 유동성을 갖고 있어서 천체들의 운동에 전혀 방해받지 않는다

---

* 빛 파동에 대해서는 진동들이 빛이 여행하는 방향을 가로지르는 것으로 입증되었다. 보통 물질에서는 그런 횡파 진동들이 오직 고체에서만 일어나는 반면, 액체와 기체상 물질에서는 진동하는 입자들이 파동이 진행하는 방향에서만 움직일 수 있다.

는 사실 때문에 봉랍 같은 물질과 비교해서 해석되었다. 사실 봉랍을 비롯한 다른 유사한 물질들은 역학적 충격으로 빠르게 작용하는 힘들에 대해서는 상당히 단단하고 깨지기 쉬운 것으로 알려져 있지만, 오랫동안 놔두면 자체 무게의 힘으로 꿀처럼 흐를 것이다. 이런 비유에 따라, 옛 물리학은 성간공간 전체를 채우는 빛 에테르가 빛의 전파와 관련된 왜곡에 대해서는 단단한 고체처럼 움직이지만, 빛보다 수천 배 느리게 움직이는 행성과 별을 헤치고 나아갈 때는 완전히 액체처럼 행동한다고 생각했다.

그때까지 이름만 알고 있던 미지의 존재에, 우리가 이미 알고 있는 보통 물질의 성질들이 있다고 생각하려는 의인화된 관점은 처음부터 전혀 작동하지 않았다. 그리고 수많은 시도에도 불구하고, 빛 파동을 나르는 이 신비한 물질의 성질들에 대한 합리적인 역학적 해석들을 전혀 찾을 수 없었다.

현재 우리가 알고 있는 지식에 비추어보면, 지금까지 행해진 모든 시도가 어떤 점에서 잘못되었는지 깨달을 수 있다. 보통 물질들이 갖는 모든 역학적 성질의 원인은 바로 그것들이 만들어진 원자들 사이의 상호작용이다. 예컨대 물의 유동성과 고무의 탄성, 다이아몬드 경도는 물 분자들은 큰 마찰 없이 서로 미끄러질 수 있고, 고무 분자들은 쉽게 변형될 수 있으며, 다이아몬드 결정을 구성하는 탄소 원자들은 강력한 격자로 단단히 결합해 있음에서 비롯된다. 그러므로 다양한 물질의 공통된 역학적 성질은 그 원자 구조에서 비롯되지만, 이 규칙을 빛 에테르처럼 완전히 연속적이라고 생각되는 물질에 적용하면 전혀 이치에 맞지 않는다.

빛 에테르는 보통 물질이라고 부르는 원자 모자이크와 전혀 닮지 않은 독특한 물질이다. 우리는 빛 에테르를 '물질'이라고 부를 수는 있지만('진동하다'라는 동사의 문법적 주체 역할을 하기 때문이라고 해도), 공간이 유클리드 기하학의 개념보다 훨씬 더 복잡한 형태학적이고 구조적인 특징들을 갖고 있다는 것을 명심한다면 그것을 '공간'이라고 부를 수도 있다. 사실 현대물리학에서는 '빛 에테르(그 추정된 역학적 성질들이 제거된)'와 '물리적 공간'이 동의어로 간주된다.

본론에서 벗어나 '빛 에테르'의 기초 지식론에 관한 철학적 분석으로 너무 깊이 들어갔다. 이제 마이컬슨의 실험이라는 주제로 다시 돌아가보도록 하자. 앞서 말했듯이 이 실험의 요지는 아주 간단하다. 만약 빛이 에테르를 통해 여행하는 파동이라면, 지상에 있는 장비들이 기록한 빛의 속도는 지구가 공간에서 움직이기 때문에 왜곡되어야 한다. 우리는 태양 주위에서 궤도를 따라 질주하는 지구 위에 서 있기 때문에, 빠르게 움직이는 배의 갑판에 있는 사람이 날씨는 더할 나위 없이 고요한데도 얼굴로 불어닥치는 바람을 느끼는 것처럼 '에테르 바람'을 경험해야 한다. 물론 에테르는 우리 몸을 구성하는 원자들 사이로 쉬이 통과하기 때문에 '에테르 바람'을 느끼지는 못하지만, 운동에 대해 다양한 방향에서 빛의 속도를 측정하는 방법으로 그 존재를 알아낼 수 있어야 한다. 바람과 똑같은 방향으로 움직이는 소리의 속도가 바람을 거슬러서 움직이는 소리의 속도보다 더 빠르다는 것은 누구나 알고 있으므로, 에테르 바람과 함께 전파하는 빛과 그것에 거슬러서 전파하는 빛에도 똑같은 일이 벌어지는 것은 당연하다.

마이컬슨은 서로 다른 방향에서 전파하는 빛의 속도 차이를 기록할 수 있는 장치를 만들기 시작했다. 가장 간단한 방법은 물론 위에서 묘사한 피조의 장치(그림 31C)를 택해서 다양한 방향으로 돌리며 측정하는 것이다. 그러나 그런 측정은 매우 높은 정확도를 필요로 하기 때문에 합리적인 방법은 아니다. 사실 예상된 차이(지구의 속도와 같은)는 광속의 1퍼센트의 $\frac{1}{100}$ 정도밖에 안 되기 때문에, 모든 측정은 정확하게 이루어져야 할 것이다.

길이가 비슷한 두 장대의 장대 두 개를 갖고 있는데 그 장대들 정확한 크기 차이가 알고 싶다면, 두 장대의 한쪽 끝을 맞붙이고 반대쪽 끝에서 그 차이를 재는 게 가장 쉬운 방법일 것이다. 이는 '영점' 방법으로 알려져 있다.

그림 36으로 알 수 있는 마이컬슨의 장치는 서로 수직인 두 방향에서 빛의 속도를 비교하기 위해 바로 이 영점 방법을 이용한다. 이 장치의 중심부는 입사광의 50퍼센트는 반사하고 나머지 50퍼센트는 통과시키는 얇고 반투명한 은 층으로 덮인 유리판 B로 이루어져 있다. 따라서 A에서 들어오는 빛줄기는 서로 평행하게 여행하는 두 개의 동등한 부분으로 나뉜다. 이런 두 빛줄기는 중심판에서 똑같은 거리에 놓여 있는 두 거울 C와 D에서 반사되어 다시 그것으로 보내진다. D에서 돌아오는 빛줄기는 얇은 은 층에 의해 부분적으로 전달되며, 동일한 층에 의해 부분적으로 반사된 C의 빛줄기 부분과 하나가 될 것이다. 따라서 이 장치의 입구에서 분리된 두 빛줄기는 관측자의 눈으로 들어올 때 다시 하나로 합쳐질 것이다. 잘 알려진

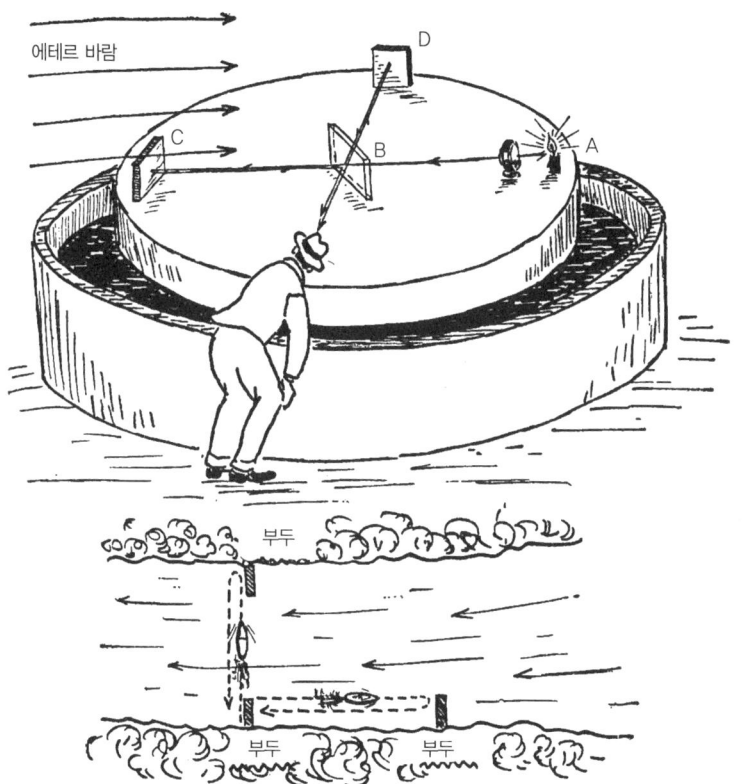

:: 그림 36

광학 법칙에 따르면, 이 두 빛줄기는 서로를 간섭해서 눈에 보이는 밝고 어두운 줄무늬들을 만들 것이다.* 만약 거리 BD와 BC가 같아서 동시에 두 빛줄기가 중심 판으로 되돌아온다면, 이 그림의 중심

---

* pp. 184~186을 참고해라.

에 밝은 줄무늬가 생길 것이다. 만약 그 거리들이 미세하게 변해서 한 빛줄기가 다른 빛줄기에 대해 늦게 도착한다면 이 줄무늬들은 오른쪽이나 왼쪽으로 이동될 것이다.

이 장치가 지구 표면에 설치되어 있기 때문에, 그리고 지구가 공간을 통해 빠른 속도로 움직이기 때문에, 에테르 바람이 지구의 운동 속도와 같은 속도로 공간에 불고 있다고 추측할 수 있다. 예컨대 이 바람이 방향 C에서 B로 불고 있다고 가정하고(그림 36에서 보는 대로), 교점까지 질주하는 두 빛줄기의 속도에 어떤 차이를 만드는지 살펴보자.

이 빛줄기들 가운데 하나는 처음에 바람을 거슬러 갔다가 바람과 함께 돌아오는 반면, 또 다른 빛줄기는 두 방향 모두 바람을 가로질러 간다는 사실을 기억해라. 어느 쪽이 먼저 돌아갈까?

강의 부두 1과 부두 2에서 상류로 나아가다가 하류 부두 1로 돌아가는 모터보트를 생각해보자. 여행을 떠날 때는 강의 흐름이 모터보트를 방해하지만, 돌아올 때는 그 운동을 도와준다. 이 두 효과가 서로를 상쇄한다고 생각하기 쉽지만, 사실은 그렇지가 않다. 쉽게 이해하기 위해서 보트가 강물의 속도와 같은 속도로 간다고 상상해보자. 이 경우에 부두 1의 보트는 절대로 부두 2에 도달할 수 없을 것이다! 강의 흐름이 존재하기 때문에 모든 경우에 왕복여행을,

$$\frac{1}{1-\left(\frac{V}{v}\right)^2}$$

라는 인자만큼 길게 한다는 것을 어렵지 않게 알 수 있다. 여기서 v는 보트의 속도이고 V는 강물의 속도이다.* 따라서 만약 이 보트가 강물보다 10배 더 빨리 여행한다면, 그 왕복여행은 다음 시간만큼 지속될 것이다.

$$\frac{1}{1-\left(\frac{1}{10^2}\right)} = \frac{1}{1-0.01} = \frac{1}{0.99} = 1.01배$$

즉 강물이 조용할 때보다 1퍼센트 더 길어질 것이다.

마찬가지로 강물을 가로지르는 왕복여행의 예상 지연도 계산할 수 있다. 여기서 지연이 일어나는 까닭은 보트가 부두 1에서 부두 3에 도달하기 위해서는 움직이는 물에서의 표류를 상쇄하기 위해 약간 비스듬히 여행해야 하기 때문이다. 이런 경우에는 지연이 다소 적어서

$$\sqrt{\frac{1}{1-\left(\frac{V}{v}\right)^2}}$$

로 표현되는데, 이는 위에 있는 보기의 $\frac{1}{2}$ 퍼센트밖에 되지 않는다. 이 공식의 증명은 매우 간단하므로 호기심 많은 독자를 위해 남겨

---

* 사실 1을 두 부두 사이의 거리로 쓰고, 하류의 결합 속도는 $v+V$이고 상류의 결합 속도는 v-V라는 사실을 기억하면, 총 왕복여행 시간은 다음과 같다.

$$t = \frac{1}{v+V} + \frac{1}{v-V} = \frac{2v}{(v+V)(v-V)} = \frac{2v}{v^2-V^2} = \frac{2}{v} \cdot \frac{1}{1-\frac{V^2}{v^2}}$$

둔다. 이제 강물 대신에 흐르는 에테르를, 보트 대신에 그것을 통해 전파하는 빛 파동을, 부두들 대신에 두 개의 거울을 사용하면 마이컬슨의 실험 장치를 얻게 될 것이다. B에서 C로 갔다가 B로 돌아오는 빛줄기는 이제

$$\frac{1}{1-\left(\frac{v}{c}\right)^2}$$

만큼 지연될 것이고, 여기서 C는 에테르를 통해 움직이는 빛의 속도인 반면, B에서 D까지 여행했다가 돌아가는 빛은

$$\sqrt{\frac{1}{1-\left(\frac{v}{c}\right)^2}}$$

만큼 지연되어야 한다. 지구의 속도와 같은 에테르 바람의 속도는 초속 30킬로미터이고, 광속은 초당 3×10^5킬로미터이기 때문에, 두 빛줄기는 각각 0.01퍼센트와 0.005퍼센트 지연되어야 한다. 따라서 마이컬슨의 장치가 있다면, 에테르 바람과 함께 여행하는 빛줄기의 속도와 그것을 거슬러서 여행하는 빛줄기의 속도 차이를 관찰하는 것은 쉬운 문제일 것이다.

그런데 마이컬슨이 실험을 하면서 간섭 줄무늬들의 미세한 이동조차 발견하지 못했을 때 얼마나 놀랐을지 상상해보라. **에테르 바람은 빛을 따라 여행하든 빛을 가로질러 여행하든 빛의 속도에는 전혀 영향을 미치지 않는 것 같았다.**

마이컬슨은 처음에 이 사실이 어찌나 놀라웠던지 믿기지 않았지

만, 실험을 조심스럽게 반복한 결과 비록 놀랍기는 해도 결과가 옳다는 데에는 의심의 여지가 없었다.

이런 뜻밖의 결과를 설명할 수 있는 방법은 마이컬슨의 거울들이 놓여 있었던 육중한 석조 테이블이 지구가 공간을 통해 움직이는 방향에서 약간 수축했다고(이른바 피츠제럴드 수축˙) 대담한 가정을 하는 수밖에 없었다. 사실 거리 BC는

$$\sqrt{1-\frac{v^2}{c^2}}$$

만큼 줄어든 반면, 거리 BD는 변하지 않고 그대로라면 두 빛줄기의 지연이 똑같아지므로 간섭 줄무늬들의 이동은 예상되지 않는다.

그러나 그것보다 마이컬슨의 테이블이 줄어들었을 가능성을 제시하는 게 더 쉽다. 사실 매질을 거슬러 움직이는 물체들의 수축은 어느 정도 예상 가능하다. 예를 들어 호수를 가로질러 질주하는 모터보트는 배의 뒷부분에 있는 프로펠러의 추진력과 배의 앞부분에 있는 물의 저항 사이에서 약간 압착된다. 그러나 그런 역학적 수축의 정도는 보트가 만들어진 재료의 강도에 따라 조금씩 다르다. 강철 보트는 나무 보트보다 덜 압착될 것이다. 그러나 마이컬슨의 실험에서 부정적인 결과의 원인이 되었던 수축의 변량들은 오직 운동의 속도에만 영향을 받으며, 관련된 물질의 강도에는 전혀 영향받

˙ 저 개념을 처음으로 도입해서 그것을 순전히 운동의 역학적 효과로 생각했던 물리학자의 이름을 딴 것이다.

지 않는다. 거울들을 올려놓은 테이블이 돌이 아니라 주철이나 나무나 혹은 다른 어떤 물질로 만들어졌다고 해도, 수축의 양은 정확히 똑같았을 것이다. 따라서 우리가 여기서 다루는 것은 운동하는 모든 물체를 정확히 같은 정도만큼 수축시키는 **보편적인 효과**인 것이 분명하다. 1904년의 아인슈타인처럼 그 현상을 묘사하기 위해 **우리도 여기서 공간 자체의 수축을 살펴보도록 한다. 똑같은 속도로 움직이는 모든 물체도 그것들이 바로 그렇게 수축된 공간 안에 있기 때문에 똑같은 방식으로 수축한다.**

앞에서 우리는 이미 공간의 성질들에 대해 충분히 설명했다. 상황을 더욱 명료하게 하기 위해 공간이 형체를 자유자재로 바꿀 수 있는 유연한 젤리의 성질을 갖고 있다고 상상해보자. 공간이 비틀리거나 짓눌리거나 늘어나거나 뒤틀리면, 그 안에 있는 모든 물체의 모양도 저절로 똑같이 변화한다. 공간의 왜곡 때문에 생긴 물체의 이런 왜곡은 물체에 내부 응력과 변형을 일으키는 다양한 외부 힘 때문에 생긴 왜곡과 구별되어야 한다. 2차원 용기를 나타내는 그림 37을 고찰해보면 이 중요한 차이를 설명하는 데 도움이 될 것이다.

그러나 공간 수축의 효과가 물리학의 기본 원리들을 이해하는 데 근본적인 중요성을 갖는다고 해도, 일상에서 우리에게 영향을 미치는 최대 속도인 광속에 비하면 여전히 무시할 수 있을 정도로 작기 때문에 평소에는 전혀 느끼지 못한 채 지나치게 된다. 따라서 예컨대 시속 50마일로 달리는 자동차는 $\sqrt{1-(10^{-7})^2} = 0.9999999\ 9999999$만큼 길이가 줄어들지만, 이것은 범퍼에서 범퍼까지 차체 길이가 겨

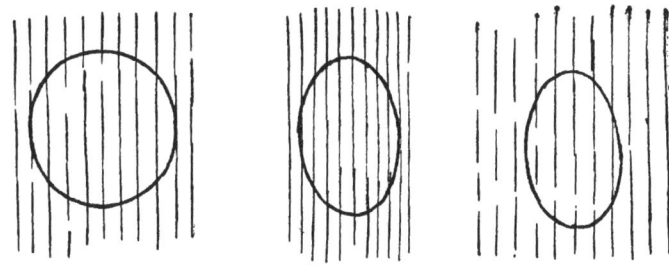

:: 그림 37

우 원자핵 지름만큼 줄어든 것에 해당한다! 시속 600마일이 넘는 속도로 비행하는 제트기는 길이가 원자 지름만큼 줄어들며, 시속 2만 5,000마일이 넘는 속도로 질주하는 100미터 길이의 성간 로켓도 $\frac{1}{100}$ 밀리미터밖에 줄어들지 않는다.

그러나 만약 광속의 50퍼센트, 90퍼센트, 99퍼센트의 속도로 움직이는 물체들을 상상할 수 있다면, 그것들의 길이는 각각 지상에 있을 때 크기의 86퍼센트, 45퍼센트, 14퍼센트로 감소할 것이다.

빠르게 움직이는 모든 물체의 이런 상대적 수축 효과는 미지의 작가가 쓴 다음과 같은 5행시에서 찬사를 받는다.

피스크라는 이름의 젊은이가 있었네.
그의 펜싱은 대단히 기운찼네.
그의 행동이 어찌나 빨랐던지,
피츠제럴드 수축 때문에
그의 칼이 원반이 되고 말았네.

이 피스크 씨는 광속으로 펜싱을 했을 게 틀림없다!

4차원 기하학의 관점에서 볼 때, 움직이는 모든 물체에서 관측되는 보편적 수축은 그저 불변하는 4차원 길이가 시공 교차축의 회전 때문에 공간 투영이 변한 것으로 해석될 수 있다. 사실 우리는 앞 절의 논의를 통해 움직이는 계에서 이루어진 관측들은 그 속도에 따라 공간축과 시간축 모두가 어떤 각도만큼 회전된 좌표계를 이용해서 묘사되어야 한다는 것을 기억해야 한다. 따라서 만약 정지 계에서 공간축에 100퍼센트 투영시킨 4차원 거리가 있다면(그림 38a), 그것을 새로운 시간축에 공간 투영시킬 경우(그림 38b) 항상 더 짧아질 것이다.

기억해야 할 것은 예상된 길이 수축이 전적으로 서로에 대해 움직이고 있는 두 계에 대해서 상대적이라는 사실이다. 만약 두 번째 계에 대해 정지해 있어서, 새로운 공간축에 평행한 불변 선으로 표현되는 물체를 고찰할 경우, 그것을 과거의 축으로 투영시키면 똑같은 정도로 줄어들 것이다.

따라서 두 계 가운데 어느 쪽이 '실제로' 운동하고 있는지는 기술할 필요도 없고, 사실 어떤 물리적 의미도 없다. 중요한 사실은 오직 두 계가 서로에 대해 운동하고 있다는 것뿐이다. 따라서 만약 미래의 어떤 '성간 통신 주식회사'의 두 여객 로켓 우주선이 매우 빠른 속도로 여행하다가 지구와 토성 사이의 공간에서 만날 수 있다면, 각 우주선의 승객들은 창밖을 통해 상대의 우주선이 줄어든 것을 볼 수 있지만, 자신들의 우주선이 줄어든 건 전혀 알아채지 못할 것이다. 그리고 어느 쪽이 '실제로' 줄어들었는지 논쟁하는 것은 전

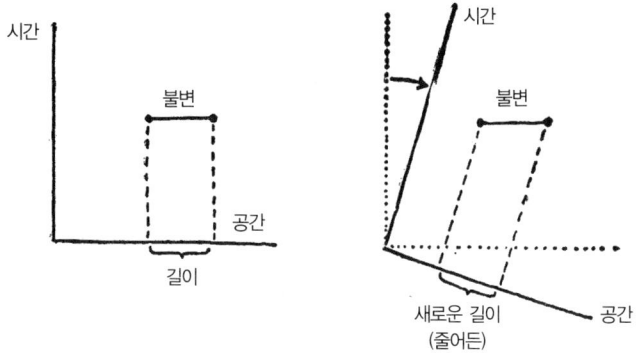

:: 그림 38

혀 무의미할 것이다. 왜냐하면 상대 우주선에 타고 있는 승객들의 관점에서 보면 각 우주선이 다 줄어들었고, 자기 승객들의 관점에서 보면 전혀 줄어들지 않았기 때문이다.*

또한 4차원 추론은 움직이는 물체들의 상대적 수축이 왜 속도가 광속에 가까울 때만 감지할 수 있는지도 이해할 수 있게 도와준다. 사실 시공 교차축이 회전되는 각도는, 움직이는 계가 여행한 거리를 이 거리를 여행하는 데 필요한 시간으로 나눈 비로 결정된다. 만약 거리는 피트로, 시간은 초로 측정한다면 이 비는 초당 피트로 표현되는 보통 속도에 불과할 것이다. 그러나 4차원 세계에서의 시간 간격은 보통 시간 간격에 광속을 곱해서 표현하기 때문에, 회전각

---

* 물론 이것은 완전히 이론적인 설명이다. 만약 실제로 두 로켓 우주선이 여기서 우리가 고려하는 속도로 서로의 옆을 지나간다면, 각 우주선에 탄 승객들은 상대를 전혀 볼 수 없을 것이다. 이런 속도의 몇 분의 1로 발사된 라이플 총의 총알을 볼 수 없는 것과 마찬가지다.

을 결정하는 이 비는 사실 초당 피트로 나타낸 운동 속도를 동일한 단위의 광속으로 나눈 것이다. 따라서 회전각과 그것이 거리 측정에 미치는 영향은 두 움직이는 계의 상대 속도가 광속에 가까울 때만 감지할 수 있게 된다.

시공 교차축은 길이 측정뿐만 아니라 시간 간격의 측정에도 영향을 미친다. 그러나 혹자는 4차원 좌표의 독특한 가상 성질 때문에,* 공간 거리가 줄어들 때 시간 간격은 늘어난다는 것을 입증할 수 있다. 만약 고속으로 움직이는 자동차 위에 시계를 설치한다면 그 시계는 지상에 있는 비슷한 시계보다 다소 더 느리게 갈 것이므로, 연속적인 두 똑딱거림 사이의 시간 간격이 길어질 것이다. 길이 수축의 경우처럼, 움직이는 시계의 느린 속도는 오직 운동 속도에만 의존하는 보편적인 효과이다. 현대의 손목시계나, 진자가 있는 구식 괘종시계나, 모래가 흐르는 모래시계나 모두 같은 속도로 움직인다면 정확히 같은 방식으로 느려질 것이다. 물론 이 효과는 우리가 '시계'와 '손목시계'라고 부르는 특별한 기계 장치에 국한되지 않는다. 사실 모든 물리학적, 화학적, 생물학적 과정들이 똑같은 정도로 느려질 것이다. 따라서 고속으로 움직이는 로켓 우주선에서 아침으로 달걀을 요리할 때 시계가 느리게 간다고 해서 너무 오래 삶게 될 위험은 없다. 우리의 손목시계에 따라 5분 동안 끓는 물에서 삶으면, 달걀 내부의 과정들도 그에 맞게 느려지므로 우리가 늘 알

---

* 혹은, 만약 원한다면 4차원 공간에서의 피타고라스 공식이 시간에 대해 왜곡된다는 사실 때문에.

던 '5분 달걀' 대로 조리될 것이기 때문이다. 여기서 기차의 식당차가 아니라 로켓 우주선을 예로 든 것은, 길이 수축의 경우처럼 시간의 팽창도 오직 광속에 가까워지는 속도에서만 감지할 수 있기 때문이다. 이런 시간 팽창도 공간 수축과 똑같이

$$\sqrt{1-\frac{v^2}{c^2}}$$

으로 주어지며, 여기서 차이는 이 인자를 곱하는 게 아니라 이 인자로 나눈다는 것이다. 만약 무언가가 그 길이가 $\frac{1}{2}$로 줄어들 만큼 빨리 움직인다면, 그 시간 간격은 두 배 길어진다.

  움직이는 계에서 시간의 속도가 느려지는 것은 성간 여행에 관한 흥미로운 의미를 함축하고 있다. 만약 태양계에서 9광년 떨어진 시리우스의 위성들 가운데 하나를 방문하기로 했는데, 이 여행에 이용할 로켓 우주선이 실제 광속으로 움직일 수 있다고 가정하자. 시리우스 왕복여행은 적어도 18년이 걸릴 테니 매우 많은 양의 식량을 가져가고 싶을 게 당연하다. 그러나 로켓 우주선이 거의 광속으로 여행할 수 있다면 그런 준비는 절대 필요 없을 것이다. 예컨대 광속의 99.99999999퍼센트로 움직인다면, 우리의 손목시계와 심장과 허파와 소화계와 정신적 과정들이 7만 배만큼 느려질 것이므로, 지구에서 시리우스까지 왕복여행을 하는 데 필요한 18년이(지구에 남아 있는 사람들의 관점에서) 여행하는 당사자에게는 단 몇 시간으로 보일 것이다. 사실 아침을 먹은 직후 지구에서 출발하면 우주선이 시리우스의 어느 행성에 착륙할 때쯤에 점심을 먹을 즈음이 되었다

고 느낄 것이다. 그리고 점심을 먹자마자 바로 시리우스를 출발한다면, 저녁 식사 시간쯤엔 아마 지구로 다시 돌아올 수 있을 것이다. 그러나 고향으로 돌아왔을 때 친구들과 친척들이 우리가 성간 공간에서 실종되었다고 생각하고, 우리 없이 6,570번의 저녁을 먹었다는 사실을 알고는 깜짝 놀라게 될 것이다! 우리가 광속에 가까운 속도로 여행하고 있었기 때문에, 지구에서는 18년이 흘렀지만 우리에게는 단 하루처럼 보였던 것이다.

그러나 광속보다 더 빠르게 여행한다면 어떻게 될까? 이 질문에 대한 답은 또 다른 5행시에서 부분적으로 찾을 수 있다.

> 브라이트 양이라는 어린 소녀가 있었네,
> 그녀는 빛보다 훨씬 빨리 여행할 수 있었네.
> 어느 날 그녀는 떠났네,
> 아인슈타인의 방식으로,
> 그리고 전날 밤에 돌아왔네.

물론 만약 광속에 가까운 속도가 움직이는 계의 시간을 더 느리게 만든다면, 빛보다 빠른 초광속은 시간을 거꾸로 돌려야 할 것이다! 게다가 피타고라스의 제곱근 밑에 있는 대수학적 부호의 변화 때문에, 초광속 계의 모든 길이가 영을 지나고 허수가 되어 시간 간격으로 변하는 것처럼, 시간 좌표도 실수가 되어 공간 거리를 나타낼 것이다.

만약 이 모든 게 가능하다면, 아인슈타인이 자를 자명종으로 바꾸는 그림 33의 상황은 초광속으로 행동할 경우 실재가 될 것이다!

그러나 물리적 세계가 아무리 터무니없다고 해도 그렇게 터무니없지는 않으며, **어떤 물체도 광속과 같거나 광속보다 더 빨리 여행할 수 없다**는 말로 그런 음흉한 마술 행위가 결코 불가능하다는 것을 간단히 요약할 수 있다.

이런 기본적 자연법칙의 물리학적 토대는 더 이상의 가속에 대한 역학적 저항의 척도가 되는, 이른바 **움직이는 물체들의 관성 질량은 운동 속도가 광속에 가까워지면 어떤 한계 너머로 증가한다는 사실**에서 찾을 수 있으며, 이것은 그동안 수많은 직접적 실험으로 입증되었다. 따라서 만약 연발 권총의 탄알이 광속의 99.99999999퍼센트 속도로 날아간다면, 더 이상의 가속에 대한 이 탄알의 저항은 12인치 대포 포탄의 저항과 같다. 그리고 광속의 99.99999999999999퍼센트 되는 속도에서는 화물이 가득 실린 화물 자동차와 똑같은 관성 저항을 갖게 될 것이다. 그리고 아무리 노력한다고 해도, 마지막 0.00000000000001퍼센트를 정복해서 우주의 상한 속도인 광속과 정확히 똑같은 속도를 만들어낼 수는 없을 것이다!

휘어진 공간, 그리고 중력의 수수께끼

앞에서 시공 좌표축 때문에 머리가 지끈거렸을 게 틀림없으니 이제 잠시 **휘어진 공간**으로 발길을 돌려 머리를 식혀보도록 하자. 곡선과 곡면이 무엇인지는 누구나 알지만, '휘어진 공간'이라는 건 도대체

무슨 뜻일까? 이런 현상을 상상하기 어려운 것은 이 개념이 이상하기 때문이 아니라 곡선과 곡면은 우리가 밖에서 볼 수 있는 반면, 3차원 공간의 곡률은 우리가 그 안에 있으므로 **안에서** 관측해야 하기 때문이다. 3차원 인간이 자신이 살고 있는 공간의 곡률을 어떻게 상상할 수 있는지 이해하기 위해서, 우선 표면에 살고 있는 2차원 그림자 인간의 가설적 상황을 고찰해보자. 그림 39a와 39b는 평평하고 휘어진(구형의) '표면-세계들'의 그림자 과학자들이 자신들이 살고 있는 2차원 공간의 기하학을 조사하는 모습을 보여준다. 가장 간단한 기하학적 형태는 물론 세 개의 기하학적 점을 연결하는 세 개의 직선으로 이루어진 삼각형이다. 고등학교 기하학에서 배웠으니 알겠지만, 어떤 평면에 그린 삼각형의 세 내각의 합은 항상 180도와 같다. 그러나 구면에 그린 삼각형에는 이 정리를 적용하지 못한다는 것을 쉽게 알 수 있다. 사실 극에서부터 갈라져 나가는 두 개의 지리학적 자오선과, 그 자오선들이 가로지르는 평행선(역시 지리학적 의미에서)이 이루는 구면 삼각형은 밑각 두 개는 직각이고 위쪽의 각은 영도와 360도 사이의 어떠한 각도 가질 수 있다. 그림 39b에서 두 그림자 과학자들이 조사하고 있는 삼각형에서는 세 각의 합이 210도이다. 따라서 우리는 그림자 과학자들이 자신들의 2차원 세계에서 기하학적 형체를 측정하는 방법으로 실제로 밖에서 보지 않고도 그 곡률을 알아낼 수 있음을 깨닫게 된다.

위의 관측들을 1차원 더 있는 세계에 적용하면, **3차원 공간에 사는 인간 과학자들은 그저 자신들의 공간에 존재하는 세 점을 연결하는 직선들 사이의 각을 측정하는 방법으로 4차원에 뛰어들지 않고도**

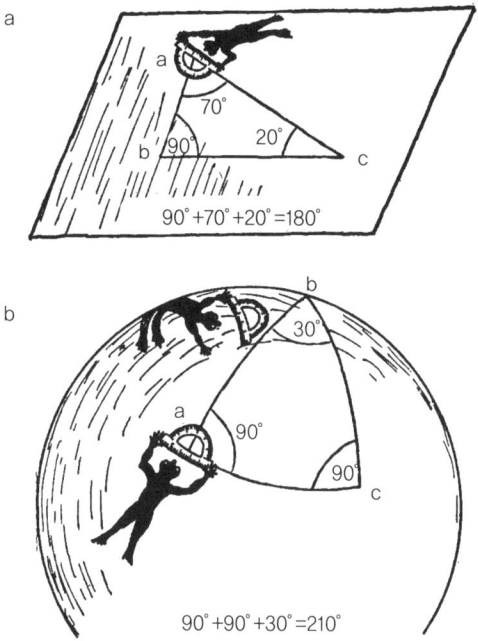

::: 그림 39
평평하고 구부러진 '표면 세계들'의 2차원 과학자들이 삼각형의 세 각의 합에 대한 유클리드 정리를 점검한다.

그 공간의 곡률을 확인할 수 있다는 결론에 아주 자연스럽게 도달하게 된다. 만약 세 각의 합이 180도라면 그 공간은 평평하다. 그렇지 않다면 그 공간은 휘어져 있어야 한다.

그러나 이 논의를 더 진행하기에 앞서, 직선이라는 말이 정확히 무엇을 의미하는지 알아보아야 한다. 그림 39a와 39b에 제시된 두 삼각형을 살펴보면 평면에 있는 삼각형(그림 39a)의 세 면은 정말로 직선이지만, 구면에 있는 삼각형(그림 39b)의 세 면은 사실상 휘어져 있어서 구면 같은 모양이 되는 대원Great circle들의 호라는 것을 알 수 있다.

 그런 말은 상식적인 기하학 개념에 기초하고 있어서 그림자 과학자들은 그들의 2차원 공간의 기하학을 발전시킬 수 없을 것이다. 직선의 개념은 유클리드 기하학을 포함할 뿐만 아니라 표면과 더 복잡한 성질을 갖는 공간의 선들까지 확장될 수 있는 일반적인 수학적 정의를 필요로 한다. 그런 일반화를 얻으려면 **'직선'을 그것이 그려지는 표면이나 공간을 따르는 두 점 사이의 최단 거리를 나타내는 선으로 정의**하면 된다. 물론 평면기하학에서는 위와 같은 정의가 직선의 일반적인 개념과 일치하지만, 휘어진 표면 같은 더 복잡한 경우에는 그게 결국 유클리드 기하학의 보통 '직선들'과 같은 역할을 하는 명확한 직선족族이 된다. 오해를 피하기 위해서, 혹자는 종종 곡면 위에서 최단 거리를 나타내는 직선들을 **측지선 혹은 최단 선**이라고 부르기도 한다. 왜냐하면 이 개념이 최초로 도입된 분야가 지구 표면을 측량하는 과학인 **측지학**이었기 때문이다. 사실 뉴욕과 샌프란시스코 사이의 직선거리에 대해서 말할 때는, '까마귀가 지구 표면의 곡선을 따라 날아가는 것 같은 직선'을 의미하지, 가설적인 거대한 광부의 천공기가 지구를 뚫고 들어간다는 것을 의미하지는 않는다.

 '일반화된 직선' 혹은 '최단 선'을 위와 같이 두 점 사이의 최단 거리로 정의하는 것은 **문제의 점들 사이에 끈을 죽 이어서 그런 선을**

---

* 대원은 구의 중심을 통과하는 평면이 자르는 원이다. 적도와 자오선을 예로 들 수 있다.

::: 그림 40A

만드는 간단한 물리학적 방법을 제시한다. 만약 그 작업을 평면 위에서 한다면, 그 선은 보통 직선이 될 것이다. 그러나 만약 구면에서 작업한다면, 그 선은 구면의 최단 선에 해당하는 대원의 호를 따라 뻗어 있게 될 것이다.

마찬가지로 3차원 공간이 평평한지 휘어졌는지도 알 수 있을 것이다. 이를 알기 위해서는 그저 공간에 있는 세 점 사이에 끈을 이어 만들어진 각들의 합이 180도와 같은지만 살펴보면 된다. 그러나 이 실험을 계획할 때는 중요한 점 두 가지를 기억해야 한다. 휘어진 표면이나 공간의 매우 작은 부분은 아주 평평해 보일 수 있기 때문에 그 실험은 반드시 다소 큰 규모로 이루어져야 한다. 따라서 뒷마당에서 이루어진 측정으로는 절대로 지구 표면의 곡률을 확인할 수 없다! 더욱이 그 표면이나 공간은 어떤 지역에서는 평평하고 또 어떤 지역에서는 휘어져 있기 때문에 철저한 조사가 필요하다.

아인슈타인이 휘어진 공간에 대한 그의 일반적 이론의 기초에 포함시켰던 이 중요한 개념은 **큰 질량의 근처에서는 물리적 공간이 휘어지게 된다**는 가정으로 되어 있다. 따라서 질량이 클수록 곡률도 커진다. 그런 가설을 실험적으로 입증하기 위해 커다란 언덕 주위의 땅에 못을 세 개 박고 그 사이에 끈을 이어(그림 40A), 끈이 만나는 세 점에서의 각을 측정해볼 수 있다. 만약 가장 큰 산을 선택하면(심지어 히말라야 산맥 중 하나) 측정 오차를 허용할 때 그 끈들이 만나는 세 각의 합은 정확히 180도가 될 것이다. 그러나 이 결과가 반드시 아인슈타인이 틀려서 큰 질량의 존재가 주위의 공간을 휘게 하지 않는다는 뜻은 아닐 것이다. 어쩌면 히말라야 산맥조차도 우리의 측정 장치로 그 편차를 기록할 수 있을 만큼 주위의 공간을 충분히 휘게 만들지 못하는지도 모른다. 갈릴레오가 셔터 램프를 이용해서 빛의 속도를 측정하려고 했을 때 부딪혔던 실패를 기억해라(그림 31)!

그렇다고 용기를 잃어서는 안 되며, 훨씬 더 큰 질량인 태양으로 다시 시도해야 한다.

그리고 이번엔 드디어 성공이다! 만약 끈을 이용해서 지구와 두 별이 이루는 삼각형을 만들고 그 삼각형 안에 태양이 들어가도록 한다면, 이 삼각형의 세 각의 합이 180도와는 현저하게 다르다는 것을 알게 될 것이다. 만약 그런 실험을 하기에 충분히 긴 끈이 없다면, 끈 대신에 광선을 이용해라. 광학에 의하면 빛은 항상 **가능한**

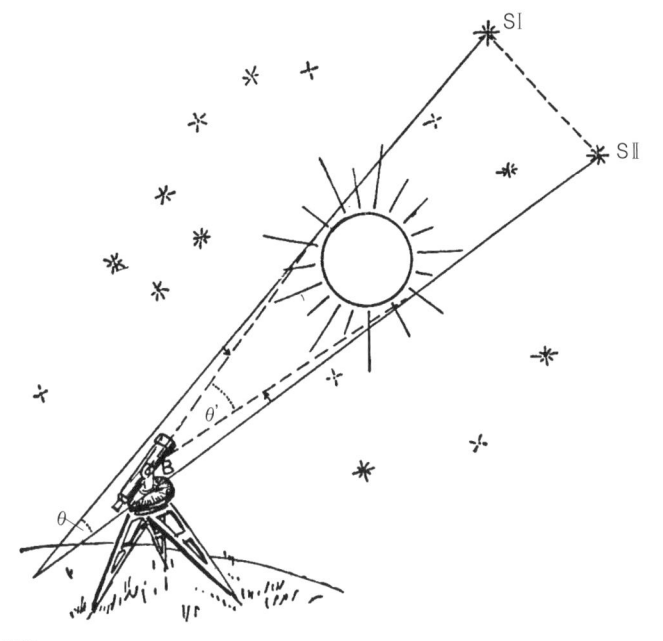

:: 그림 40B

최단 경로를 택하기 때문에 광선은 상당히 좋은 도구이다.

그림 40B에 광선들이 만드는 각을 측정하는 실험이 대략적으로 표현되어 있다. 태양의 반대쪽에 위치한(관측 순간에) 두 별 SI과 SII에서 나오는 광선들이 그것들 사이의 각을 측정하는 경위의經緯儀로 모인다. 그 뒤 두 별이 태양이 방해가 되지 않는 곳에 있을 때 이 실험을 반복해서 두 각을 비교한다. 만약 두 각이 다르다면, 태양의 질량이 그 주위에 있는 공간의 곡률을 변화시켜서 광선을 원래의 경로에서 휘어지게 한다는 증거를 갖게 된다. 이 실험은 원래 아인슈타인이 자신의 이론을 실험하기 위해서 제시했던 것이다. 2차원으로 묘사된 그림 41을 보면 상황을 더 잘 이해할 수 있을 것이다.

그러나 보통 상태에서는 아인슈타인이 제안한 실험을 하는 데 실질적인 장벽이 하나 있었다. 태양의 밝기 때문에 그 주위에 있는 별들을 볼 수 없었던 것이다. 하지만 개기 일식이 일어나는 동안에는 낮에도 별들이 똑똑히 보인다. 이 사실을 이용해서 실제로 1919년에 개기 일식을 관측하기 위하여 프린시페 섬(서아프리카)으로 떠났던 영국의 천문학 탐험대에 의해 실험이 이루어졌다. 태양이 있을 때 두 별 사이의 각 거리와 태양이 없을 때 두 별 사이의 각 거리를 비교한 결과, 그 차이가 아인슈타인의 이론으로 예측된 1.75각도 초와 비교해서 1.61초±0.30초인 것으로 밝혀졌다. 그 이후에도 수많은 탐험대가 비슷한 결과들을 얻었다.

물론 1.5각도 초가 큰 각은 아니지만, 태양의 질량이 그 주위의 공간을 휘게 한다는 것을 입증하기에는 충분하다.

만약 태양 대신에 훨씬 더 큰 별을 이용할 수 있다면, 삼각형의 세 각의 합에 대한 유클리드 정리가 각도 분 정도 혹은 심지어 몇 도까지 틀릴 수도 있다는 사실이 발견될 것이다.

내부 관측자가 관측하는 휘어진 3차원 공간의 개념에 익숙해지기 위해서는 얼마간의 시간과 상당한 상상력이 필요하지만, 일단 올바르게 이해한다면 그것은 고전기하학의 다른 어떤 친근한 개념 못지않게 명료하고 명확한 개념이 될 것이다.

휘어진 공간과 그것이 만유인력의 기본적 문제와 어떤 관계가 있는지를 말해주는 아인슈타인의 이론을 완벽하게 이해하기 위해서 중요한 단계를 하나 더 거쳐야 한다. 이렇게 하기 위해서는 우리가 논의하는 3차원 공간이 모든 물리적 현상의 배경 역할을 하는 4차

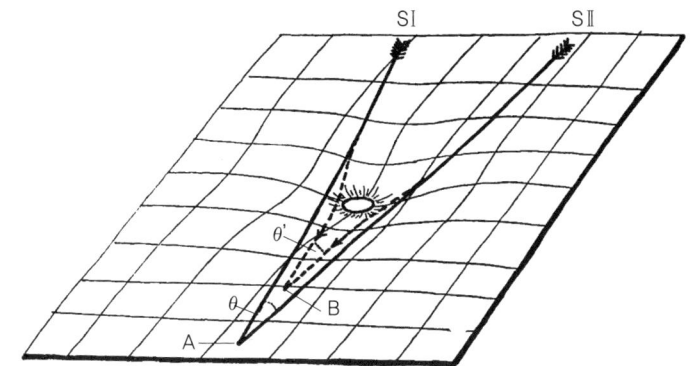

∷ 그림 41

원 시공 세계의 일부에 지나지 않는다는 사실을 기억해야 한다. 따라서 진정한 공간의 곡률은 시공 세계라는 일반적인 4차원 곡률의 그림자에 불과해야 하므로, **이 세계에서 광선과 물체들의 운동을 나타내는 4차원 세계선들은 초공간에서 휘어진 선으로 보일 것이 틀림없다.**

이 문제를 이런 관점에서 살펴보자. 아인슈타인은 **중력 현상이 그저 4차원 시공 세계의 곡률 효과에 지나지 않는다는** 놀라운 결론에 도달하게 되었다. 사실 이제 우리는 태양이 행성들에게 직접 작용하는 어떤 힘을 발휘하여 그 주위에서 원형 궤도를 돌게 만든다는 과거의 설명을 부적절한 것으로 폐기해야 할지도 모른다. 이제 **태양의 질량이 그 주위의 시공 세계를 휘게 하며, 행성들의 세계선이 그림 30처럼 보이는 까닭은 오직 그것들이 이 휘어진 공간을 통과하는 최단 선이기** 때문이라고 말하는 것이 더 정확할 것이다.

따라서 우리의 추론으로부터 완전히 독립적인 힘으로서의 중력의 개념은 사라지며, 모든 물체가 다른 큰 질량들의 존재 때문에 만들어진 곡률을 따라가는 '가장 곧은 선' 즉 '최단 선'을 따라 움직인다는 순수한 공간기하학의 개념들로 대체된다.

닫힌 공간과 열린 공간

이 장을 마무리하기 전에 아인슈타인의 시공기하학의 또 다른 중요한 문제인 유한한 우주와 무한한 우주의 딜레마에 대해서 간략하게 논의해보자.

지금까지 우주라는 거대한 얼굴 여기저기에 흩어져 있는 다양한 '공간 돌기'인 큰 질량들 근처에서 공간의 국지적 곡률에 대해 논의해왔다. 그러나 이런 국지적 편차들은 그렇다치고 우주의 얼굴은 평평할까, 휘어져 있을까? 그리고 만약 휘어져 있다면 어떤 식으로 휘어져 있을까? 그림 42는 '돌기들'이 있는 평평한 공간과 두 개의 가능한 휘어진 공간 유형을 2차원으로 그려놓았다. 이른바 '양의 방향으로 휘어진' 공간은 구면을 비롯한 다른 닫힌 기하학적 형체에 해당하는 것으로 어느 쪽 방향으로 가든 '똑같은 방식'으로 휘어진다. 반대 유형인 '음의 방향으로 휘어진' 공간은 어떤 방향에서는 위로 휘어지고, 또 어떤 방향에서는 아래로 휘어지므로 서구식 안장의 표면과 아주 유사하다. 두 유형의 곡률 차이는 축구공과 안장의 가죽 조각을 잘라서 탁자 위에 똑바로 펴보면 분명히 알 수 있다. 어느 쪽이든 잡아 늘이거나 오그라뜨리지 않고는 똑바로 펼 수

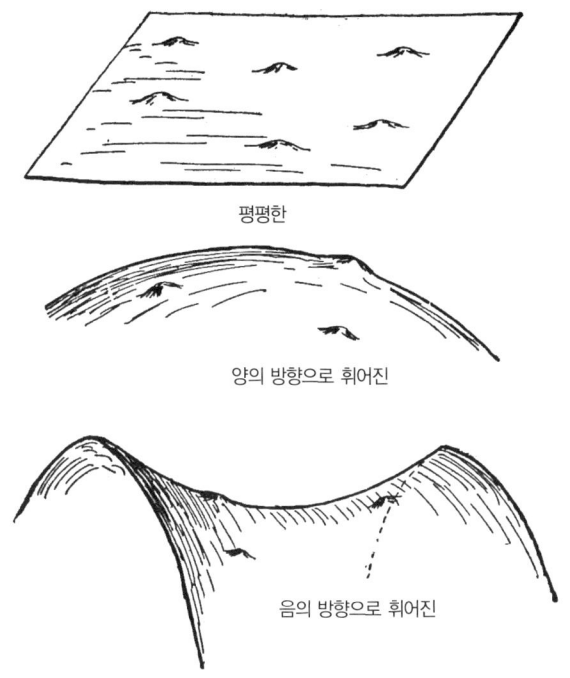

:: 그림 42

없으며, 축구공 조각의 바깥 둘레는 잡아 늘여야 똑바로 펼 수 있고, 안장 조각의 바깥 둘레는 오그라뜨려야 똑바로 펼 수 있다는 것을 알게 된다. 축구공 조각은 중심 주변의 물질이 충분하지 않아서 평평하게 펼 수 없고, 안장 조각은 물질이 너무 많으므로 평평하게 펴서 매끄럽게 만들려고 할 때마다 접히게 된다.

우리는 똑같은 내용을 또 다른 방식으로 기술할 수도 있다. 우리가 중심점으로부터 1, 2, 3인치(표면을 따라 측정되는) 안에 놓여 있는 돌기들의 수를 센다고 하자. 휘어지지 않은 평평한 표면에서는 돌기들의 수가 거리의 제곱만큼 증가해서 1, 4, 9등이 될 것이다.

공간의 유형	큰 거리의 행동	삼각형의 내각의 합	구의 부피 증가 속도
양의 방향으로 휘어진 (구)	닫혀 있다	180도 이상	반지름의 입방체보다 느리게
평평한 (평면)	무한히 팽창한다	=180도	반지름의 입방체만큼
음의 방향으로 휘어진 (안장)	무한히 팽창한다	180도 이하	반지름의 입방체보다 빨리

구형 표면에서는 돌기들의 수가 그것보다 더 느리게 증가할 것이고, '안장' 표면에서는 더 빠르게 증가할 것이다. 따라서 표면에 살고 있어서 밖에서 그 모양을 알아챌 수 없는 2차원 과학자들도 다양한 반지름을 갖는 원 안의 돌기들 수를 세는 방법으로 곡률을 알아낼 수 있을 것이다. 또 그들은 양의 곡률과 음의 곡률 차이가 해당 삼각형의 내각 측정으로 드러나기도 한다는 사실 또한 알 수 있을지 모른다. 앞 절에서 보았던 것처럼, 구면에 그린 삼각형의 내각의 합은 항상 180도보다 **크다**. 만약 안장 표면에 삼각형을 그린다면, 그 내각의 합이 항상 180도보다 **작다**는 것을 알게 될 것이다.

휘어진 표면에 관해서 특별히 얻은 위의 결과들은 위의 표에 따라 휘어진 3차원 공간에 관하여 일반화될 수 있다.

이 표는 우리가 사는 공간이 유한한지 무한한지를 묻는 물음(우주의 크기를 고찰하는 10장에서 논의하는 문제)에 대한 실질적인 대답을 찾는 데 이용될 수 있다.

3부

미시우주

ONE TWO THREE...
INFINITY
Facts and Speculations at Science

6
계단 내려가기

DESCENDING STAIRCASE

6
계단 내려가기

그리스인의 생각

물체의 성질을 분석할 때는 '보통 크기'의 친근한 물체로 시작해서 모든 물적 성질의 궁극적 원천이 인간의 눈에 보이지 않게 감춰진 내부 구조로 한 발 한 발 들어가는 것이 좋다. 따라서 저녁 식탁에 차려진 클램차우더 한 그릇으로 논의를 시작해보자. 클램차우더를 선택한 까닭은 맛있고 영양분이 풍부해서라기보다, 이질 물질의 좋은 예이기 때문이다. 현미경의 도움 없이도 클램차우더가 많은 재료의 혼합물이라는 것을 알 수 있다. 클램차우더는 잘게 썬 조갯살, 양파, 토마토, 셀러리, 작게 썬 감자, 후춧가루, 약간의 기름이 짭짤한 수용액 속에 잘 섞여 있다.

   우리가 일상생활에서 마주치는 물질의 대부분은, 특히 유기농 물질들은 이질 성분으로 이루어져 있지만, 많은 경우에 그 사실을 인지하기 위해서는 현미경의 도움이 필요하다. 심지어 아주 조금만 확대해도 예컨대 우유가 균일한 희뿌연 액체 속에 둥둥 떠 있는 작은 지방 알갱이들로 이루어진 묽은 유상액임을 알게 될 것이다.

 보통의 정원 흙은 석회암, 고령토, 석영, 산화철을 비롯한 다른 미네랄과 소금 같은 미세한 입자들이 부패한 식물과 동물 물질에서 나온 다양한 유기 물질과 섞여 있는 혼합물이다. 그리고 화강암의 표면을 갈아보면, 이 암석이 세 가지 다른 물질(석영, 장석 그리고 운모)의 작은 결정체들이 강력하게 결합해서 하나의 단단한 형체를 이루고 있다는 사실을 깨닫게 될 것이다.

 물질의 본질적 구조를 연구할 때 이질 물질의 조성은 첫 번째 계단, 아니 더 정확히 말하면 내려가는 계단의 위쪽 층계참만을 나타내므로, 우리는 이 혼합물을 이루는 각기 다른 균일 성분들의 조사에 착수할 수 있다. 구리선 조각이나, 물 한 잔이나, 방을 가득 채우는 공기(물론 허공에 둥둥 떠 있는 먼지를 제외하고 생각할 때) 같은 진정한 균일 물질의 경우에는 아무리 현미경으로 들여다보아도 다른 구성 성분의 흔적을 보여주지 않으므로, 이 물질은 어디를 보나 연속적으로 보일 것이다. 사실 구리선은 모든 고체의 경우처럼(결정화되지 않은 유리질 물질들로 구성된 것들은 제외하고) 배율을 크게 해서 확대시키면 항상 미정질 구조를 드러낸다. 그러나 균일 물질에서 보는 독립된 결정체들은 모두(구리선의 구리 결정체나, 알루미늄 프라이팬의 알루미늄 결정체 등) 오직 염화나트륨의 결정체들만 있는 단단하게 압축된 식탁용 소금과 정확히 똑같은 성질을 갖고 있다. 느린 결정화라는 특별한 방법을 이용하면 소금, 구리, 알루미늄 같은 균일 물질의 크기를 원하는 만큼 증가시킬 수 있고, 그런 '단일 결정' 물질의 조각은 물이나 유리 못지않게 완전히 균일해질 것이다.

균일 물질은 어떤 배율로 확대하든 똑같아 보일 거라고 가정할 때, 육안과 정밀한 현미경 관측으로 우리가 옳다는 것을 입증할 수 있을까? 다시 말해서, 우리가 구리나 소금이나 물을 아무리 적게 갖고 있다 하더라도 더 많은 양의 샘플과 항상 똑같은 성질을 지니며, 훨씬 더 작은 조각으로 나누어질 수 있다고 믿을 수 있을까?

최초로 이 물음을 명확하게 서술하고, 그에 대한 답을 찾으려고 노력했던 사람은 약 2300년 전에 아테네에 살았던 그리스의 철학자 데모크리토스Democritos였다. 그리고 이 물음에 대한 그의 대답은 '아니다'였다. 그는 어떤 주어진 물질이 아무리 균일해 보여도, 많은 수(얼마나 많은지, 그는 알지 못했다)의 독립된 매우 작은 입자들(얼마나 작은지도, 그는 알지 못했다)로 이루어진 것으로 간주해야 한다고 믿었고, 그것을 '원자' 혹은 '나누어질 수 없는 것'이라 불렀다. 이렇게 더 이상 나누어질 수 없는 원자들은 물질마다 양적 차이를 보였지만, 겉보기와 달리 질적 차이는 없었다. 불의 원자와 물의 원자는 외양만 다를 뿐 사실상 똑같았다. 사실 모든 물질이 변하지 않는 똑같은 원자들로 구성되어 있었다.

그러나 이와 달리 데모크리토스와 동시대에 살았던 엠페도클레스Empedocles는 몇 가지 종류의 원자가 있으며, 그것들이 다른 비율로 혼합되어서 수많은 물질을 만든다고 믿었다.

엠페도클레스는 그 시대에 알려진 화학의 기본적인 사실들을 기초로 돌, 물, 공기, 불이라는 네 가지 기본 물질에 해당하는 네 가지 유형의 원자가 있다고 추론했다.

이런 견해에 따르면, 흙은 돌과 물의 원자들이 하나씩 결합된 화합물이었다. 그리고 혼합이 잘 될수록 흙의 질이 더 좋았다. 이 흙에서 성장하는 식물은 돌과 물의 원자들을 태양 광선에서 오는 불의 원자들과 결합시켜 나무 물질의 합성 분자들로 만들었다. 물 성분이 사라진 마른 나무의 연소는 나무 분자들을 분해 혹은 해체해 원래의 불 원자들로 만드는 것이라 생각했다. 그리고 이때 불의 원자들은 화염으로 나오고, 돌 원자들은 재로 남게 된다.

이제 우리는 식물 성장과 나무 연소에 대한 이런 설명이, 과학의 유년기였던 초기 시대에는 대단히 논리적으로 보였을지 몰라도 사실 틀렸음을 알고 있다. 아마 아무도 말해주는 사람이 없었다면 우리 역시 고대인들처럼 생각했겠지만, 이젠 식물의 성장에 가장 많이 도움을 주는 것은 토양이 아니라 공기라는 사실을 안다. 토양 자체는 성장하는 식물에 지지물을 제공해주고 그것이 필요로 하는 물을 담을 저수지 같은 역할 이외에, 식물의 성장에 필요한 아주 소량의 소금을 줄 뿐이므로, 우리는 작은 골무 속에 담긴 흙만으로도 아주 큰 옥수수를 키울 수 있다.

사실 질소와 산소의 혼합물인(그리고 고대인들이 생각했던 것처럼 간단한 원소가 아닌) 대기의 공기는 또한 산소 원자들과 탄소 원자들로 이루어진 일정량의 이산화탄소도 포함하고 있다. 식물의 초록색 이파리들은 햇빛의 작용으로 대기의 이산화탄소를 흡수하고, 이것이 뿌리를 통해 공급된 물과 반응해서 식물의 몸통이 자라는 데 필요한 다양한 유기 물질을 만든다. 산소는 '방 안에 있는 식물이 공기를 정화하는' 것과 관련된 과정을 거쳐 부분적으로 대기로 돌아간다.

나무가 탈 때는 나무 물질의 분자들이 공기 중의 산소와 재결합해서 다시 이산화탄소와 수증기로 바뀌어 뜨거운 화염으로 나온다.

고대인들이 식물의 물질 구조 안에 들어간다고 믿었던 '불 원자들'은 존재하지 않는다. 햇빛은 이산화탄소의 분자들을 해체해서 성장하는 식물이 소화할 수 있게 만드는 데 필요한 에너지를 제공할 뿐이다. 그리고 불 원자들은 존재하지 않기 때문에, 그것들이 '빠져나온다'는 것도 명백히 불에 대한 설명이 아니다. 화염은 그저 그 과정에서 나오는 에너지 때문에 가열되어 볼 수 있게 된 많은 양의 가스 흐름에 불과하다.

이제 화학적 변화에 대한 고대와 현대의 견해 차이를 보여주는 또 다른 예를 들어보자. 물론 우리는 뜨거운 용광로 속에서 매우 높은 온도로 광석을 달구면 해당하는 금속을 얻을 수 있음을 알고 있다. 언뜻 보기에 대부분의 광석은 보통 암석과 크게 달라 보이지 않으므로, 고대 과학자들이 광석도 여느 암석과 똑같은 돌 물질로 만들어졌다고 믿었던 것이 그리 놀라운 일은 아니다. 그러나 그들은 철광석에서 나온 조각을 뜨거운 불 속에 넣자 그게 보통 암석과 상당히 다르다는 것, 훌륭한 칼과 창을 만들 수 있는 강하고 빛나는 물질이라는 것을 깨달았다. 이런 현상을 설명하기 위해서는 금속이 돌과 불의 결합으로 만들어졌다고 해야 한다. 다시 말해서 금속 분자가 돌과 불의 원자들의 결합으로 만들어졌다고 말하는 것이 가장 간단했다.

따라서 일반적으로 금속을 설명할 때 그들은 철과 구리와 금 같은 금속들의 질이 다른 것은 돌과 불의 원자 비율이 다르기 때문이라고 설명했다. 반짝이는 금이 거무스름하고 흐릿한 철보다 더 많은 불을 포함하는 게 분명하지 않은가?

그러나 만약 그렇다면 왜 철에 불을 더하거나 구리에 불을 더해서 귀중한 금으로 만들 수 없을까? 그렇게 추론한 중세기의 연금술사들은 값싼 금속을 이용해서 '합성금'을 만들려고 애쓰며 연기 나는 화덕 앞에서 평생을 보냈다.

그런 실용적인 생각을 했던 연금술사들의 관점에서 보면 그들의 노력은 합성고무 만드는 방법을 개발하고 있는 현대 화학자들의 노력 못지않게 합리적이다. 그들의 이론과 실제의 궤변은 금을 비롯한 다른 금속들이 기본적인 물질이 아니라 합성물이라는 믿음에 근거하고 있었다. 그러나 시도해보지 않으면 어느 물질이 기본이고 어느 물질이 합성인지 어떻게 알 수 있겠는가? 철이나 구리를 금이나 은으로 바꾸려는 이런 초기 화학자들의 헛된 시도들이 없었다면, 우리는 금속이 기본적 화학 물질이고 금속을 품고 있는 광석은 금속과 산소 원자들의 결합으로 만들어진 합성물(현대 화학자들의 말대로 금속 산화물)이라는 것을 결코 알지 못했을 것이다.

철광석이 지글지글 타는 뜨거운 용광로 속에서 금속 철로 변하는 것은 고대의 연금술사들이 생각했던 것처럼 원자들이 결합하기 때문이 아니라, 정반대로 원자들이 분리되는 과정을 통해 산화철의 합성 분자에서 산소 원자들이 제거되기 때문이다. 습기에 노출되면 표면에 나타나는 녹은, 철 물질이 분해되는 동안 불 원자들이 빠져나가고 남은 돌 원자들로 이루어진 것이 아니라 철의 원자들이 공기나 물의 산소 원자들과 결합해서 산화철이라는 합성 분자들이 만들어지기 때문이다.*

위의 논의에서 물질의 내부 구조와 화학 변화의 성질에 대한 고대 과학자들의 생각들은 기본적으로 옳은 것처럼 보인다. 그러나 그들의 오류는 무엇이 기본원소들을 이루고 있는지에 대한 오해에 있었다. 사실 엠페도클레스가 기본 물질이라고 나열했던 네 가지 물질 가운데 그 어느 것도 실제 기본 물질이 아니다. 공기는 몇 가지 다른 기체들의 혼합물이고, 물 분자는 수소와 산소 원자들로 이루어져 있으며, 돌은 굉장히 많은 원소와 관련된 매우 복잡한 성분을 갖고 있고, 마지막으로 불 원자는 존재하지도 않는다.**

---

* 따라서 어떤 연금술사는 철광석의 처리 과정을 다음과 같은 공식으로 표현할 것이다.

$$(돌\ 원자) + (불\ 원자) \rightarrow \underset{광석}{(철\ 분자)}$$

그리고 철의 녹은 다음과 같이 표현할 것이다.

$$(철\ 분자) \rightarrow \underset{녹}{(돌\ 원자) + (불\ 원자)}$$

우리는 똑같은 과정들에 대해 다음과 같이 쓴다.

$$(산화철\ 분자) \rightarrow \underset{철광석}{(철\ 원자) + (산소\ 원자)}$$

그리고

$$(철\ 원자) + (산소\ 원자) \rightarrow \underset{녹}{(산화철\ 분자)}$$

** 이 장의 뒷부분에서 알게 되겠지만, 불 원자의 개념은 광양자이론에서 부분적으로 재생산된다.

실제로 자연에는 4가지가 아니라 92가지 원자인 92가지의 화학 원소가 존재한다. 이 92가지 화학원소 가운데 산소, 탄소, 철, 규소 (대부분의 암석의 주요 성분) 같은 원소는 지구에 풍부하게 존재하고 누구에게나 친근하지만, 어떤 원소들은 매우 드물다. 아마 프라세오디뮴이나 디스프로슘이나 란탄 같은 원소들은 한 번도 들어보지 못했을 것이다. 현대과학은 자연원소 이외에도 새로운 몇몇 화학원소를 인공적으로 만들어내는 데 성공했고, 조금 뒤 이런 원소들에 대해 고찰하겠지만, 그 가운데 하나인 **플루토늄**으로 알려진 원소는 군사용이든 평화용이든 원자 에너지의 방출에 중요한 역할을 할 것이다. 92가지 기본원소의 원자들을 다양한 비율로 결합시키면 물과 버터, 기름과 토양, 돌과 뼈, 차(먹는)와 TNT 같은 무한히 많은 복잡한 화학 물질을 비롯해서 트리페닐피리리움클로라이드와 메틸리소프로필사이클로헥산 같은 많은 다른 물질을 만든다. 그리고 이 모든 무한한 원자 결합의 성질들과 조제 방법 등을 요약하기 위해 수많은 화학 편람이 집필되고 있다.

원자는 얼마나 클까?

데모크리토스와 엠페도클레스가 원자에 대해서 말할 때는 사실상 물질을 점점 더 작은 조각으로 나누다 보면 더 이상 나눌 수 없는 단위에 도달할 수밖에 없다는 모호한 철학적 개념에 근거하고 있었다. 그러나 현대 화학자가 원자에 대해서 말할 때는 훨씬 더 명확한 무언가를 의미한다. 왜냐하면 화학원소마다 이런 물질을 구성하는 다른 원자들의 상대적 무게를 반영하는 정확히 다른 무게 비율로만 결합한다는 기본적 화학법칙을 이해하려면, 기본적인 원자들과 그것들이 결합해서 복잡한 분자를 이루는 과정을 정확히 알고 있어야 하기 때문이다. 그리고 그 화학자는 산소와 알루미늄과 철의 원자들이 수소 원자보다 각각 16배, 27배, 56배 더 무거워야 한다고 결론내린다. 그러나 다른 원소들의 상대적 원자 무게는 기본적 화학의 가장 중요한 정보인 반면, 그램으로 표현되는 원자의 실제 무게는 화학적 연구에서 전혀 중요하지 않으므로, 이런 정확한 무게들에 대한 지식은 다른 화학적 사실들이나 법칙들의 응용, 그리고 화학의 방법에 전혀 영향을 미치지 않을 것이다.

그러나 물리학자가 원자들을 고찰할 때 처음 드는 의구심은 '원자들의 실제 크기는 몇 센티미터이며, 무게는 몇 그램이며, 어떤 일정한 양의 물질 안에는 각각의 원자나 분자가 얼마나 많이 있을까? 원자와 분자들을 하나씩 관찰하고 세고 다룰 방법이 있을까?' 등이다.

원자와 분자의 크기를 어림하는 방법은 많으며, 가장 간단한 방법은 현대적 실험 장비 없이 연구했던 데모크리토스와 엠페도클레스도 방법만 알았더라면 사용할 수 있었을 만큼 간단하다. 만약 구리선 조각 같은 어떤 물체를 구성하는 최소 단위가 원자라면, 이 물질로 그 원자의 지름보다 얇은 종이를 만드는 것은 불가능하다. 따라서 이 구리선을 쭉 펴서 원자들을 일렬로 늘어놓거나, 망치로 두드려서 원자 하나의 지름 두께인 얇은 동박으로 만들 수 있다. 구리

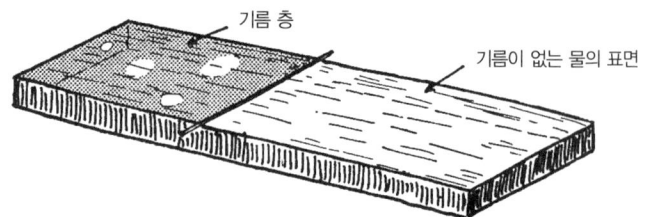

::: **그림 43**
너무 많이 잡아당기면 물 표면 위의 얇은 기름 층이 끊어진다.

선이나 혹은 다른 어떤 고체 물질의 경우에는 우리가 원하는 최소한의 두께에 이르기도 전에 부러질 수밖에 없으므로 이런 작업이 불가능하다. 그러나 물의 표면에 떠 있는 얇은 기름 층 같은 액체 물질들은 '모든' 분자가 서로 수평으로 연결되어 있고 다른 것들 위에 수직으로 쌓여 있는 것은 하나도 없는 얇은 막인, 분자들로 이루어진 층으로 쉽게 펴질 수 있을 것이다. 그리고 신중하고 참을성 있는 독자라면 직접 이 실험을 해서 간단한 방법으로 기름 분자들의 크기를 측정할 수 있다.

야트막하고 긴 용기(그림 43) 하나를 택해서, 평평한 탁자나 마루 위에 올려놓고 가장자리까지 물을 가득 채운 다음 물의 표면에 닿도록 전선 하나를 가로놓아라. 이제 이 전선의 한쪽에 순수한 기름 몇 방울을 떨어뜨리면, 기름을 떨어뜨린 쪽의 물 위로 기름이 퍼질 것이다. 이제 기름에서 먼 쪽으로 전선을 이동시키면, 기름 층이 전선에 따라 퍼져서 점점 더 얇아질 것이고 결국 그 두께는 기름 분자 하나의 지름과 같아진다. 이렇게 얇은 막이 만들어진 뒤에는 전선을 조금만 더 이동해도 연속적인 기름 표면이 끊어져서 구멍이 생길 것이다. 물 위에 떨어뜨린 기름의 양과, 기름이 끊어지지 않고 퍼질 수 있는 최대 면적을 알고 있으므로, 기름 분자 하나의 지름을 쉽게 계산할 수 있다.

이 실험을 하는 동안, 또 다른 흥미로운 현상도 관찰할 수 있다. 기름이 없는 물의 표면 위에 기름을 약간 떨어뜨리면 배가 자주 드나드는 항구에서 여러 차례 보았던 것처럼, 처음에 기름 표면이 친숙한 무지개 빛깔로 변하는 것을 발견할 것이다. 이렇게 색깔이 변하는 것은 기름 층의 상하 경계선에서 반사된 광선의 간섭이라는 잘 알려진 현상 때문이며, 장소마다 색깔이 다른 것은 기름방울이 떨어진 지점에서부터 퍼지는 기름 층의 두께가 장소마다 다르기 때문이다. 만약 기름 층이 균일해질 때까지 조금 기다린다면, 전체 기름 표면은 균일한 색이 될 것이다. 기름 층이 점점 더 얇아지면서 빛의 파장이 짧아지는 정도에 따라 색깔은 점차 붉은색에서 노란색으로, 노란색에서 초록색으로, 초록색에서 파란색으로, 파란색에서 보라색으로 변할 것이다. 그리고 만약 이 기름 표면의 면적을 계속 확장한다면 색깔은 완전히 사라질 것이다. 이것은 기름 층이 존재하지 않는다는 뜻이 아니라, 그저 그 두께가 가장 짧은 가시광선 파장보다 작아져서 그 색깔이 우리의 시각 범위에서 벗어나게 되었다는 것을 의미할 뿐이다. 그러나 기름 표면과 깨끗한 물 표면은 여전히 구별할 수 있을 것이다. 왜냐하면 매우 얇은 층의 상하 표면에서 반사된 두 빛줄기가 간섭해서 광선의 전체 강도를 약화시킬 것이기 때문이다. 따라서 색깔이 사라지면 기름 표면은 반사된 빛을 받아 다소 더 '희미하게' 보이기 때문에 순수한 표면과 다를 것이다.

실제로 이 실험을 해보면 1세제곱밀리미터의 기름이 1제곱미터의 물 표면을 덮을 수 있지만, 이 기름 막을 조금만 더 잡아 늘이려고 하면 구멍이 생긴다는 것을 알게 될 것이다.•

분자 빔

물질의 분자 구조를 보여주는 또 다른 흥미로운 방법은 작은 구멍들을 통해 주위의 빈 공간으로 나가는 가스와 증기의 유출 연구에서 찾을 수 있다.

공기를 뺀 커다란 유리 전구 안에 진흙 원통으로 된 작은 전기로가 들어 있고, 이 원통은 벽에 작은 구멍이 하나 있으며 열을 공급하는 전기 저항선으로 에워싸여 있다고 하자. 만약 이 전기로에 나트륨이나 칼륨 같은 녹는점이 낮은 금속 조각을 놓는다면, 원통의 내부는 금속의 증기로 채워지게 되고, 증기는 원통의 벽에 있는 작은 구멍을 통해 주위의 공간으로 새어나올 것이다. 증기는 유리 전

• 우리의 기름 층은 얼마나 얇아야 끊어질까? 관련된 계산들을 따라가기 위해서, 1세제곱밀리미터의 기름방울을, 각 면이 1제곱밀리미터인 실제의 입방체를 상상해라. 1세제곱밀리미터 기름을 1제곱미터의 면적 위에 펴기 위해서는 물 표면과 닿는 기름 입방체의 1제곱밀리미터 표면이 1,000배만큼 증가되어야 한다(1제곱밀리미터에서 1제곱미터로). 결과적으로 전체 부피를 일정하게 유지하기 위해서는 원래 입방체의 수직 크기가 $1,000 \times 1,000 = 10^6$만큼 감소되어야 한다. 이것으로 이 층의 한계 두께를 알 수 있으며, 결과적으로 기름 분자의 실제 크기가 약 $0.1센티미터 \times 10^{-6} = 10^{-7}센티미터$라는 것을 알 수 있다. 기름 분자는 몇 개의 원자로 이루어져 있기 때문에, 원자들의 크기는 더 작다.

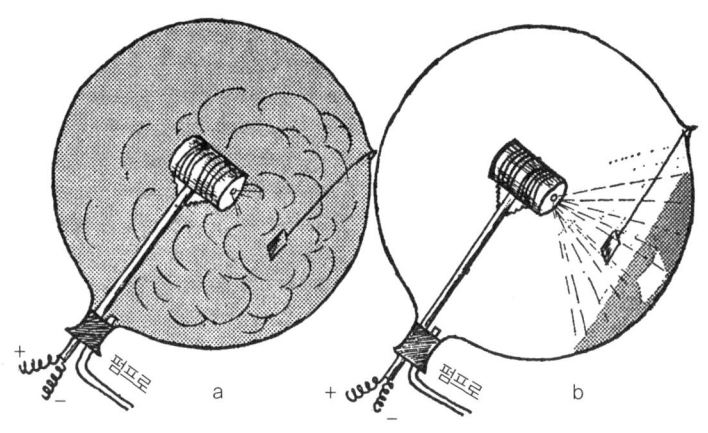

:: 그림 44

구의 차가운 벽과 접촉하게 되면 벽에 들러붙을 테고, 벽면 여기저기에 형성된 거울 같은 얇은 침전물을 보면 이 물질이 전기로에서 빠져나온 뒤 움직이는 모습을 똑똑히 볼 수 있을 것이다.

더욱이 유리에 생긴 막의 분포가 전기로의 온도에 따라 달라진다는 것을 알게 될 것이다. 전기로가 매우 뜨거워서 그 안에 있는 금속 증기의 밀도가 높을 때는, 찻주전자나 증기 엔진에서 빠져나오는 증기와 유사한 현상을 보게 될 것이다. 증기는 구멍을 통해 밖으로 나오면 사방으로 팽창해서(그림 44a) 유리 전구를 가득 채우고 바깥 표면 전체에 다소 균일한 침전물을 만들 것이다.

그러나 전기로 내부의 증기 밀도가 낮은 더 차가운 온도에서는 그 현상이 전혀 다른 방식으로 진행된다. 구멍에서 빠져나온 물질은 사방으로 퍼지는 대신 직선을 따라 움직이는 것처럼 보이며, 그 대부분은 전기로에 있는 구멍의 맞은편 유리벽에 침전된다. 이런 사실은 특히 이 구멍 앞에 작은 물체를 놓으면 확연히 알 수 있다(그림 44b). 이 물체 뒤에 있는 벽에는 어떤 침전물도 형성되지 않으며, 침전물이 없는 지역은 앞을 가리고 있는 물체의 기하학적 그림자의 모양과 똑같아질 것이다.

높은 밀도와 낮은 밀도에서 빠져나오는 가스들의 행동이 달라지는 것은 사방의 공간으로 질주하면서 서로 연속적으로 충돌하는 매우 많은 독립된 분자 때문에 증기가 생긴다는 사실을 기억하면 쉽게 이해할 수 있다. 증기의 밀도가 높을 때는 구멍을 통해 나오는 가스의 흐름을, 불타는 극장의 비상구로 급히 탈출하는 격앙된 군중과 비교할 수 있다. 비상구를 통과하는 사람들은 여전히 서로 부딪히면서 사방으로 흩어진다. 반면에 밀도가 낮을 때는 한 번에 한 사람씩 문을 통과해서 아무런 간섭도 받지 않고 앞으로 곧장 나아가는 것과 같다.

전기로의 구멍을 통해 나오는 낮은 증기 밀도의 물질 흐름은 '분자 빔'으로 알려져 있으며, 공간을 통해 나란히 날아가는 수많은 분자에 의해 형성된다. 그런 분자 빔은 분자들의 개별적 성질을 조사할 때 매우 유용하다. 예를 들면, 우리는 분자 빔을 이용해서 열운동의 속도를 측정할 수 있다.

그런 분자 빔의 속도를 측정하는 장치를 처음 만든 사람은 오토 슈테른Otto stern이지만, 사실상 이 장치는 피조가 빛의 속도를 측정하기 위해 사용했던 장치와 동일하다(그림 31). 장치는 두 개의 톱니바퀴를 공통의 축에 끼운 것으로, 오직 회전 각속도가 일치할 때만 두 톱니바퀴 사이로 분자 빔을 통과시키게끔 배열되어 있다(그림

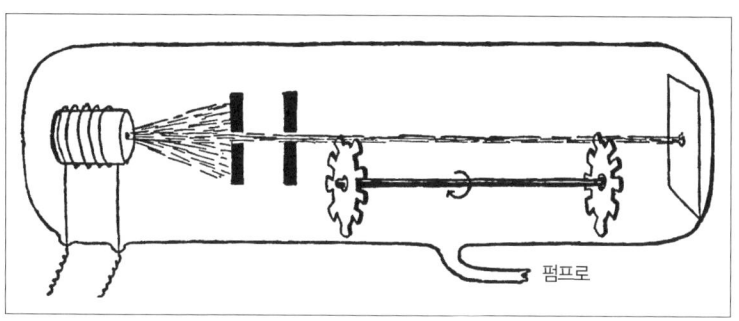

::: 그림 45
셰익스피어의 글귀를 정확히 인쇄한 자동 인쇄기.

45). 슈테른은 이 장치에서 나오는 가는 분자 빔을 칸막이 판을 써서 가로막는 방법으로, 분자 운동의 속도가 일반적으로 매우 크며(섭씨 200도에서 나트륨 원자들의 경우 초속 1.5킬로미터), 가스의 온도가 증가하면 운동 속도도 증가한다는 것을 입증할 수 있었다. 이것은 물체의 열이 증가하면 분자들의 불규칙한 열운동도 증가한다는 열운동론의 명백한 증거를 제공한다.

원자의 사진

비록 위의 보기들이 원자의 가설이 옳다는 것에 대해서 일말의 의심을 남길 리는 없겠지만, "보는 것이 믿는 것"이라는 속담은 여전히 사실이다. 왜냐하면 원자와 분자를 눈으로 직접 관측하는 것만큼 그 존재에 대한 설득력 있는 증거는 없을 것이기 때문이다. 그런 시각적 증명은 비교적 최근에 영국의 물리학자 윌리엄 브래그William

Lawrence Bragg에 의해 이루어졌다. 그가 다양한 결정체 안에 있는 독립적인 원자들과 분자들의 사진을 얻는 방법을 개발했던 것이다.

그러나 원자의 사진을 찍는 것이 쉬운 일이라고 생각해서는 안 된다. 그런 작은 물체들의 사진을 찍을 때는 조명하는 빛의 파장이 사진을 찍어야 하는 물체의 크기보다 작지 않은 한, 사진의 영상이 희미해질 수밖에 없다는 사실을 고려해야 하기 때문이다. 페르시아의 소형 모형을 칠할 때 벽을 칠하는 붓을 쓰는 것은 불가능하지 않겠는가! 작은 미생물을 연구하는 생물학자들은 박테리아의 크기(약 0.0001센티미터)가 가시광선의 파장과 거의 같기 때문에 이런 어려움에 대해 매우 잘 알고 있다. 그들은 영상의 질을 높이기 위해 박테리아의 현미경 사진을 자외선 빛으로 찍어서 좀 더 나은 영상을 얻는다. 그러나 분자들의 크기와 분자들이 결정체의 격자에서 떨어져 있는 거리가 너무 짧아서(0.00000001센티미터) 상세한 모습을 묘사하려고 할 때는 가시광선도 자외선도 무용지물이다. 따로따로 떨어져 있는 분자들의 모습을 보기 위해서는 반드시 가시광선보다 수천 배 더 짧은 파장을 가진 X선을 이용해야 한다. 그러나 여기서 우리는 극복할 수 없을 것 같은 어려움에 부딪힌다. 사실상 X선은 어느 물질이나 굴절 없이 통과하므로 X선을 이용할 때는 렌즈도 현미경도 제대로 기능하지 못할 것이다. 물론 이런 성질은 X선의 뛰어난 투과력과 함께 의과학에서는 매우 유용하다. 인체를 통과하는 광선의 굴절이 모든 X선 사진을 완전히 흐리게 할 것이기 때문이다. 그러나 X선을 이용해서 확대 사진을 얻으려고 할 때는 바로 이 성질이 방해가 되는 것처럼 보인다!

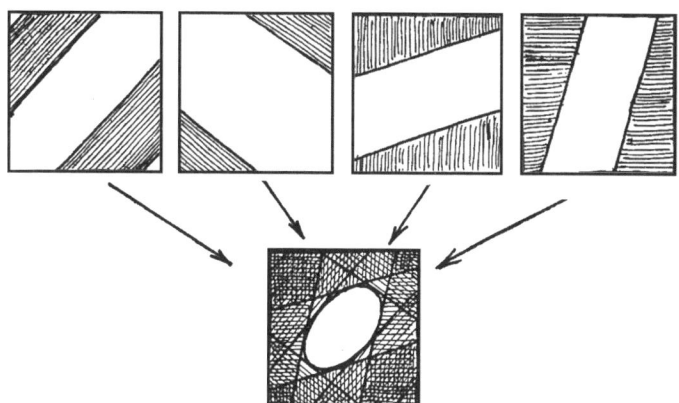
:: 그림 46

 언뜻 보기에는 상황이 가망 없어 보이지만, 브래그는 이 어려움을 극복하고 매우 천재적인 방법을 찾아냈다. 그는 아베Ernst Abbe가 개발한 현미경의 수학적 이론을 기초로 고찰했다. 아베의 이론에 의하면 현미경 영상은 일정한 각도로 기울어져 들어오는 평행한 검은 띠들로 표현되는 수많은 패턴을 중첩한 것으로 생각할 수 있었다. 이 말을 설명하는 간단한 예를 그림 46에서 볼 수 있다. 이 그림은 어두운 부분의 중심에 있는 밝은 타원 지역의 사진이 네 개의 다른 띠 체제들의 중첩으로 얻어지는 과정을 보여준다.
 아베의 이론에 따르면 현미경의 기능은 (1) 원래의 모습을 수많은 별개의 띠 패턴으로 나누고 (2) 각각의 패턴을 확대해서 (3) 이 패턴들을 다시 중첩시켜 확대 영상을 얻는 것이다.
 이 과정은 단색의 많은 사진 건판을 이용해서 다양한 색이 칠해진 사진을 얻는 방법과 비교될 수 있다. 각각 다른 색깔의 인쇄지를 볼 때는 그 사진이 실제로 무엇을 나타내는지 알 수 없지만, 그것들을 적당한 방법으로 중첩하면 전체 사진이 선명하고 뚜렷하게 드러난다.

이 모든 작업을 수행할 X선 렌즈를 만드는 것이 불가능하므로 어쩔 수 없이 우리는 단계별로 진행해야 한다. 우선 결정체의 X선 띠 패턴들을 다양한 각도에서 많이 찍은 뒤, 한 장의 사진용 종이 위에서 적당한 방법으로 중첩하는 것이다. 따라서 우리는 X선 렌즈와 똑같은 결과를 얻을 수 있지만, 렌즈는 그것을 순간적으로 하는 데 반해, 실험자는 아무리 노련해도 몇 시간이 걸릴 것이다. 이런 까닭에 분자들이 제자리에 있는 결정체들의 경우에는 브래그의 방법을 이용해서 사진을 만들 수 있지만, 분자들이 미친 듯이 돌아다니는 액체나 기체 상태에서는 사진을 만들 수 없다.

비록 브래그의 방법으로 만들어진 사진들이 실제로 카메라를 단 한 번 찍어서 얻은 것은 아니지만, 어떤 합성 사진 못지않게 훌륭하고 정확하다. 기술적인 이유 때문에 대성당의 전체 구조를 한 장의 사진 건판에 찍을 수 없다면, 몇 개의 다른 사진들로 이루어진 대성당의 사진을 거부할 사람은 아무도 없을 것이다!

플레이트 I에는 헥사메틸벤젠의 분자와 비슷한 X선 사진이 있다. 화학자들은 이 분자의 공식을 다음의 구조식으로 쓴다.

이 구조식에서는 여섯 개의 탄소 원자와 거기에 붙어 있는 또 다른 여섯 개의 탄소 원자로 이루어진 고리가 뚜렷하게 나타나지만, 더 가벼운 수소 원자들의 흔적은 거의 보이지 않는다.

아무리 의심을 했던 사람이라도 이런 사진들을 직접 본 뒤에는 분자와 원자의 존재가 입증되었다는 데 동의할 것이다.

원자의 해부

데모크리토스가 원자에 '더 이상 나누어질 수 없다'는 뜻의 그리스어 이름을 붙였을 때는 이 입자들이 그 구성 성분으로 분해될 수 있는 물질의 궁극적 한계라고, 다시 말해서 원자가 모든 물체를 구성하고 있는 가장 작고 가장 간단한 구조적 부분이라는 것을 의미했다. 수천 년 뒤 '원자'의 원래 철학적 개념이 정확한 물질과학으로 구체화되고 광범위한 경험적 증거를 바탕으로 살과 피가 붙게 되자, 원자의 불가분성도 함께 믿게 되었고, 다양한 원소의 원자가 다른 성질을 갖는 까닭은 그 원자들의 기하학적 모양이 다르기 때문이라고 생각하게 되었다. 따라서 수소 원자들은 거의 구형으로 여겨졌던 데 반해, 나트륨과 칼륨의 원자는 길쭉한 타원면 모양이라고 믿었다.

또 산소의 원자는 한가운데에 완전히 닫힌 구멍의 도넛 모양을

::: 그림 47

갖고 있어서, 산소 도넛의 양쪽 구멍 속에 두 개의 구형 수소 원자를 넣으면 물 분자 H_2O가 만들어질 것이라 생각했다(그림 47). 물 분자의 수소가 나트륨이나 칼륨으로 치환되는 것이 당시에는 나트륨과 칼륨의 긴 원자들이 수소의 구형 원자보다는 산소 도넛의 구멍 속에 더 잘 들어맞기 때문이라고 여겨졌다.

　이런 견해에 따라 원소마다 광학 스펙트럼이 다른 것은 다른 모양을 가진 원자들의 진동수가 다르기 때문으로 생각했다. 그렇게 추론한 물리학자들은 음향학에서 바이올린과 교회 종과 색소폰이 만드는 소리의 차이를 설명하는 것처럼, 원자의 모양이 다르기 때문에 원소마다 고유의 진동수에서 빛을 방출한다고 결론 내리려고 했지만 성공하지 못했다.

그러나 오로지 원자들의 기하학적 모양만을 바탕으로 원자들의 화학적 물리적 성질을 설명하려는 이런 시도들은 전혀 의미 있는 진전을 보지 못했고, 원자들이 다양한 기하학적 모양을 가진 단순한 기본 입자가 아니라, 그와는 반대로 많은 부분이 독립적으로 움직이는 다소 복잡한 메커니즘을 가졌다는 사실을 인지했을 때에야 비로소 원자의 성질을 이해하는 데에 진정한 첫발을 내딛게 되었다.

원자라는 정교한 입자를 해부하는 복잡한 수술에서 첫 절개의 영예를 안은 사람은 영국의 유명한 물리학자 톰슨Josept John Thormson이었다. 그는 음과 양으로 하전된 부분들로 이루어진 다양한 화학원소의 원자들이 전기 인력의 힘으로 결합하여 있음을 입증할 수 있었다. 톰슨은 원자를 다소 균일하게 분포된 양전하 안에 음전기를 띤 많은 입자가 떠다니는 모습으로 상상했다(그림 48). 그가 전자라고 불렀던 음입자들의 전하를 모두 합하면 총 양전하와 똑같아서 대체로 원자는 전기적으로 중성을 띤다. 그러나 전자들은 원자의 구조에 비교적 느슨하게 결합된 것으로 여겨지기 때문에, 한 개 혹은 몇 개의 전자가 제거되어 **양이온**으로 알려진 양전기를 띤 원자가 될 수 있다. 반면에 바깥에서 여분의 전자 몇 개가 그 구조 안으로 들어간 원자는 과다한 음전기를 갖게 되며 **음이온**으로 알려졌다. 전자에 과다한 양전기와 음전기를 전달하는 과정은 이온화 과정으로

:: 그림 48

알려져 있다. 톰슨은 원자가 전기전하를 띨 때마다 항상 5.77×10^{-10} 정전기 단위와 동일한 기본 전기량의 배수라는 것을 입증했던 마이클 패러데이 Michael Faraday의 고전적 연구를 바탕으로 이런 견해를 갖게 되었다. 그러나 톰슨은 패러데이보다 한 발 더 나아가 이런 전하가 각 입자들의 성질이라고 생각하고, 그것을 원자에서 뽑아내는 방법들을 개발하고, 고속으로 공간을 날아다니는 자유전자들의 빔을 연구했다.

톰슨의 자유전자 빔 연구의 특히 중요한 결과는 자유전자들의 질

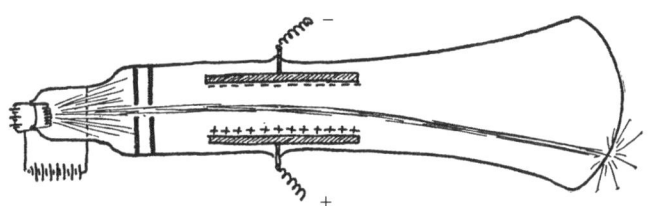

:: 그림 49

량 어림이었다. 그는 하전된 두 콘덴서 사이의 공간으로(그림 49) 뜨거운 전선 같은 물질의 강력한 전기 마당에 의해 얻은 전자 빔을 보냈다. 이 빔의 전자들은 음전하로 하전되어 있기 때문에 혹은 더 정확히 표현하면 자유로운 음전하들이기 때문에, 양전극에는 끌리고 음전극에는 반발했다.

이 전자 빔을 콘덴서 뒤에 설치된 형광 스크린을 향하게 하면 빔이 휘어지는 모습을 쉽게 관찰할 수 있다. 전자의 전하와, 그것이 주어진 전기 마당에서 휘어지는 굴절을 알고 있으므로 그 질량을 어림할 수 있었고, 그것은 과연 매우 작은 것으로 드러났다. 사실 톰슨은 전자 하나의 질량이 수소 원자의 질량보다 1,840배나 더 작으므로 원자 질량의 주요 부분이 양전기를 띠는 부분들에 집중되어 있다는 것을 알았다.

톰슨은 원자 안에서 많은 음전자가 움직이고 있다는 점에 대해서는 옳았지만, 원자 전체에 양전하가 균일하게 분포되어 있다는 말은 사실과 전혀 달랐다. 원자 질량의 최대 부분뿐만 아니라 원자의 양전하도 원자의 중심에 있는 대단히 작은 **핵** 안에 집중되어 있다는 것은 1911년에 러더퍼드Ernest Rutherford가 밝혀냈다. 그는 물질을 통과하는 '알파(α) 입자'의 산란에 관한 유명한 실험들을 통해 이런 결론에 도달하게 되었다. 알파 입자는 어떤 무거운 불안정한 원소들(우라늄이나 라듐)의 자발적인 붕괴에 의해 방출되는 아주 작은 고속 입자로, 질량이 원자의 질량과 동등하고 전하가 양이라는 사실이 입증되었기 때문에, 그것은 원자의 양의 부분의 조각으로 간주하여야 한다. 알파 입자는 목표 물질의 원자들을 통과할 때 원자의 전자들 쪽으로 끌리는 인력과 원자의 양의 부분으로부터 반발되는 척력의 영향을 받는다. 그러나 전자들은 굉장히 가볍기 때문에, 겁에 질려 도망치는 코끼리에게 모기떼가 영향을 미칠 수 없듯이, 입사하는 알파 입자의 운동에는 영향을 미칠 수 없다. 반면에 원자의 무거운 양의 부분과 입사하는 알파 입자가 서로 충분히 가깝게 지나간다면 둘 사이의 척력 때문에 알파 입자들이 원래의 궤적에서 굴절되어 사방으로 산란될 게 틀림없다.

얇은 알루미늄 필라멘트를 통과하는 알파 입자 빔의 산란을 조사하는 동안, 러더퍼드는 관측된 결과들을 설명하기 위해서는 입사하는 알파 입자들과 원자의 양전자 사이의 거리가 원자 지름의 $\frac{1}{1000}$ 보다 작아진다고 가정해야 한다는 놀라운 결론에 이르게 되었다. 물론 이것은 **입사하는 알파 입자들과 원자의 양전하 부분 모두가 원자 자체보다 수천 배 더 작을 경우에만 가능하다**. 따라서 러더퍼드의 발견은 전하가 넓게 퍼져 있는 톰슨의 원자 모형을, 원자의 중심에 아주 작은 **원자핵**이 있고 바깥에 많은 음전자가 에워싼 모형으로 변화시켰고, 원자는 전자들이 수박씨처럼 흩어져 있는 게 아니라, 태

:: 그림 50
원자핵을 중앙에 두고 주위에 전자들이 배치된 음자의 모습

양계의 축소판처럼 중심에 원자핵을 두고 전자들이 그 주위에 배치된 모습으로 이해되기 시작했다(그림 50).

다음과 같은 사실들을 살펴보면 행성계와의 유사성은 한층 더 뚜렷해진다. 즉 태양계의 99.87퍼센트가 태양에 집중된 것처럼 원자핵도 원자의 총질량의 99.97퍼센트를 포함하고 있고, 행성 간의 거리가 행성들의 지름의 수천 배가 되는 것처럼 전자들 사이의 거리도 그 지름의 수천 배가 넘는다.

그러나 더 중요한 유사성은 원자핵과 전자들 사이의 전기 인력이 태양과 행성들 사이에 작용하는 중력과 똑같은 역제곱 법칙*을 따른다는 사실에서 찾을 수 있다. 이것은 행성들과 혜성들이 태양계에서 움직이는 궤적들과 유사하게 전자들도 핵 주위에서 원형과 타원형 궤적을 그리게 한다.

원자의 내부 구조에 관한 앞의 견해들에 따라, 다양한 화학원소의 원자들이 다른 것은 핵 주위를 도는 전자들의 수가 다르기 때문으로 생각해야 한다. 원자는 전체적으로 전기적 중성이기 때문에, 핵 주위를 도는 전자들의 수는 핵 자체가 갖고 있는 기본적 양전하들의 수로 결정되어야 하며, 다시 그 수는 핵의 전기적 상호작용 때문에 경로에서 벗어난 알파 입자들의 산란을 관측해서 직접 어림할 수 있다. 그리고 러더퍼드에 의해 **무게가 증가하는 순서로 배열된 자연적 화학원소들의 수열에서 각 원소마다 원자가 일정하게 하나씩 증가한다는 사실이** 밝혀졌다. 따라서 수소의 원자는 전자 1개를, 헬륨의 원자는 2개를 가지며, 리튬은 3개, 베릴륨은 4개, 이런 식으로 계속 나아가고 가장 무거운 원소인 우라늄은 총 92개의 전자를 갖는다.**

원자에 대한 이런 수리적 지정은 대개 문제의 원소의 **원자 번호**로 알려져 있으며 그 자리 번호와도 일치한다. 자리 번호란 화학자들이 원소들의 화학적 성질들에 따라 분류해서 배열한 위치를 나타낸다.

지난 세기말쯤 러시아 화학자 드미트리 멘델레예프Dmitri Ivanovich Mendelee는 자연적 원소 순서로 배열된 원소들의 화학적 성질에서

---

* 즉 이 힘들은 두 물체 사이의 거리의 제곱에 반비례한다.
** 연금술에 대해서 배웠으니 이제 우리는 인공적으로 훨씬 더 많은 원자를 만들 수 있다. 따라서 원자폭탄에 사용되는 인공 원소 플루토늄은 94개의 전자를 갖고 있다.

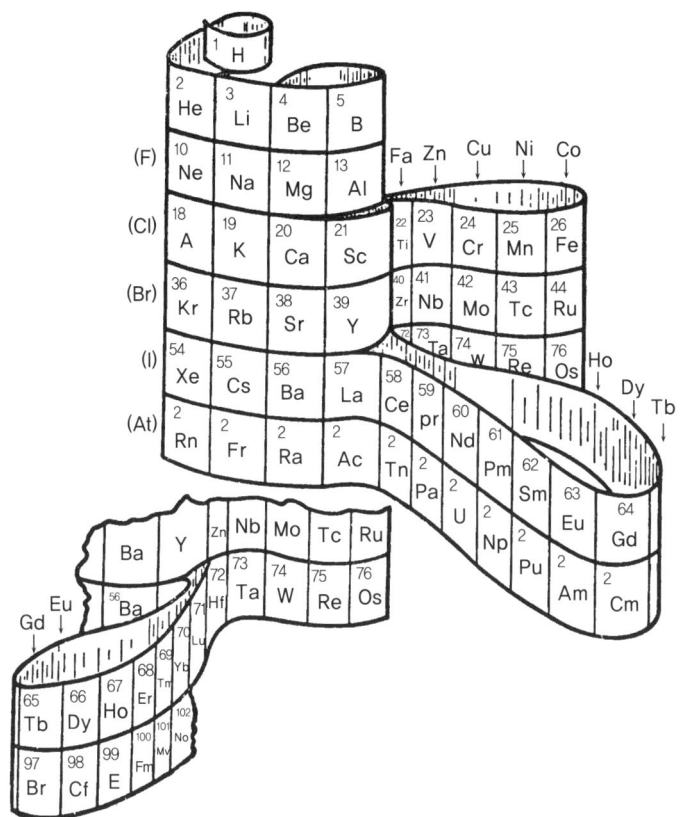

:: **그림 51** 원소들의 화학적 성질에 따라 배열된 원자의 자리배치(앞면)

놀라운 주기성을 발견했다. 그는 이 원소들의 성질이 일정한 수의 계단을 거칠 때마다 되풀이된다는 것을 알았다. 이런 주기성은 그림 51에 생생하게 표현되어 있다. 이 그림에는 유사한 성질을 가진 원소들이 세로줄에 위치하는 방식으로, 현재 알려진 모든 원소가 원통의 표면에 나선형 띠를 따라 표시되어 있다. 첫 번째 그룹에는 수소와 헬륨 단 2개의 원소만 포함되어 있다. 그 뒤 각각 8개의 원

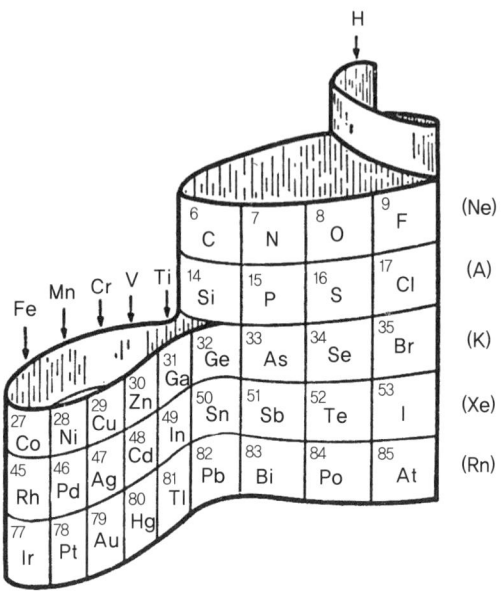

:: 그림 51 뒷면
주기 2와 8과 18을 보여주는 둘둘 말린 리본에 배열된 원소들의 주기 체제. 201쪽의 아래쪽 다이어그램은 규칙적 주기성을 보여주지 않는 원소들(희토류와 악티니드 계열)을 나타낸다.

소로 이루어진 2개의 그룹이 있고, 마침내 그 성질들이 18개의 원소가 지날 때마다 되풀이된다. 만약 원소들의 순서에 따라 계단을 하나씩 오를 때마다 원자의 전자도 하나씩 추가된다는 사실을 기억한다면, 관측된 화학 성질들의 주기성이 원자의 전자들이 안정하게 배치되어 있는 순환 조직인 '전자껍질'에 기인해야 한다는 결론을 내리게 된다. 처음에 완성된 껍질은 2개의 전자로 이루어져야만 하며, 다음 두 껍질은 각각 8개의 전자로 이루어지고, 그 다음의 모든 껍질은 각각 18개로 이루어져야 한다. 또한 우리는 여섯 번째와 일곱 번째 주기에서는 엄격한 주기성이 다소 혼란스러워지므로 두 그

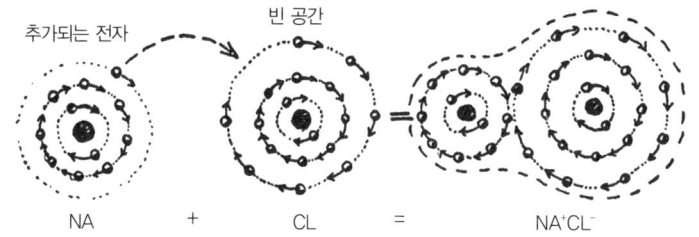

:: 그림 52
나트륨과 염소 원자가 결합해서 염화나트륨 분자가 되는 과정을 대략적으로 보여주는 그림.

룹의 원소들(이른바 희토류와 악티니드 계열)이 규칙적인 원통 표면에서 비어져 나온 띠 위에 놓여 있어야만 한다는 것 역시 그림 51에서 발견한다. 이런 변칙이 생기는 것은 여기서 전자껍질의 구조가 재구성되어 문제의 원자들의 화학적 성질에 혼란을 초래하기 때문이다.

이제 원자들의 그림을 갖고 있으니, 다른 원소들의 원자들을 무수히 많은 화학적 화합물의 복잡한 분자로 결합시키는 힘들에 대한 물음에 답변할 수 있다. 예를 들면 왜 나트륨과 염소의 원자들이 결합해서 식탁용 소금의 분자를 이루는 것일까? 우리는 이들 두 원자의 껍질 구조를 나타내는 그림 52로부터 염소의 원자는 세 번째 껍질을 완성하기 위해서 전자 1개가 부족한 데 반하여, 나트륨의 원자는 두 번째 껍질을 완성하고도 여분의 전자 1개가 남아 있다는 것을 알게 된다. 따라서 나트륨의 여분의 전자가 염소로 들어가 미완성 껍질을 완성하려는 경향이 있을 게 틀림없다. 이런 전자의 전이 결과, 나트륨 원자는 양전하를 띠는 반면(음전자를 잃기 때문에), 염소 원자는 음전하 1개를 얻게 된다. 두 원자 사이의 전기 인력 때문에,

전기를 띤 두 원자가(혹은 이온들이) 서로 들러붙어서 우리가 소금이라고 부르는 염화나트륨의 분자를 형성할 것이다. 마찬가지로 바깥 껍질에 2개의 전자가 부족한 산소 원자는 2개의 수소 원자에서 그것들이 갖고 있는 단 1개의 전자들을 '꾀어내어' 물 분자 H_2O를 형성한다. 한편 산소와 염소의 원자들이나, 수소와 나트륨의 원자들 사이에는 결합하려는 경향이 전혀 없을 것이다. 왜냐하면 첫 번째 경우에는 둘 모두 전자를 가져가려는 욕구만 있고 주려는 욕구는 없는 반면, 두 번째 경우에는 어느 쪽도 가져가고 싶어 하지 않기 때문이다.

헬륨, 아르곤, 네온, 제논의 원자들처럼 완성된 전자껍질을 갖고 있는 원자들은 완전히 자기만족을 하고 있으므로 여분의 전자를 주거나 가져올 필요가 없다. 그런 원자들은 우아하게 홀로 지내는 것을 선호해서 해당 원소들(이른바 '희가스')을 화학적 불활성으로 만든다.

이제 원자의 전자들이 일반적으로 '금속'이라는 집합적 이름으로 알려진 물질에서 하는 중요한 역할을 언급하는 것으로 원자와 그 전자껍질에 관한 이야기를 마치도록 하자. 이 금속 물질들은 원자들의 바깥 껍질들이 다소 느슨하게 결합되어 있어서 종종 그 전자들 가운데 하나를 놓아준다는 점에서 다른 물질들과 다르다. 따라서 금속의 내부는 추방된 군중처럼 정처 없이 떠도는 소속 없는 많은 전자로 가득 채워져 있다. 때문에 금속 선의 양 끝에 전기력이 가해지면, 이런 자유전자들이 갑자기 그 힘의 방향으로 몰려 우리가 전류라고 부르는 것을 만든다.

또한 자유전자들의 존재는 높은 열 전도성의 원인이기도 하다. 하지만 이 주제에 대해서는 뒤에서 다시 다루게 될 것이다.

마이크로 역학과 불확정성의 원리

앞에서 보았듯이, 전자들이 중앙의 핵 주위를 도는 원자의 체제가 행성계와 매우 유사하기 때문에, 원자 역시 태양 주위를 도는 행성 운동을 지배하는 바로 그 천문학 법칙을 따를 거라고 기대하는 건 당연할 것이다. 특히 전기력과 중력 법칙의 유사성은(두 경우 모두 이 인력은 거리의 제곱에 반비례한다) 원자의 전자들이 핵을 초점으로 하는 타원 궤도를 따라 움직여야 한다는 것을 암시할 것이다(그림 53a).

그러나 최근까지 우리의 행성계 운동을 기술하는 데 사용되는 것과 똑같은 패턴에 따라 원자의 전자운동을 일관성 있게 묘사하려는 모든 시도는 한동안 물리학자들이나 물리학 자체가 완전히 비상식적인 것처럼 보일 정도로 뜻밖의 재난을 초래했다. 사실 이 문제는 원자의 전자들이 태양계의 행성들과 달리 전기를 띠고 있어서, 진동하거나 회전하는 전하들처럼 핵의 주위를 도는 전자들의 원 운동 또한 당연히 강력한 전자기 복사를 일으킨다고 예상해야 한다는 사실에서 발생했다. 이 복사로 인해 에너지를 잃기 때문에, 원자의 전자들이 나선 궤적을 따라 핵에 접근하다가(그림 53b) 마침내 궤도를 도는 운동 에너지가 완전히 고갈되면 핵으로 떨어지게 될 거라고

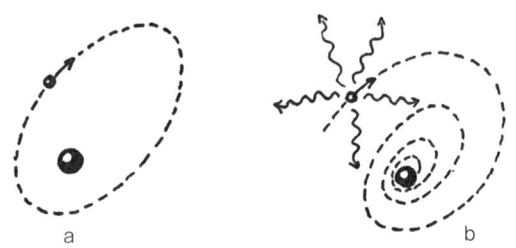

:: 그림 53

생각하는 것이 논리적이다. 이 과정에서 소비되는 시간에 관해서는, 알려진 전하와 원자의 전자들의 회전 진동수로부터 전자들이 모든 에너지를 잃고 떨어지는 데 10^{-8}초도 걸리지 않으리라는 것을 상당히 쉽게 계산할 수 있었다.

따라서 매우 최근까지 물리학자들이 알고 있는 모든 지식과 믿음에 따르면, 행성 같은 원자 구조는 잠시도 존재할 수 없어서 만들어지자마자 붕괴하게 되어 있었다.

그러나 물리학 이론의 이런 엄연한 예측들에도 불구하고, 실험들은 사실 원자계가 매우 안정하며, 원자의 전자들은 에너지를 전혀 잃지 않고, 붕괴의 조짐도 전혀 없이 중심에 있는 핵 주위를 계속해서 순조롭게 돌고 있다는 것을 보여주었다!

어떻게 그럴 수 있을까! 오래되고 확립된 역학 법칙들을 원자의 전자에 적용했는데 왜 그렇게 관측된 사실들과 모순되는 결론을 얻게 될까?

이 물음에 답변하기 위해서는 과학의 가장 기본적인 문제, 과학 자체의 본질에 관한 문제로 돌아가야 한다. '과학'이란 무엇이며, 우리가 자연의 사실들에 대해서 '과학적 설명'을 한다는 것은 무엇을 의미할까?

　간단한 예로 많은 고대인이 지구가 평평하다고 믿었다는 것을 기억해보자. 우리는 그들이 그렇게 믿었던 것을 탓할 수 없다. 왜냐하면 탁 트인 벌판으로 나가거나 배를 타고 바다를 항해한다면, 고대인이 믿었던 게 사실임을 보게 되기 때문이다. 이따금씩 나오는 언덕과 산은 그렇다 치고, 지구의 표면은 정말로 평평해 보인다. 고대인들의 실수는 '주어진 관측 지점에서 볼 수 있는 한 지구는 평평하다'는 말에 있는 게 아니라, 이 말을 실제의 관측 한계 이상까지 연장해서 **추정**한 데 있었다. 그리고 사실 식 현상이 일어나는 동안 달에 비친 지구의 그림자 모양을 조사하거나, 마갈량이스Fernão de Magalhães의 유명한 세계일주 탐험 같은 전통적 한계를 훨씬 넘는 관측들은 그런 추정의 오류를 곧바로 입증했다. 이제 우리는 지구가 평평해 보이는 건 우리가 오직 지구 표면의 아주 작은 일부를 볼 수 있기 때문이라고 말한다. 마찬가지로 5장에서 논의했듯이, 우주의 공간은 제한된 관측들의 관점에서 보면 평평하고 무한해 보이지만, 실제로는 휘어져 있으며 크기도 유한할지 모른다.

　그러나 원자의 형태를 이루는 전자들의 역학적 행동을 연구할 때 생기는 모순은 무엇과 관련되어 있을까? 그 원인은 우리가 이런 연구를 하면서, 원자의 메커니즘이 커다란 천체들의 운동이나 우리가 일상생활에서 다루는 데 익숙한 '보통 크기' 물체들의 운동을 지배하는 것과 정확히 똑같은 법칙들을 따르며, 따라서 똑같은 용어로 묘사되어야 할 거라고 암묵적으로 가정했기 때문이다. 사실 친근한 역학 법칙과 개념들은 크기가 인간에 필적할 만한 물체들에 대해서 경험적으로 확립되었다. 그리고 똑같은 법칙들이 나중에는 행성과 별 같은 훨씬 더 큰 천체들의 운동을 설명하는 데 사용되었고, 천체 역학이 수백만 년 뒤와 수백만 년 전의 다양한 천문학적 현상을 극도로 정확하게 계산할 수 있게 해주었기 때문에 통례의 역학 법칙들을 큰 천체의 운동을 설명하는 데도 사용할 수 있다는 사실을 당연하게 받아들였던 것처럼 보인다.

그러나 대포의 포탄이나, 시계의 진자, 그리고 팽이의 운동뿐만 아니라 거대한 천체의 운동을 설명하는 바로 그 역학 법칙들이 우리가 다루어본 가장 작은 기계 장치보다 수조 배나 더 작고 더 가벼운 전자들의 운동에도 적용될 거라고 어떻게 확신하는가?

물론 **미리부터 보통 역학 법칙들이 원자의 작은 구성 부분들의 운동을 설명하지 못할 것이라고 생각할 이유는 없다. 하지만 반면에 실패가 실제로 일어난다고 해서 크게 놀랄 필요도 없다.**

따라서 천문학자가 태양계에 있는 행성들의 운동을 설명하는 것과 똑같은 방식으로 원자의 전자들의 운동을 결정하려고 시도할 때 생기는 이런 모순적인 결론들은 무엇보다도 고전 역학의 기본적 개념과 법칙들을 그렇게 극도로 작은 크기의 입자들에 적용할 때 일어날 수 있는 변화들의 관점에서 고찰되어야 한다.

고전 역학의 기본 개념들은 움직이는 입자에 의해 기술되는 **궤적**과, 어떤 입자가 그 궤적을 따라 움직이는 속도에 관한 것들이다. **움직이는 물질 입자가 주어진 순간에 공간의 일정한 위치를 점유하고 있고, 이 입자의 연속적인 위치들이 궤적으로 알려진 연속선을 형성한다**는 명제는 항상 자명한 것으로 여겨졌고, 물체의 운동을 기술하는 데도 중요한 기초가 되었다. 다른 순간의 시간에 있었던 주어진 물체의 두 위치 사이의 거리를 해당하는 시간 간격으로 나누면 결국 **속도**의 정의가 되고, 위치와 속도라는 두 개념을 바탕으로 모든 고전 역학이 확립되었다. 매우 최근까지 과학자들은 운동의 현상들을 기술하는 데 쓰이는 가장 중요한 개념들이 조금이라도 틀릴 수 있을 것이라고는 결코 생각지 않았으므로, 철학자들 사이에서는 그것들을 '선험적'인 것으로 생각되었다.

그러나 작은 원자 체제 안의 운동들을 기술하는 데 고전 역학 법칙들을 적용하려다가 발생한 이런 완전한 실패는 이 경우에 무언가가 기본적으로 틀렸다는 것을 입증했고, 이런 '오류'가 고전 역학이 기초로 하는 가장 기본적인 개념들에도 있을 수 있다는 믿음이 점점 커지게 되었다. 움직이는 물체의 연속적인 궤적과, 어떤 주어진 순간의 시간에 그 물체의 명확한 속도에 관한 기본적인 운동 개념들은 원자 내부의 작은 부분들의 메커니즘에 적용될 때는 **너무 대략적으로** 보인다. 간단히 말해서 친근한 고전 역학의 개념들을 극도로 작은 질량 지역에 연장하려는 시도는 그렇게 할 때에 이런 개념들을 다소 근본적으로 바꾸어야만 한다는 것을 확실하게 입증해주었다. 그러나 만약 고전 역학의 개념들이 원자 세계에 적용되지 않는다면, 그것들은 더 큰 물체들의 운동에 대해서도 **절대적으로** 옳을 수는 없었다. 따라서 **고전 역학의 기초가 되는 원리들은 '실제의 사물'에 대한 매우 좋은 근사**로만 생각되어야 하므로, 원래 의도했던 것들보다 더 정교한 체제에 적용하자마자 크게 실패하고 만다는 결론에 이르게 되었다.

원자 체제의 역학적 행동을 연구함으로써, 그리고 양자물리학의 공식화를 통해서, 물질과학에는 **다른 두 물체 사이의 가능한 상호작용에 일정한 최저 한계가 있다**는 새로운 원리를 발견했으며, 그 발견은 결국 움직이는 물체의 궤적에 대한 고전적 정의에 혼란을 초래했다. 사실 어떤 움직이는 물체에 대해서 수학적으로 정확한 궤적이 존재한다는 말은 특별한 물리적 장치를 이용해서 이 궤적을 기록할 수 있다는 **가능성**을 함축한다. 그러나 움직이는 물체의 궤적을 기록할 때는 반드시 원래의 운동을 교란시키게 된다는 사실을 잊어서는 안 된다. 사실 움직이는 물체가 그 연속적인 공간 위치를 기록하는 측정 장치에 어떤 영향을 미친다면, 뉴턴의 작용-반작용 법칙에 따라 이 장치도 움직이는 물체에 영향을 미친다. 만약 고전물리학에서 가정된 것처럼, 두 물체 사이의(이 경우에는 움직이는 물체와 그 위치를 기록하는 장치 사이의) 상호작용을 원하는 만큼 작게 만들 수 있다면, 사실상 우리는 그 운동을 전혀 교란시키지 않고도 움직이는 물체의 연속적인 위치들을 기록할 정도로 감도가 좋은 이상적인 장치를 상상할 수 있을 것이다.

물리적 상호작용의 최저 한계가 존재한다는 사실은 이 상황을 다소 근본적으로 변화시킨다. 왜냐하면 우리는 더 이상 기록으로 초래된 운동의 교란을 임의의 작은 값으로 줄일 수 없기 때문이다. 따라서 **관측으로 초래된 운동의 교란은 운동 자체의 필수 부분이 되며**, 우리는 궤적을 나타내는 무한히 가는 수학적 선에 대해서 말하는 대신, 유한한 두께의 넓게 퍼진 띠를 사용하지 않을 수 없게 된다. **고전물리학의 수학적으로 정확한 궤적들이 이 새로운 역학의 눈에는**

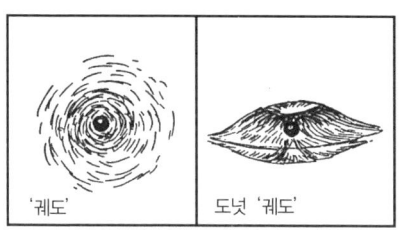

:: 그림 54
원자 안에서 움직이는 전자운동의 미세 구조 묘사.

넓게 퍼진 띠가 된다.

 그러나 보통 양자 효과로 알려진 이 최소한의 물리적 상호작용은 매우 작은 값의 수를 갖고 있어서 아주 작은 물체의 운동을 조사할 때만 중요해진다. 예컨대 연발 권총 탄알의 궤적이 수학적으로 정확한 선은 아니라고 해도, 이 궤적의 '두께'가 탄알을 형성하는 물질의 원자 한 개의 크기보다 몇 배나 더 작으므로, 사실상 영으로 생각할 수 있다. 그러나 운동을 측정할 때 생기는 교란에 더 쉽게 영향을 받는 가벼운 물체들의 경우에는 궤적들의 '두께'가 점점 더 중요해진다는 것을 알게 된다. 중심핵의 주위를 도는 원자의 전자들의 경우에는 궤도의 두께가 그 지름에 필적하므로, 그림 53에서의 것과 같은 선으로 그들의 운동을 표현하는 대신, 그림 54에서 보여준 방식으로 상상하지 않을 수 없다. 그런 경우에 입자들의 운동은 고전 역학이라는 친근한 용어로 기술될 수 없으며, 그 위치와 속도 모두 어떤 불명확성을 갖게 된다(하이젠베르크Werner Karl Heisenberg의 불확정성 관계와 보어Niels Bohr의 상보성 원리).

 운동하는 입자의 운동 궤적과 정확한 위치와 속도 같은 친근한 개념들을 휴지통 속으로 던져버리는 새로운 물리학의 이런 놀라운 발전은 우리를 막막하게 하는 듯 보인다. 이전에 받아들여졌던 기본 원리들을 원자의 전자들을 연구하는 데 사용할 수 없다면, 무엇을 근거로 그것들의 운동을 이해해야 할까? 양자물리학의 사실들이 요구하는 위치, 속도, 에너지 등의 불확정성들을 처리하기 위해서 고전 역학의 방법들 대신 어떤 수학적 형식을 사용해야 할까?

이런 물음들에 대한 대답은 빛에 대한 고전적 이론 분야에 존재하는 비슷한 상황을 고찰하면 찾을 수 있다. 일상생활에서 관측되는 빛 현상의 대부분이 빛이 광선으로 알려진 직선을 따라 전파한다는 가정을 기초로 해석된다. 불투명한 물체들이 던지는 그림자의 모양과, 평면거울과 곡면거울에 비친 영상들의 형태, 렌즈를 비롯해서 더 복잡하고 다양한 광학 시스템의 기능은 광선의 반사와 굴절을 지배하는 기본적 법칙들을 바탕으로 쉽게 설명할 수 있다(그림 55a, b, c).

그러나 또한 광선을 이용해서 빛의 전파에 관한 고전 이론을 입증하려고 시도하는 기하학적 광학의 방법들이 광학 시스템에서 쓰이는 구멍들의 기하학적 크기가 빛의 파장에 필적하게 되는 경우에는 크게 실패한다. 이런 경우에 일어나는 현상은 회절 현상으로 알려져 있으며 기하학적 광학의 범위를 완전히 벗어난다. 따라서 매우 작은 구멍(0.0001센티미터 정도)을 통과하는 빛줄기는 직선을 따라 전파되지 못하고, 독특한 부채꼴로 산란된다(그림 55d). 표면이

---

* 불확정성 관계에 대한 더 상세한 논의는 1940년에 출간된 조지 가모프의 책 《이상한 나라의 톰킨스 씨(Mr. Tomkins in Wonderland)》에서 찾을 수 있다.

:: 그림 55
광학 시스템의 기능.

나란하고 좁게 긁힌 자국들로 뒤덮인 거울 위에 빛줄기를 비추면 (회절격자), 그것은 친근한 반사 법칙을 따르지 않고 긁힌 선들과 입사광의 파장 사이의 거리로 결정되는 수없이 다양한 방향으로 흩어진다(그림 55e). 빛이 물 표면에 퍼져 있는 얇은 기름 층에서 굴절될 때는 밝고 어두운 줄무늬들로 이루어진 독특한 모양이 만들어진다 (그림 55f).

이런 모든 경우에는 '광선'의 친근한 개념이 관측된 현상들을 전혀 설명하지 못하며, 광학 시스템이 차지하는 전체 공간에 빛 에너지가 연속적으로 분포되어 있음을 알게 된다.

광선의 개념을 광학적 회절 현상에 적용할 수 없는 것은 **역학적 궤적**의 개념을 양자물리학 현상에 적용하지 못하는 것과 매우 유사하다는 것을 쉽게 알 수 있다. 우리가 광학에서 무한히 가는 빛줄기를 만들 수 없는 것처럼, 양자 역학의 원리도 움직이는 입자들의 무한히 얇은 궤적들에 대해서 논하지 못하게 한다. 두 경우 모두 우리는 무언가(빛이나 입자)가 어떤 수학적 선을 따라 전파한다는 말로 그 현상을 설명하려는 모든 시도를 포기하고, 전체 공간에 걸쳐 연속적으로 퍼져 있는 '무언가'를 이용해서 관측된 현상들을 표현하는 수밖에 없다. 이 '무언가'가 빛에 대해서는 다양한 지점에서 일어나는 빛 진동의 강도이며, 역학에 대해서는 움직이는 입자가 주어진 순간에 미리 결정된 지점이 아니라 몇몇의 가능한 지점들 가운데 어느 하나에서 발견될 수 있는 확률인, 위치의 불확정성이라는 새로 도입된 개념이다. 움직이는 입자가 주어진 순간에 정확히 어디에 있다고 말하는 것은 가능하지 않지만, 그런 말을 할 수 있는 한계는 '불확정성 관계'에 관한 공식으로 계산될 수 있다. 빛의 회절과 관련된 파동 광학 법칙들과, 역학적 입자들의 운동과 관련된 새로운 '마이크로 역학'인 '파동 역학(드브로이 Louis de Broglie와 슈뢰딩거 Erwin Schrödinger가 개발한)' 법칙들 사이에 존재하는 관계는 이런

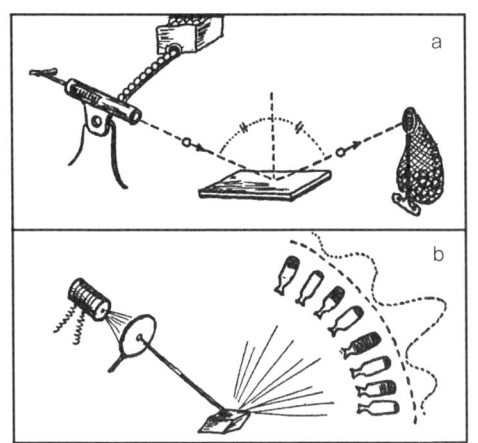

:: 그림 56
(a) 궤적의 개념으로 설명할 수 있는 현상(금속판에서 볼 베어링 알의 굴절).
(b) 궤적의 개념으로 설명할 수 없는 현상(결정체에서 나트륨 원자들의 굴절).

두 종류 현상의 유사성을 보여주는 실험들에 의해 매우 명백하게 만들어질 수 있다.

그림 56은 슈테른이 원자의 회절 연구에서 사용한 배열을 보여준다. 앞에서 설명한 방법으로 만들어진 나트륨 원자들의 빔이 어떤 결정체의 표면에서 굴절된다. 이 결정체의 격자를 이루는 원자의 규칙적인 층들은 이 경우에 입사하는 입자 빔에 대한 회절격자 역할을 한다. 이 결정체의 표면에서 반사된 나트륨 원자들은 다른 각도로 놓여 있는 일련의 작은 병 안에 수집되며, 각각의 병에 수집된 원자들의 수가 조심스럽게 측정된다. 그림 56에 있는 점선이 그 결과를 나타낸다. 우리는 나트륨 원자들이 하나의 일정한 방향으로 굴절되는 대신(작은 장난감 총으로 금속판에 볼 베어링 알을 쏘았을 때처럼), 보통 X선 회절에서 관측되는 것과 매우 유사한 패턴을 이루는 명확한

각도 이내에 분포되어 있다는 것을 알게 된다.

그런 종류의 실험들은 명확한 궤적을 따르는 독립된 원자들의 운동을 기술하는 고전 역학을 바탕으로 설명할 수는 없지만, 현대 광학이 빛의 파동 전파를 고찰하는 것과 똑같은 방식으로 입자들의 운동을 고찰하는 새로운 마이크로 역학의 관점에서는 완벽하게 이해할 수 있다.

7

현대의 연금술

MODERN ALCHEMY

7
현대의 연금술

기본 입자들

다양한 화학원소의 원자는, 수많은 전자가 중심핵 주위를 돌고 있는 다소 복잡한 역학적 체제를 갖는다는 것을 배웠으니, 이제 이런 원자핵들이 물질의 더 이상 나누어질 수 없는 궁극적인 단위인지, 아니면 다시 더 작고 더 간단한 부분들로 나누어질 수 있는지 묻지 않을 수 없다. 모두 다른 92가지의 원자 형태를 정말로 간단한 두어 개의 입자로 줄이는 것이 가능할까?

단순화에 대한 이런 욕구 때문에 영국의 화학자 윌리엄 프라우트 William Prout는 지난 세기 중반쯤 **모든 화학원소의 원자가 수소 원자의 '농도'만 다를 뿐 공통의 성질을 갖는다는 가설을 세웠다.** 프라우트의 가설은 화학적으로 결정된 수소에 대한 다양한 원소의 무게가 대부분 정수에 매우 가깝도록 표현된다는 사실에 근거했다. 프라우트에 따르면, 수소보다 16배 무거운 산소의 원자들은 수소 원자 16개가 결합해서 만들어졌다고 생각해야 한다. 또 원자 무게가 127인 요오드의 원자들은 127개의 수소 원자가 결합되어 만들어져야 한다는 식이다.

그러나 이런 대담한 가설을 수용하기에는 그 당시 화학에서 발견된 사실들이 그다지 호의적이지 않았다. 원자의 무게들을 정확히 측정한 결과 정확히 정수로 표현되지 않고 대부분의 경우 정수에 매우 가까웠을 뿐이며, 소수의 경우에는 정수에 전혀 가깝지도 않았다(예를 들면, 염소의 화학적 원자 무게는 35.5이다). 프라우트의 가설과 완전히 모순되는 듯 보이는 이런 사실들 때문에 가설은 신뢰를 잃었고, 프라우트는 자신이 얼마나 옳았는지도 알지 못한 채 사망하고 말았다.

그의 가설이 영국의 물리학자 프랜시스 애스턴Francis William Aston의 발견으로 다시 부상한 것은 1919년에 이르러서였다. 애스턴은 보통 염소에는 화학적 성질은 똑같지만 원자 무게는 각각 정수 35와 37인 서로 다른 두 종류의 염소가 섞여 있다는 것을 입증했다. 화학자들이 얻는 정수가 아닌 35.5라는 수는 그저 이 혼합물의 평균값을 나타낼 뿐이다.*

---

* 더 무거운 염소는 25퍼센트의 양으로 더 가벼운 염소는 75퍼센트의 양으로 존재하기 때문에, 평균 원자 무게는 $0.25 \times 37 + 0.75 \times 35 = 35.5$이며, 이것이 바로 초기의 화학자들이 발견했던 값이었다.

다양한 화학원소를 더 조사해보면 그 대부분이 화학적 성질은 같지만 원자 무게는 다른 몇 가지 성분들의 혼합물이라는 놀라운 사실이 드러난다. 그런 원소들은 원소 주기율표에서 동일한 장소를 차지하는 물질들이라는 의미로 **동위원소**라고 명명되었다.[**] 다른 동위원소들의 질량이 항상 수소 원자 질량의 배수라는 사실은 그동안 잊혔던 프라우트의 가설에 새로운 생명을 불어넣었다. 앞 절에서 보았던 것처럼 원자의 주요 질량은 핵 안에 집중되어 있기 때문에, 프라우트의 가설은 **원자마다 그 핵이 다양한 기본적인 수소 핵으로 이루어져 있으며, 그런 핵은 물질 구조에서의 역할 때문에 '양성자'라는 특별한 이름을 갖게 되었다**는 말로 다시 명확하게 기술될 수 있었다.

그러나 위의 말에서 수정되어야 할 한 가지 중요한 것이 있다. 산소 원자의 핵을 예로 들어보자. 산소는 자연적 주기율표에서 여덟 번째이기 때문에, 그 원자는 8개의 전자를 포함해야 하며 핵은 8개의 기본적 양전하를 갖고 있어야 한다. 그러나 산소 원자는 수소 원자보다 16배나 더 무겁다. 따라서 만약 산소 핵이 8개의 양성자로 이루어져 있다고 가정하면, 전하는 옳겠지만 질량이 틀리게 되고(둘 모두 8), 양성자가 16개라고 가정하면 질량은 옳겠지만 전하가 틀리게 될 것이다(둘 모두 16).

이런 난점을 해결하려면 **복잡한 원자핵을 구성하는 양성자들의 일부가 원래의 양전하를 잃고 전기적으로 중성이 된다고 가정하는 수밖**

[**] 그리스어로 (ισος)는 똑같다는 뜻이고 (τοπος)는 장소를 뜻한다.

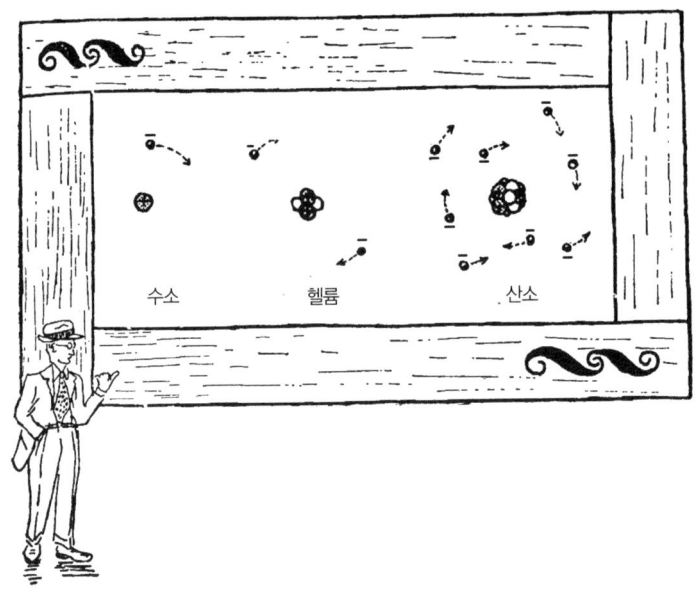

:: 그림 57
물질은 핵자와 전자의 상이한 조합으로 만들어진다.

에 없다.

전하가 없는 그런 양성자, 즉 '중성자'의 존재는 이미 1920년에 러더퍼드에 의해 암시되었지만, 그때는 그 입자가 실험적으로 발견되기 12년 전이었다. 여기서 양성자와 중성자가 전혀 다른 두 종류의 입자가 아니라 이제 '핵자'라는 이름으로 알려져 있는 동일한 기본 입자의 다른 전기적 상태로 간주되어야 한다는 점을 주목해야 한다. 사실 양성자는 양전하를 잃으면 중성자로 변하고, 중성자가 양전하를 얻으면 양성자가 될 수 있다고 알려져 있다.

중성자를 원자핵의 구조 단위로 도입하면 이전 페이지에서 논의된 난점이 해결된다. 산소 원자의 핵이 질량 단위는 16을 갖지만 전하 단위는 8을 갖는다는 사실을 이해하기 위해서는 그것이 8개의 양성자와 8개의 중성자로 이루어져 있다는 사실을 받아들여야 한다. 원자 질량은 127이고 원자 번호는 53인 요오드의 핵은 53개의 양성자와 74개의 중성자를 갖고 있는 반면, 무거운 우라늄(원자 질량 238, 원자 번호 92)의 핵은 92개의 양성자와 146개의 중성자로 이루어져 있다.*

따라서 프라우트의 대담한 가설은 처음 제기된 지 거의 100년이 지나서야 명예로운 인정을 받게 되었고, 이제 우리는 알려진 무한히 많은 물질이 (1) 중성이거나 양전하를 가질 수 있는 기본 물질 입자인 **핵자**, (2) 음전하를 갖는 자유 입자인 **전자**, 이렇게 단 두 종류의 기본 입자가 다르게 조합되어 만들어진다고 말할 수 있다(그림 57).

그러면 핵자와 전자들이 풍부하게 갖춰진 우주의 주방에서 '물질의 완전한 요리책'에서 발췌한 몇 가지 조리법으로 각각의 요리들이 어떻게 만들어지는지 살펴보자.

물. 산소 원자를 많이 준비해라. 각각의 산소 원자는 8개의 중성 핵자와 8개의 하전된 핵자를 결합시키고, 그렇게 얻은 핵의 주위를 8개의 전자로 이루어진 외피로 에워싸서 만든다. 하전된 핵자 하나마다 전자 1개를 붙여서 수소 원자를 만들되 산소 원자 수의 2배만

---

* 원자 무게에 대한 표를 훑어보면 주기율표의 첫 부분에는 원자 무게가 원자 번호의 두 배와 같아서 이런 핵들이 동일한 수의 양성자와 중성자를 갖고 있음을 알게 될 것이다. 그러나 더 무거운 원소들의 경우 원자 무게가 급속도로 증가해서 양성자보다 중성자가 많다는 것을 암시한다.

큼 준비해라. 산소 원자 하나마다 수소 원자 2개를 붙여라. 그렇게 얻은 물 분자들을 잘 섞어서 커다란 유리잔에 담아 시원하게 내놓아라.

식탁용 소금. 12개의 중성 핵자와 11개의 하전된 핵자를 결합시키고 각 핵마다 11개의 전자를 붙여서 나트륨 원자를 준비해라. 18개나 20개의 중성 핵자와 17개의 핵자를 결합시키고(동위원소), 각 핵마다 17개의 전자를 붙여서 같은 수의 염소 원자를 준비해라. 나트륨과 염소 원자들을 3차원 체스판 형태로 배열해서 규칙적인 소금 결정을 만들어라.

TNT. 6개의 중성 핵자와 6개의 하전된 핵자를 결합시키고 그 핵마다 6개의 전자를 붙여서 탄소 원자를 준비해라. 7개의 중성 핵자와 7개의 하전된 핵자를 결합시키고 그 핵 주위에 7개의 전자를 붙여서 질소 원자를 준비해라. 위에 주어진 조리법에 따라 산소와 수소 원자를 준비해라(물 참고). 탄소 원자 6개를 고리 모양으로 배열하고 그 고리 바깥에 일곱 번째 탄소 원자를 놓는다. 이 고리의 탄소 3개에 3쌍의 산소를 붙이고 각 경우마다 산소와 탄소 사이에 질소 1개를 놓는다. 이 고리의 바깥에 있는 탄소에 3개의 수소 원자를 붙이고, 이 고리의 비어 있는 탄소 자리 2개에 수소를 1개씩 배열시킨다. 그렇게 얻은 분자들을 규칙적인 모양으로 배열시켜 수많은 작은 결정체를 만들고 이 모든 결정체를 눌러 압축시킨다. 이 구조는 불안정해서 폭발하기 쉬우니 조심스럽게 다루어라.

비록 앞에서 보았던 것처럼 **중성자**와 **양성자**와 **음전자**가 원하는 어떤 물질의 구조를 만드는 데 꼭 필요한 유일한 구성단위이긴 해도, 이런 기본 입자 목록은 여전히 다소 불완전해 보인다. 사실, 만약 보통 전자들이 음전기를 띤 자유 전하를 나타낸다면, 양전기를 띤 자유 전하, 즉 양전자는 왜 가질 수 없을까?

또 만약 물질의 기본 단위인 것처럼 보이는 중성자가 양전하를 얻어서 양성자가 될 수 있다면, 왜 그것은 또 음전하를 띠어서 **음의 양성자**가 될 수 없을까?

대답을 하자면 전하의 부호를 제외하고는 보통의 음전자와 아주 유사한 양전자가 실제로 자연에 존재한다. 그리고 아직 실험 물리학이 발견하지는 못했지만 음의 양성자가 존재할 가능성도 있다.

양전자와 음의 양성자(만약 있다면)가 우리의 실제 세계에 음전자와 양의 양성자만큼 많지 않은 까닭은 이들 두 그룹의 입자들이 서로 상반되기 때문이다. 하나는 양이고 다른 하나는 음인 두 전하가 결합되면 서로를 상쇄한다는 것은 누구나 알고 있다. 따라서 두 종류의 전자는 양전기와 음전기의 자유 전하라는 것 이외에 다른 어떤 의미도 없기 때문에, 그것들이 동일한 공간에 공존할 거라고 기대해서는 안 된다. 사실 양전자가 음전자를 만나자마자, 그것들의 전하는 즉시 서로를 상쇄할 것이므로 두 전자는 독립적인 입자로 존재하지 못할 것이다. 그러나 두 전자의 상호소멸 과정은 만나자마자 사라져버린 두 입자의 원래 에너지를 지니고 있는 강력한 전자기 복사(감마[γ]선)를 일으킨다. 기본적인 물리학 법칙에 따르면 에너지는 만들어질 수도 파괴될 수도 없으므로, 우리는 여기서 그저 자유 전하의 정전기 에너지가 복사된 파장의 전기 역학 에너지로 바뀌는 것

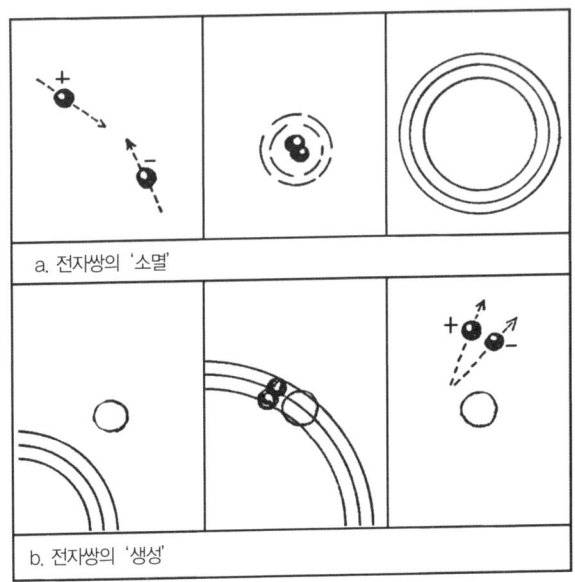

:: 그림 58
전자기파를 일으키는 두 전자의 '소멸' 과정과 원자핵에 가까이 지나가는 어떤 파동에 의한 전자쌍의 '생성'을 보여주는 그림.

만 목격하고 있는 것이다. 양전자와 음전자의 만남으로 인해 생긴 이 현상을 본 교수˚는 이를 두 전자의 '열광적인 결혼'으로 묘사하며, 브라운 교수˚˚는 더 음울하게 두 전자의 '상호 자멸'로 묘사한다. 그림 58a는 이런 만남을 사실적으로 표현한다.

반대 전하를 가진 두 전자의 '소멸' 과정에는 **쌍 형성** 과정이라는 짝이 있어서, 강력한 감마 복사의 결과로 언뜻 보기에 무無처럼 보

˚ Max Born, *Atomic Physics*, New York: G. E. Stechet & Co., 1935.
˚˚ T. B. Brown, *Modern Physics*, New York: John Wiley & Sons, 1940.

이는 것에서 양전자와 음전자가 만들어진다. 우리가 '언뜻 보기에' 무無라고 말하는 것은 사실상 그렇게 새로 태어난 각각의 전자쌍들이 감마선이 공급하는 에너지를 이용해서 만들어지기 때문이다. 사실 하나의 전자쌍을 만들기 위해서 복사가 나눠주어야 할 에너지는 소멸 과정에서 방출되는 에너지와 정확히 똑같다. 입사하는 복사가 어떤 원자핵에 가까이 지나갈 때*** 일어나는 이런 쌍 형성 과정은 그림 58b에 잘 표현되어 있다. 여기서는 원래 전하가 전혀 없었던 곳에서 두 개의 반대 전하가 만들어진다. 이 과정은 고무 막대와 모직 조각을 서로 부비면 반대 전기를 띠게 되는 잘 알려진 실험만큼이나 놀랍게 여겨질 것이다. 에너지양이 충분하면 양전자와 음전자쌍을 얼마든지 만들 수 있지만, 곧 상호소멸 과정이 가동에 들어가서 원래 사용된 에너지양을 '완전히' 되돌려줄 거라는 사실을 충분히 인지해야 한다.

전자쌍이 그렇게 '대량 생산'되는 매우 흥미로운 사례로는 성간 공간에서 우리에게 오는 고에너지 입자들의 흐름 때문에 지구 대기에 만들어지는 '우주선 소나기' 현상을 들 수 있다. 우주의 막대한 텅 빈 공간 여기저기서 교차하는 이런 흐름들의 원인은 여전히 풀리지 않은 과학 수수께끼이지만,**** 엄청난 속도로 움직이는 전자들이 대기의 고층에서 충돌할 때 무슨 일이 일어날지는 얼마간 예상이 가능하다.

*** 비록 원칙적으로는 전자쌍이 완전히 텅 빈 공간에서 형성될 수 있다고 해도, 쌍 형성 과정은 원자핵 주위에 있는 전기장의 도움을 꽤 많이 받는다.

1차 고속 전자는 대기를 형성하는 원자들의 핵 옆으로 지나가면서 점차 그 초기 에너지를 잃으며, 그 에너지는 경로를 따라가는 내내 감마 복사의 형태로 방출된다(그림 59). 이 복사는 쌍 형성의 수많은 과정을 일으키며, 새로 만들어진 양전자들과 음전자들이 1차 입자의 경로를 따라 질주한다. 이런 2차 전자들 또한 여전히 매우 높은 에너지를 갖고 있기 때문에 더 많은 복사를 일으키며, 다시 훨씬 더 많은 새로운 전자쌍을 만들어낸다. 이런 연속적인 증식 과정은 대기를 통과하는 동안 여러 차례 반복되며, 따라서 마침내 1차 전자가 해수면에 이르면 절반은 양이고 절반은 음인 수많은 2차 전자를 동반하게 된다. 물론 그런 우주선 소나기는 고속 전자들이 무거운 물체를 통과할 때도 만들어질 수 있다. 다만 이 경우에는 높은 밀도 때문에 가지치는 과정들이 훨씬 더 자주 일어난다(플레이트 IIA 참고).

이제 음의 양성자의 존재 가능성에 집중해보면, 이런 종류의 입자는 중성자가 음전하를 얻거나 양전하를 잃었을 때 만들어진다고 예상할 것이다. 그러나 그저 양전자일 뿐인 음의 양성자는 여느 물질 안에서 매우 오랫동안 존재할 수 있음은 쉽게 이해할 수 있다.

•••• 광속의 최고 99.9999999999999퍼센트 되는 속도로 움직이는 이런 고에너지 입자들의 기원에 대한 가장 시사하면서도 그럴듯한 설명은, 그것들이 우주 공간에 떠 있는 거대한 가스와 먼지구름(성운) 사이에 존재하는 것으로 추정되는 매우 높은 전위에 의해 가속된다는 가설에서 찾을 수 있다. 사실 그런 성간 구름은 우리의 대기에서 일어나는 뇌운과 유사한 방식으로 전하를 축적하며, 따라서 그렇게 만들어진 전위차는 뇌우가 쏟아지는 동안 구름 사이에서 치는 번개 현상의 원인인 전위차보다 훨씬 더 클 거라고 예상할 수 있다.

:: **그림 59**
우주선 소나기의 원인.

사실 그것들은 곧바로 양전하를 띤 가장 가까운 원자핵에 이끌려 흡수될 것이고, 대부분은 아마도 핵의 구조로 들어간 뒤에 중성자로 변할 것이다. 따라서 음의 양성자가 실제로 물질 안에 존재한다고 해도 발견하기란 쉬운 일이 아닐 것이다. 양전자는 보통 음전자 개념이 도입되고 50년이 지난 뒤에나 발견되었다는 사실을 기억해

라. 음의 양성자의 존재 가능성을 가정하면, 우리는 역전된 모양의 원자와 분자를 예상할 수 있다. 그런 원자들의 핵은 보통 중성자와 음의 양성자로 만들어지기 때문에 양전자들로 이루어진 외피로 에워싸여야 한다. 이런 '역전된' 원자들의 성질은 보통 원자의 성질과 정확히 똑같아서 역전된 물과 보통 물, 역전된 버터와 보통 버터의 차이를 구별하기란 불가능하다. 보통 물질과 '역전된' 물질을 결합시키지 않는 한 말이다. 그러나 일단 그런 두 개의 반대 물질이 결합되면, 반대 전하를 띤 전자들의 상호소멸 과정들이 반대 전하를 띤 핵자들의 상호중화와 함께 즉시 일어날 것이고, 그 혼합물은 원자폭탄을 능가하는 힘으로 폭발할 것이다. 어쩌면 그런 역전된 물질로 만들어진, 우리의 태양계와는 다른 성계가 있을 것이며, 그런 경우에 우리의 성계에서 다른 방식으로 구축된 성계로 돌멩이를 던지거나 혹은 그 반대로 할 경우, 그게 땅에 떨어지자마자 강력한 원자폭탄으로 변할 것이다.

역전된 원자들에 대한 이런 다소 터무니없는 생각들은 이쯤에서 그만두고, 그 정도로 이상하지만 실제로 관측 가능한 다양한 물리적 과정에 참여한다는 장점을 가진 또 다른 기본 입자를 고찰해보도록 하자. 이른바 '중성미자'라는 이 입자는 '뒷문을 통해' 물리학으로 들어왔지만, 사방에서 높아지는 '아둔한 사람들의 반대 외침'에도 꿋꿋이 버텨내 이제 기본 입자족族에서 흔들림 없는 입지를 굳히고 있다. 중성미자의 발견과 인지 과정은 현대과학의 가장 흥미진진한 탐정 이야기 가운데 하나이다.

중성미자의 존재는 수학자가 '귀류법'이라고 부르는 방법으로 발견되었다. 이 놀라운 발견은 무언가가 존재한다는 사실이 아니라, 무언가가 사라졌다는 사실로 시작되었다. 사라진 것은 에너지였고, 에너지는 가장 오래되고 견고한 물리학 법칙에 따라 만들어질 수도 파괴될 수도 없기 때문에, 마땅히 존재했어야 하는 에너지가 없다는 것은 그것을 훔쳐간 도둑이나 도둑 집단이 있었을 게 틀림없다는 것을 암시했다. 그래서 볼 수 없는 것에도 이름 붙이기를 좋아하는 과학의 탐정들은 이 에너지 도둑을 '중성미자'라고 불렀다.

그러나 그것은 좀 더 진행된 이야기이다. 이제 이 대단한 '에너지 강도 사건'의 사실들로 다시 돌아가보자. 즉 앞서 보았던 것처럼, 각 원자의 핵은 절반은 중성이고(중성자), 나머지는 양성전하를 띤 핵자들로 이루어져 있다. 만약 여분의 중성자나 여분의 양성자를 보태서* 핵 안에 있는 중성자와 양성자의 상대적 수적 균형이 깨진다면, 반드시 전기적 조정이 일어나야 한다. 만약 중성자가 너무 많다면 그 일부는 음전자 하나를 몰아내서 양성자로 변할 것이다. 만약 양성자가 너무 많다면 그 일부가 양전자 하나를 내보내서 중성자로 변할 것이다. 이런 종류의 두 과정이 그림 60에 설명되어 있다. 원자핵의 그런 전기적 조정들은 보통 베타 붕괴 과정으로 알려져 있으며, 핵에서 방출된 전자들은 베타(β)입자로 알려졌다. 핵의 내부 변화는 명확한 과정이므로, 방출된 전자에게 전달되는 일정한 양의 에너지 방출과 항상 관련되어야만 한다. 따라서 우리는 어떤 주어진 물질에 의해 방출된 베타 입자들은 모두 똑같은 속도로 움

---

* 이것은 이 장의 뒤에서 설명할 핵폭탄의 방법으로 이루어질 수 있다.

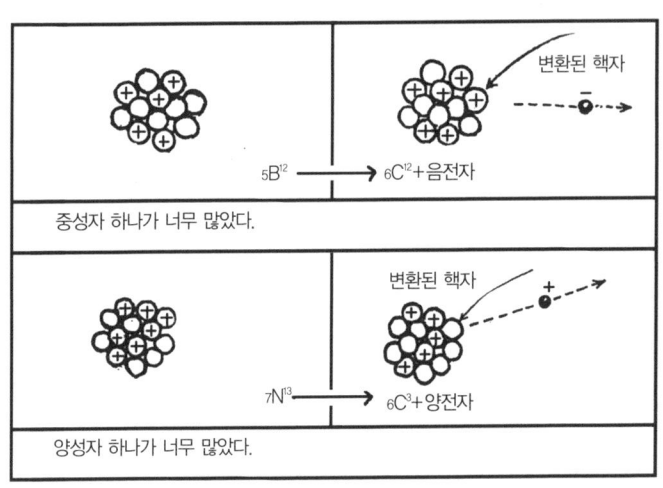

:: 그림 60
양과 음의 베타 붕괴를 보여주는 그림(표현의 편의성을 위해 모든 핵자는 한 평면 안에 그려놓았다).

직인다고 예상할 것이다. 그러나 베타 붕괴 과정들에 관한 관측 증거들은 이런 예상과 정반대로 나타났다. 사실 어떤 주어진 물질이 방출한 전자들은 영부터 어떤 상한까지의 다른 운동 에너지를 갖는다는 사실이 발견되었다. 이런 모순을 없앨 다른 입자나 복사도 발견되지 않았기 때문에, 베타 붕괴 과정에서 '사라진 에너지 사건'은 아주 심각한 국면을 맞게 되었다. 한동안은 여기서 처음으로 에너지 보존 법칙이 실패하는 실험적 증거에 직면한다고 생각했고, 그렇게 되면 물리학 이론이라는 완전히 정교한 건물을 무너뜨릴 수 있는 대재난이 될 터였다. 그러나 또 다른 가능성이 있었다. 즉 어쩌면 이 사라진 에너지는 다른 어떤 관측으로도 발견되지 않고 달아난 어떤 새로운 입자들이 가져갔을 수도 있었다. 그런 가능성을 제기한 사람은 파울리Wolfgang Pauli였다. 그는 그렇게 핵에너지를 몰래 훔쳐간 '바그다드 도둑들'의 역할을 했던 게 전기전하도 없고 질량도 보통 전자의 질량을 넘지 않는 **중성미자**라는 가설적 입자들일 수 있다고 제안했다. 사실 고속으로 움직이는 입자들과 물질의 상호작용에 관해 알려진 사실들 가운데 그렇게 전하도 없고 가벼운 입자들은 존재하는 어떤 물리적 장치로도 발견될 수 없으며, 엄청나게 두꺼운 차폐 물질도 쉽게 통과할 거라는 결론을 내릴 수 있었다. 따라서 가시광선은 얇은 금속 필라멘트에 의해서도 완전히 막히고, 투과력이 높은 X선과 감마 복사는 사실상 그 강도를 줄이기 위해서 몇 인치의 납이 필요하지만, 중성미자 빔은 몇 광년 길이만큼 두꺼운 납도 전혀 어려움 없이 통과할 것이다! 그 입자들이 어떤 방법으로도 관측되지 않으므로, 오직 그 탈출로 인한 에너지의 결손에서 발견할 수 있다는 것은 놀라운 일이 아니다.

 그러나 이런 중성미자들이 일단 핵을 떠나면 포착할 수 없다고 해도, 그 입자들의 이탈로 인한 2차 효과를 연구하는 방법은 있다. 라이플 소총을 쏠 때는 총이 어깨에 반동을 주며, 큰 대포는 무거운 포탄을 쏜 뒤 포가砲架에서 뒤로 구른다. 원자핵이 고속 입자들을 발사할 때도 똑같은 역학적 반동 효과를 예상할 수 있으며, 사실 베타 붕괴하는 핵들은 항상 분출된 전자와 먼 방향에서 일정한 속도를 얻는 게 관측되었다. 그러나 이런 핵 반동이라는 독특한 성질은 빠른 전자가 발사되느냐, 느린 전자가 발사되느냐에 상관없이 핵의 반동 속도는 언제나 거의 똑같다는 관측 사실에서 찾을 수 있다(그림 61). 대포를 쏠 때는 당연히 빠른 발사체가 느린 발사체보다 더 강력한 반동을 만들어낼 거라고 예상하기 때문에 이런 성질은 매우 이상해

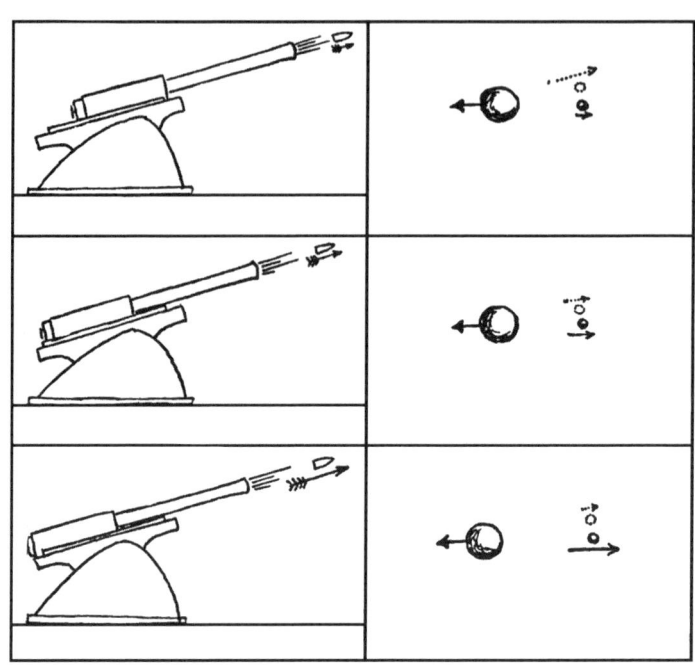

:: 그림 61
대포와 핵물리학의 반동 문제.

보인다. 그러나 핵이 전자와 함께 항상 중성미자 한 개를 내보내서 에너지의 균형을 유지한다는 사실을 이해하면 이 수수께끼는 풀린다. 만약 전자가 빠르게 움직이면서 가용한 에너지의 대부분을 가져간다면 중성미자는 천천히 움직이고, 또 반대로 전자가 느리게 움직이면 중성미자가 빨리 움직이므로, 핵의 관측된 반동은 이 **두** 입자의 결합된 효과 때문에 늘 강력하다. 만약 이 효과가 중성미자의 존재를 입증하지 못한다면 아무것도 그렇게 하지 못할 것이다!

앞에서 논의한 내용을 요약해서 우주의 구조에 참여하는 기본 입자들의 완전한 목록과, 그것들 사이에 존재하는 관계를 제시할 준비가 되었다.

우선 기본적 물질 입자들을 나타내는 핵자가 있다. 핵자는 현재 상태의 지식으로 말할 수 있는 한, 중성이기도 하고 양전하를 띠기도 하지만, 일부는 음전하를 가질 수도 있다. 그 다음에는 양전기와 음전기의 자유 전하를 나타내는 전자들이 있다. 또 전하는 없으며 아마도 전자보다 상당히 가벼운 것으로 추정되는 신비한 중성미자도 있다.* 마지막으로 텅 빈 공간을 통해 전기력과 자기력을 전파하는 전자기파가 있다.

물리적 세계의 이 모든 기본적 구성 요소는 서로 의존하며 다양한 방식으로 결합될 수 있다. 따라서 중성자는 음전자 하나와 중성미자 하나를 방출해서 양성자가 될 수 있고(중성자→양성자+음전자+중성미자), 양성자는 양전자 하나와 중성미자를 방출해서 다시 중성자로 돌아갈 수 있다(양성자→중성자+양전자+중성미자). 반대 전하를 가진 두 전자는 전자기 복사로 바뀔 수 있고(양전자+양전자→복사) 혹은 반대로 복사로부터 만들어질 수도 있다(복사→양전자+음전자). 마지막으로 중성미자들은 전자들과 결합해서 우주선에서 관측되고 다소 부정확하게 '무거운 전자'로도 알려진 불안정한 단위인 중간자를 만들 수도 있다(중성미자 + 양전자→양의 중간자; 중성미자 + 음전자→음의 중간자; 중성미자 + 양전자 + 음전자→중성 중

---

* 이 주제에 관한 가장 최근의 실험 증거는 중성미자의 무게가 전자의 $\frac{1}{10}$에 불과하다는 것을 말해준다.

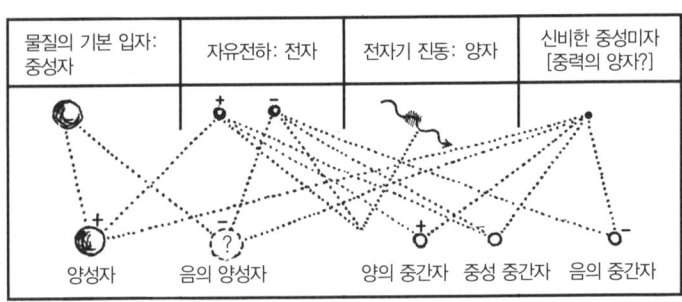

:: **그림 62**
현대물리학의 기본 입자들과 그것들의 다른 내부 조합을 보여주는 표.

간자). 중성미자와 전자들의 결합은 구성 입자들의 결합 질량보다 100배 정도 더 무겁게 만드는 내부 에너지의 과부하를 일으킨다. 그림 62는 우주의 구조에 참여하는 기본 입자들의 개략적 표를 보여준다.

"그러나 이것이 끝일까?" 혹시 이렇게 물을지도 모르겠다. "우리가 무슨 근거로 핵자와 전자와 중성미자들이 정말로 기본 입자이고, 훨씬 더 작은 구성 부분들로 나누어질 수 없다고 생각할 수 있는 것일까? 고작 50년 전에는 원자들이 나누어질 수 없다고 생각하지 않았던가? 그러나 오늘날 원자들이 얼마나 복잡한 그림을 제시하는가!" 물론 대답은 물질과학의 미래 발전을 예측할 방법은 없다고 해도, 이제 우리의 기본 입자들이 실제로 기본 단위들이며 더 이상 나누어질 수 없다고 믿을 만한 훨씬 더 확실한 이유들이 있다는 것이다. 더 이상 나누어질 수 없는 것으로 추정되었던 원자들이 다소 복잡한 화학적 광학적 성질과 그 외 다양한 여러 성질을 보여주는 것으로 밝혀졌던 반면, 현대물리학의 기본 입자들의 성질들은 대단히 단순하다. 사실 그 입자들의 단순성은 기하학적 점의 성질에 비유될 수 있을 정도이다. 또한 고전물리학의 '나눌 수 없는 원자들'의 수는 다소 많았지만, 이제 우리에겐 본질적으로 다른 핵자, 전자 그리고 중성미자라는 단 세 개의 실체만 남아 있다. 그리고 모든 것을 가장 간단한 형태로 표현하려는 간절한 욕구와 노력에도 불구하고, 무언가를 무無로 바꿀 수는 없다. 따라서 사실상 우리는 물질을 형성하는 기본 요소들을 찾는 탐색에서 바닥을 친 것처럼 보인다.

원자의 중심부

이제 물질의 구조에 참여하는 기본 입자들의 본질과 성질에 대해서 충분히 알게 되었으니, 모든 원자의 중심부인 핵에 대해서 더 상세히 살펴볼 수 있게 되었다. 원자의 외곽 구조는 어느 정도 작은 행성계에 비유될 수 있지만 핵 자체의 구조는 전혀 다른 모습을 보여준다. 우선 핵을 결합해주는 힘들이 순전히 전기적 성질만 갖지 않는 것은 분명하다. 왜냐하면 핵입자의 절반인 중성자들은 어떠한 전하도 없는 반면, 또 다른 절반인 양성자들은 모두 양전하를 띠므로 서로를 밀어내기 때문이다. 그리고 척력만 있다면 안정한 입자 집단이 될 수 없다!

따라서 핵의 구성 성분들이 왜 결합 상태로 유지되는지 이해하기 위해서는 전하를 띤 핵자들뿐만 아니라 전하를 띠지 않는 핵자들에 작용하는 본질적으로 인력인 어떤 다른 종류의 힘들이 존재한다고

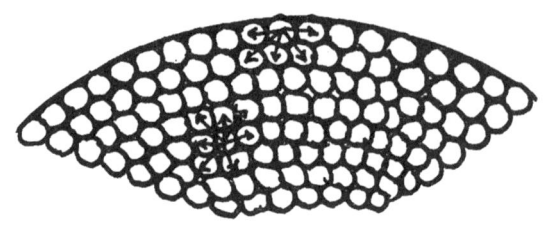

:: 그림 63
액체의 표면장력 설명.

가정해야 한다. 관련된 입자들의 본질에 상관없이 결합 상태로 유지해주는 그런 힘들은 일반적으로 '응집력'으로 알려져 있으며, 예컨대 보통 액체의 독립된 분자들이 사방으로 떨어져 나가지 못하는 것은 바로 이런 응집력 때문이다.

원자핵에도 독립된 핵자들 사이에 작용해서 핵이 양성자들 사이의 전기적 척력 때문에 해체되지 못하게 막는 유사한 응집력이 존재한다. 따라서 다양한 원자 껍질을 형성하는 전자들이 움직일 공간이 많은 원자의 외곽과 달리, 핵의 모습은 많은 핵자가 깡통 속의 정어리들처럼 빽빽하게 들어차 있는 모습이다. 이 책의 저자가 처음에 제시했던 것처럼, 원자핵의 물질은 보통 액체와 똑같은 방식에 따라 만들어진다고 가정할 수 있다. 그리고 보통 액체의 경우처럼, 여기에도 표면장력이라는 중요한 현상이 있다. 액체에 표면장력 현상이 생기는 것은 안쪽에 있는 입자는 그 주위에 있는 입자들에 의해 사방으로 똑같이 끌어 당겨지지만, 표면에 있는 입자들은 그것들을 안쪽으로 끌어당기는 힘들의 영향을 받기 때문이라는 것을 기억해야 한다(그림 63).

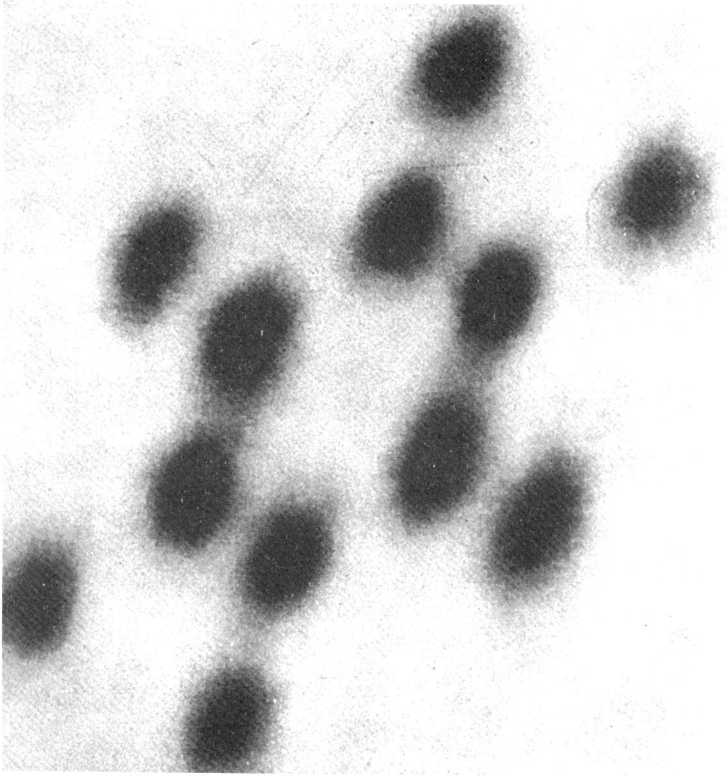

∷ **플레이트 I** (M. L. 허긴스 박사의 제공. 이스트먼 코닥 연구소.)
1억 7,500만 배 확대된 헥사메틸벤젠 분자의 사진.

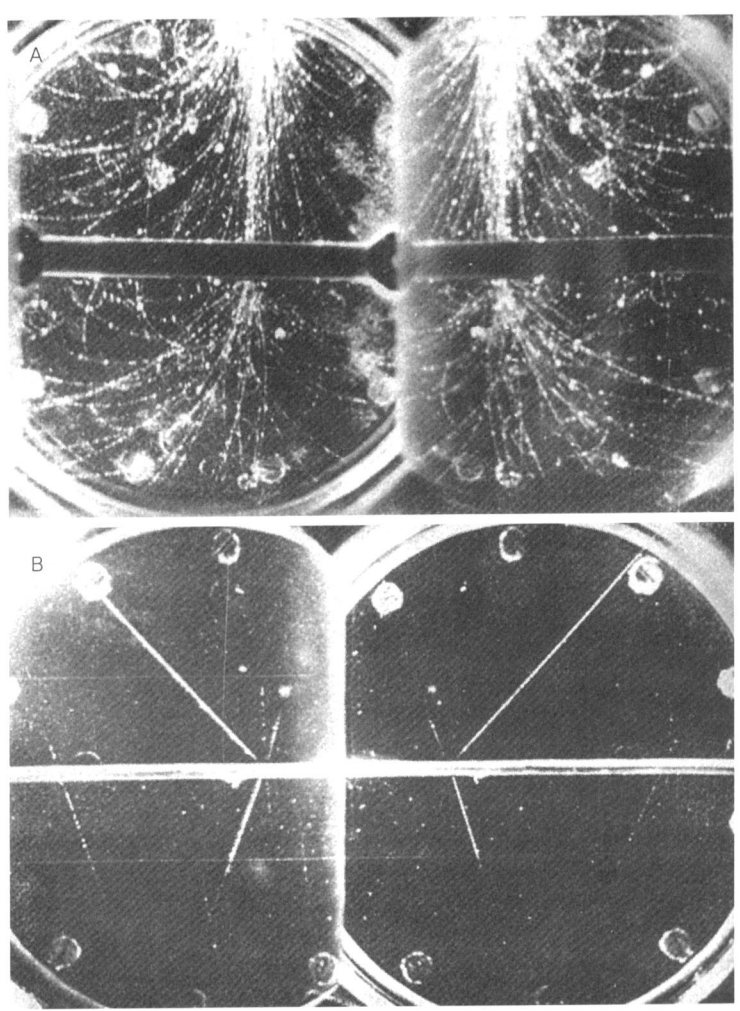

플레이트 II (캘리포니아 공과대학, 칼 앤더슨이 촬영한 사진.)
A. 안개상자의 바깥쪽 벽과 중간에 있는 납판에 다시 생기고 있는 우주선 소나기. 소나기를 만들고 있는 양과 음전자들이 자기 마당에 의해 반대 방향으로 휘어져 있다.
B. 중간 판에서 우주선 입자에 의해 생긴 핵의 분열.

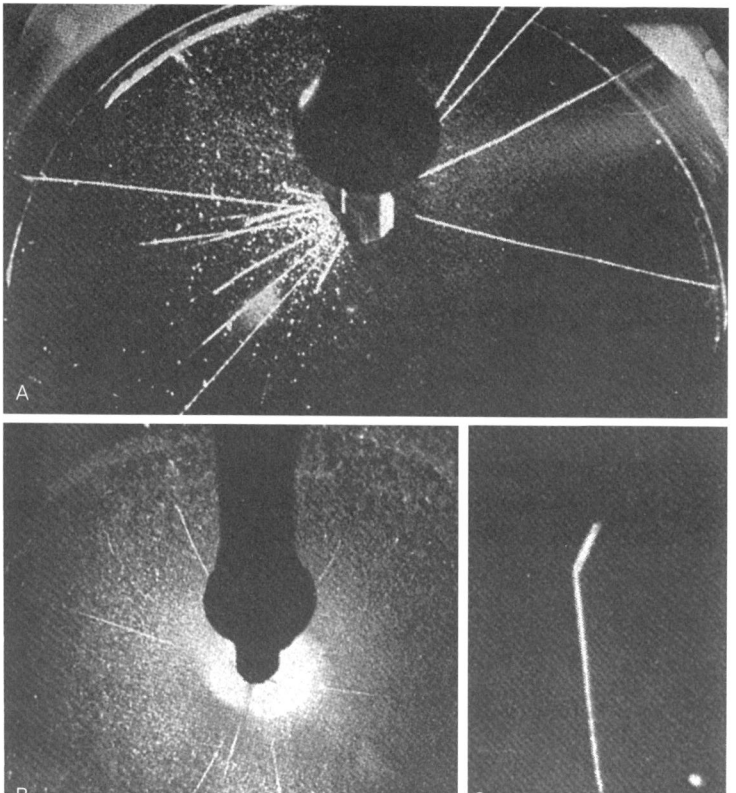

:: 플레이트 III (캠브리지의 디 그리고 페더 박사가 촬영한 사진)
인공적으로 가속된 사출물에 의해 생긴 원자핵의 변화.
A. 고속 중양자가 상자 안에 있는 무거운 수소 가스의 또 다른 중양자와 충돌해 3중 수소와 보통 수소의 핵들을 만든다($_1D^2 + _1D^2 \rightarrow _1T^3 + _1H^1$).
B. 고속 양성자가 보론의 핵과 충돌해 세 개의 동일한 부분으로 깨뜨린다($_5B^{11} + _1H^1 \rightarrow 3\ _2He^4$).
C. 이 사진에서는 보이지 않지만 왼쪽에서 오는 중성자가 보론의 핵(위쪽 경로)과 헬륨의 핵(아래쪽 경로)으로 질소의 핵을 깨뜨린다($_7N^{14} + _0n^1 \rightarrow _5B^{11} + _2He^4$).

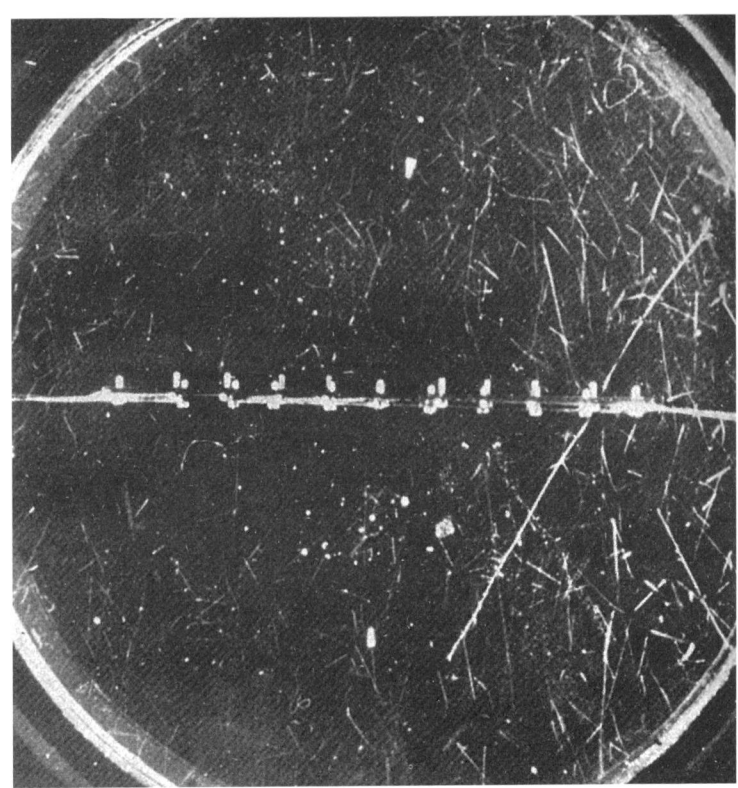

:: **플레이트 IV** (코펜하겐 이론물리학 연구소의 T. K. 보길드, K. T. 브로스트롬, 그리고 톰 라우릿센이 촬영한 사진.)
우라늄 핵의 융합을 보여주는 안개상자 사진. 중성자 하나(물론 이 사진에는 보이지 않는다)가 이 상자를 가로질러 놓인 얇은 층에 있는 우라늄 핵들 가운데 하나와 충돌한다. 두 경로는 각각 100 메가전자볼트 정도의 에너지로 떨어져 나가는 두 분열 조각에 해당한다.

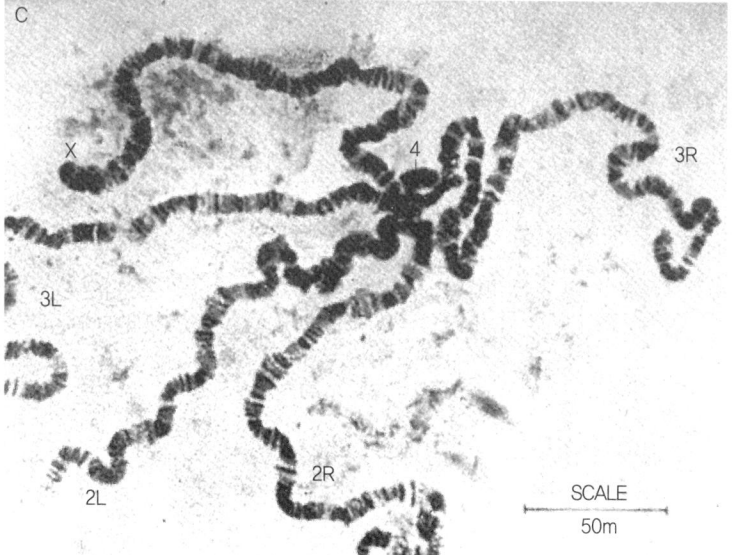

플레이트 V (1945년 워싱턴, 워싱턴의 카네기재단에서 M. 데메레크와 B. P. 카우프만이 펴낸 《초파리 가이드》로부터. 데메레크 씨의 허가로 사용됨.)
A와 B. 역전과 상호 전위를 보여주는 노랑초파리 침샘 염색체의 현미경 사진.
C. 노랑초파리 암컷 유충의 현미경 사진. X는 나란히 밀접하게 짝을 이루고 있는 X염색체들이고, 2L과 2R은 짝을 이루고 있는 두 번째 염색체의 좌우 사지이며, 3L과 3R은 세 번째 염색체의, 4는 네 번째 염색체이다.

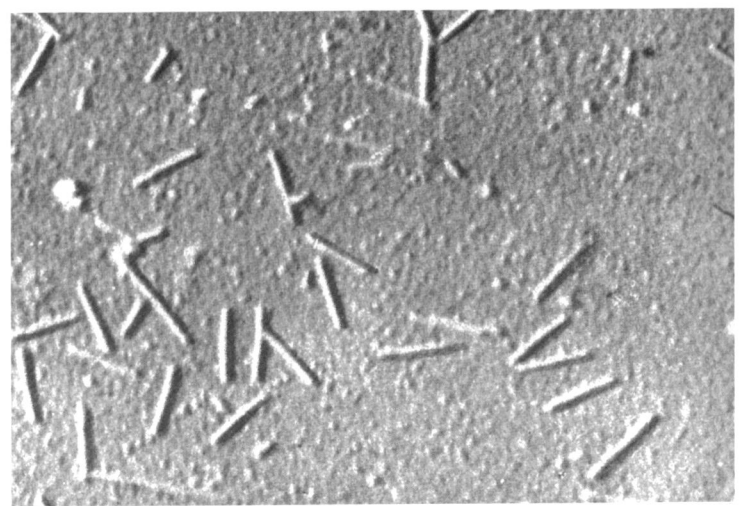

:: **플레이트 VI** (G. 오스터 박사와 W. M. 스탠리 박사가 촬영한 사진.)
살아 있는 분자? 3만 4,800배로 확대된 담배모자이크바이러스의 입자들. 이 사진은 전자 현미경으로 촬영되었다.

:: **플레이트 VII**
A. 먼 섬우주인 큰곰자리의 나선 성운을 위에서 본 모습.
B. 또 다른 먼 섬우주인 머리털자리의 나선 성운을 옆에서 본 모습.

(윌슨 산 연구소 사진들.)

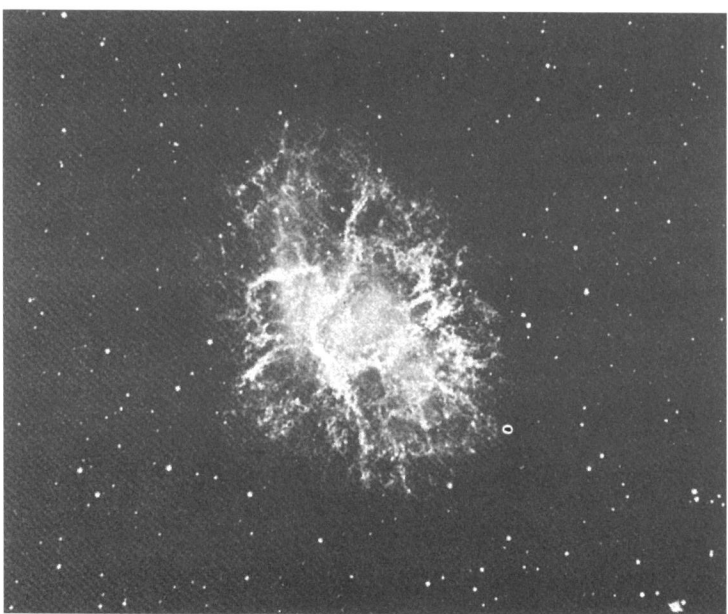

:: **플레이트 VIII** (윌슨 산 연구소의 W. 바데가 촬영한 사진.)
게성운. 1054년에 중국의 천문학자들이 이 지역 하늘에서 관측한 초신성에 의해 내던져진 팽창하는 가스 덮개.

1,
2,
3
그
리
고
무
한

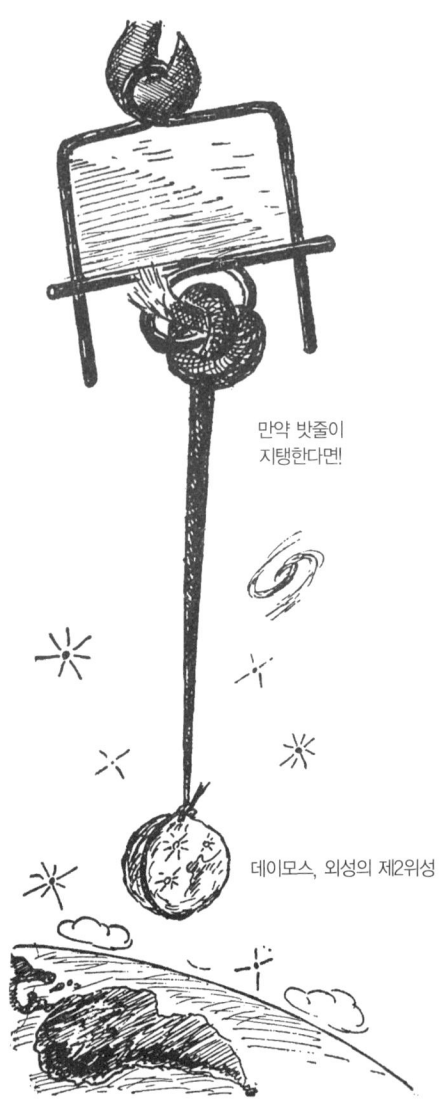

:: 그림 64
이론적으로 핵 유체 5000톤이 만들어내는 표면장력은 외성의 제2위성인 데이모스를 매달 수 있다.

이 결과 바깥쪽 힘들의 영향을 전혀 받지 않는 액체 방울은 구형을 취하려는 경향을 보인다. 왜냐하면 구는 어떤 주어진 부피에 대해 가장 작은 표면적을 갖는 기하학적 형태이기 때문이다. 따라서 우리는 **다른 원소들의 원자핵은 그저 크기가 다양한 우주의 '원자핵 유체' 방울로 간주될 수 있다는** 결론에 이르게 된다. 그러나 핵 유체가 질적으로는 보통 액체와 매우 유사하다고 해도 양적으로는 다소 다르다는 것을 잊지 말아야 한다. 사실 그것의 밀도는 물의 밀도보다 240조 배나 더 크며, 표면장력은 물의 표면장력보다 100경 배쯤 더 크다. 이런 엄청나게 큰 숫자들을 더 잘 이해할 수 있기 위해서 다음과 같은 예를 고찰해보자. 그림 64에서 보는 것처럼 거꾸로 된 대문자 U 모양의 철사에, 면적이 약 2제곱인치가 되도록 직선 철사 조각을 가로지르게 하고, 그렇게 만들어진 사각형에 비누 막이 형성되어 있다고 하자. 이 비누 막의 표면장력은 가로지르는 철사를 위쪽으로 끌어당길 것이다. 우리는 이 가로지르는 철사에 작은 무게를 매달아서 이런 표면장력의 효과를 없앨 수도 있다. 만약 이 비누 막이 비누를 녹인 보통 물로 만들어져 있고 그 두께가 0.01밀리미터라면, 그것은 약 $\frac{1}{4}$ 그램이 나갈 것이므로 총 $\frac{3}{4}$ 그램의 무게를 지탱할 것이다.

이제 만약 핵 유체로 유사한 막을 만들 수 있다면, 그 막의 총무게는 5,000톤(대형 쾌속선 1,000대 정도의 무게와 맞먹는)이 나갈 것이므로 화성의 두 번째 위성인 '데이모스'의 무게 정도 되는 약 1조 톤의 짐을 이 가로 철선에 너끈히 매달 수 있을 것이다! 따라서 핵 유체로 비눗방울을 불어내려면 강력한 폐가 있어야 할 것이다.

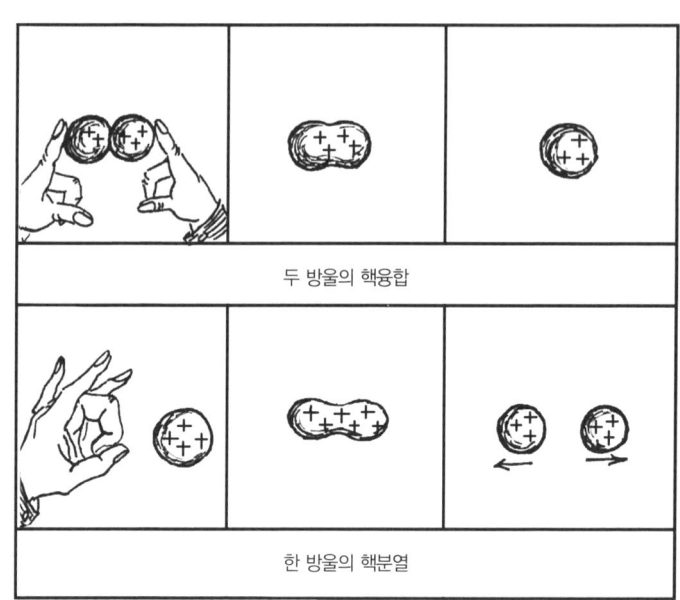

:: 그림 65

그러나 원자핵을 핵 유체의 작은 방울들로 생각할 때는 이 핵을 형성하는 입자들의 절반이 양성자이기 때문에 이 방울들이 전기를 띠고 있다는 중요한 사실을 간과해서는 안 된다. 핵을 두 개 이상의 부분으로 분열하려는 구성 입자들 사이의 전기척력은 그것을 하나로 유지하려는 표면장력과 균형을 이룬다. 바로 여기에 원자핵 불안정성의 주요 원인이 있다. 만약 표면장력이 우세하면 핵은 절대 저절로 분열되지 않을 것이며, 두 핵이 서로 접촉하게 되면 마치 두 개의 보통 방울처럼 융합하려는 경향을 띨 것이다.

그리고 반대로 전기척력이 우세해지면, 핵은 자발적으로 두 개 이상의 부분으로 분열되는 경향을 보여서 그런 입자들이 고속으로 떨어져 나가게 될 것이다. 그런 분열 과정은 보통 '핵분열fission'이라고 부른다.

다른 원소들의 표면장력과 전기력 사이의 균형에 관한 정확한 계산은 보어와 휠러John Archibald Wheeler에 의해 이루어졌으며(1939년) 주기율표의 앞 절반에 있는 원소의 핵에서는 표면장력이 우위를 보이는 반면(대략 은까지), 무거운 핵의 경우에는 전기척력이 우세하다는 매우 중요한 결론을 이끌어냈다. 따라서 은보다 무거운 모든 원소의 핵은 주로 불안정하며, 외부에서 충분히 강한 자극을 주면 두 개 이상의 부분으로 분열되어 상당한 양의 내부 핵에너지를 방출할 것이다(그림 65a). 반대로 원자의 결합 무게가 은보다 작은 두 개의 가벼운 핵이 가까워질 때는 언제나 자발적인 융합이 일어날 것이다(그림 65b).

그러나 가벼운 두 핵의 융합이든 무거운 핵의 분열이든 우리가 무언가를 하지 않으면 대체로 일어나지 않는다는 것을 기억해야 한다. 사실 가벼운 두 핵의 융합을 일으키기 위해서는 전하들 사이에서 상호작용하는 척력을 이기고 가까이 근접시켜야 하며, 무거운 핵이 분열 과정을 거치게 하기 위해서는 강력한 충격을 주어서 충분히 큰 진폭으로 진동시켜야 한다.

어떤 과정이 초기의 자극 없이는 시작되지 않는 이런 상태는 과학에서 일반적으로 **준안정 상태**로 알려져 있으며 벼랑에 걸려 있는 돌멩이나, 호주머니 속 성냥, 혹은 폭탄 속에 있는 TNT(트리니트로톨루엔)의 전하 같은 사례들로 설명할 수 있다. 각각의 경우에 방출되기를 기다리는 많은 양의 에너지가 있지만, 돌멩이는 발로 차지 않으면 굴러떨어지지 않을 것이고, 성냥은 신발의 창이나 다른 무언가에 마찰되어서 가열되지 않으면 타지 않을 것이고, TNT는 신관으로 폭발시키지 않는 한 터지지 않을 것이다. 사실상 우리가 은화*를 제외한 모든 물체가 잠재적 핵 폭발물인 세상에 살면서도 폭발해서 산산조각이 나지 않는 것은 핵반응을 일으키기가 극도로 어렵기 때문이다. 아니 더 과학적인 말로 표현하면, 핵변환의 활성 에너지가 극도로 크기 때문이다.

핵에너지에 관해서라면, 우리는 고체라고는 얼음밖에 없고 액체라고는 알코올밖에 없는 빙점 아래의 온도에서 사는 에스키모의 세상과 유사한 세상에서 살고 있다(아니 더 정확히 말하면 아주 최근까지 그런 세상에서 살았다). 그런 에스키모는 불에 대해 한 번도 들어본 적이 없었을 것이다. 왜냐하면 얼음 조각 두 개를 서로 문질러도 불길이 일지 않고, 온도를 발화점까지 올릴 방법도 없으니 마실 거라고는 오직 알코올밖에 생각할 수 없기 때문이다.

그리고 최근 발견한, 원자의 내부에 감춰진 에너지를 대규모로 방출하는 과정 때문에 초래된 인간의 중대한 난국은 난생처음으로 알코올버너를 보게 된 에스키모인의 놀라움에 비유할 수 있다.

그러나 일단 핵반응을 시작하는 어려움만 극복하면, 그 결과들은 그 동안의 모든 고생을 보상해줄 것이다. 산소와 탄소 원자가 똑같은 양으로 혼합된 혼합물을 예로 들어보자.

---

* 은의 핵은 융합되지도 분열되지도 않는다는 사실을 기억해야 할 것이다.

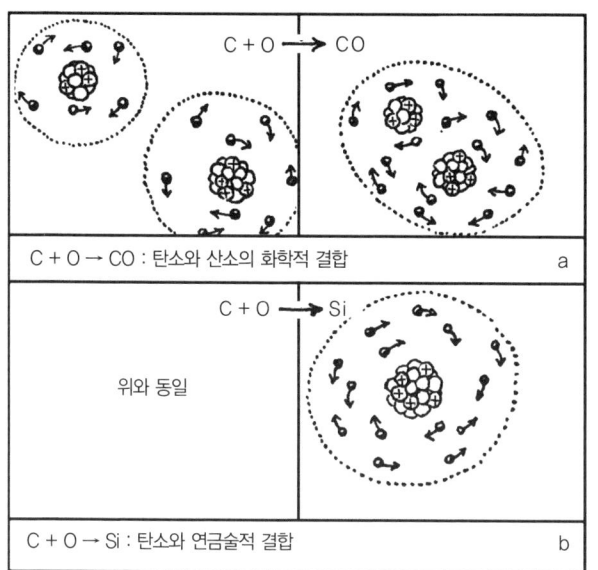

:: 그림 66
분자융합과 핵융합

$$O + C \rightarrow CO + 에너지$$

위와 같은 방정식에 따라 화학적으로 결합시키면, 이 물질은 이 혼합물 1그램당 920칼로리[**]를 방출한다. 만약 이 두 원자를 평소처럼 화학적으로 결합(분자융합, 그림 66a)시키지 않고, 두 핵을 연금술적으로 결합(핵융합, 그림 66b)시키면,

---

[**] 칼로리는 물 1그램을 섭씨 1도 올리는 데 필요한 에너지로 정의하는 열량 단위이다.

$$_6C^{12} + {_8}O^{16} = {_{14}}Si^{28} + 에너지$$

가 되고 이 혼합물 1그램당 방출된 에너지는 1,500만 배나 많은 140억 칼로리가 될 것이다.

마찬가지로 복잡한 TNT 분자를 물 분자와 일산화탄소와 이산화탄소와 질소로 분열시키면(분자융합) 그램당 1,000칼로리 정도를 방출하는 반면, 예컨대 똑같은 질량의 수은을 핵분열 과정을 거치게 하면 총 100억 칼로리를 방출할 것이다.

그러나 대부분의 화학 반응들은 몇백 도 정도의 온도에서 쉽게 일어나는 반면, 상응하는 핵변환은 온도가 수백만 도에 도달하기 전에는 조금도 일어나지 않을 것이라는 점을 잊지 말아야 한다! 핵반응을 일어나게 하기가 이렇게 어렵기 때문에 우주 전체가 단 한 번의 막대한 폭발로 순은으로 변해버릴 위험이 없다는 사실은 위안이 된다.

원자 파괴

비록 원자 무게의 보전이 원자핵의 복잡성에 도움이 되는 매우 강력한 논거를 제시하기는 하지만, 그런 복잡성의 최종 증명은 오직 핵을 두 개 이상의 독립된 부분으로 분열시킬 수 있는지를 알아보는 실험적 증거로만 이루어질 수 있다.

그런 분열 과정이 정말로 일어날 수 있다는 최초의 암시는 50년

전(1896년) 베크렐Antoine Henri Becquerel의 방사능 발견이었다. 사실 주기율표의 끝 부근에 위치하는 우라늄과 토륨 같은 원소들의 원자에 의해서 자발적으로 방출되는 대단히 투과력이 높은 복사(보통 X선과 유사한)는 이런 원자들의 느린 자발적 붕괴 때문이라는 것이 입증되어 있었다. 이 새로 발견된 현상을 실험으로 주의 깊게 조사한 결과, 머지않아 무거운 핵은 자발적으로 붕괴되어 대체로 동일하지 않은 두 부분, 즉 (1) 헬륨의 원자핵을 나타내는 **알파 입자**로 알려진 작은 조각과, (2) 딸 원소의 핵이 되는 원래 핵의 나머지 부분으로 나누어진다는 결론에 도달하게 되었다. 원래의 우라늄 핵이 분열하면서 알파 입자를 방출하면, 그 결과 생기는 우라늄 XI으로 알려진 딸 원소의 핵은 내부의 전기적 조정을 거쳐 음의 전기를 가진 두 개의 자유 전하(보통 전자)를 방출하고 원래의 우라늄 핵보다 네 단위 더 가벼운 우라늄 동위원소의 핵으로 변한다. 이런 전기적 조정에 이어 다시 일련의 알파 입자들이 방출되고 그 뒤 더 많은 전기적 조정이 이루어지며 이런 과정은 붕괴하지 않는 안정한 납 원자의 핵에 도달할 때까지 계속된다.

알파 입자와 전자가 교대로 방출되는 유사한 일련의 연속적인 방사성 변환들은 무거운 원소 토륨으로 시작하는 토륨족과, 악티노우라늄으로 알려진 원소들로 시작하는 악티늄족 이렇게 두 개의 다른 방사성 원소족族에서 관측된다. 이런 세 개의 원소족에서 자발적인 붕괴 과정은 납의 세 가지 다른 동위원소만 남을 때까지 계속된다.

호기심 많은 독자는 파괴적인 전기력이 핵을 하나로 유지시키려는 경향이 있는 표면장력보다 우세한 **주기율표의 두 번째 절반에 속**

한 모든 원소에서는 반드시 원자핵의 불안정성이 예상된다고 설명한 앞의 일반적인 논의와 자발적인 방사성 붕괴에 대한 위의 설명을 비교하면서 놀랄지도 모르겠다. 만약 은보다 무거운 모든 핵이 불안정하다면, 왜 우라늄과 라듐과 토륨 같은 가장 무거운 몇몇 원소에서만 자발적인 붕괴가 관측되는 것일까? 이론적으로 말해서 은보다 무거운 모든 원소는 방사성 원소로 간주되어야 하며, 사실상 붕괴에 의해 더 가벼운 원소들로 천천히 바뀌고 있는 게 사실이다. 그러나 대부분의 경우에 자발적인 붕괴는 전혀 알아챌 수 없을 정도로 아주 느리게 일어난다. 따라서 요오드와 금과 수은과 납 같은 친근한 원소들에서는 원자들이 수 세기 동안 한 개나 두 개의 속도로 분열되며, 이 속도는 너무 느려서 감도가 가장 높은 물리적 도구로도 기록할 수 없다. 감지할 수 있는 방사능을 일으킬 정도로 강하게 분열하는 것은 오직 가장 무거운 원소들뿐이다.*

또한 이 상대적 변환 속도는 불안정한 핵의 분열 방식도 좌우한다. 따라서 우라늄 원자의 핵은 많은 다른 방식으로 분열할 수 있어서 두 개의 똑같은 부분이나 세 개의 똑같은 부분, 혹은 굉장히 다양한 크기의 몇 가지 부분으로 자발적으로 나누어질 수 있다. 그러나 이 원자의 핵이 나누어지는 가장 쉬운 방법은 알파 입자와 나머지 무거운 부분으로 나누어지는 것이며, 대개 이런 식으로 분열되는 것은 바로 그 때문이다. 우라늄 핵이 자발적으로 두 개의 절반으로 분열될 확률은 알파 입자로 분열될 확률보다 100만 배 정도나

---

* 예를 들어 우라늄 1그램 안에서 초당 수천 개의 원자가 분열을 한다.

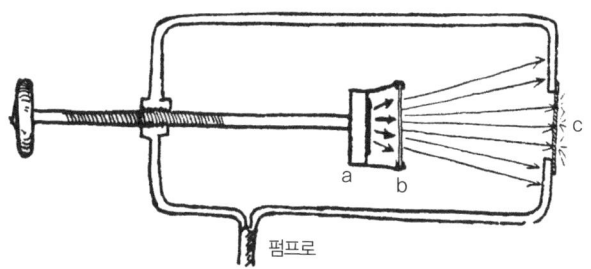

:: 그림 67
원자가 처음으로 쪼개지는 모습.

적은 것으로 관측됐다. 따라서 1그램의 우라늄 안에서 알파 입자들을 방출해 분열하는 핵은 매초 몇 만 개가 되지만, 우라늄 핵이 두 개의 똑같은 부분으로 나눠지는 자발적인 분열 과정을 보려면 몇 분을 기다려야 할 것이다!

방사능 현상의 발견은 핵 구조의 복잡성을 한 치의 의심도 없이 증명해 인공적으로 만들어진(혹은 유도된) 핵변환 실험을 가능하게 했다. 그 뒤 이런 의문이 생겼다. 만약 무겁고 특히 불안정한 원소의 핵이 자발적으로 붕괴한다면, 안정한 다른 원소들의 핵을 고속으로 움직이는 핵의 사출물들과 충분히 세게 충돌시켜서 분열시킬 수는 없을까?

이런 생각을 염두에 두고, 러더퍼드는 대개는 안정한 다양한 원소의 원자들을 불안정한 방사성 핵의 자발적인 분열로 생긴 핵의 조각들(알파 입자들)로 강력한 충격을 주기로 했다. 1919년에 러더퍼드가 최초의 핵변환 실험에서 사용한 기구(그림 67)는 요즘 몇몇 물리학 실험실에서 사용한 거대한 원자 파괴 장치와 비교하면 단순하기 이를 데 없다. 그것은 스크린 역할을 하는 형광물질(c)의 얇은 창문이 있는 진공 실린더 관이다. 폭격하는 알파 입자들은 금속판 (a) 위에 침전된 얇은 방사성 물질 층에서 나왔고, 폭격을 당하는 원소(이 경우에는 알루미늄)는 어느 정도 떨어진 얇은 필라멘트(b)의 형태로 되어 있었다. 필라멘트는 일단 입사하는 알파 입자들이 부딪히면 모두 그 안에 박혀 있도록 배열되어 있으므로 그 입자들이 스크린을 밝게 하기란 불가능할 것이다. 따라서 이 폭격의 결과, 목표 물질에서 방출된 2차 핵 조각들의 영향을 받지 않는 한 스크린은 완전히 어둡게 남아 있을 것이다.

모든 것을 제자리에 놓고 현미경으로 스크린을 살펴본 러더퍼드는 어둡기는 해도 결코 착각할 수 없는 어떤 광경을 보았다. 스크린이 전체 표면 여기저기서 반짝이는 수많은 작은 불꽃으로 가득 차 있었던 것이다! 각 불꽃은 스크린 물질에 부딪힌 양성자의 충격으로 만들어진 것이었고, 각 양성자는 입사하는 알파 입자 때문에 목표물인 알루미늄 원자에서 밖으로 쫓겨난 '조각'이었다. 이렇게 해서 원소 인공 변환의 이론적 가능성은 과학적으로 입증된 사실이 되었다.*

러더퍼드의 고전 실험 직후 수십 년 동안, 원소 인공 변환에 관한 과학은 물리학의 가장 크고 중요한 분야들 가운데 하나가 되었고, 핵 폭격을 위해 빠른 사출물들을 만들어내고 그렇게 얻어진 결과들을 관찰하는 방법 모두에서 엄청난 진전이 이루어졌다.

---

* 위에서 설명한 과정은 다음과 같은 공식으로 표현될 수 있다.
$_{13}Al^{27} + _{2}He^{4} \rightarrow _{14}Si^{30} + _{1}H^{1}$.

핵 사출물이 핵에 부딪힐 때 무슨 일이 일어나는지 육안으로 가장 만족스럽게 볼 수 있도록 해주는 도구는 안개상자(혹은 발명자의 이름을 따서 윌슨 상자)로 알려져 있다. 이 상자는 그림 68에 개략적으로 묘사되어 있다. 이 상자의 작동은 알파 입자 같은 고속으로 움직이는 하전 입자들이 공기나 어떤 다른 가스를 통과할 때 그 경로를 따라 놓여 있는 원자들을 일정하게 휘어지게 한다는 사실에 근거하고 있다. 이런 사출물들은 강력한 전기 마당을 갖고 있기 때문에 자신들이 지나가는 통로에 놓인 가스의 원자들에게서 한 개 이상의 전자를 떼어내 이온화된 많은 원자를 뒤에 남긴다. 그러나 그 사출물이 지나가자마자 이 이온화된 원자들이 전자를 다시 잡아 보통 상태로 돌아가기 때문에 이런 상태가 오랫동안 지속되지는 않는

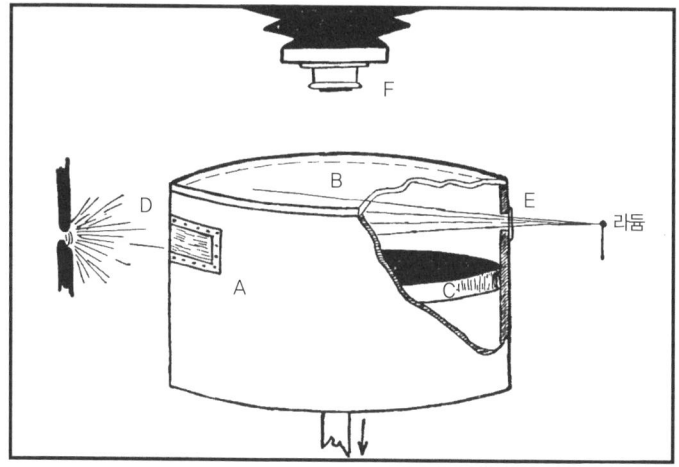

:: 그림 68
윌슨(Charles Thomson Rees Wilson)의 안개상자의 개략도.

다. 그러나 만약 그런 이온화가 일어나는 가스가 수증기로 포화되어 있다면, 모든 이온에 작은 방울들이 형성되어(수증기는 이온이나 먼지 입자에 쌓이려는 경향이 있다) 이 사출물의 경로를 따라 얇은 안개 띠를 만든다. 다시 말해서 가스를 통해 움직이는 하전 입자의 경로가 연기로 글씨를 쓰는 비행기의 경로처럼 보이게 되는 것이다.

기술적인 관점에서 보면, 안개상자는 이 그림에서 볼 수 없지만 위아래로 움직일 수 있는 피스톤(C)이 들어 있고 유리 덮개(B)가 있는 금속 실린더(A)로 이루어진 매우 간단한 도구이다. 유리 덮개와 피스톤의 표면 사이의 공간은 상당한 양의 수증기를 포함하는 보통 대기의 공기(혹은 만약 원한다면 어떤 다른 가스)로 채워져 있다. 만약 일부 원자 사출물들이 창문(E)을 통해 이 상자 안으로 들어간 직후 피스톤을 갑자기 아래로 잡아당기면 피스톤 위에 있는 공기가 냉각되어 수증기가 이 사출물들의 경로를 따라 얇은 안개 띠의 형태로 응결하기 시작할 것이다. 이런 안개 띠들은 측면 창문(D)으로 들어오는 강력한 빛의 조명을 받기 때문에 피스톤의 배경 표면에 선명하게 드러나서 육안 관측을 하거나 혹은 피스톤의 작용으로 자동 작동되는 카메라(F)를 이용해서 사진 촬영할 수 있을 것이다. 현대물리학에서 가장 귀중한 장비들 가운데 하나인 이런 간단한 배열 덕분에 핵 폭격의 결과를 보여주는 훌륭한 사진들을 얻을 수 있다.

또 강력한 전기 마당에서 그저 다양한 하전 입자(이온들)를 가속시키기만 해서 강력한 원자 사출물 빔을 만들 수 있는 방법을 고안해내는 것도 바람직했다. 반드시 드물고 값비싼 방사성 물질을 이용할 필요가 없다는 것 이외에도, 그런 방법들은 다양한 유형의 다

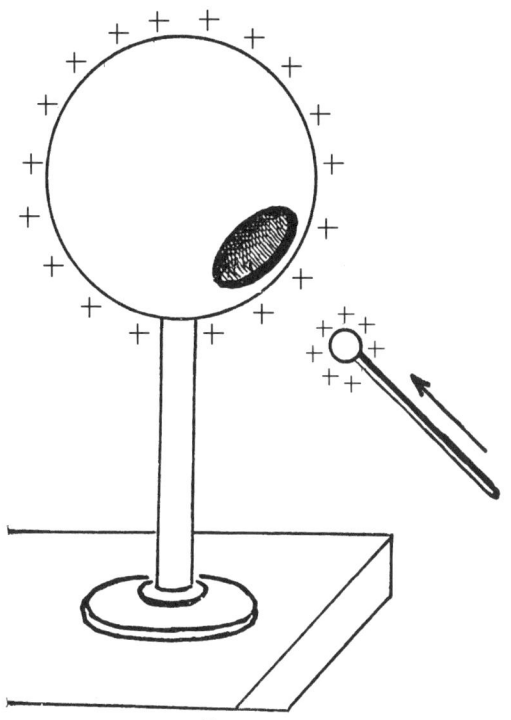

:: 그림 69 정전기 발생 장치의 원리.
구형 금속 전도체에 전해진 전하가 그 표면에 분포된다는 것은 기본 물리학을 통해 잘 알려졌다. 따라서 하전된 작은 전도체를 이 구에 만들어진 구멍으로 넣어 안에서부터 그 표면에 접촉시키면 작은 전하들을 하나씩 내부로 끌어들여서 그런 전도체를 임의의 높은 전위까지 충전시킬 수 있다. 실제로 우리는 구형 전도체의 구멍으로 들어가 작은 변압기가 만들어낸 전하들을 안으로 실어 나르는 연속 벨트를 사용한다.

른 원자 사출물(예컨대 양성자)을 이용하게 할 뿐만 아니라 원래 방사성 붕괴보다 더 높은 운동 에너지에 도달할 수 있게 한다. 고속으로 움직이는 원자 사출물들의 강력한 빔을 만들어내는 가장 중요한 기계에는 **정전기 발생 장치**, **사이클로트론**, **선형 가속기** 등이 있으며

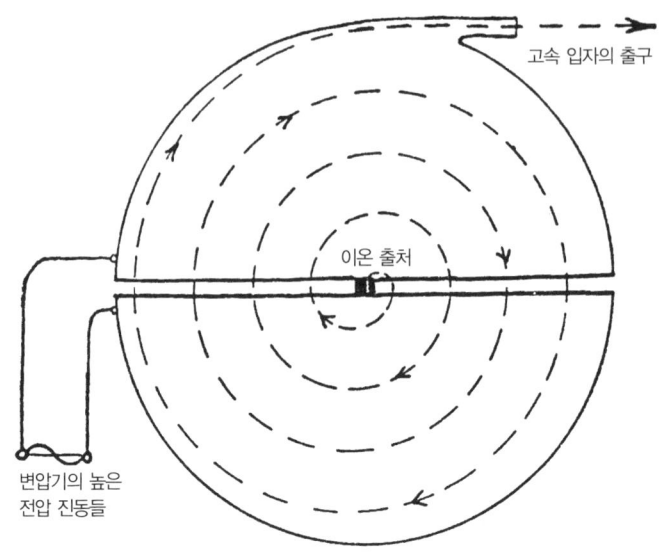

:: **그림 70** 원자 파괴를 위한 이온 가속 장치인 사이클로트론의 원리.
사이클로트론은 사실상 강력한 자기 마당(이 그림의 평면에 수직인)에 놓여 있는 반원형의 두 금속 상자이다. 두 상자는 변압기에 연결되어 있고 양전기와 음전기를 교대로 띠게 되어 있다. 중심에서 나오는 이온들은 자기 마당에서 한 상자에서 다른 상자로 통과할 때마다 가속되는 원형 궤적을 그린다. 이 이온들은 점점 더 빨리 움직이면서 나선형을 그리다가 마침내 엄청난 고속으로 빠져나간다.

그림 69와 70과 71이 각각 그 기능을 간략히 설명하고 있다.

위에서 설명한 다양한 유형의 전자 가속기를 이용해서 다양한 원자 사출물의 강력한 빔을 만들고 이 빔들을 다른 물질로 만들어진 목표물과 반대로 향하게 하면, 안개상자 사진들을 이용해서 편리하게 연구할 수 있는 수많은 핵변환을 얻을 수 있다. 각각의 핵변환 과정들을 보여주는 이런 사진들 일부가 플레이트 III과 IV에 실려 있다.

이런 종류의 사진을 최초로 찍은 사람은 캠브리지의 패트릭 블래

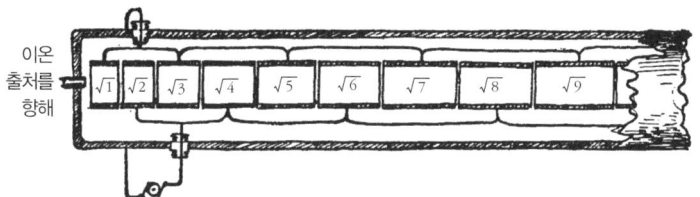

:: 그림 71 선형 가속기의 원리.
이 배열은 변압기에 의해 양과 음 전기를 교대로 띠고 길이가 점점 증가하는 많은 관으로 이루어져 있다. 이온들은 한 관에서 또 다른 관으로 지나가면서 존재하는 전위차에 의해 점차 가속되므로 그 에너지가 매번 주어진 양만큼 증가한다. 속도는 에너지의 제곱근에 비례하기 때문에, 만약 관들의 길이가 정수의 제곱근에 비례한다면 바뀌는 마당에 맞게 이온들이 유지될 것이다. 이런 유형의 시스템을 충분히 길게 만들면 이 이온들을 원하는 어떤 속도로든 가속시킬 수 있다.

킷Patrick Maynard Stuart Blacett이었으며 그가 찍은 사진은 질소로 가득 채워진 상자를 통과하는 자연적 알파 입자들의 빔을 보여주었다.* 특히 그것은 가스를 통해 날아다니던 입자들이 점차 그 운동 에너지를 잃고 결국엔 멈추기 때문에 그 경로들이 일정한 길이를 갖고 있음을 보여주었다. 따라서 그 출처(알파 입자를 방출하는 두 원소 ThC와 ThC'의 혼합물)에 존재하는 다른 에너지를 갖는 두 그룹의 알파 입자에 해당하는 뚜렷이 다른 두 그룹의 경로들이 있었다. 우리는 대체로 상당히 곧게 뻗어 있는 알파 경로가 끝 부근에서는 명확한 굴절을 보여준다는 것을 발견할 수 있을 것이다. 왜냐하면 거기서는 이 입자들이 초기 에너지의 대부분을 잃어서 도중에 만나는 질소 원자핵들과의 간접 충돌로 더 쉽게 휘어질 수 있기 때문이다.

---

* 블래킷의 사진에 기록된 연금술 반응(이 책에는 재현되어 있지 않다)은 다음과 같은 방정식으로 표현된다. $_7N^{14} + _2He^4 \rightarrow _8O^{17} + _1H^1$.

그러나 이 사진의 가장 큰 특징이라면 한 가지는 길고 가늘며, 또 다른 가지는 짧고 굵은 특성 분기를 보여주었던 독특한 알파 경로이다. 그것은 입사하는 알파 입자와 상자 속에 있는 질소 원자핵의 정면충돌 결과를 보여주었다. 가늘고 긴 경로는 충돌의 힘 때문에 질소 핵에서 떨어져 나간 양성자의 궤적을 나타냈지만, 짧고 굵은 경로는 그 충돌로 옆으로 팽개쳐진 핵 자체에 해당했다. 튀어 날아간 알파 입자에 해당하는 세 번째 경로가 없다는 사실은 입사하는 알파 입자가 핵에 들러붙어서 그것과 함께 움직이고 있었다는 것을 암시했다.

플레이트 IIIB는 인공적으로 가속된 양성자들이 보론의 핵과 충돌하는 효과를 보여준다. 가속기의 노즐에서 나오는 빠른 양성자들의 빔(이 사진의 중간에 있는 어두운 그림자)이 구멍과 마주하여 놓여 있는 보론 층과 충돌해서 핵의 조각들을 사방으로 날려 보낸다. 이 사진의 흥미로운 특징 하나는 보론의 핵이 양성자와 충돌해서 세 개의 똑같은 부분으로 분열되기 때문에 이 조각의 경로들이 항상 세 쌍으로(이 사진에서는 그런 세 쌍 두 개와, 화살표로 표시된 하나를 볼 수 있다) 나타난다는 사실이다.*

또 다른 사진 플레이트 IIIA는 고속으로 움직이는 중양자(양성자 하나와 중성자 하나로 이루어진 중수소의 핵)와 목표 물질에 있는 다른 중양자 사이의 충돌을 보여준다.** 이 그림에서 보이는 더 긴 경로

---

* 이 반응의 방정식은 다음과 같다. $_5B^{11} + _1H^1 \rightarrow _2He^4 + _2He^4 + _2He^4$.
** 이 반응의 방정식은 다음과 같다. $_1H^2 + _1H^2 \rightarrow _1H^3 + _1H^1$.

는 양성자($_1H^1$-핵)에 해당하지만, 더 짧은 경로는 트리톤으로 알려진 삼중 양성자의 핵에 기인한다. 양성자와 함께 모든 핵의 주요 구성 성분을 이루는 중성자를 수반하는 핵반응이 없이는 완전한 안개상자 사진 갤러리를 기대하지 못할 것이다.

전하가 없는 이런 '핵물리학의 다크호스들'은 전혀 이온화를 일으키지 않고 물질을 통과하기 때문에 안개상자 사진에서 중성자의 경로를 찾아봤자 헛수고이다. 그러나 사냥꾼의 총에서 나오는 연기와 하늘에서 떨어지는 오리를 보면, 비록 총탄은 볼 수 없어도 그것이 존재했다는 사실은 안다. 마찬가지로 질소의 핵이 헬륨(아래쪽 경로)과 보론(위쪽 경로)으로 분열되는 모습을 보여주는 안개상자 사진인 플레이트 IIIC를 보면, 이 핵이 왼쪽에서 오는 어떤 보이지 않는 사출물에 세게 부딪혔다는 것을 느끼지 않을 수 없다. 그리고 사실 그런 사진을 얻기 위해서는 안개상자의 왼쪽 벽에 고속 중성자들의 출처로 알려진 라듐과 베릴륨의 혼합물을 놓아야 한다.*****

중성자가 안개상자를 통해 움직이는 직선은 질소 원자의 분열이 일어나는 점과 중성자 출처의 위치를 연결하면 곧바로 찾을 수 있다.

우라늄 핵의 분열 과정은 플레이트 IV에 나와 있다. 이 사진은 보길드와 브로스트롬과 라우릿센이 찍었으며 폭격을 받는 우라늄 층을 지탱하는 얇은 알루미늄 호일에서 반대 방향으로 날아가는 두 개의

---

* 연금술 방정식의 항들로 표현하면 여기서 일어나는 과정들은 다음과 같은 형태로 쓸 수 있다. (a) 중성자의 생산: $_4Be^9 + _2He^4$ (Ra에서 나온 α-입자) → $_6C^{12} + _0n^1$ (b) 질소 핵과의 중성자 충돌: $_7N^{14} + _0n^1 \rightarrow _5B^{11} + _2He^4$.

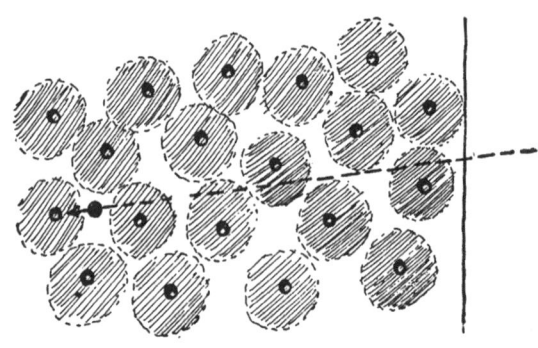

:: 그림 72
원자의 사출물은 원자 덮개를 통과해야만 핵에 타격을 줄 수 있다.

분열 조각들을 보여준다. 물론 이 그림에는 이 분열을 일으키는 중성자도, 그 과정으로 생기는 중성자들도 보이지 않는다. 우리는 전기적으로 가속된 사출물들에 의한 핵 폭격 방법으로 얻을 수 있는 다양한 유형의 핵변환을 언제까지나 계속 설명할 수 있겠지만, 이제 그런 폭격의 **효율성**에 관한 더 중요한 물음으로 돌아가보자. 플레이트 III과 IV에서 보여준 그림들은 단일 원자들의 분열에 관한 각각의 경우를 나타내므로, 예컨대 보론 1그램을 헬륨으로 완전히 바꾸기 위해서는 그 안에 포함된 50해 개의 원자들 하나하나를 다 분열시켜야만 한다는 것을 기억해야 한다. 이제 가장 강력한 전자 가속기는 초당 1,000조 개의 사출물을 만들어내므로, 비록 모든 사출물이 보론의 핵 하나를 분열시킬 수 있다고 해도, 그 일을 마치기 위해서는 이 기계를 5,500만 초 동안 즉, 약 2년 동안 가동시켜야 할 것이다.

그러나 사실 다양한 가속기에서 만들어진 하전된 핵 사출물의 효과는 그보다 훨씬 더 작아서, 폭격받는 물질에서 핵분열을 일으키는 것은 보통 수천 개 중 단 한 개의 사출물뿐인 것으로 보인다. 원자 폭격의 효율성이 이렇게 극단적으로 낮은 까닭은 원자핵을 에워싸는 전자들의 외피가 이 통과하는 하전된 원자 사출물들의 속도를 늦추기 때문이다. 원자의 외피 면적이 핵의 면적보다 훨씬 더 크기 때문에, 그리고 원자의 사출물들이 핵에 직접 가 닿을 수 없기 때문에 각각의 사출물은 반드시 원자 덮개를 통과해야만 그 가운데 한 핵에 직접적인 타격을 줄 수 있게 된다. 이런 상황은 그림 72에 생생하게 설명되어 있다. 여기서 원자핵은 짙은 검은색 동그라미로, 전자 외피들은 더 밝은 색으로 표현했다. 원자와 핵 지름의 비는 약 1만이므로 목표물의 면적비는 1억 대 1로 나타난다. 반면에 우리는 원자의 전자 외피를 통과하는 하전 입자는 그 에너지의 $\frac{1}{100}$ 퍼센트를 잃으므로 1만 개 정도의 원자를 통과해야 완전히 멈추게 된다는 것을 알고 있다. 위에 인용된 수들 가운데 초기의 모든 에너지를 원자 외피에서 다 써버리기 전에 핵과 충돌할 기회를 갖는 것은 1만 개 중 약 한 개의 입자뿐이라는 것을 쉽게 알 수 있다. 목표 물질의 핵에 파괴적인 타격을 전달하는 데 있어서 하전된 사출물들의 이런 낮은 효율성을 고려할 때, 보론 1그램을 완전히 변화시키기 위해서는 그것을 현대의 원자 파괴 장치의 빔 속에 적어도 2만 년 동안은 넣어두어야 한다는 사실을 깨닫게 된다!

핵공학

'핵공학'은 부적절한 용어지만 다른 비슷한 용어들처럼 실제로 사용되고 있으며, 그것에 대해 어떤 조치를 취할 방법이 없다. '전자공학'이 자유전자 빔을 실제적으로 응용하는 광범위한 분야의 지식을 기술하는 데 쓰이는 것처럼, '핵공학'이라는 용어도 대규모로 방출된 핵에너지를 실제적으로 응용하는 과학에 적용하는 것으로 이해해야 할 것이다. 우리는 앞에서 다양한 화학원소의 핵(은을 제외하고)이 가벼운 원소들은 핵융합 과정으로, 무거운 원소들은 핵분열 과정으로 방출될 수 있는 막대한 양의 내부 에너지로 과부하가 걸려 있다는 사실을 알았다. 또한 인공적으로 가속된 하전 입자들에 의한 핵 폭격 방법이, 비록 다양한 핵변환의 이론적 연구에 대단히 중요하기는 해도, 극단적으로 낮은 효율성 때문에 실제적으로 사용하는 데는 고려될 수 없다는 것도 알았다.

알파 입자와 양성자 같은 보통 핵 사출물의 비효율성의 원인이 사실상 원자를 통과하는 동안 에너지를 잃게 해서 폭격되는 물질의 하전된 핵에 충분히 가까이 다가가지 못하게 하는 그 전기전하에 있기 때문에, 우리는 전하를 띠지 않는 사출물들을 이용해서 다양한 원자핵을 중성자들로 폭격하면 훨씬 더 나은 결과를 얻을 수 있을 거라고 예상해야 한다. 그러나 바로 여기에 문제가 있다! 중성자들은 아무런 어려움 없이 핵의 구조를 통과할 수 있기 때문에 자연에 자유로운 형태로 존재하지 않으며, 입사하는 사출물에 의해 어떤 핵에서 자유 중성자가 인공적으로 분리될 때마다(예를 들면 알파 입자 폭격을 당하는 베릴륨 핵의 중성자) 금방 다른 핵에 의해 다시 포획될 것이다.

따라서 핵 폭격을 목적으로 강한 중성자 빔을 만들어내기 위해서는 어떤 원소의 핵에서 중성자를 모두 분리해야 한다. 이렇게 되면 우리는 이 목적을 위해 사용되어야 하는 하전된 사출물들의 비효율성 문제로 되돌아가게 된다.

이런 악순환에서 벗어날 방법이 하나 있다. 만약 중성자에서 중성자를 분리하는 것이 가능하고 각 중성자가 한 개 이상의 자손을 만들어내도록 할 수 있다면, 이런 입자들은 토끼(그림 97를 비교해라)나 감염된 조직의 박테리아처럼 증식할 테고, 중성자 단 한 개의 자손들은 곧 커다란 물질 덩어리 안에 있는 모든 원자핵을 공격할 정도로 많아지게 될 것이다.

핵물리학을 물질의 가장 친밀한 성질들과 관련된 순수과학의 조용한 상아탑에서 신문의 요란한 헤드라인과 가열된 정치적 논의와 엄청난 산업적 군사적 발전의 소용돌이 속에 휘말리게 했던 급속한 발전의 원인은 그런 중성자 증식 과정을 가능하게 만드는 어떤 특정한 핵반응의 발견이었다. 신문을 읽은 사람이라면 누구나 핵에너지 혹은 원자 에너지가 1938년 말에 오토 한Otto Hahn과 프리츠 슈트라스만Fritz Strassman이 발견한 우라늄의 핵분열 과정을 통해 방출될 수 있다는 것을 알고 있다. 그러나 그 분열 자체가, 즉 무거운 핵을 두 개의 거의 동등한 부분으로 쪼개는 것 자체가 점진적 핵반응에 기여할 수 있을 것이라 믿는 것은 잘못되었다. 사실 핵분열로 생기는 두 개의 핵 조각은 무거운 전하를 가지게 되므로(각각 우라늄 핵

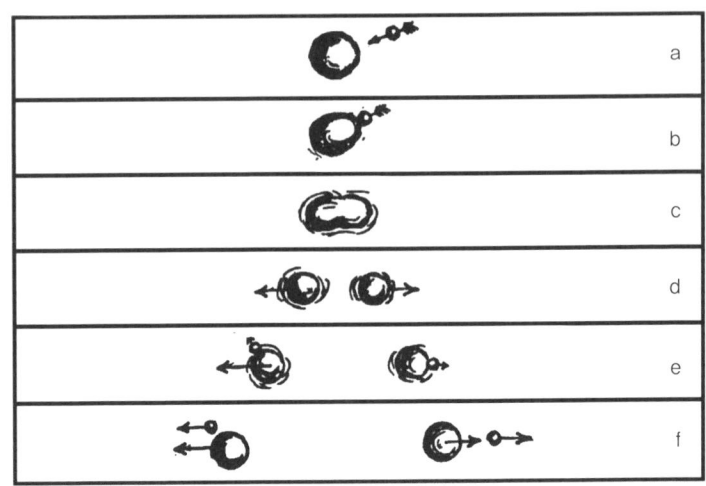
그림 73
핵분열 과정의 연속적인 단계.

전하의 절반 정도), 다른 핵에 근접하게 되는 것을 저지당한다. 따라서 이들 조각들은 이웃하는 원자들의 전자 외피 때문에 초기의 높은 에너지를 급속히 잃으면서, 더 이상의 분열을 일으키지 못하고 급히 정지하게 된다. 그렇듯 핵분열 과정이 자력 핵반응의 발달에 중요한 까닭은 속도가 느려지기 전에 각 분열 조각이 중성자 하나를 방출하기 때문이다(그림 73).

핵분열의 이런 독특한 잔존 효과는 끊어진 용수철의 두 조각처럼 무거운 핵의 쪼개진 두 절반도 다소 격렬한 진동 상태로 그 존재를 시작한다는 사실에 기인한다. 이런 진동들은 2차 핵분열(조각들 각각이 두 개로 쪼개지는)을 일으킬 수는 없지만, 핵의 일부 구조 단위들을 방출시킬 정도로 강하다. 각 조각이 중성자 하나를 방출한다는 말은 그저 통계적 의미일 뿐이다. 어떤 경우에는 한 조각에서 두세 개의 중성자가 방출될 수도 있고, 또 어떤 경우에는 전혀 방출되지 않을 수도 있다. 핵분열 조각에서 방출되는 중성자들의 평균 수는 물론 그 진동의 강도에 의존하며, 이것은 다시 원래 핵분열 과정의 총 에너지 방출로 결정된다. 위에서 보았던 것처럼, 핵분열을 할 때 방출되는 에너지는 문제의 핵의 무게에 따라 증가하기 때문에, 핵분열 조각당 중성자들의 평균 수도 주기율표에 따라 증가한다고 예상해야 한다. 따라서 금 핵의 분열(이 과정에서 요구되는 초기 에너지가 매우 높기 때문에 아직 실험적으로 이루어지지는 못했다)은 아마 조각당 한 개 미만의 중성자를 방출하고 우라늄 핵의 분열은 조각당 평균적으로 한 개 정도의 중성자를 방출하는 반면(핵분열당 두 개 정도), 훨씬 더 무거운 원소들(예를 들면 플루토늄 같은)의 분열에서는 조각당 중성자들의 평균 수가 한 개 이상이 될 거라고 예상할 수 있다.

  점진적 중성자 증식의 조건을 충족시키기 위해서는 예컨대 물질로 100개의 중성자가 들어갔다면 다음 세대에는 반드시 100개 이상의 중성자를 얻어야 한다. 이런 조건을 충족시킬 가능성은 주어진 유형의 핵분열을 일으킬 때 중성자들의 상대적 효율성과, 핵분열이 완성되었을 때 만들어진 새로운 중성자들의 평균 수에 의존한다. 비록 중성자가 하전 입자보다 훨씬 더 효과적인 핵 사출물이기는 해도, 핵분열을 일으키는 효율성은 100퍼센트가 아니라는 사실을 명심해야 한다. 사실 고속 중성자가 핵에 들어가자마자 핵에 일부 운동 에너지를 주고 나머지 에너지를 가지고 빠져나올 가능성은 항상 있다. 그런 경우에는 몇 개의 핵 사이에서 에너지가 다 소비되므로 어떤 핵도 분열을 일으키기에 충분한 에너지를 얻지 못하게 될 것이다.

이제 핵 구조의 일반론으로부터, 중성자들의 핵분열 효율성은 문제의 원소의 원자량이 증가함에 따라 증가하며 주기율표의 끝부분에 있는 원소들은 100퍼센트에 상당히 근접한다고 결론 내릴 수 있다.

우리는 이제 중성자 증식에 유리한 조건과 불리한 조건에 해당하는 두 가지 예를 만들어낼 수 있다. (a) 고속 중성자의 핵분열 효율성이 35퍼센트이고 핵분열당 생산된 중성자의 평균 수는 1.6인 어떤 원소가 있다고 하자.* 그런 경우에 원래 100개였던 중성자는 총 35회의 핵분열을 일으켜 차세대 중성자를 35×1.6=56개 만들어낸다. 이 경우에 중성자들의 수는 시간에 따라 급격히 감소해서 각 세대는 이전 세대의 절반 정도밖에 되지 않을 것이다. (b) 이제 중성자들의 핵분열 효율성이 65퍼센트이고, 핵분열당 생산된 중성자들의 평균 수는 2.2개인 더 무거운 원소를 예로 들어보자. 이 경우에는 우리가 처음에 갖고 있던 100개의 중성자들이 65회의 핵분열을 일으켜 총 65×2.2=143개의 중성자를 만들 것이다.

각 새로운 세대마다 중성자들의 수는 50퍼센트씩 늘어날 것이므로, 아주 짧은 시간 안에 어떤 핵이라도 공격해서 분열시키기에 충분한 중성자가 존재할 것이다. 우리는 여기서 점진적인 **분기연쇄반**

---

* 이들 숫자는 전적으로 예를 들기 위해 선택한 것이며, 실제의 어떤 핵에도 해당하지 않는다.

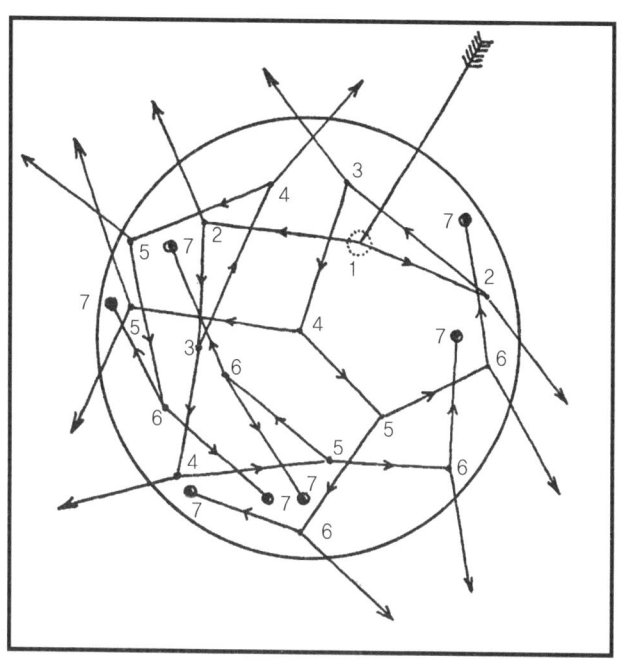

:: 그림 74
구형의 핵분열 물질 안에서 떠돌이 중성자에 의해 시작된 핵 연쇄반응. 비록 많은 중성자가 표면을 가로질러 사라지기는 해도, 잇따른 세대들의 중성자 수는 증가하고 있으며 결국 폭발하게 된다.

응을 고찰하고 있으며, 그런 반응이 일어날 수 있는 물질을 **핵분열 물질**이라고 부른다.

점진적인 분기연쇄반응의 발달에 필요한 조건들을 실험적 이론적으로 신중히 살펴보면, 자연에 존재하는 모든 다양한 핵 가운데 **그런 반응이 가능한 특별한 종류의 핵은 단 하나**밖에 없다는 결론에 도달한다. 바로 자연의 유일한 핵분열 물질인 우라늄의 가벼운 동위원소 U-235의 핵들이다.

그러나 U-235는 자연에 순수한 형태로 존재하지 않으며, 항상 더 무겁고 핵분열을 할 수 없는 우라늄 동위원소 U-238과 섞인 상태로 발견되므로(0.7퍼센트의 U-235와 99.3퍼센트의 U-238), 나무가 물에 젖으면 잘 타지 않는 것처럼, 자연적 우라늄에서는 점진적인 연쇄반응이 진행되기 힘들다. 엄청나게 높은 핵분열 원자인 U-235가 여전히 자연에 존재하는 것은 오직 이 불활성 동위원소와 섞여 있기 때문이다. 그렇지 않았다면 그 원자들은 빠른 연쇄반응으로 오래 전에 모두 파괴되었을 것이다. 따라서 U-235의 에너지를 이용하기 위해서는 더 무거운 U-238의 핵에서 이 핵들을 분리하거나, 실제로 더 무거운 핵들을 제거하지 않고 그것들의 교란 효과를 중화시키는 방법을 고안해야 한다. 두 가지 방법 모두 원자 에너지 방출 문제에 관한 연구에서 사용되었으며 성공적인 결과를 이끌어 냈다. 그러나 그런 종류의 기술적 문제들은 이 책의 범위를 넘기 때문에, 여기서는 간략하게만 짚고 넘어갈 것이다.*

두 우라늄 동위원소를 직접 분리하는 것은 기술적으로 매우 어렵다. 왜냐하면 두 원소의 화학적 성질이 똑같아서, 산업 화학의 보통 방법으로는 분리시킬 수 없기 때문이다. 이 두 원자의 유일한 차이는 하나가 다른 하나보다 1.3퍼센트 더 무겁다는 것뿐이다. 이것은 확산, 원심 분리, 혹은 자기 마당과 전기 마당에서 이온 빔의 굴절

---

* 더 상세히 알고 싶은 독자는 1947년에 바이킹 출판사에서 처음으로 출간된 셀리그 핵트(Selig Hecht)의 《원자 설명Explaining the Atom》을 참고하기 바란다. 유진 라비노비치(Eugene Rabinowitch) 박사가 수정하고 확장한 새로운 개정판도 《탐험자Explorer》 시리즈로 나와 있다.

:: 그림 75
a. 확산 방법에 의한 동위원소 분리. 두 동위원소 모두를 포함하는 가스를 상자의 왼쪽으로 주입하면 분리시키는 벽을 통해 확산한다. 가벼운 분자들이 더욱 빠르게 확산하기 때문에 오른쪽 부분에 U-235가 더 많아진다.
b. 자기 방법에 의한 동위원소 분리. 강력한 자기 마당을 통해 빔을 보내면 더 가벼운 U-동위원소를 포함하는 분자들이 더욱 심하게 굴절된다. 충분한 강도를 얻기 위해서는 넓은 슬릿을 사용해야 하므로, 두 개의 빔(U-235와 U-238을 가진)이 부분적으로 중첩해서 또다시 부분적 분리만을 얻게 된다.

같은, 분리 원자들의 질량이 주된 역할을 하는 과정들에 기초한 분리 방법들을 생각나게 한다. 그림 75a, b는 두 가지 주요 분리 방법을 간략히 설명한다.

이런 모든 방법의 단점은 두 우라늄 동위원소의 질량 차이가 작아서 분리가 단 한 번에 이루어질 수 없으므로, 가벼운 동위원소를 점점 더 많이 얻을 수 있도록 이 과정을 여러 차례 반복해야 한다는 것이다. 충분히 여러 차례 반복하고 나서야, 비로소 상당히 순수한 U-235를 얻을 수 있다.

훨씬 더 독창적인 방법은 천연 우라늄에서 이른바 감속제를 이용해 더 무거운 동위원소의 교란 작용이 인공적으로 감소되는 연쇄반응을 일으키는 것이다. 이 방법을 이해하기 위해서는 더 무거운 우라늄 동위원소의 부정적 효과가 사실상 U-235 핵분열로 만들어진 다량의 중성자를 흡수해서 점진적인 연쇄반응의 발달 가능성을 차단하는 데 있다는 사실을 기억해야 한다. 따라서 만약 중성자들이 핵분열을 일으키게 될 U-235의 핵들을 만날 기회를 갖기도 전에, U-238의 핵들이 그 중성자들을 가로채지 못하게 막기 위해 무언가를 할 수 있다면 문제가 해결될 것이다. 언뜻 보기에는 U-235의 핵보다 140배나 더 많은 U-238의 핵들이 중성자들을 가로채지 못하게 막는 일이 불가능해 보인다. 그러나 이 문제는 두 우라늄 동위원소의 '중성자 포획 능력'이 중성자가 움직이는 속도에 따라 다르다는 사실에 의해 해결의 실마리를 가진다. 고속 중성자들의 경우, 분열하는 핵에서 나올 때는 두 동위원소의 포획 능력이 똑같으므로, U-238은 U-235가 중성자 1개를 포획할 때마다 140개의 중성자를 포획할 것이다. 중간 속도로 움직이는 중성자들의 경우에는 U-238의 핵들이 U-235의 핵들보다 다소 더 잘 포획한다. 그러나 이것은 매우 중요한데, U-235의 핵들은 매우 느리게 움직이는 핵들을 훨씬 더 잘 포획한다. 따라서 중성자들이 도중에 우라늄의 첫 번째 핵(238이든 235이든)을 만나기 전에 원래의 속도가 꽤 많이 줄어들도록 분열 중성자들의 속도를 늦출 수 있다면, 비록 소수이기는 해도 U-235의 핵들이 U-238의 핵들보다 중성자를 포획할 가능성이 더욱 많아질 것이다.

따라서 중성자들을 많이 포획하지 않으면서 그 속도를 늦추는 어떤 물질(감속제)에 많은 양의 천연 우라늄들을 골고루 퍼뜨리면 필요한 속도 완화를 얻을 수 있다. 이런 속도 완화에 쓰이는 가장 좋

:: 그림 76
다소 생물학적으로 보이는 이 그림은 감속제 물질(작은 원자들) 속에 끼워진 우라늄 덩어리들(큰 원자들)을 보여준다. 왼쪽에 있는 덩어리에서 U-핵의 분열로 생긴 중성자 두 개가 감속제로 들어가 그 원자핵들과 연쇄 충돌하면서 점차 속도가 느려진다. 이 중성자들이 다른 우라늄 덩어리들에 도달할 무렵에는 속도가 상당히 느려져 있으므로 느린 중성자들에 대해서는 U-238의 핵보다 훨씬 더 효율적인 U-235의 핵들에 의해 포획된다.

은 물질은 중수, 탄소, 그리고 베릴륨염이다. 그림 76은 속도를 줄이는 물질에 골고루 분포된 우라늄 알갱이들에 의해 형성된 '더미'가 실제로 어떻게 작동하는지를 개략적으로 보여준다.˙

위에서 언급한 것처럼, 가벼운 동위원소 U-235(이것은 천연 우라

˙ 우라늄 더미에 대해 더 상세히 알고 싶은 독자는 원자 에너지에 관한 특별한 책들을 참고하기 바란다.

늄의 0.7퍼센트만 나타낸다)는 점진적인 연쇄반응을 버텨내고 대량의 핵에너지를 방출할 수 있는 현존하는 유일한 분열 가능한 핵이다. 그러나 그렇다고 해서 대개 자연에 존재하지 않지만 U-235와 똑같은 성질을 갖는 다른 핵을 인공적으로 만들 수 없다는 말은 아니다. 사실 분열 가능한 한 개의 원소에서 점진적인 연쇄반응에 의해 대량으로 만들어지는 중성자들을 이용하여 보통은 분열할 수 없는 다른 핵들을 분열 가능한 핵으로 바꿀 수 있다.

이런 종류의 첫 번째 예는 속도 조절 물질과 혼합된 천연 우라늄을 사용하는, 위에 묘사된 '더미'에서 일어나는 사건들로 설명할 수 있다. 우리는 감속제를 이용하면 U-238 핵들의 중성자 포획을 U-235의 핵들 사이에 연쇄반응이 발달할 수 있게 해주는 정도까지 감소시킬 수 있다는 것을 알았다. 그러나 일부 중성자는 여전히 U-238에 의해 포획될 것이다. 결론은 어떻게 될까?

U-238이 중성자를 포획하게 되면 결국 훨씬 더 무거운 우라늄 동위원소 U-239가 된다. 그러나 이 새로이 만들어진 핵은 오랫동안 존재하지 않으며, 두 개의 전자를 잇달아 방출하면서 원자번호 94를 갖는 새로운 화학원소의 핵으로 바뀐다는 사실이 발견되었다. **플루토늄(Pu-239)으로 알려진 이 새로운 인공 원소는 U-235보다 훨씬 더 잘 분열할 수 있다.** 만약 U-238 대신에 토륨(Th-232)으로 알려진 또 다른 천연 방사성 원소를 사용하면, 중성자 포획과 두 전자의 잇따른 방출의 결과 U-233이라는 **또 다른 인공 핵분열 원소를** 얻게 될 것이다.

따라서 자연적 핵분열 원소인 U-235로 시작해서 이 반응을 계속 반복하면, **확실히 원칙적으로는 천연 우라늄과 토륨 전체를 핵에너지의 농축원으로 사용할 수 있는 핵분열 생성 물질로 바꾸는 게 가능하다.**

이제 미래의 평화적 발전이나 혹은 인류의 군사적 자멸에 사용할 수 있는 총에너지양을 대략 어림하는 것으로 마무리하도록 하자. 알려진 천연 우라늄 광상에 있는 U-235의 총량은 수년 동안 세계 산업의 필요를 충족시킬 정도의 충분한 핵에너지(완전히 핵에너지로 다시 전환된)를 공급할 수 있는 것으로 알려졌었다. 그러나 만약 U-238을 플루토늄으로 바꾸는 가능성을 고려한다면, 이런 시간 어림은 수 세기까지 확장될 것이다. 우라늄보다 네 배 정도 풍부한 토륨(U-233으로 바뀐) 광상을 이용한다면, 우리의 어림은 적어도 최고 1000, 2000천 년까지 더 늘어나며, 그것은 '미래의 원자 에너지 부족'에 대한 모든 걱정을 불필요하게 만들 정도로 긴 시간이다.

그러나 이런 모든 핵 에너지원을 다 사용하고, 새로운 우라늄과 토륨 광상鑛床이 전혀 발견되지 않는다고 해도, 미래의 세대들은 여전히 보통 암석에서 핵에너지를 얻을 수 있을 것이다. 사실 우라늄과 토륨은 다른 화학원소들처럼 보통 물질 속에 소량 포함되어 있다. 따라서 보통 화강암은 1톤당 4그램의 우라늄과 12그램의 토륨을 포함하고 있다. 언뜻 보기에 매우 적은 양처럼 보이겠지만, 다음 계산을 해보자. 우리는 핵분열 물질 1킬로그램이 폭발한다면 TNT 2만 톤에 상당하고, 만약 연료로 사용된다면 가솔린 2만 톤에 상당하는 핵에너지의 양을 포함하고 있다는 사실을 알고 있다. 따라서 화강암 1톤 안에 포함된 우라늄과 토륨 16그램은, 만약 핵분열 물질로 바뀐다면 보통 연료 320톤에 해당할 것이다. 그것은 모든 복잡한 분리 문제에도 불구하고 우리에게 보답하기에 충분한 양이다. 특히 더 풍부한 광상의 공급량이 고갈되고 있다는 사실을 알게 되었다면 말이다.

우라늄 같은 무거운 원소들의 핵분열 에너지 방출을 정복하고 나자, 물리학자들은 **핵융합**이라는 반대 과정에 매달렸다. 이 과정에서는 가벼운 원소들의 두 핵이 융합하여 더 무거운 핵을 만들면서 엄청난 양의 에너지를 방출한다. 11장에서 알게 되겠지만 우리의 태양은 그런 핵융합 과정에 의해 에너지를 얻으며, 여기에서는 보통 수소 핵들이 그 내부에서의 격렬한 열적 충돌 때문에 결합해서 더 무거운 헬륨 원소가 된다. 인류를 위하여 이런 열핵반응을 만들기 위해서, 핵융합을 일으키는 데 가장 좋은 물질은 보통 물에 소량 존재하는 무거운 수소, 즉 중수소이다. 중양자라고 불리는 중수소의 핵은 양성자 하나와 중성자 하나를 포함한다. 중양자 두 개가 충돌하면, 다음의 두 반응 가운데 하나가 일어난다.

$$2 \text{ 중양자} \rightarrow \text{He-3} + \text{중성자}$$
$$2 \text{ 중양자} \rightarrow \text{H-3} + \text{양성자}$$

이 변환을 일으키기 위해서는 중수소를 1억 도의 온도로 가열해야 한다. 최초로 성공한 핵융합 장치는 핵분열 폭탄의 폭발로 중수소 반응이 시작되는 수소폭탄이었다. 그러나 훨씬 더 복잡한 문제는 평화로운 목적을 위해 막대한 양의 에너지를 공급할 **제어열핵반응**을 만드는 것이다. 주요 난점(엄청나게 뜨거운 가스를 가두는 문제)

은 중앙자들이 중심의 뜨거운 지역 안에만 있도록 가두어놓음으로써 용기의 벽(이것은 녹아서 증발해버릴 것이다!)에 닿지 않게 하는 강력한 자기 마당을 이용해서 극복될 수 있다.

ONE TWO THREE...
INFINITY
Facts and Speculations at Science

8

무질서의 법칙

The
LAW
of
DISORDER

8
무질서의 법칙

열적 무질서

물 한 잔을 떠서 들여다보면 내부 구조의 흔적이나 운동도 전혀 없는 맑고 균일한 유체를 보게 된다(물론 잔을 흔들지 않는다면 말이다). 그러나 물은 겉으로 볼 때만 균일하며 수백만 배로 확대시키면, 조밀하게 붙어 있는 많은 독립 분자의 뚜렷한 입상 구조粒狀構造를 드러낼 것이다.

또 그렇게 확대해서 보면 물은 전혀 고요하지 않으며, 분자들이 마치 흥분한 군중처럼 이리저리 돌아다니며 서로 밀치는 격렬한 상태에 있는 것처럼 보인다. 물 분자나 다른 물질 분자들의 이런 불규칙한 운동은 그 원인이 열에 있으므로 **열운동**으로 알려져 있다. 비록 분자와 분자 운동은 인간의 눈으로 직접 식별할 수 없지만, 인간이라는 생물체의 신경 조직에 자극을 주어 우리가 열이라고 부르는 감각을 일으키는 것이 바로 분자 운동이다. 예컨대 물방울 속에 둥둥 떠 있는 작은 박테리아들처럼 인간보다 훨씬 더 작은 생물체들의 경우에는 열운동의 효과가 더욱 뚜렷해서, 사방에서 공격하며 잠시도 쉴 틈을 주지 않는 활동적인 분자들 때문에 이 가엾은 생물들은 끊임없이 차이고 밀리고 던져진다(그림 77). 이 재미있는 운동은 100년도 더 전에 식물의 작은 포자들을 연구하던 영국의 식물학자 로버트 브라운Robert Brown이 최초로 발견했으며, 그의 이름을 따서 **브라운 운동**으로 알려져 있다. 브라운 운동은 아주 일반적인 성질이며 액체 속에 떠 있는 작은 입자들이나 공기 중에 떠 있는 연기나 먼지의 미세한 입자들에서 관측할 수 있다.

액체를 가열하면 그 안에 떠 있는 작은 입자들의 운동이 격렬해지며, 냉각을 시키면 운동의 강도가 눈에 띄게 잠잠해진다. 이것 물질의 감춰진 열운동의 효과이며, 보통 온도라고 부르는 것이 분자의 운동 정도를 나타내는 척도에 불과하다는 것은 의심의 여지가 없다. 온도에 따른 브라운 운동의 변화를 조사함으로써, 섭씨 -273도 혹은 화씨 -459도의 온도에서는 물질의 열적 동요가 완전히 멈추며, 모든 분자가 정지한 사실을 밝혀냈다. 그리고 이것이 명백히 최저 온도이므로 **절대 영도**라고 불리게 되었다. 완전히 멈추는 것보다 더 느린 운동은 없기 때문에 훨씬 더 낮은 온도에 대해서 말하는 것은 어리석은 일이다!

절대 영도 근처에서는 어떤 물질의 분자들도 응집해서 단단한 하나의 덩어리가 될 정도의 에너지를 갖고 있지 않으므로, 그저 얼어

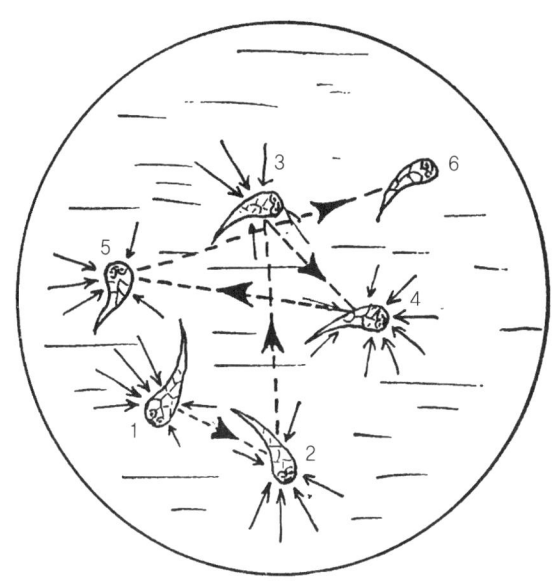

:: 그림 77
분자 충돌 때문에 이리저리 던져지는 박테리아의 잇따른 여섯 개의 위치.

붙은 상태에서 약간 진동하고 있을 뿐이다. 온도가 올라가면 이 진동이 점점 더 강렬해지며, 어떤 단계에 이르면 분자들이 자유롭게 운동하면서 돌아다니게 된다. 단단히 얼어붙었던 게 풀리면 그 물질은 유체가 된다. 녹는 과정이 일어나는 온도는 분자에 작용하는 응집력의 강도에 의존한다. 수소나 대기를 이루는 질소와 산소의 혼합물 같은 물질에서는 분자들의 응집력이 몹시 약하므로, 비교적 낮은 온도에서도 열적 동요가 언 상태를 깨뜨린다. 따라서 수소는 절대 온도 14도 아래(섭씨 -259도 아래)의 온도에서만 언 상태로 존재하는 반면, 고체 산소와 질소는 각각 절대 온도 55도와 64도(즉 섭씨 -218도와 섭씨 -209도)에서 녹는다. 어떤 물질에서는 분자들 사이의 응집력이 더 강하므로 더 높은 온도에서도 그대로 고체로 남아 있다. 따라서 순수한 알코올은 섭씨 -130도까지 언 상태로 있는 반면, 언 물(얼음)은 섭씨 0도만 되면 녹는다. 다른 물질들은 훨씬 더 높은 온도에서도 고체 상태로 남아 있다. 납 조각은 섭씨 +327도에서만 녹으며, 철은 섭씨 +1,535도에서 녹고, 오스뮴으로 알려진 희귀 금속은 섭씨 +2,700도까지 고체로 남아 있다. 비록 고체 상태에서는 분자들이 제자리에 강력히 속박되어 있기는 해도, 열운동의 영향을 받는다. 사실 열운동의 기본 법칙에 따르면 모든 분자의 에너지양은 주어진 온도에서 고체든 액체든 기체든 모든 물질이 똑같으며, 차이는 그저 어떤 경우에는 이 에너지가 분자들을 고정 위치에서 떼어내 자유롭게 움직이게 하는 데 충분한 반면, 또 어떤 경우에는 짧은 쇠사슬에 묶인 성난 개들처럼 같은 장소에서 진동하고 있다는 데 있을 뿐이다.

고체를 형성하는 분자들의 이런 열적 떨림 혹은 진동은 앞에서 묘사한 X선 사진에서 쉽게 관측할 수 있다. 사실 격자 모양을 이루는 결정체의 분자 사진을 찍기 위해서는 많은 시간이 걸리기 때문에, 노출 시간 동안 분자들이 고정 위치에서 움직이지 않는 게 가장 중요하다. 그러나 고정 위치에서 끊임없이 떨리는 것은 좋은 사진을 찍는 데 도움이 되지 않으며, 결국 흐린 사진을 얻게 된다. 이런 효과는 플레이트 I에 재생된 분자 사진에서 볼 수 있다. 더 선명한 사진을 얻으려면 가능한 한 결정체들을 차갑게 해야 한다. 때로 결정체들을 액체공기 liquid air 속에 담그면 그렇게 만들 수 있다. 반면에 사진을 찍을 결정체를 따뜻하게 하면 사진이 점점 더 희미해지

:: 그림 78
온도에 따라 결정체의 분자 사진을 찍는 것의 난점을 나타낸 그림.

고, 녹는점에서는 분자들이 제자리를 떠나 녹은 물질 여기저기를 불규칙적으로 움직이기 때문에 그 패턴이 완전히 사라지게 된다.

고체 물질이 녹은 뒤에도 분자들은 여전히 함께 있다. 왜냐하면 열적 동요가 분자들을 결정체의 격자에 있는 고정 위치에서 뒤죽박죽으로 만들 만큼 강하다고 해도, 아직 완전히 떼어내기에는 충분하지 않기 때문이다. 그러나 훨씬 더 높은 온도가 되면 분자들을 계속 결합시키기에는 응집력이 부족하므로 주위의 벽이 가로막지 않는 한 분자들이 사방으로 흩어지게 된다. 물론 이런 일이 일어날 때 물질은 기체 상태이다. 고체가 녹을 때처럼 액체의 증발 또한 물질마다 다른 온도에서 일어나며, 내부 응집력이 약한 물질은 응집력이 높은 물질보다 더 낮은 온도에서 증기로 변한다. 이 과정 역시 사실상 액체가 받고 있는 압력에 의존한다. 왜냐하면 외부 압력은 분자들이 계속 붙어 있게 도와주기 때문이다. 따라서 누구나 알고 있듯이, 뚜껑이 닫힌 주전자 속의 물이 열린 주전자 속의 물보다 더 낮은 온도에서 끓는다. 반면에 기압이 꽤 낮은 어느 높은 산꼭대기에서는 물이 섭씨 100도보다 낮은 온도에서 끓을 것이다. 그러므로 물이 끓는 온도를 측정하면 기압을 계산할 수 있으며 결과적으로 주어진 위치의 해면 고도도 계산할 수 있다.

물질의 녹는점이 높을수록 끓는점도 높다. 따라서 액체수소는 섭씨 −253도에서 끓고, 액체산소와 액체질소는 섭씨 −183도와 섭씨 −196도에서 끓으며, 알코올은 섭씨 +78도에서, 납은 섭씨 +1,620도에서, 철은 섭씨 +3,000도에서, 오스뮴은 섭씨 +5,300도 이상에서 끓는다.

고체의 아름다운 결정체 구조를 깨면 처음에는 분자들이 벌레떼처럼 서로의 주위에서 꾸물꾸물 움직이다가 마치 놀란 새떼처럼 뿔뿔이 흩어진다. 그러나 분자들이 이렇게 뿔뿔이 흩어지는 현상이 증가하는 열운동의 파괴력의 한계는 아니다. 만약 온도가 훨씬 더 높이 올라간다면, 분자들의 존재가 위협을 받는다. 분자간 충돌이 점점 더 격렬해지면 분자가 원자로 쪼개질 수 있기 때문이다. 이런 **열해리**는 분자들의 상대적 강도에 의존한다. 일부 유기물의 분자들은 수백 도 정도로 낮은 온도에서 독립 원자나 원자 그룹으로 쪼개질 것이다. 물 분자처럼 더 튼튼하게 만들어진 분자들을 파괴시키려면 온도가 1,000도 이상이 되어야 한다. 그러나 온도가 수천 도까지 올라가면, 분자는 남아 있지 않고 물질은 순수한 화학원소들의 가스 혼합물이 될 것이다.

이것이 바로 온도가 최고 섭씨 6,000도에 달하는 태양의 표면에서 일어나는 상황이다. 반면에 비교적 차가운 붉은 별의 대기에서는^{**} 분자 일부가 여전히 존재한다는 사실이 특별한 분석 방법으로 입증되었다.

높은 온도에서의 격렬한 열적 충돌은 분자들을 그 구성 원자들로 쪼갤 뿐만 아니라, 원자들에도 타격을 주어 그 외곽에서 전자들을 떼어낸다. 이런 **열적 이온화**는 온도가 수만 도 수천 도로 올라가면서 점점 더 뚜렷해지다가 수백만 도에서 완성된다. 실험실에서 만

---

* 모든 온도는 대기압 상태를 기준으로 한 것이다.
** 11장을 참고해라.

들 수는 없지만, 별의 내부와 특히 태양의 내부에서 흔한 이렇게 엄청 높은 온도에서는 원자들도 존재하지 못한다. 모든 전자껍질이 완전히 벗겨지므로, 물질은 공간을 미친 듯이 질주하며 서로 엄청난 힘으로 충돌하는 벌거벗은 핵과 자유전자들의 혼합물이 된다. 그러나 원자가 완전히 파괴된다고 해도 원자핵이 그대로 남아 있는 한, 물질은 여전히 기본적인 화학 성질을 보유한다. 만약 온도가 떨

:: 그림 79
온도의 파괴 효과.

어지면, 핵이 전자를 다시 포획해서 원자들이 본래 모습으로 되돌아갈 것이다.

핵 자체가 독립된 핵자들(양성자와 중성자)로 쪼개지는, 물질의 완전한 열적 해리에 도달하기 위해서는 적어도 온도가 수십억 도까지 올라가야 한다. 심지어 가장 뜨거운 별의 내부도 온도가 그렇게 높지는 않겠지만, 우주가 아직 젊었던 수십억 년 전에는 그런 높은 온도가 정말로 존재했던 것처럼 보인다. 우리는 이 책의 마지막 장에서 이 흥미로운 질문을 다룰 것이다.

이렇게 열적 동요는 양자의 법칙을 기초로 한 물질의 정교한 건축물을 한 단계 한 단계씩 파괴시켜서 분명한 법칙이나 규칙성도 없이 이리저리 움직이고 서로 충돌하는 혼란스러운 상태의 입자들로 만든다.

무질서한 운동을 어떻게 묘사할 수 있을까?

그러나 열운동이 불규칙하기 때문에 물리적 묘사를 전혀 할 수 없다고 생각하면 큰 오산이다. 사실 열운동은 완전히 불규칙하기 때문에 **통계적 행동 법칙**으로 더 잘 알려진 **무질서 법칙**이라는 새로운 법칙의 지배를 받는다. 위의 말을 이해하기 위해서 '술고래의 걸음걸이'라는 유명한 문제로 관심을 돌려보자. 우리가 술에 잔뜩 취해서 대도시의 광장 한복판에 있는 가로등에 기대어 있다가(그가 언제 어떻게 그곳에 왔는지는 아무도 모른다) 갑자기 어디론가 사라져버린 취객의 모습을 지켜보고 있다고 하자. 취객은 걸어갈 때 한쪽 방향으로 몇 발짝 떼다가 또 다른 방향으로 몇 발짝 떼고, 그런 식으로 이리저리 비틀거리면서 전혀 예측할 수 없는 방식으로 몇 발짝씩 경로를 바꾼다(그림 80). 취객이 이런 불규칙한 지그재그 형태로 100번 정도 방향을 바꾸면 과연 가로등에서 얼마나 멀리 떨어져 있을까? 처음에는 취객이 어느 쪽을 향해 도는지 방향을 예측할 수 없으므로 이 물음에 답할 수 없다고 생각할지도 모른다. 그러나 만약 이 문제를 좀 더 주의 깊게 고찰한다면, 취객이 걸어가다가 마지막에 어디 있게 될지는 알 수 없어도, 그가 주어진 횟수만큼 방향을 바꾼 뒤에 가로등에서 얼마나 멀리 떨어져 있을지는 답할 수 있다. 수학적 방법으로 이 문제에 접근하기 위해서, 가로등에 원점이 있는 좌표축 두 개를 보도 위에 그려보자. X축은 우리 쪽으로 오는 방향이고, Y축은 오른쪽으로 가는 방향이다. R은 취객이 지그재그로 걸어가면서 방향을 N번(그림 80에서는 14회) 바꾼 뒤 가로등에서 떨어진 거리라고 하자. 이제 만약 X_N과 Y_N이 이 경로의 N번째 구간을 해당 축에 투영시킨 것이라면, 피타고라스의 정리에 따라 다음과 같이 표현할 수 있다.

$$R^2 = (X_1 + X_2 + X_3 \cdots\cdots + X_N)^2 + (Y_1 + Y_2 + Y_3 + \cdots Y_N)^2$$

여기서 X's와 Y's는 우리의 취객이 걸어가는 경로의 특정한 단계에서 가로등 쪽으로 움직이고 있는지 가로등에서 멀어지고 있는지에 따라 양수나 음수가 된다. 그는 완벽히 무질서하게 움직이고 있

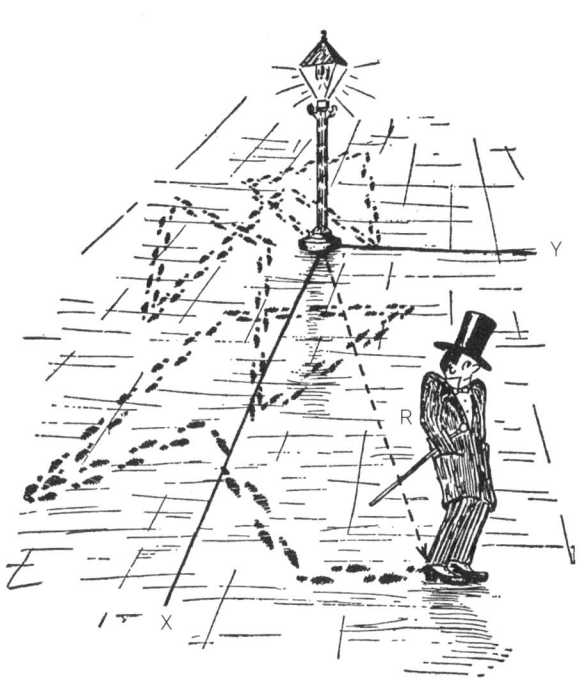

:: 그림 80
술고래의 걸음걸이.

기 때문에 $X's$와 $Y's$의 값은 양수와 음수가 똑같은 정도로 뒤섞여 있을 것이다. 초등 수준의 대수학 규칙에 따라 괄호에 있는 항들의 제곱 값들을 계산할 때는 괄호 안에 있는 각 항에 자기 자신과 다른 모든 항 각각을 곱해주어야 한다.

따라서 이 말을 식으로 정리해보면 다음과 같다.

$$(X_1+X_2+X_3+\cdots\cdots X_N)^2$$
$$=(X_1+X_2+X_3+\cdots\cdots X_N)(X_1+X_2+X_3+\cdots\cdots X_N)$$
$$=X_1{}^2+X_1X_2+X_1X_3+\cdots\cdots X_2{}^2+X_1X_2+\cdots\cdots X_N{}^2$$

이 계산에는 모든 $X's$의 제곱($X_1{}^2$, $X_2{}^2 \cdots\cdots X_N{}^2$)과 X_1X_2, X_2X_3 등과 같은 이른바 '혼합 곱'들이 포함될 것이다.

지금까지는 단순한 산수이지만, 이제 취객의 무질서한 걸음걸이를 바탕으로 한 통계적 요지에 도달한다. 취객은 불규칙하게 움직이고 있어서 가로등 쪽으로 가는 방향과 가로등에서 멀어지는 방향 어느 쪽으로도 걸어갈 수 있으므로, $X's$의 값들이 양수와 음수가 될 확률은 50:50이 된다. 결과적으로 '혼합 곱들'을 훑어보면 수의 값은 똑같지만 부호가 반대여서 항상 서로를 상쇄하는 짝들을 찾을 수 있고, 총 회전 수가 클수록 그런 상쇄가 일어날 가능성이 커진다. 제곱 값은 항상 양수이기 때문에 남는 건 오직 $X's$의 제곱밖에 없다. 따라서 그 전체는 $X_1{}^2+X_2{}^2+\cdots\cdots+X_N{}^2 = N X^2$로 쓸 수 있다. 여기서 X는 지그재그 여정을 X축에 투영시킨 값의 평균 길이이다.

마찬가지로 $Y's$를 포함하는 두 번째 괄호도 결국 NY^2으로 쓸 수 있다. 여기서 Y는 지그재그 여정을 Y축에 투영시킨 값의 평균이다. 지금 막 우리가 계산한 것은 엄격히 말해서 대수학 연산이 아니며, 경로의 불규칙한 성질 때문에 '혼합 곱들'의 상호상쇄에 관한 통계적 논의를 바탕으로 하고 있음을 다시 언급해야 한다. 따라서 취객이 가로등에서 떨어질 수 있는 가장 가능한 거리는 다음과 같이 표현할 수 있다.

$$R^2 = N(X^2 + Y^2)$$

혹은

$$R = \sqrt{N} \times \sqrt{X^2+Y^2}$$

그러나 양 축에 내린 경로의 평균 투영 값들은 그저 45도 투영이므로, $\sqrt{X^2+Y^2}$ 는 (피타고라스 정리 때문에) 경로의 평균 길이와 같다. 이제 이것을 1로 두면 $R = 1 \times \sqrt{N}$ 의 값을 얻는다.

이 결과는 **취객이 특정한 수만큼 불규칙한 회전을 한 뒤 가로등에서 떨어질 수 있는 가장 가능한 거리는, 그가 걷는 각 직선 경로의 평균 길이와 회전수의 제곱근을 곱한 것과 같다**는 것을 의미한다.

따라서 취객이 1야드(91.44센티미터)를 갈 때마다 방향을 바꾼다면(예측할 수 없는 각도로!), 총 100야드를 걸은 뒤에도 가로등에서 고작 10야드 떨어져 있을 가능성이 크다. 만약 그가 방향을 바꾸지 않고 곧장 걸어갔다면 100야드는 갔을 것이다.

위에서 설명한 예의 통계적 성질은 **가장 가능한** 거리만 알 수 있을 뿐, 모든 경우의 정확한 거리는 알 수 없다는 것이다. 비록 가능성이 매우 희박하기는 해도, 취객이 전혀 방향을 바꾸지 않고 가로등에서 곧장 걸어갈 수도 있다. 또 매번 방향을 180도로 바꾸어서 두 번 돌 때마다 가로등으로 되돌아올 수도 있다. 그러나 많은 취객이 모두 똑같은 가로등에서 출발해 서로 방해하지 않고 다른 지그재그 경로로 걸어간다면, 충분히 오랜 시간이 지난 뒤에는 가로등 주위의 일정 면적에 퍼져 있게 되어서 그들이 가로등에서 떨어진 평균 거리가 위의 방식으로 계산될 수 있다는 것을 알게 될 것이다.

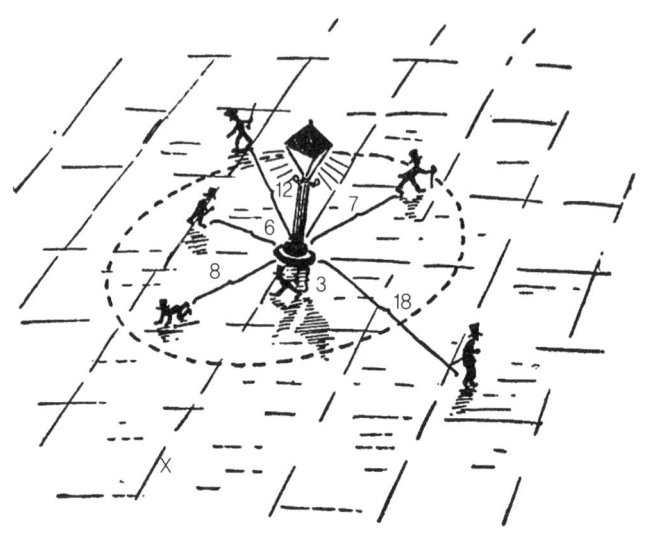

:: 그림 81
가로등 주위를 맴돌고 있는 취객 여섯 명의 통계적 분포.

    불규칙한 운동에 기인한 확산의 예를 그림 81에서 볼 수 있다. 여기서는 여섯 명의 취객을 고찰한다. 취객들의 수가 많아지고 불규칙하게 도는 회전 수가 많아질수록 이 방식이 정확해진다는 것은 말할 필요도 없다.

    이제 취객 대신 식물의 포자나 액체 속에 떠 있는 박테리아 같은 아주 작은 것들로 바꾸면, 식물학자 브라운이 현미경으로 보았던 바로 그 모습을 보게 될 것이다. 포자와 박테리아는 술에 취해 있지 않지만, 위에서 말했듯이 열운동에 관련된 주위 분자들 때문에 모든 방향으로 끊임없이 걷어차이고 있으며, 따라서 알코올의 영향으로 완전히 방향 감각을 잃어버린 사람과 똑같은 불규칙한 지그재그 형태의 경로를 따르지 않을 수 없다.

만약 물방울 속에 떠 있는 많은 작은 입자의 브라운 운동을 현미경으로 살펴본다면, 어떤 주어진 지역에(가로등 부근에) 집중된 특정 집단으로 관심이 쏠릴 것이다. 시간이 흐르면서 그 입자들은 점차 시야 범위를 넘어 사방으로 흩어지게 되고, 원점으로부터의 평균 거리는 취객이 걸어간 거리를 계산했던 수학 법칙처럼 시간 간격의 제곱근에 비례해서 증가한다는 것을 알게 된다.

물론 물방울 속에 있는 각각의 독립된 분자에도 똑같은 운동 법칙을 적용할 수 있다. 그러나 독립 분자들을 볼 수 없으며, 비록 볼 수 있다고 해도 식별하지 못할 것이다. 그런 운동을 보려면 다른 색깔로 식별할 수 있는 두 종류의 분자를 사용해야 한다. 따라서 시험관의 절반을 과망간산칼륨 수용액으로 채우면 물이 아름다운 보랏빛을 띨 것이다. 이제 두 층이 섞이지 않도록 조심하면서 이 수용액 위에 맑은 물을 부으면, 그 색깔이 점차 맑은 물에 스며드는 것을 보게 될 것이다. 만약 충분히 오랫동안 기다린다면 바닥부터 표면까지 물 전체가 균일한 색깔이 될 것이다. 누구나 잘 알고 있는 이런 현상은 확산으로 알려졌으며, 물감 분자들이 물 분자들 사이에서 불규칙한 열운동을 하기 때문에 생긴다. 우리는 과망간산칼륨의 분자 하나하나를 다른 분자들과의 끊임없는 충돌로 인해 앞뒤로 비틀거리는 작은 취객으로 상상해야 한다. 물에서는 분자들이 다소 빽빽하게 모여 있기 때문에(기체에서의 배열과는 반대로) 잇단 두 충돌 사이에 각 분자의 평균적인 자유 경로가 매우 짧아서 $\frac{1}{108}$ 인치 정도밖에 되지 않는다. 반면에 실내 온도에서는 분자들이 초당 $\frac{1}{10}$마일 정도의 속도로 움직이기 때문에, 한번 충돌하고 또다시 충돌하기까지는 $\frac{1}{1012}$ 초밖에 걸리지 않는다. 따라서 1초가 흐르는 동안 물감 분자 하나는 1,012회 정도의 연속 충돌을 경험하며 수차례 운동 방향을 바꿀 것이다. 처음 1초 동안 이동한 평균 거리는 108인치(자유 경로의 길이)에 1012의 제곱근을 곱한 것이 될 것이다. 이렇게 되면 평균 확산 속도는 초당 $\frac{1}{100}$ 인치밖에 되지 않는다. 충돌에 의한 굴절이 아니었다면, 이 분자가 $\frac{1}{10}$ 마일 갔을 것이라는 사실을 고려할 때 다소 느린 과정이다! 만약 100초를 기다린다면, 이 분자는 그 거리의 10배($\sqrt{100}$)를 갔을 것이고, 10,000초인 약 3시간 후에는 확산으로 그 색깔이 100배나 멀리($\sqrt{10000}$), 즉 약 1인치까지 퍼지게 될 것이다. 그렇다, 확산은 다소 느린 과정이다. 그러므로 찻잔에 설탕 덩어리 하나를 넣을 때는 설탕 분자들이 자체 운동에 의해 퍼질 때까지 기다리는 것보다 저어주는 것이 좋다.

    분자물리학에서 가장 중요한 과정들 가운데 하나인 확산 과정의 또 다른 예를 들기 위해서, 한쪽 끝을 난로 속에 넣어둔 철 부지깽이를 통해 열이 전파되는 과정을 고찰해보자. 부지깽이의 반대쪽 끝이 손을 댈 수 없을 정도로 뜨거워지려면 오랜 시간이 걸린다는 것은 경험으로 알고 있지만, 열이 전자들의 확산 과정을 통해 금속 막대를 따라 전달된다는 것은 아마 모를 것이다. 그렇다. 사실 철 부지깽이는 전자들로 가득 차 있고 어느 금속이나 다 그렇다. 금속이 유리 같은 물질과 다른 점은 금속의 원자들이 외곽의 일부 전자들을 잃고 이 전자들이 금속의 격자 사이로 돌아다니면서 보통 기

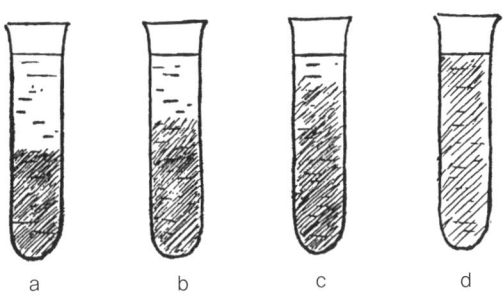

그림 82

체의 입자들처럼 불규칙한 열운동에 연루된다는 사실이다.

전자들은 금속 조각의 바깥 경계에 미치는 표면력 때문에 밖으로 나가지는 못하지만,* 물질 안에서 운동할 때는 완벽하게 자유롭다. 만약 어떤 금속선에 전기를 통하게 하면, 떨어져 있는 자유전자들이 그 힘의 방향으로 곧바로 돌진해 전류 현상을 일으키게 된다. 반면에 비금속은 대개 모든 전자가 원자에 묶여 있어서 자유롭게 움직이지 못하므로 좋은 절연체가 된다.

금속 막대의 한쪽 끝을 불 속에 넣으면 이 부분에 있는 자유전자들의 열운동이 몹시 활발해지므로, 빠르게 움직이는 전자들이 다른 지역으로 확산하기 시작하면서 여분의 열에너지를 실어간다. 이 과정은 물속에서 움직이는 물감 분자들의 확산과 매우 비슷하지만,

---

* 금속 선을 뜨거운 온도로 가열시키면, 그 안에 있는 전자들의 열운동이 더 격렬해져서 일부가 표면을 통해 나온다. 이것이 전자관에서 사용되는 현상으로, 아마추어 무선을 즐기는 사람들에게 잘 알려져 있다.

다른 종류의 두 입자(물 분자와 물감 분자) 대신에 **뜨거운 전자가스가 차가운 전자가스의 점유 지역으로 확산**된다는 것이 다르다. 그러나 술고래의 걸음걸이 법칙이 여기에서도 적용되므로, 열이 금속 막대를 따라 전파하는 거리는 해당 시간들의 제곱근만큼 증가한다.

이제 확산의 마지막 예로 중요한 다른 경우를 고찰해보자. 다음 장에서 배우겠지만 태양의 에너지는 내부 깊숙한 곳에서 화학원소들의 연금술적 변환에 의해 만들어진다. 이 에너지는 강력한 복사의 형태로 방출되며, '빛 입자' 즉 광양자는 태양의 표면 쪽으로 나가는 긴 여정을 시작한다. 빛은 초속 30만 킬로미터의 속도로 움직이고 태양의 반지름은 70만 킬로미터에 불과하므로, 광양자가 곧장 직선으로 움직인다면 밖으로 나오는 데 2초 남짓밖에 걸리지 않을 것이다. 그러나 사실은 전혀 그렇지 않다. 광양자는 밖으로 나오는 도중에 태양의 물질 속에 있는 원자와 전자들과 수없이 충돌한다. 태양 물질 속에 있는 광양자의 자유 경로는 약 1센티미터며(분자의 자유 경로보다 훨씬 더 길다!) 태양의 반지름은 700억 센티미터이기 때문에 광양자는 표면에 도달하기 위해서 취객의 걸음을 $(7 \times 10^{10})^2$, 즉 5×10^{21}회나 걸어야 한다. 걸음을 한 번 걷는 데 $\frac{1}{3 \times 10^{10}}$ 즉 3×10^{-11}초가 걸리기 때문에, 이 여행을 완성하는 데 걸리는 시간은 $3 \times 10^{-11} \times 5 \times 10^{21} = 1.5 \times 10^{11}$초, 즉 약 5000년이 된다! 여기서 우리는 확산 과정이 얼마나 느린지 다시 한 번 깨닫게 된다. 빛이 태양의 중심에서 표면까지 여행하는 데는 5000년이 걸리지만, 텅 빈 성간 공간으로 나와서 직선으로 여행할 때는 태양에서 지구까지 단 8분 안에 통과한다!

확률 계산

이런 경우의 확산은 통계적 확률 법칙을 분자 운동 문제에 적용한 간단한 예일 뿐이다. 더 깊은 논의로 들어가 작은 액체 방울이든 별들로 이루어진 거대한 우주든 모든 물체의 열적 행동을 지배하는 가장 중요한 **엔트로피 법칙**을 이해하기 전에, 먼저 간단하거나 복잡한 다른 사건들의 확률을 계산할 수 있는 방법들에 대해서 배워야 한다.

단연 가장 간단한 확률 계산 문제는 동전 던지기이다. 이런 경우에(속임수가 없을 때) 동전 앞면과 뒷면이 나올 가능성이 똑같다는 것은 누구나 알고 있다. 우리는 동전의 앞면이나 뒷면이 나올 가능성이 **50:50**이라고 말하지만, 수학에서는 그 가능성이 반반이라고 말하는 게 더 통상적이다. 만약 동전의 앞면과 뒷면이 나올 가능성을 더하면 $\frac{1}{2} + \frac{1}{2} = 1$을 얻는다. 확률 이론에서 1은 확신을 의미한다. 그리고 동전을 던질 때는 동전이 소파 밑으로 굴러 들어가서 흔적도 없이 사라지지 않는 한 앞면이든 뒷면이든 둘 중 어느 한 면이 나오는 것은 확실하다.

이제 동전 1개를 잇달아 2번 던지거나, 동전 2개를 동시에 던진다고 해보자. 그러면 그림 83에서 제시된 4가지 가능성이 있다는 걸 쉽게 알 수 있다.

첫 번째 경우에는 2개 모두 앞면이 나오고, 마지막 경우에는 2개 모두 뒷면이 나오지만, 중간의 두 경우는 동전의 앞면과 뒷면 중 어느 게 먼저 나오는지는(어느 쪽 동전에서 나오는지는) 중요하지 않기

:: 그림 83
2개의 동전을 던질 때 가능한 4가지 조합들.

1, 2, 3 그리고 무한

때문에 결국 같은 결과가 된다. 따라서 2번 모두 앞면이 나올 가능성은 4번 중 1번 즉 $\frac{1}{4}$이고, 2번 다 뒷면이 나올 가능성도 $\frac{1}{4}$인 반면, 1번은 앞면이 나오고 1번은 뒷면이 나올 가능성은 4번 중 2번 즉 $\frac{1}{2}$이 된다. 이번에도 $\frac{1}{4}+\frac{1}{4}+\frac{1}{2}=1$은 3가지 가능한 조합들 가운데 반드시 1가지는 나온다는 것을 의미한다. 이제 동전을 3번 던진다면 무슨 일이 일어나는지 알아보자. 이 경우에는 다음 표에서 요약된 총 8가지의 가능성이 있다.

첫 번째 던질 때	앞	앞	앞	앞	뒤	뒤	뒤	뒤
두 번째	앞	앞	뒤	뒤	앞	앞	뒤	뒤
세 번째	앞	뒤	앞	뒤	앞	뒤	앞	뒤
	I	II	II	III	II	III	III	IV

이 표를 살펴보면 3번 모두 앞면이 나올 가능성은 $\frac{1}{8}$로 3번 모두 뒷면이 나올 가능성과 같다는 것을 알 수 있다. 나머지 가능성들은 2번은 앞면이 나오고 1번은 뒷면이 나올 때와, 1번은 앞면이 나오고 2번은 뒷면이 나올 때가 똑같이 나눠져서 각 사건마다 $\frac{3}{8}$의 확률을 갖는다.

다른 확률 표는 다소 급속도로 증가하겠지만, 한 단계만 더 나아가서 동전을 4번 던지는 경우를 생각해보자. 이제 다음과 같은 16가지의 가능성들을 갖게 된다.

첫 번째 던질 때	앞	앞	앞	앞	앞	앞	앞	앞	뒤	뒤	뒤	뒤	뒤	뒤	뒤	뒤
두 번째	앞	앞	앞	앞	뒤	뒤	뒤	뒤	앞	앞	앞	앞	뒤	뒤	뒤	뒤
세 번째	앞	앞	뒤	뒤	앞	앞	뒤	뒤	앞	앞	뒤	뒤	앞	앞	뒤	뒤
네 번째	앞	뒤	앞	뒤	앞	뒤	앞	뒤	앞	뒤	앞	뒤	앞	뒤	앞	뒤
	I	II	II	III	II	III	III	IV	II	III	III	IV	III	IV	IV	V

여기서 앞면이 4번 나올 확률은 $\frac{1}{16}$로, 뒷면이 4번 나올 확률과 같다. 앞면이 3번 나오고 뒷면이 1번 나오거나 뒷면이 3번 나오고 앞면이 1번 나올 확률은 각각 $\frac{4}{16}$ 즉 $\frac{1}{4}$이 되는 반면, 앞면과 뒷면이 똑같은 수만큼 나올 확률은 $\frac{6}{16}$ 즉 $\frac{3}{8}$이 된다.

던지는 횟수가 더 많은 경우에는 표가 굉장히 길어져서 지면이 부족하게 될 것이다. 예컨대 10회 던질 경우에는 1024가지의 다른 가능성들을 갖게 된다(즉, 2×2×2×2×2×2×2×2×2×2). 그러나 우리가 이미 인용했던 간단한 여러 가지 예에서 간편한 확률 법칙을 볼 수 있고, 더 복잡한 예에서 그 법칙을 직접 사용해보았기 때문에 굳이 그렇게 긴 표를 만들 필요는 없다.

우선 동전 앞면이 2번 나올 확률은 동전을 첫 번째 던질 때 앞면이 나올 확률과 두 번째 던질 때 앞면이 나올 확률을 곱한 것과 같아서 사실 $\frac{1}{4} = \frac{1}{2} \times \frac{1}{2}$이 된다. 마찬가지로 앞면이 잇달아 3번이나 4번 나올 확률은 동전을 던질 때마다 앞면이 나올 확률들의 곱 ($\frac{1}{8} = \frac{1}{2} \times \frac{1}{2} \times \frac{1}{2}$; $\frac{1}{16} = \frac{1}{2} \times \frac{1}{2} \times \frac{1}{2} \times \frac{1}{2}$)이다. 따라서 만약 누군가가 동전을 10번 던질 때 매번 앞면이 나올 확률이 얼마인지 묻는다면, $\frac{1}{2}$을 10번 곱하면 답을 쉽게 구할 수 있다. 결과는 0.00098로, 그 확률이 약 $\frac{1}{1000}$일 정도로 매우 낮다는 것을 나타낸다! 여기서 우리는 '확률들의 곱'이라는 규칙을 갖게 된다. 이 규칙은 **몇 가지 다른 것을 원할 경우에는, 각각의 경우를 얻는 수학적 확률들을 곱하면 그것들을 얻는 수학적 확률을 결정할 수 있다**고 설명한다. 만약 갖고 싶은 게 많고, 각각의 가능성이 특히 적다면, 그 모두를 얻는 가능성은 실망할 정도로 낮아진다!

또한 '확률들의 합'이라는 규칙도 있다. 이 규칙은 **몇 가지 중 단 한 가지만 원할 경우(어느 것이든), 그것을 얻는 수학적 확률은 각각의 항목을 얻는 수학적 확률의 합이 된다**고 설명한다.

이것은 동전을 2번 던질 때 앞면과 뒷면이 똑같이 나올 확률을 얻는 예로 쉽게 설명할 수 있다. 사실상 우리가 여기서 원하는 것은 '앞면 1번, 뒷면 2번' 혹은 '뒷면 2번, 앞면 1번'이다. 위 조합들이 나올 확률은 각각 $\frac{1}{4}$이며, 어느 쪽이든 그중 하나를 얻는 확률은 $\frac{1}{4} + \frac{1}{4}$ 즉 $\frac{1}{2}$이 된다. 따라서 만약 '저것**과**, 저것**과**, 저것을……'

원한다면 다른 항목들의 각 수학적 확률들을 **곱하지만**, 만약 '저것**이나**, 저것**이나**, 저것'을 원한다면 그 확률들을 **더한다**.

첫 번째 경우에 갖고 싶은 모든 것을 얻는 확률은 원하는 항목의 수가 증가할수록 감소할 것이다. 몇 가지 항목 중에서 단 1가지만 원하는 두 번째 경우에는 선택할 항목들의 목록이 길어질수록 만족할 가능성이 증가할 것이다.

동전 던지기 실험은 시도 횟수가 많을 때 확률 법칙이 더 정확해진다는 말의 의미를 설명해주는 좋은 예이다. 그림 84가 이것을 설명해준다. 이 그림은 동전을 2회, 3회, 4회, 10회, 100회 던지는 경우에 앞면과 뒷면의 다른 수를 얻는 확률들을 보여준다. 동전을 던지는 횟수가 늘어나면서 확률 곡선이 점점 더 뾰족해지고 앞면과 뒷면이 50:50의 비율이 되는 최댓값이 점점 더 뚜렷해진다는 사실을 알게 된다.

따라서 2회, 3회 혹은 심지어 4회 던질 경우에는 매번 앞면이 나오거나 매번 뒷면이 나올 가능성이 여전히 상당한 반면, 10회를 던졌을 때는 앞면이나 뒷면이 나올 확률이 거의 90퍼센트도 불가능하다. 던지는 횟수가 훨씬 더 커서 100회나 1,000회가 되면 확률 곡선이 바늘만큼이나 뾰족해져서, 50:50 분포에서 조금이라도 벗어날 가능성이 사실상 0이 된다.

이제 우리가 막 배운 확률 계산의 간단한 규칙들을 이용해서 유명한 포커 게임에서 마주치는 카드 5장의 다양한 조합의 상대적 확률을 살펴보자.

이 카드 게임에 대해 전혀 모르는 사람을 위해서 간단히 설명하

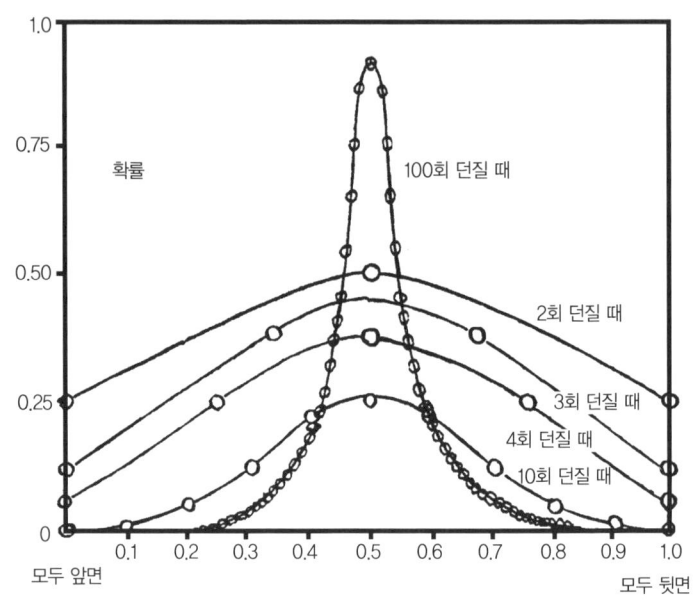

∷ **그림 84**
앞면과 뒷면의 상대적 수.

면, 이 게임을 하는 사람은 5장의 카드를 다루며 가장 높은 수의 조합을 얻는 사람이 이긴다. 여기서 더 좋은 카드를 얻기 위해 자신이 갖고 있는 카드 일부를 교환하거나, 자신이 실제 갖고 있는 것보다 훨씬 더 좋은 카드를 갖고 있다고 믿게끔 해서 상대방을 항복시키는 심리적 속임수 전략처럼 문제를 더 복잡하게 만드는 상황들은 배제할 것이다. 사실 이런 속임수가 이 게임의 핵심이고, 한때 덴마크의 유명한 물리학자 닐스 보어로 하여금 카드를 전혀 사용하지 않는 새로운 유형의 게임을 제안하게 했으며, 도박꾼들은 그저 꾸며낸 조합들에 대해 말하는 것으로 서로를 속이는 것뿐이라고 해

:: 그림 85
플러시(스페이드의)

도, 그것은 완전히 확률 계산의 영역을 벗어난 순전히 심리적 문제이기 때문이다.

만약 플러시를 얻고 싶다면, 첫 번째 카드가 무엇인지는 중요하지 않으므로 오직 다른 4장이 모두 똑같은 패가 될 확률만 계산하면 된다. 카드 1팩에는 같은 패마다 13장씩 총 52장이 있으므로, 첫 번째 카드를 얻은 뒤에는 그 카드 팩에 똑같은 패의 카드가 12장이 남아 있다. 따라서 두 번째 카드가 적절한 패가 될 가능성은 $\frac{12}{51}$이다. 마찬가지로 세 번째, 네 번째, 다섯 번째 카드가 똑같은 패가 될 가능성은 각각 $\frac{11}{50}$, $\frac{10}{49}$, $\frac{9}{48}$이 된다. 우리는 5장의 카드 모두가 똑같은 패가 되기를 바라기 때문에 확률-곱의 규칙을 적용해야 한다. 따라서 플러시를 얻을 확률은 다음과 같이 된다.

$$\frac{12}{51} \times \frac{11}{50} \times \frac{10}{49} \times \frac{9}{48} = \frac{13068}{5997600} \text{ 혹은 약 } \frac{1}{500}$$

* 여기서 우리는 어떤 카드의 대용으로도 쓰일 수 있는 '조커'로 인한 복잡성도 배제한다.

그러나 카드 게임을 500판 하면 반드시 1번은 플러시를 얻을 것이라고 생각하지는 마라. 플러시를 1번도 얻지 못할 수도 있고, 또 2번을 얻을 수도 있다. 이것은 그저 확률 계산일 뿐이다. 따라서 카드를 500판 넘게 해도 원하는 조합을 얻지 못할 수 있고, 혹은 운 좋게 처음에 들게 된 패가 플러시가 될 수도 있다. 확률 이론은 그저 카드를 500판 하면 아마도 한 번은 플러시를 얻게 될 것이라고 말해주는 것뿐이다. 또 똑같은 계산 방법을 이용해서 게임을 3,000만 번 하면 약 10번 정도는 아마도 5개의 에이스(조커를 포함해서)를 얻게 된다는 것도 알게 될 것이다.

포커에서 훨씬 더 드물고 귀중한 또 다른 조합은 '풀하우스'로 더 유명한 '풀핸드'이다. 풀하우스는 카드 5장 가운데 '3장'의 카드와 '2장'의 카드 숫자가 같은 경우이다 (예컨대 그림 86에서처럼 5가 2장이고 퀸이 3장인 경우처럼).

만약 풀하우스를 얻고 싶다면, 2장의 카드 중 어느 것을 먼저 얻는지는 중요하지 않지만, 나머지 카드 3장 가운데 2장은 2장 가운데 1장과 일치시켜야 하고, 다른 1장은 나머지 1장과 일치시켜야 한다. 우리가 가진 것과 일치하는 카드는 6장이 있으므로(만약 퀸을 1장, 5를 1장 갖고 있다면, 3장의 다른 퀸과 3장의 다른 5가 있다), 세 번째 카드가 적절한 카드가 될 가능성은 50장 중 6장, 즉 $\frac{6}{50}$이 된다. 네 번째 카드가 적절한 카드가 될 가능성은 이제 남아 있는 카드 49장 가운데 적절한 카드는 5장밖에 없으므로 $\frac{5}{49}$가 되며, 다섯 번째 카드가 적절한 카드가 될 가능성은 $\frac{4}{48}$이 될 것이다. 따라서 풀 하우스의 총 확률은,

:: 그림 86
풀 하우스.

$$\frac{6}{50} \times \frac{5}{49} \times \frac{4}{48} = \frac{120}{117600}$$

으로 플러시를 얻을 확률의 절반 정도가 된다.

마찬가지 방식으로 '스트레이트(카드 5장 모두 무늬가 같으면서 숫자가 순서대로 이어져 있을 경우)' 같은 다른 조합들의 확률도 계산할 수 있으며 또한 조커의 존재와 처음에 받은 카드를 교환할 가능성이 도입되었을 때의 확률 변화도 고려할 수 있다.

이런 계산들을 통해 포커에서 사용된 서열 순열이 사실 수학적 확률 체제에 해당한다는 것을 알게 된다. 구시대의 어떤 수학자가 그런 배열을 제안했는지, 아니면 그저 상류 사회의 도박장과 전 세계의 범인 소굴에서 투기를 하는 도박꾼 수백만 명이 순전히 경험적으로 확립했는지는 모르는 일이다. 만약 후자인 경우라면, 복잡한 사건들의 상대적 확률에 관한 상당히 좋은 통계 연구를 갖고 있는 셈이다!

아주 뜻밖의 답을 주는 확률 계산의 또 다른 흥미로운 예는 '생일

일치' 문제이다. 같은 날 2개의 다른 생일 파티에 초대받았던 적이 있는지 기억해보라. 생일에 초대할 친구는 고작 24명 정도이고 1년은 365일이니 날짜가 겹쳐 초대받을 가능성은 아주 적다고 생각할 것이다. 따라서 선택 가능한 날짜가 많으므로 24명의 친구 가운데 2명이 같은 날에 생일 케이크를 잘라야 할 가능성은 매우 낮아야 한다.

그러나 믿을 수 없리겠지만, 그런 판단은 완전히 잘못되었다. 사실 24명의 친구들 가운데 1쌍이, 심지어는 몇 쌍이 생일이 같을 확률은 다소 높다. 사실 그런 우연의 일치가 일어나지 않을 가능성보다 일어날 가능성이 더 많다.

24명의 생일 목록을 작성해보면, 혹은 더 간단히 무작위로 펼친 《미국 인명사전Who's Who in America》 같은 참고 도서의 한 페이지에 연속적으로 나타나는 24명의 생일을 비교해보면 그 사실을 금방 입증할 수 있다. 혹은 우리가 동전 던지기나 포커 게임 문제에서 알게 되었던 간단한 확률 계산 규칙들을 사용해도 확인할 수 있다.

먼저 24명의 친구 모두 생일이 다를 가능성을 계산해보자. 이 그룹에 있는 첫 번째 사람에게 생일이 언제인지 물어보자. 물론 그 생일은 365일 가운데 어떤 날이든 될 수 있다. 이제 두 번째 사람의 생일이 첫 번째 사람의 생일과 다를 가능성은 얼마일까? 이 (두 번째) 사람은 그해의 어떤 날이든 태어났을 수 있으므로, 그의 생일이 첫 번째 사람의 생일과 일치할 가능성은 365일 가운데 1번이고, 그렇지 않을 가능성은 365일 가운데 364번(즉 $\frac{364}{365}$의 확률)이다. 마찬가지로, 세 번째 사람이 첫 번째 사람이나 두 번째 사람과 생일이 다를 확률은, 그 해의 이틀이 제외되었기 때문에 $\frac{363}{365}$이다. 그러면 다음 사람들이 앞 사람들과 생일이 다를 확률은 $\frac{362}{365}$, $\frac{361}{365}$, $\frac{360}{365}$ …… 식으로 계속되며 마침내 마지막 사람에 이르러서는 그 확률이 $\frac{(365-23)}{365}$ 즉 $\frac{342}{365}$가 된다. 우리가 알고 싶은 것은 이런 생일들이 모두 다를 확률이므로, 위에 있는 모든 값을 곱해야 하며, 따라서 모든 사람의 생일이 다를 확률은 $\frac{364}{365} \times \frac{363}{365} \times \frac{362}{365} \times \cdots \cdots \frac{342}{365}$이다.

고도의 수학적 방법들을 이용하면 위 곱하기를 몇 분 안에 뚝딱 해치울 수 있겠지만, 설령 그런 방법들을 모른다고 해도 직접 곱하기*를 하는 데 그렇게 많은 시간이 걸리지는 않을 것이다. 그 결과는 0.46으로, 생일이 전혀 일치하지 않을 확률은 절반보다 약간 적다는 것을 알 수 있다. 다시 말해서 24명의 친구들 가운데 어느 누구도 생일이 같지 않을 가능성은 $\frac{46}{100}$밖에 안 되며, 2명 이상이 생일이 같을 가능성은 $\frac{54}{100}$가 된다.

생일 일치 문제는 복잡한 사건들의 확률들과 관련된 상식적인 판단이 얼마나 잘못될 수 있는지를 보여주는 좋은 예이다. 저자는 이 문제를 저명한 과학자들을 비롯한 많은 사람에게 제시해보았는데, 단 한 명**을 제외한 모든 이가 2대 1부터 15대 1까지 각기 확률은 달랐지만 그런 일치는 결코 일어나지 않는다고 생각했다. 만약 그 한 명이 이런 내기에 모두 응했더라면 지금쯤 큰 부자가 되었을 것이다!

---

* 가능하다면 로그표나 계산자를 이용해라!
** 물론 이 예외는 헝가리의 수학자였다(이 책의 1장 시작 부분을 참고하라).

만약 주어진 규칙에 따라 다른 사건들의 가능성을 계산하고 그 가운데 가장 가능성이 높은 것을 고른다고 해도, 이것이 정말로 일어나는 일이라고 확신하지는 못한다. 실험을 수천 번, 수백만 번, 심지어는 수십억 번을 하지 않는 한, 예측된 결과들은 그저 '가능성'일 뿐이지 전혀 '확신'이 아니다. 몇 번 안 되는 실험들을 다룰 때는 이렇듯 확률 법칙이 큰 효력을 발휘하지 못하기 때문에 비교적 짧은 메모로만 한정되어 있는 다양한 암호와 암호문을 해독하는 데는 통계 분석 방법이 유용하지 않다. 예를 들어 에드거 앨런 포 Edgar Allan Poe가 그의 유명한 단편 소설 〈황금벌레 The Gold Bug〉에서 묘사했던 사건을 살펴보자. 그는 사우스캐롤라이나의 한적한 해변을 따라 걷다가 젖은 모래 속에 묻혀 있는 양피지 반 조각을 집어 든 레그랜드 씨에 대한 이야기로 소설을 시작한다. 레그랜드 씨의 해변가 오두막에서 경쾌하게 타고 있는 불의 온기가 닿자, 이 양피지가 점차 붉어지면서 차가울 때는 보이지 않았던 수수께끼 같은 기호들을 아주 명료하게 드러냈다. 거기에는 해적이 그 문서를 작성했음을 암시하는 해골 그림과, 이 해적이 바로 그 유명한 캡틴 키드라는 것을 의심의 여지없이 증명해주는 염소 머리, 그리고 감춰진 보물의 행방을 암시하는 듯한 몇 줄의 활자 기호들이 있었다 (그림 87).

우리는 에드거 앨런 포의 말을 근거로 17세기의 해적들이 세미콜론과 인용 부호 같은 활자 기호들과 ‡, +, ¶ 같은 다른 기호들을 알고 있었다고 믿는다.

돈이 필요했던 레그랜드 씨는 그 수수께끼 같은 암호문을 해독하

:: 그림 87
캡틴 키드의 암호문.

려고 머리를 쥐어짰고 마침내 영어에 나타나는 다른 글자들의 상대적 발생 빈도를 바탕으로 해독하고야 말았다. 그의 방법은 셰익스피어의 소네트든 에드가 월러스Edgar Wallace의 추리 소설이든 영어 문서에서 글자 수를 세면 'e'라는 글자가 단연 가장 자주 나온다는 사실을 바탕으로 하고 있었다. 'e' 다음으로 가장 많이 나오는 글자들은 다음과 같다.

a, o, i, d, h, n, r, s, t, u, y, c, f, g, l, m, w, b, k, p, q, x, z

레그랜드 씨는 캡틴 키드의 암호문에 나타나는 다른 기호들의 수를 세는 방법으로 이 암호문에서 가장 자주 나온 기호가 숫자 8이라는 것을 알아냈다.

"아하, 그건 8이 글자 e를 나타낼 가능성이 가장 크다는 뜻이야."

글쎄, 이 경우에서는 추측이 옳았지만, 물론 그것은 가능성이 가장 높을 뿐이지 확실한 것은 아니었다. 만약 그 비밀 암호문이 "You will find a lot of gold coins in an iron box in woods two thousand yards south from an old hut on Bird Island's north tip" 이었다면, 여기엔 'e'가 단 한 개도 없었을 것이다! 그러나 확률 법칙은 레그랜드 씨에게 호의적이었고, 그의 추측은 옳았다.

첫 번째 단계에서 성공했기 때문에, 레그랜드 씨는 자신만만해져서 계속해서 똑같은 방식으로 발생 빈도가 큰 순서대로 글자들을 골랐다. 다음 표에 캡틴 키드의 암호문에 나오는 기호들이 상대적 사용 빈도의 순서대로 나와 있다.

오른쪽의 첫 번째 세로줄에는 알파벳 글자들이 영어의 상대적 빈도 순서대로 배열되어 있다. 그러므로 왼쪽의 넓은 세로줄에 나열된 기호들은 그 맞은편 오른쪽에 있는 첫 번째 좁다란 세로줄에 나열된 글자들을 나타낸다고 가정하는 게 논리적이었다. 그러나 이런 배열을 이용하면 캡틴 키드의 암호문은 다음과 같이 시작된다는 것을 깨닫게 된다.

ngiisgunddrhaoecr……

이건 전혀 말이 되지 않는다!

무슨 일이 벌어진 걸까? 교활하게도 옛 해적이 보통 영어에서 쓰이는 말들과 똑같은 빈도 법칙을 따르지 않는 특수 단어를 사용했던 걸까? 전혀 그렇지 않다. 이 암호문은 좋은 통계적 표본이 될 정

8이라는 기호는 33번 있다		e		e
;	26	a		t
4	19	o		h
‡	16	i		o
(	16	d		r
*	13	h		n
5	12	n		a
6	11	r		i
†	8	s		d
1	8	t		
0	6	u		
g	5	y		
2	5	c		
i	4			
3	4	g		g
?	3	l		u
¶	2	m		
—	1	w		
.	1	b		

도로 길지도 않고 가장 가능성 높은 글자들의 분포도 보이지 않는다. 캡틴 키드가 보물을 굉장히 정교한 방식으로 숨겨서 보물을 찾는 지시 사항을 종이 두 장이나 책 한 권 정도에 설명해놓았다면, 레그랜드 씨는 빈도 규칙을 적용해서 그 수수께끼를 풀 가능성이 훨씬 더 높았을 것이다.

만약 동전 하나를 100번 던진다면 약 50번 정도는 앞면이 나올 거라고 상당히 확신할 수 있겠지만, 달랑 4번만 던진다면 3번은 앞면이 나오고 1번은 뒷면이 나오거나 그 반대 상황이 벌어질 수도 있다. 언제나 시도 횟수가 많을수록, 확률 법칙의 정확도는 증가하기 마련이다.

이 암호문의 글자 수가 충분하지 않아서 간단한 통계적 분석 방법이 효력을 발휘하지 못하므로, 레그랜드 씨는 영어에 나오는 다른 단어들의 상세한 구조를 바탕으로 한 분석 방법을 이용해야만 했다. 우선 그는 비교적 짧은 이 암호문에서 88이라는 조합이 매우 자주 등장한다는(5회) 것을 알아채고 가장 많이 나온 기호인 8은 e를 나타낸다는 가정을 더욱 굳건히 했다. 왜냐하면 누구나 알고 있듯이, e라는 글자는 영어에서 이중으로 나오는 경우가 매우 잦기 때문이다(예컨대 meet, fleet, speed, seen, been, agree 등에서처럼). 더욱이 8이 정말로 e를 나타낸다면 'the'라는 단어의 일부로 매우 자주 나오리라 예상할 수 있다. 이 암호문의 본문을 살펴보면, 몇 줄의 짧은 내용 속에 ;48이라는 조합이 일곱 차례나 나온다는 것을 알게 된다. 그러나 이게 사실이라면, ;는 t를 나타내고, 4는 h를 나타낸다고 결론 내려야 한다.

캡틴 키드의 암호문을 해독하는 더 많은 단계들에 관해서 상세히 알고 싶은 독자는 포의 단편 소설을 참고하기 바란다. 그 암호문의 전문은 결국 다음과 같은 내용임이 밝혀진다.

"A good glass in the bishop's hostel in the devil's seat. Forty-one degrees and thirteen minutes northeast by north. Main branch Seventh limb east side. Shoot from the left eye of the death's head. A bee-line form the tree through the shot fifty feet out."

마침내 레그랜드 씨가 해독한 다른 글자들의 정확한 의미는 315쪽 표의 두 번째 세로줄에 나와 있으며, 그것들이 확률 법칙을 바탕으로 했을 때 합리적으로 예상할 수 있는 분포를 보이지 않음을 알 수 있다. 이는 물론 원문이 너무 짧아서 확률 법칙이 효력을 발휘하지 못하기 때문이다. 그러나 심지어 이 작은 '통계적 표본'에서도 글자들이 확률 이론대로 배열하는 경향, 즉 암호문의 글자 수가 훨씬 더 많기만 하다면 거의 깨뜨릴 수 없는 규칙이 될 어떤 경향을 발견할 수 있다.

확률 이론의 예측들이 사실상 많은 시도 횟수로 점검됐던 예는 단 한 번밖에 없었다(보험 회사들이 해체하지 않는다는 사실을 제외하면). 바로 미국 성조기와 부엌 성냥갑이라는 유명한 문제이다.

이 특별한 확률 문제를 풀기 위해서는 미국의 성조기, 즉 일부가 붉은색과 하얀색 줄무늬로 이루어진 깃발이 필요하다. 만약 그런 깃발이 없다면 커다란 종이 한 장에 많은 평행선과 등거리 선을 그려라. 그 뒤 성냥갑이 필요할 것이다. 이 줄무늬의 폭보다 짧기만 하다면 어떤 종류의 성냥이든 상관없다. 다음에 그리스의 파이pi가 필요할 것이다. 이 파이는 먹는 파이가 아니라 그저 우리의 'p'와 동일한 그리스의 알파벳일 뿐이다. 그 글자의 모양은 π다. 파이는 그리스 알파벳인 것 이외에, 원의 지름에 대한 원주 둘레의 비를 나타내는 데도 쓰인다. 파이의 값은 3.14159226535……이다(소수점 이하 더 많은 수가 알려져 있지만, 그 모두가 필요하지는 않다).

이제 성조기를 탁자 위에 펼치고 성냥 하나를 공중으로 던져 올려서 그것이 깃발 위로 떨어지는 모습을 지켜보라(그림 88). 떨어진

∷ 그림 88

성냥은 한 줄무늬 안에 들어가 있거나, 두 줄무늬 사이의 경계를 가로지르고 있을 것이다. 이런 일이 일어날 확률은 각각 얼마일까?

이 과정을 따라가면서 다른 확률들을 조사하기 위해서는, 먼저 위에 설명한 내용의 가능성에 해당하는 경우의 수를 세어야 한다.

그러나 성냥이 깃발 위에 떨어질 수 있는 방법이 무한히 많을 것인데, 어떻게 그 모든 가능성을 셀 수 있을까?

이제 이 문제를 좀 더 면밀하게 조사해보자. 성냥이 떨어지는 줄무늬에 대한 떨어진 성냥의 위치는 그림 89에서처럼 가장 가까운 경계선에서 성냥의 중간까지의 거리와, 그 성냥이 줄무늬들의 방향과 이루는 각으로 나타낼 수 있다. 그림에는 떨어진 성냥의 세 가지 전형적인 예가 제시되어 있으며, 이때 문제를 간단하게 하기 위해서 성냥의 길이가 줄무늬의 폭과 같아서 각각 2인치라고 가정한다. 만약 성냥의 중심이 경계선에 다소 가깝고, 그 각이 다소 크다면(경

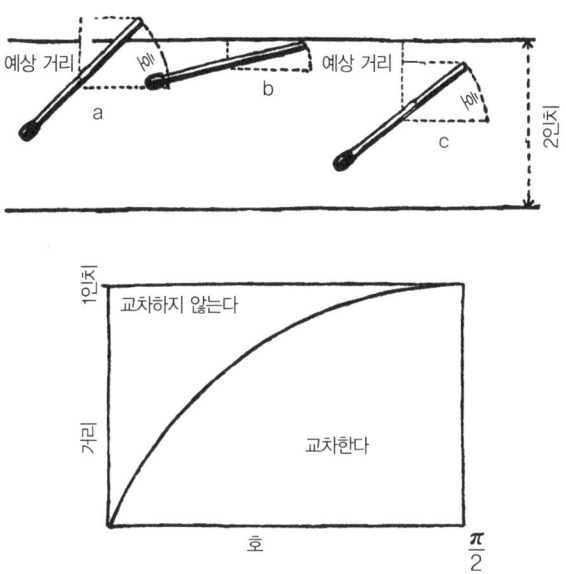

::: 그림 89

우 a에서처럼) 성냥은 경계선을 가로지를 것이다. 반면에 만약 그 각이 작거나(경우 b에서처럼) 그 거리가 크다면(경우 c에서처럼) 성냥은 한 줄무늬의 경계 안에 남아있을 것이다. 더 정확히 표현하면 만약 성냥의 절반을 수직 방향에 투영한 것이 줄무늬 폭의 $\frac{1}{2}$보다 크다면(경우 a에서처럼) 성냥은 경계선을 가로지를 것이고, 그 반대라면 (경우 b에서처럼) 교차는 일어나지 않는다고 말할 수 있다. 위의 설명이 이 그림의 아래쪽에 있는 다이어그램에 그래프로 표현되어 있다. 수평축(가로 좌표)에는 반지름 1을 갖는 호의 길이로 떨어진 성냥의 각을 표시하고, 수직축(세로 좌표)에는 성냥 길이의 $\frac{1}{2}$을 수직 방향에 투영시킨 길이를 표시한다. 삼각법에서 이 길이는 주어진

호에 해당하는 사인(sine)으로 알려져 있다. 이 호가 0이면 사인 값은 0이다. 왜냐하면 그 경우에는 성냥이 수평 자세로 놓여 있기 때문이다. 이 호가 직각에 해당하는 $\frac{1}{2}$파이일 때는,* 사인 값이 1과 같다. 왜냐하면 성냥이 수직으로 서 있어서 그 투영과 일치하기 때문이다. 중간 값의 호에 대해서는 사인 값이 사인 곡선으로 알려진 친근한 수학적 파동 곡선으로 정해진다(그림 89에서는 완전한 파동의 $\frac{1}{4}$인 0과 $\frac{\pi}{2}$ 사이의 구간만 볼 수 있다).

이 다이어그램을 만들었으니 이제 그것을 이용해서 떨어진 성냥이 경계선을 가로지르는지 가로지르지 않는지의 가능성을 편리하게 어림할 수 있다. 사실 위에서 보았듯이(그림 89의 위쪽 부분에 있는 세 가지 예를 다시 살펴보라), 만약 성냥의 중심이 경계선으로부터 떨어진 거리에 해당하는 투영보다 작다면, 즉 그 호의 사인 값보다 작다면 성냥은 줄무늬의 경계선을 가로지를 것이다. 이 말은 그 각과 거리를 다이어그램에 표시하면 사인 곡선 밑의 점을 얻게 된다는 것을 의미한다. 반대로 완전히 줄무늬의 경계선 안에 떨어지는 성냥은 사인 곡선 위에 있는 점이 될 것이다.

따라서 우리의 확률 계산 규칙에 따라, 교차하지 않을 가능성에 대한 교차할 가능성은 그 곡선 위의 면적에 대한 그 곡선 밑의 면적의 비와 똑같아질 것이다. 혹은 두 면적을 이 직사각형의 면적 전체로 나누면 두 사건의 확률을 계산할 수 있으며, 다이어그램에 있는

---

* 반지름이 1인 원의 원주 둘레는 파이에 그 지름을 곱한 것, 즉 2파이이다. 따라서 사분원의 길이는 $\frac{2\pi}{4}$, 즉 $\frac{\pi}{2}$ 이다.

사인 곡선의 면적이 정확히 1이라는 것은 수학적으로 증명될 수 있다(2장 참고). 직사각형의 총면적은 $\frac{\pi}{2} \times 1 = \frac{\pi}{2}$이므로, 성냥이 경계선을 가로질러 떨어질 확률(성냥들이 줄무늬의 폭과 길이가 똑같을 경우에)은 $\frac{1}{\pi/2} = \frac{2}{\pi}$이다.

뜻밖에도 파이가 이런 곳에서 튀어나온다는 흥미로운 사실을 가장 먼저 알게 된 사람은 18세기 과학자 뷔퐁Georges-Louis Leclerc, de Buffon 백작이었으므로, 이 성냥과 줄무늬 문제에는 그의 이름이 붙어 있다.

그러나 이 실험을 실제로 한 사람은 이탈리아의 근면한 수학자 라제리니였다. 그는 성냥을 3,408번 던져서 그 가운데 2,169번이 경계선을 가로지른다는 것을 알았다. 뷔퐁 공식과 일치하는 이 실험의 정확한 기록은 파이 대신 $\frac{2+3408}{2169}$ 즉 3.1415929를 사용하지만, 오직 소수점 이하 일곱 번째 자리에서만 정확한 수학 값과 다르다!

물론 이것은 확률 법칙의 타당성에 관한 아주 재미있는 증거를 제시하지만, 동전을 수천 번 던지고 그 던진 수를 앞면이 나온 수로 나눠서 '2'라는 수를 결정하는 것보다 재미있지는 않다. 과연 이 경우에 우리는 라제리니가 파이 값을 결정할 때만큼이나 오차가 작은 2.000000……을 얻을 수 있다.

'불가사의한' 엔트로피

모두 일상생활과 관련된 확률 계산 예들을 통해, 우리는 작은 수들이 관련되어 있어 종종 실망스러웠던 예측들이 큰 수로 가면 점점 더 나아진다는 것을 알았다. 따라서 우리는 편리하게 다룰 수 있는 가장 작은 물질 조각들을 형성하는 원자나 분자 같은 거의 셀 수 없는 양들을 기술하는 데 이런 확률 법칙을 응용할 수 있다. 따라서 술고래의 걸음걸이 같은 통계 법칙을 각각 24번씩을 도는 열두 명의 취객에 적용했을 때는 오직 근삿값만 얻을 수 있는 반면, 매초 수십억 번의 충돌을 경험하는 수십억 개의 물감 분자에 적용했을 때는 결국 확산이라는 가장 정밀한 물리학 법칙이 된다. 또 처음에 시험관에 있는 물의 절반에만 용해되었던 물감이 확산 과정을 통해 액체 전체로 균일하게 퍼지는 경향이 있는 것은 그런 균일한 분포가 처음의 분포보다 **가능성이 더 높기** 때문이라고 말할 수 있다.

정확히 똑같은 이유 때문에 독자가 이 책을 읽으면서 앉아 있는 방은 이쪽 벽에서 반대쪽 벽까지, 바닥에서 천장까지 공기로 균일하게 채워져 있으며, 방 안의 공기가 뜻밖에 한쪽 끝으로 쏠려서 독자가 의자에 앉은 채로 질식하는 일은 결코 일어나지 않는다. 그러나 **무서운 것은 이런 사건이 물리적으로 전혀 불가능한 게 아니라, 그저 일어날 가능성이 매우 낮다는 것이다.**

상황을 명료하게 하기 위해서, 어떤 방이 상상의 수직 평면으로 이등분되어 있다고 생각하고, 그 두 부분 사이에 공기 분자들의 가장 개연적인 분포에 대해서 자문해보자. 이 문제는 물론 앞에서 논의한 동전 던지기 문제와 동일하다. 만약 단 한 개의 분자를 택한다면, 던진 동전이 탁자 위에 떨어질 때 앞면이나 뒷면이 나올 확률이 똑같은 것처럼, 그 분자가 방의 오른쪽이나 왼쪽에 있게 될 확률도 똑같다.

두 번째, 세 번째 그리고 모든 다른 분자도 다른 것들이 어디에 있든지 상관없이 방의 오른쪽이나 왼쪽에 있을 가능성은 똑같다.[*] 따라서 방의 두 부분 사이에 분포하는 분자들의 문제는 동전을 많이 던졌을 때 앞면과 뒷면의 분포 문제와 동일하며, 그림 84에서 본 것처럼 이 경우에 가장 가능한 분포는 50 : 50이다. 또 던지는 횟수(우리의 경우에는 공기 분자의 수)가 증가하면서 50퍼센트의 확률이 점점 더 커져서 이 수가 매우 커지면 실제로 확실한 사실로 변한다는 것도 알고 있다. 보통 크기의 방에는 약 10^{27}개의 분자가 있기 때문에,[**] 그것들 모두가 동시에 방의 오른쪽에 모일 가능성은 $(\frac{1}{2})^{10^{27}}$ $\cong 10^{-3 \cdot 10^{26}}$ 즉, $1/10^{-3 \cdot 10^{26}}$이다.

반면에, 초속 0.5킬로미터 정도의 속도로 움직이는 공기 분자들이 방의 한쪽 끝에서 반대쪽 끝까지 이동하는 데 단 0.01초밖에 걸리지 않기 때문에, 방 안에 있는 공기 분자들의 분포는 매초 100번씩 바뀔 것이다. 결과적으로 적절한 조합을 위한 대기 시간은 우주

---

[*] 사실, 가스의 독립 분자들 사이의 거리가 크기 때문에, 공간은 전혀 붐비지 않으므로 주어진 부피 안에 분자들이 많이 존재한다고 해도 새로운 분자가 들어오는 걸 방해하지는 않는다.

[**] 가로 세로가 각각 10피트, 15피트이고 천장 높이가 9피트인 방은 1,350세제곱피트 즉 $5 \cdot 10^7$세제곱센티미터의 부피를 가지므로 $5 \cdot 10^4$그램의 공기를 포함한다. 공기 분자의 평균 질량은 $30 \times 1.66 \times 10^{-24} \cong 5 \times 10^{-23}$그램이기 때문에, 분자의 총수는 $5 \cdot 10^4 / 5 \cdot 10^{-23} = 10^{+27}$이다($\cong$는 거의 같다는 뜻이다).

의 총 나이를 나타내는 10^{17}초와 비교할 때 $10^{29999999999999999999999998}$초이다! 따라서 우리는 질식될 걱정 없이 계속해서 조용히 책을 읽을 수 있다.

또 다른 예를 들기 위해서, 탁자 위에 있는 물 잔을 고찰해보자. 물 분자들은 불규칙한 열운동에 관련되어 있어서 모든 가능한 방향을 향해 고속으로 움직이기는 해도, 응집력 때문에 산산이 흩어지지는 않는다.

각 독립 분자의 운동 방향은 전적으로 확률 법칙의 지배를 받기 때문에, 어느 순간에 그 분자들의 절반인 물 잔의 위쪽에 있는 것들의 속도는 모두 위쪽으로 향해 있는 반면, 물 잔의 아래쪽에 있는 다른 절반은 아래쪽으로 움직이고 있을 확률을 고찰할 수도 있다.* 그런 경우에 두 그룹의 분자를 나누는 수평 평면을 따라 작용하는 응집력은 그것들의 '통일된 분리 욕구'에 대항할 수 없을 것이고, 우리는 잔에 담긴 물의 절반이 저절로 탄환의 속도로 천장을 향해 솟구치는 이상한 물리적 현상을 관측하게 된다!

또 다른 가능성은 물 분자들의 열운동 에너지 전체가 우연히 잔의 위쪽 부분에 있는 분자들에 집중되어, 바닥 근처에 있는 물은 갑자기 얼어버리는 반면, 위층은 격렬하게 끓기 시작하는 것이다. 우리는 왜 그런 일이 일어나는 걸 한 번도 보지 못했을까? 이는 그런 일이 절대로 불가능하기 때문이 아니라, 그저 그런 일이 일어날 가

---

* 모든 분자가 같은 방향으로 움직일 확률은 운동량 보존이라는 역학 법칙에 의해 배제되기 때문에, 우리는 이 반반 분포를 고려해야 한다.

능성이 극도로 낮기 때문이다. 사실 처음에 사방으로 불규칙하게 분포되어 있는 분자의 속도들이 위에서 기술된 분포를 보일 확률을 계산하려고 한다면, 공기 분자들이 한쪽 구석에 모일 확률만큼이나 작은 숫자에 도달하게 된다. 마찬가지로 상호충돌 때문에 분자들 일부는 대부분 그 운동 에너지를 잃고, 다른 부분들은 상당히 과도한 운동 에너지를 갖게 될 확률 또한 무시해도 좋을 정도로 작다. 이번에도 보통 관측되는 경우에 해당하는 속도들의 분포가 가장 가능성이 큰 분포이다.

  이제 일부 기체를 방의 한쪽으로 내보내거나, 차가운 물 위에 뜨거운 물을 조금 부어서 분자의 위치나 속도가 개연성이 높지 않은 배열로 시작한다면, 그 체제를 개연성이 낮은 상태에서 가장 개연성이 높은 상태로 바꿔줄 일련의 물리적 변화들이 일어날 것이다. 기체는 방으로 확산해 마침내 방을 균일하게 채울 것이고, 물 잔의 위에 있는 열은 아래쪽으로 전해져 물 전체가 똑같은 온도가 될 것이다. 따라서 우리는 **분자들의 불규칙 운동에 의존하는 모든 물리적 과정은 확률이 증가하는 방향으로 진행하며, 더 이상 아무런 일도 일어나지 않는 평형 상태는 최대 확률에 해당한다고** 말할 수 있다. 방 안의 공기 예에서 보았던 것처럼, 다양한 분자 분포의 확률들은 매우 작은 숫자로 표현되기 때문에(공기가 방의 한쪽 절반에 모일 확률의 경우 $10^{-3 \cdot 10^{26}}$), 통상적으로 로그로 나타낸다. 이 양은 **엔트로피**라는 이름으로 알려져 있으며, 물질의 불규칙한 열운동과 관련된 모든 문제에서 탁월한 역할을 한다. 앞에서 말한 물리 과정들의 확률 변화에 관한 설명은 다음과 같이 정리할 수 있다. **물리계에서 일어나는**

모든 자발적 변화들은 엔트로피가 증가하는 방향으로 일어나며, 마지막 상태인 평형은 가능한 최대 엔트로피 값에 해당한다.

이것이 바로 열역학 제2법칙으로도 알려져 있는 유명한 **엔트로피 법칙**이며, 알다시피 이 법칙에 놀라운 내용은 전혀 없다.

또한 엔트로피 법칙은 **무질서 증가 법칙**으로도 알려져 있는데, 이는 앞의 모든 예에서 보았던 것처럼 분자들의 위치와 속도가 완전히 불규칙하게 분포되어 있을 때 엔트로피가 최댓값에 도달하므로 그 운동에 어떤 질서를 도입하려면 결국 엔트로피가 감소하게 될 것이다. 엔트로피 법칙의 더 실용적인 형태는 열이 역학적 운동으로 바뀌는 문제를 참고해서 얻을 수 있다. 사실 열이 분자들의 무질서한 역학적 운동이라는 점을 기억하면, 주어진 물체의 열량을 완전히 대규모 운동의 역학적 에너지로 바꾸는 것은 그 물체의 모든 분자가 똑같은 방향으로 움직이게 하는 일과 동등하다는 것을 쉽게 이해할 수 있다. 그러나 그 양의 절반을 저절로 천장 쪽을 향해 솟구치게 하는 물 잔의 예에서, 우리는 그런 현상이 사실상 불가능하다고 여겨질 정도로 개연성이 없다는 것을 알았다. 따라서 **역학적 운동 에너지는 완전히 열로 바뀔 수 있어도**(예를 들면 마찰을 통해서), **열에너지는 절대 완전한 역학적 운동으로 바뀔 수 없다.** 이것은 보통 온도의 물체에서 열을 뽑아내어 냉각시키고 그렇게 얻은 에너지를 역학적 일을 하는 데 이용하는 이른바 '제2종 영구기관*'의 가능성

---

* 에너지 공급 없이도 작동해서 에너지 보존 법칙을 위반하는 '제1종 영구기관'과 반대로 그렇게 불린다.

을 불가능하게 한다. 예를 들면 기관에서 석탄을 태우지 않고 바닷물에서 열을 뽑아내 증기를 생산하는 증기선을 만드는 것은 불가능하다. 여기서 엔진실로 퍼 올린 바닷물은 열이 빠져나간 뒤 얼음 조각의 형태로 다시 갑판 너머로 던져진다.

그러면 보통 증기선은 엔트로피 법칙을 위반하지 않고 어떻게 열을 운동으로 바꿀까? 이런 비결이 가능해진 것은 증기 엔진에서는 **연료를 태워서 방출되는 열의 일부만 실제 에너지로 바꾸고**, 대부분은 배기가스의 형태로 다시 공기 중으로 빠져나가거나, 특별히 마련된 증기 냉각기에 의해 흡수되기 때문이다. 이 경우에는 우리의 시스템에 엔트로피의 두 가지 반대 변화가 생긴다. 즉 (1) 열의 일부가 피스톤의 역학적 에너지로 변한 만큼의 엔트로피 감소와 (2) 열의 또 다른 일부가 열수 기관에서 냉각기로 흘러들어 간 결과 생기는 엔트로피 증가가 그것이다. 엔트로피 법칙이 요구하는 것은 시스템의 엔트로피 총량이 증가하는 것뿐이므로 첫 번째 요인보다 두 번째 요인을 더 크게 만들면 쉽게 조정할 수 있다. 이 상황은 바다에서 6피트 높이에 있는 선반 위에 5파운드짜리 분동을 올려놓는 예를 고찰하면 이해하기 더 쉬울 것이다. 에너지 보존 법칙에 따라, 이 분동이 외부의 도움 없이 저절로 천장 쪽을 향해 올라가는 것은 상당히 불가능하다. 반면에 이 분동의 한쪽을 바다로 내리고 그렇게 방출된 에너지를 이용해서 또 다른 부분을 위쪽으로 올리는 것은 가능하다.

마찬가지로 한쪽에서 엔트로피의 보상 증가가 있다면 반대쪽에서 엔트로피를 감소시킬 수 있다. 다시 말해 **분자들의 무질서한 운동을 고찰할 때, 한 지역의 질서 증가로 다른 쪽의 운동이 훨씬 더 무질**

서해진다는 사실을 신경 쓰지 않는다면, 그 지역에 어느 정도 질서를 가져올 수 있다. 그리고 모든 종류의 열 엔진처럼, 실제적인 많은 경우에 우리는 그것을 특별히 신경 쓰지 않는다.

통계적 요동

앞의 논의는 엔트로피 법칙과 그 모든 결과가 대규모 물리학에서는 항상 엄청나게 많은 독립 분자를 다루고 있다는 사실에 전적으로 기초하고 있어서 확률 고찰을 바탕으로 한 예측은 무엇이든 거의 절대적으로 확실한 사실이 된다는 것을 분명히 해주었을 것이 틀림없다. 그러나 이런 종류의 예측은 매우 작은 양의 물질을 고찰할 때는 확실성이 상당히 떨어지게 된다.

따라서 이전의 예처럼 커다란 방을 채우는 공기를 고찰하는 대신, 훨씬 더 작은 부피의 기체를 택해서 가로, 세로, 높이가 각각 $\frac{1}{100}$ 미크론*인 입방체를 고찰한다면, 상황이 전혀 다르게 보일 것이다. 사실 이 입방체의 부피는 10^{-18}세제곱센티미터이기 때문에 그 안에는 분자가 $\frac{10^{-18} \times 10^{-3}}{3 \times 10^{-23}} = 30$개밖에 없으며, 그 분자들 모두가 원래 부피의 한쪽 절반에 모여 있을 확률은 $\left(\frac{1}{2}\right)^{30} = 10^{-10}$이다.

한편 입방체의 크기가 훨씬 작아서 분자들이 초당 5×10^9회 정도마다 다시 섞이게 될 것이므로(초속 0.5킬로미터의 속도와 10^{-6}센티미

---

* 보통 그리스 문자 뮤(μ)로 표기되는 1미크론은 0.0001센티미터이다.

터의 거리) 이 입방체의 한쪽 절반은 1초에 한 번꼴로 텅 비게 될 것이다. 일부 분자만 작은 입방체 한쪽 끝에 모여 있을 경우들이 훨씬 더 잦게 일어나는 것은 말할 필요도 없다. 따라서 20개의 분자는 한쪽 끝에 있고 10개의 분자는 다른 쪽 끝에 있는 분포(즉 한쪽 끝에 모여 있는 분자가 10개만 더 많을 때)는 $(\frac{1}{2})^{10} \times 5 \times 10^{10} = 10^{-3} \times 5 \times 10^{10} = 5 \times 10^{7}$, 즉 초당 5000만 회의 빈도로 일어날 것이다.

따라서 작은 규모에서는 공기 안에 있는 분자들의 분포가 전혀 균일하지 않다. 만약 우리가 충분한 배율로 확대시킬 수 있다면, 분자들이 가스의 다양한 지점에서 순간적으로 작게 모였다가 다시 해체되며, 다른 지점에서 나타나는 다른 유사한 밀도의 분자들로 대체된다는 것을 알아챘을 것이다. 이 효과는 **밀도요동**으로 알려져 있으며 많은 물리적 현상에서 중요한 역할을 한다. 따라서 햇빛이 대기를 통과할 때 이런 불균일성이 스펙트럼의 청색광을 산란시켜서 하늘을 파랗게 보이게 하고 태양을 실제보다 더 붉게 보이게 한다. 이런 적색화 효과는 햇빛이 더 두꺼운 공기층을 통과하는 일몰 동안 특히 두드러진다. 만약 이런 밀도요동이 존재하지 않는다면 하늘은 언제나 완전히 새카맣게 보일 것이고 낮에도 별들을 볼 수 있을 것이다.

보통 액체에서도 유사한 밀도와 압력 요동이 일어나지만 덜 두드러지며, 물속에 떠 있는 작은 입자들이 반대쪽에 작용하는 압력의 급속한 변화 때문에 앞뒤로 밀리는 것으로 브라운 운동의 원인을 설명할 수도 있다. 액체를 끓는점 가까이까지 가열하면 밀도요동이 더 두드러져서 약간의 유백 광을 일으킨다.

이제 엔트로피 법칙이 통계적 요동이 가장 중요해지는 작은 물체에도 적용되는지 자문해볼 수 있다. 확실히 평생을 분자 충돌 때문에 이리저리 내동댕이쳐지는 박테리아는 열이 역학적 운동으로 넘어갈 수 없다는 말에 코웃음을 칠 것이다! 그러나 이 경우에는 엔트로피 법칙이 위반된다고 말하기보다 그 의미를 잃는다고 말하는 게 더 옳을 것이다. 사실 이 법칙이 말하는 것은 분자 운동이 엄청난 수의 독립 분자들을 포함하는 커다란 물체의 운동으로 완전히 바뀔 수 없다는 것뿐이다. 분자 자체보다 훨씬 더 크지 않은 박테리아의 경우에는 사실상 열운동과 역학적 운동의 차이가 사라졌으므로, 박테리아는 자신을 이리저리 내동댕이치는 분자 충돌을 우리가 흥분된 군중 속에서 동료 시민들에게 당하는 발길질처럼 생각할 것이다. 우리가 박테리아라면 몸을 그저 빠르게 돌아가는 바퀴에 매달아서 제2종 영구기관을 만들 수 있겠지만, 그러면 우리를 위해 그 영구기관을 사용할 뇌는 갖지 못할 것이다.

살아 있는 생물체에는 엔트로피 증가의 법칙에 모순되는 것처럼 보이는 것이 하나 있다. 사실 성장하는 식물은 이산화탄소라는 간단한 분자들(공기로부터)과 물(땅으로부터)을 흡수해서 복잡한 유기 분자로 만든다. 간단한 분자에서 복잡한 분자로의 변환은 엔트로피의 감소를 의미한다. 엔트로피가 증가하는 보통 과정은 실은 나무가 타서 그 분자들이 이산화탄소와 수증기로 분해되는 것이기 때문이다. 식물들이 정말로 엔트로피 증가 법칙에 반하는 행동을 하고, 구시대의 철학자들이 주창한 어떤 불가사의한 **생명력**의 도움으로 성장하는 걸까?

이 질문을 분석해보면 전혀 모순되지 않는다는 것을 알 수 있다. 왜냐하면 식물은 성장하기 위해서 이산화탄소와 물과 일정한 소금과 함께 풍부한 햇빛을 필요로 하기 때문이다. 성장하는 식물 속에 저장되어 있고 그 식물이 연소하면 다시 방출될 수 있는 에너지는 그렇다 치고, 햇빛은 이른바 '음의 엔트로피(낮은 엔트로피)'를 지니고 있으며, 이것은 빛이 초록 잎에 의해 흡수되면 사라진다. 따라서 식물의 잎에서 일어나는 광합성은 관련된 두 가지 과정을 수반한다. a) 태양 광선의 빛 에너지를 복잡한 유기 분자들의 화학 에너지로 바꾸는 과정과, b) 태양 광선의 낮은 엔트로피를 이용해서 간단한 분자들을 복잡한 분자들로 만드는 것과 관련된 엔트로피 감소 과정이 그것이다. '질서 대 무질서'라는 말로 표현하면, 태양복사가 초록 잎에 의해 흡수될 때는 지구에 도달할 때 가지고 있던 내부 질서를 빼앗기고, 이 질서가 분자들에게 전달되어 더 복잡하고 더 질서 있는 형태로 만들어지게 한다고 말할 수 있다. 식물들은 무기화합물을 이용해서 성장하면서 태양 광선으로부터 음의 엔트로피(질서)를 얻는 반면, 동물들은 이른바 2차 사용자가 되어 식물들을(혹은 서로를) 먹어서 음의 엔트로피를 얻어야 한다.

ONE TWO THREE...
INFINITY
Facts and Speculations at Science

9

생명의 수수께끼

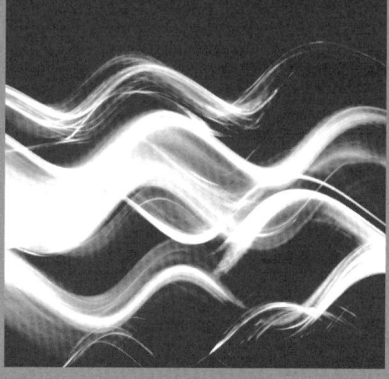

The
RIDDLE
of
LIFE

9
생명의 수수께끼

우리는 세포로 이루어져 있다

물질 구조에 대해 논의할 때 우리는 **살아 있다**는 독특한 성질 때문에 우주의 모든 다른 사물과 달리, 상당히 작지만 몹시 중요한 물체 집단에 대해서 지금까지 아무런 언급도 하지 않았다. 생물과 무생물 물질의 중요한 차이는 무엇일까? 그리고 무생물 물질의 성질들을 성공적으로 설명하는 기본적 물리학 법칙들을 바탕으로 생명 현상을 이해하려는 우리의 바람이 얼마나 정당화될까?

 생명 현상에 대해서 말할 때, 우리는 보통 나무나 말이나 사람 같은 상당히 크고 복잡한 생명체를 염두에 둔다. 그러나 그렇게 복잡한 유기체를 조사해서 살아 있는 물질의 기본적 성질을 연구하려고 하는 것은 자동차 같은 복잡한 기계를 살펴서 무기 물질의 구조를 연구하려는 것만큼이나 쓸데없는 일이 될 것이다.

달리는 자동차가 물리적 상태도 다르고 물질도 다른 다양한 부속 수천 개로 이루어졌다는 사실을 깨닫게 되면 이 상황에서 부딪히는 난점들은 명백하다. 일부(강철 차대, 구리선, 전면 유리 같은)는 고체이고, 일부(라디에이터의 물, 탱크의 가솔린, 실린더 오일 같은)는 액체이며, 일부(내연 기관의 카뷰레터에서 실린더들로 주입되는 혼합물)는 기체이다. 그러면 자동차라는 복잡한 물질을 분석할 때 첫 번째 단계는 물리적으로 균일한 독립된 구성 부품들로 분해하는 것이다. 그렇게 하면 자동차가 다양한 금속 물질(강철, 구리, 크롬 등 같은), 다양한 유리 물질(유리를 비롯해서 자동차를 만들 때 사용되는 플라스틱 물질 같은), 다양한 균일한 액체(물과 가솔린 같은)로 이루어졌다는 것을 깨닫게 된다.

이제 우리는 계속 분석할 수 있고 가능한 물리적 조사 방법들을 이용해서 구리 부속품들은 구리 원자들이 서로 단단하게 중첩되어 규칙적인 층을 형성하는 독립적인 작은 결정체들로 이루어져 있고, 라디에이터 속의 물은 산소 1개와 수소 2개가 비교적 느슨하게 모여서 만들어진 물 분자들로 이루어져 있으며, 밸브를 통해 실린더들로 흘러들어 가는 카뷰레터 혼합물은 자유롭게 움직이는 대기의 산소와 질소 분자들이 탄소와 수소 원자들로 구성된 가솔린 기체 분자들과 뒤섞여 있는 것임을 알게 된다.

마찬가지로, 인체처럼 복잡한 생물을 분석할 때는 먼저 뇌와 심장과 위장 같은 독립된 기관들로 분해하고 그 다음엔 **조직**으로 알려진 **생물학적으로 균일한 다양한 물질**로 나눠야 한다.

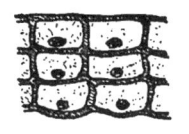  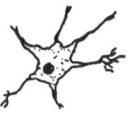

식물 조직을 형성하는 세포   근육 조직의 세포   뇌 조직의 세포

:: **그림 90**
다양한 유형의 세포.

  기계 장치들이 물리적으로 균일한 다양한 물질로 이루어진 것처럼, 다양한 유형의 조직도 어떤 의미에서는 복잡한 생물을 이루는 물질이다. 그리고 이런 의미에서 생물의 기능을 다른 **조직들**의 성질들로 분석하는 해부학과 생리학은 다양한 기계의 기능을 구성 물질들의 역학적, 자기적, 전기적 성질에 근거하는 공학과 유사하다.

  따라서 생명의 수수께끼에 대한 답은 단순히 조직들이 어떻게 모여서 복잡한 생물을 이루는지 보는 것으로는 찾을 수 없으며 이런 조직들이 모든 생물을 구성하는 독립된 원자들로부터 어떻게 만들어졌는가를 조사할 때에야 비로소 찾을 수 있다.

  생물학적으로 균일한 생물 조직이 물리적으로 균일한 보통 물질과 비교될 수 있다고 믿는다면 큰 오산일 것이다. 사실, 임의로 선택된 조직(피부든, 근육이든, 뇌이든)을 기본적인 현미경으로 분석해 보면 그 조직 전체의 특징들을 결정하는 성질을 가진 매우 많은 단위로 이루어져 있다는 것을 알게 된다(그림 90). 생물 물질의 이런 기본적인 구조 단위들은 보통 '세포'로 알려져 있다. 또한 세포는 어떤 주어진 유형의 조직의 생물학적 성질들이 그 조직이 적어도 한 개의 세포를 포함할 때까지만 유지된다는 의미에서 '생물학적 원자(나뉘질 수 없는)'라고 부를 수도 있다.

예컨대 마그네슘 원자의 절반만 포함하는 마그네슘 전선 조각은 더 이상 마그네슘 금속이 아니라 작은 석탄 조각인 것과 마찬가지로, 근육 조직도 한 세포의 절반 크기로 잘려지면 근육 수축의 모든 성질을 잃는다!

조직을 형성하는 세포는 다소 크기가 작다(지름이 평균 $\frac{1}{100}$ 밀리미터이다**). 친숙한 식물이나 동물은 무엇이나 굉장히 많은 독립된 세포로 구성되어 있을 게 틀림없다. 예컨대 성숙한 인간의 몸은 수십조 개의 독립된 세포로 이루어져 있다!

더 작은 생물들은 물론 더 적은 수의 세포로 만들어진다. 예컨대 집파리나 개미는 고작 수억 개의 세포로 이루어져 있다. 또한 **아메바와 균류**('백선' 감염을 일으키는 것들 같은)를 비롯한 다양한 유형의 박테리아처럼, 오직 세포 하나로만 이루어져서 성능 좋은 현미경이 있어야만 볼 수 있는 **단세포** 생물도 있다. 복잡한 생물에서 수행해야 할 '사회적 기능'이 없는 이런 독립적으로 살아 있는 세포들의 연구는 생물학의 가장 흥미로운 분야들 가운데 하나이다.

생명의 문제를 일반적으로 이해하기 위해서는 살아 있는 세포의 구

---

* 원자 구조의 논의에서부터 마그네슘 원자(원자번호 12, 원자 무게 24)는 양성자 12개와 중성자 12개로 이루어진 핵의 주위를 전자 외피 12개가 싸고 있다는 것을 기억해야 할 것이다. 마그네슘 원자를 이등분하면 각각 핵 양성자 6개, 핵 중성자 6개, 그리고 외곽 전자 6개를 포함하는 새로운 원자 2개, 즉 탄소 원자 2개를 얻게 될 것이다.

** 때로 개개의 세포는 단세포로 알려진 달걀의 노른자처럼 거대한 크기에 달하기도 한다. 그러나 이런 경우에 생명의 원천인 세포의 급소들은 크기가 아주 작으며, 노른자 물질의 대부분은 그저 병아리 태아의 발달에 도움이 되는 비축 식량일 뿐이다.

조와 성질에서 그 해답을 찾아야 한다.

살아 있는 세포가 보통 무기 물질이나 책상의 나무나 신발의 가죽을 이루는 죽은 세포와 다른 성질은 무엇일까?

살아 있는 세포를 식별하는 기본적인 성질들은 (1) 주위의 환경에서 자기 구조에 필요한 물질을 흡수하여, (2) 이런 물질들을 자기 성장에 쓰일 물질로 바꾸며, (3) 기하학적 크기가 너무 커졌을 때 자기 크기의 절반인 두 개의 유사한 세포로 쪼개질 수 있는(그리고 성장할 수 있는) 능력들이다. 이렇게 '먹고' '성장하고' '증식하는' 능력들은 물론 독립 세포들로 이루어진 더 복잡한 모든 유기체에서 흔히 볼 수 있다.

비판 정신을 가진 독자는 이런 세 개의 성질은 보통 무기 물질에서도 찾을 수 있다며 이의를 제기할지도 모른다. 만약 작은 소금 결정체를 과포화된 소금물 용액에 떨어뜨리면,*** 물에서 추출된(혹은 '쫓겨난') 소금 분자들이 표면에 붙어서 자라게 될 것이다. 우리는 자라나는 결정체의 무게가 증가하는 것 같은 어떤 역학적 효과 때문에, 그 결정체들이 일정한 크기에 도달한 뒤에는 이등분으로 쪼개지며, 그렇게 만들어진 '아기 결정체들'은 성장 과정을 계속할 거라고 상상할 수도 있다. 우리는 왜 이런 과정 또한 '생명-현상'으로 분류하면 안 되는 걸까?

*** 뜨거운 물에 소금을 대량으로 녹인 뒤 실내 온도까지 식히면 과포화 용액을 만들 수 있다. 온도가 감소할수록 물의 용해도는 감소하므로, 물속에는 그 물이 수용액 속에 보유할 수 있는 양보다 더 많은 소금 분자가 있을 것이다. 그러나 과잉된 소금 분자들은 일종의 촉매 역할을 하는 작은 결정체들을 넣어 수용액에서 소금 분자들이 빠져나오도록 초기 자극을 주지 않는 한, 아주 오랫동안 수용액 속에 그대로 남아 있을 것이다.

이런 부류의 질문에 답할 때는 우선 생명을 그저 보통 물리적 화학적 현상의 더 복잡한 사례들로 간주하기 때문에 둘 사이에 뚜렷이 정의된 경계가 없다고 생각해야 한다. 마찬가지로 많은 수의 독립 분자로 이루어진 기체의 행동을 묘사하는 데 통계 법칙을 사용할 때는(8장), 그런 방법이 옳은지에 대한 정확한 한계를 결정할 수 없다. 사실 우리는 방을 채우는 대기의 공기가 갑자기 방의 한쪽 구석으로 모이는 일은 없으며, 적어도 그런 이상한 일이 일어날 가능성은 무시할 수 있을 정도로 작다는 것을 알고 있다. 반면에 방 전체에 분자가 두 개나 세 개나 혹은 네 개만 있다면, 그것들 모두가 종종 한쪽 구석으로 모일 수 있다는 것도 알고 있다.

전자가 적용되는 수와 후자가 적용될 수 있는 수 사이의 정확한 경계는 어디일까? 1,000개의 분자? 100만 개? 10억 개?

마찬가지로 기본적 생물 과정으로 내려갈 때 수용액 속에 있는 소금의 결정화처럼 간단한 분자 과정과, 기본적으로 다르지는 않지만 훨씬 더 복잡한 살아 있는 세포의 성장과 분할 현상 사이의 뚜렷한 경계를 찾기란 기대할 수 없다.

그러나 이 특별한 예에서 용액 속에 있는 결정체의 성장은 결정체가 성장을 위해 이용하는 '식량'이 그 몸에 흡수되어도 결정체의 형태가 변하지 않기 때문에 생명 현상으로 간주되어서는 안 된다. 이전에 물 분자들과 섞였던 소금 분자들은 그저 성장하는 결정체의 표면에 모일 뿐이다. 여기서 일어나는 현상은 전형적인 **생화학적 흡수**가 아니라 물질의 평범한 **역학적 부착**일 뿐이다. 또한 결정체들의 증식은, 순전히 무게의 역학적 힘 때문에 일정한 비율 없이 수시로

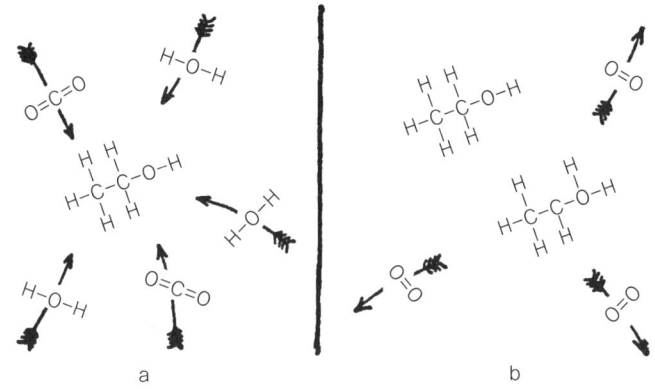

:: 그림 91
알코올 분자 하나가 물과 이산화탄소의 분자들을 조직해서 또 다른 알코올 분자를 만들 수 있는 방법을 설명하는 그림. 만약 알코올의 이런 '자가합성' 과정이 가능하다면, 우리는 알코올을 살아 있는 물질로 생각해야만 할 것이다.

불규칙하게 쪼개지므로 살아 있는 세포가 주로 내부의 힘 때문에 이등분되는 정확하고 안정된 생물학적 분할과 전혀 유사성이 없다.

만약 이산화탄소 기체의 수용액 속에 들어 있는 단 한 개의 알코올 분자(C_2H_5OH)가 자가합성 과정을 시작해서 물의 H_2O 분자들과 이 용해된 가스의 CO_2 분자들을 하나씩 결합시켜 알코올의 새로운 분자들을 만든다면, 생물학적 과정에 더 가까워질 것이다.* 사실 보통 탄산수 잔에 넣은 위스키 한 방울이 탄산수를 순수한 위스키로 변화시키기 시작한다면, 알코올을 살아 있는 물질로 간주하지 않을 수 없다!

---

* 예컨대 이 가설적 반응에 따라 정리하면 $3H_2O + 2CO_2 + [C_2H_5OH] \rightarrow 2[C_2H_5OH] + 3O_2$와 같다. 여기서 한 개의 알코올 분자가 또 다른 알코올 분자를 형성시킨다.

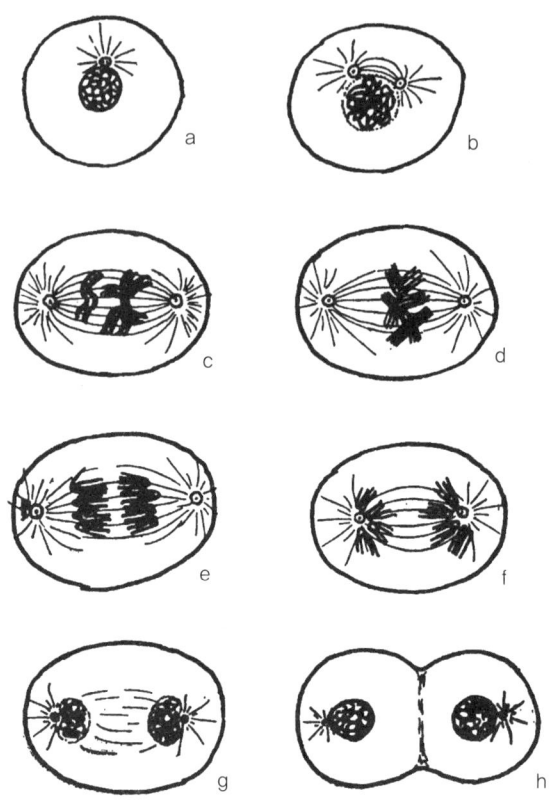

:: 그림 92
세포 분할의 연속적인 단계(유사 분열)

 이 예가 그다지 매력적으로 보이지 않는 것은, 나중에 알게 되겠지만 복잡한 분자들(각각이 수십만 개의 원자들로 이루어진)이 실제로 주위 환경의 다른 분자들을 조직해서 자신들과 유사한 구조 단위로 만드는 복잡한 화학 물질들이 존재하기 때문이다. **바이러스**로 알려진 이런 입자들은 보통 화학 분자인 동시에 살아 있는 유기체로 간주되어야 하므로 **생물과 무생물 물질 사이의 '잃어버린 고리'**를 대표한다.

  그러나 이제 보통 세포들의 성장과 증식 문제로 되돌아가보자. 세포는 매우 복잡하기는 해도 분자보다는 훨씬 덜 복잡하므로, 가장 단순한 살아 있는 유기체로 간주되어야 한다.

  전형적인 세포를 성능 좋은 현미경으로 관찰해보면 매우 복잡한 화학적 구조를 갖는 반투명한 젤리 모양의 물질로 이루어져 있다는 사실을 깨닫게 된다. 일반적으로 그 물질은 **원형질**로 알려져 있다. 원형질은 동물 세포에서는 얇고 유동적이지만, 다른 식물 세포에서는 두껍고 강해서 몸체가 휘어지지 않게 하는 세포벽으로 에워싸여 있다(그림 90). 각 세포는 내부에 **핵**으로 알려진 작은 구형체를 포함하고 있는데, 이것은 **염색질**로 알려진 물질의 촘촘한 망으로 이루어져 있다(그림 92). 그러나 세포를 이루는 원형질의 다양한 부분들은 보통 환경에서는 똑같은 광학적 투명성을 갖고 있어서 현미경으로 살아 있는 세포를 보는 것만으로는 관찰할 수 없다. 구조를 보기 위해서는 세포 물질을 **염색**해서 원형질의 다른 구조적 부분들이 염색 물질을 다양한 정도로 흡수한다는 사실을 이용해야 한다. 얼기설기 얽힌 핵의 그물망을 형성하는 물질은 특히 이 염색 과정에 쉽게 영향을 받으므로 배경이 밝으면 또렷이 볼 수 있는 것 같다.* 그래서 이 물질에는 그리스어로 '색깔을 띠는 물질'이라는 뜻의 '염색질 chromatin'이라는 이름이 붙어 있다.

  세포가 분열이라는 생명 과정을 준비하고 있을 때는 이 핵 그물의 구조가 이전보다 더 세분화되어서 보통 섬유 모양이나 막대형인

'염색체(즉, 색깔을 띠는 물체)'라는 독립 입자들의 집합으로 이루어진 것이 관측된다. 플레이트 VA, B.*

주어진 생물의 몸에 있는 모든 세포는(이른바 생식 세포를 제외하고) 정확히 똑같은 수의 염색체를 포함하지만, 일반적으로 고등생물이 하등생물보다 더 많은 염색체를 갖고 있다.

드로소필라 멜라노가스터 Drosophila melanogaster 라는 자랑스러운 학명을 갖고 있고 생물학자들이 생명의 기본적 수수께끼들과 관련된 많은 것을 이해하도록 도와주었던 작은 초파리는 세포 하나마다 8개의 염색체를 갖고 있다. 콩 식물 세포는 14개의 염색체를 갖고 있으며, 옥수수의 세포는 20개를 갖고 있다. 사람은 자랑스럽게도 세포마다 48개의 염색체를 갖고 있다. 만약 왕새우가 사람보다 네 배나 많은 200개의 염색체를 가지고 있지 않았더라면 아마 사람들은 인간이 초파리보다 6배 많은 염색체를 갖고 있다는 사실을 인간이 초파리보다 6배나 더 발달했다는 순전한 산술적 증거로 삼았을지도 모른다!

다양한 생물 종의 염색체 수에 대한 중요한 사실은 항상 짝수라는 점이다. 모든 생물 세포에는(이 장의 뒷부분에서 예외가 논의되기는 하지만) 거의 동일한 두 개의 염색체 집합이 있다(플레이트 VA 참고). **한 집합은 모계 염색체이고 또 한 집합은 부계 염색체이다.** 양쪽 부모

---

* 유사한 방법을 이용해서 밀랍 양초로 종이에 글씨를 쓸 수 있다. 글씨는 검정 연필로 종이를 칠할 때까지 볼 수 없을 것이다. 밀랍으로 덮인 부분에는 흑연이 달라붙지 않기 때문에, 연필로 칠한 배경 위에 글씨가 또렷이 드러날 것이다.

로부터 오는 이들 두 집합은 모든 생물의 세대에서 세대로 전해지는 복잡한 유전 성질들을 보유하고 있다.

세포 분할은 염색체가 주도하며, 각 염색체는 두 개의 똑같은 다소 더 얇은 섬유로 이등분되지만 세포는 하나의 단위로 남아 있다(그림 92d).

원래 뒤엉켜 있던 핵 염색체 다발이 분열 준비에 들어가기 시작할 무렵이면, 서로 가까이 있고 핵의 바깥 경계 근처에 있는 중심체로 알려진 두 지점이 서로에게서 점차 멀어져 세포의 반대쪽으로 이동한다(그림 92a, b, c). 또한 이렇게 따로따로 떨어진 중심체들을 핵 안에 있는 염색체들과 연결해주는 가는 실도 존재하는 것처럼 보인다. 염색체들이 둘로 쪼개질 때, 각 절반이 맞은편 중심체에 붙게 되고, 실이 수축하면서 다른 중심체로부터 먼 쪽으로 끌어 당겨지게 된다(그림 92e, f). 이 과정이 완성되면(그림 92g), 세포벽이 중앙선을 따라 함몰되기 시작하고(그림 92h), 이등분된 세포를 가로질러 얇은 벽이 자라나며, 두 반쪽이 서로 떼어져, 새로 만들어진 두 개의 뚜렷한 세포가 존재하게 된다.

만약 두 아기 세포들이 외부로부터 충분한 식량을 받으면 어머니 크기만큼 자랄 것이며(두 배로), 일정한 휴식 기간 후에는 이전과 정

---

* 살아 있는 세포에 염색을 하면 대개 세포가 죽어서 더 이상의 발달을 멈추게 된다. 따라서 그림 92에 있는 것 같은 연속적인 세포분열 사진은 단 하나의 세포를 관찰해서 얻은 게 아니라, 다양한 발달 단계에 있는 다른 세포들을 염색하는(그리고 죽이는) 방법으로 얻어진다. 그러나 원칙적으로는 큰 차이가 없다.

확히 똑같은 패턴에 따라 계속 분할하게 될 것이다.

　독립적인 세포분열 단계들의 이런 묘사는 직접적인 관측의 결과이며, 그동안 과학이 그 현상을 설명하기 위해 시도할 수 있었던 것은 이 정도가 한계이다. 왜냐하면 그 과정의 원인이 되는 물리화학적 힘들의 정확한 본질을 이해하는 방향에서는 관측된 것이 거의 없기 때문이다. 세포는 직접 물리적 분석을 하기에는 너무 복잡하기 때문에, 이 문제를 공략하기 전에 먼저 염색체의 성질을 이해해야 하며 그러고 나면 비교적 간단한 문제로 다음 절에서 논의하기로 한다.

　그러나 우선 세포분열이 어떻게 많은 세포로 이루어진 복잡한 생물의 번식 과정을 일으키는지 고찰해야 한다. 여기서 어쩌면 닭이 먼저인지 달걀이 먼저인지 묻고 싶은 충동이 일지도 모르겠다. 하지만 이런 순환 과정을 기술할 때는 닭(혹은 다른 동물)으로 발달하게 될 달걀로 시작하는지, 달걀을 낳을 닭으로 시작하는지는 중요하지 않다.

　이제 달걀에서 막 나온 닭으로 시작한다고 하자. 닭이 부화하는 (태어나는) 순간에, 그 몸에 있는 세포들은 생물의 급속한 성장과 발달에 영향을 미치는 연속적인 분열 과정을 경험하고 있다. 성체 동물의 몸은 모두 단 한 개뿐인 수정란 세포의 연속적인 분열로 만들어진 수조 개의 세포를 포함한다는 사실을 기억하면, 언뜻 생각할 때 이런 결과를 얻기 위해서는 틀림없이 매우 많은 연속적인 분열 과정이 있었을 거라고 믿는 게 당연할 것이다. 그러나 시사 벤이 고마워하는 왕에게 등비수열로 64단계를 거친 만큼의 밀알을 달라고 요구했을 때, 그 밀알의 수가 몇 개였는지, 혹은 1장에서 논의한

'세상의 끝' 문제의 64개 원판을 재배열하는 데 걸리는 시간이 몇 년이었는지 기억한다면 비교적 적은 수의 연속적인 세포분열로 매우 많은 수의 세포가 만들어진다는 것을 알게 될 것이다. 만약 성숙한 인간의 성장에 필요한 연속적인 세포분열의 수를 x로 놓고, 분열할 때마다 성장하는 몸속의 세포 수가 두 배로 증가한다는 것을 기억한다면(왜냐하면 각 세포가 두 개가 되기 때문에), 우리는 방정식을 이용해서 한 개의 난자 세포가 형성되어 완전히 발달하기까지 인체에서 일어나는 총 분열 수를 계산할 수 있다. 즉 $2^x = 10^{14}$이므로, x=47임을 알게 된다.

따라서 우리는 성인 인간의 몸속에 있는 각 세포가 우리를 존재하게 해준 최초의 난자 세포의 대략 50번째 세대의 구성원이라는 것을 깨닫게 된다.*

비록 어린 동물은 세포가 다소 빠르게 분열한다고 해도, 성숙한 개체의 세포들 대부분은 보통 '정지 상태'에 있으며, 살아가는 동안 몸을 '유지'하고 마멸을 보상하기 위해서 오직 이따금 분열한다.

이제 번식 현상의 원인이 되는 '생식체' 혹은 '결합하는 세포'를 형성시키는 매우 중요한 특별 유형의 세포분열을 살펴보자.

양성 생물의 매우 초기 단계에서 많은 세포가 미래의 생식 활동

---

* 이 계산과 결과를 원자폭탄의 폭발과 관련된 유사한 계산(8장 참고)과 비교해보면 무척 흥미롭다. 1킬로그램의 물질 속에 있는 모든 우라늄 원자(총 $2 \cdot 5 \cdot 10^{24}$개의 원자)의 융합(수정)을 일으키는 데 필요한 연속적인 원자 분열 과정의 수도 유사한 방정식으로 계산된다. 즉 $2^x = 2 \cdot 5 \cdot 10^{24}$이므로, x=61이 된다.

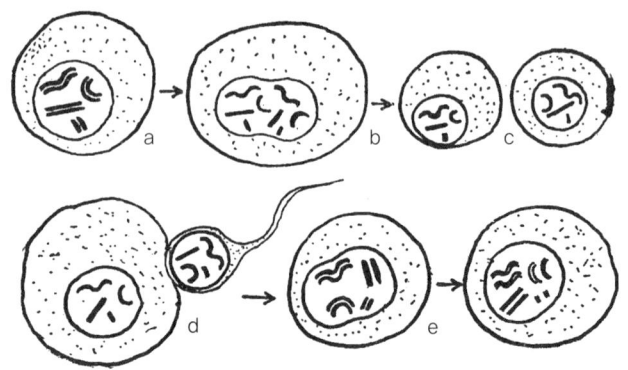

:: 그림 93
생식체의 형성(a, b, c)과, 난자 세포의 수정(d, e, f). 첫 번째 과정에서(세포핵의 감수분열), 예비 생식 세포의 짝 염색체들이 준비 분열 없이 두 개의 '절반 세포'로 분리된다. 두 번째 과정에서는(유성 생식) 남성의 정자 세포가 여성의 난자 세포를 뚫고 들어가 염색체들이 짝을 이룬다. 결과적으로, 수정된 세포는 앞의 그림 92처럼 규칙적인 분열을 준비하기 시작한다.

을 위해 '예비로' 비축되어 있다. 특별한 생식기관에 자리 잡고 있는 이런 세포들은 생물이 성장하는 동안 몸속에 있는 여느 다른 세포들보다 훨씬 더 적은 수의 분열을 경험하므로, 새로운 자손을 생산하기 위해 소집되었을 때는 건강하고 활기가 넘친다. 또한 이런 생식 세포들의 분열은 위에서 설명한 보통 몸 세포들의 분열보다 훨씬 더 간단한, 다른 방식으로 진행된다. 그 세포들의 핵을 이루는 염색체들은 보통 세포들처럼 두 개로 쪼개지는 게 아니라 그저 서로 분리되어 떨어질 뿐이므로(그림 93a, b, c), 각각의 **딸세포는 원래 염색체 쌍의 한쪽 절반만 받는다.**

이렇게 '염색체가 모자라는' 세포들을 형성시키는 과정은 '유사분열'로 알려진 보통의 분열 과정과 대조적으로, '감수분열'로 알려져 있다. 그리고 그런 분열로 생기는 세포들은 '정자 세포'와 '난자

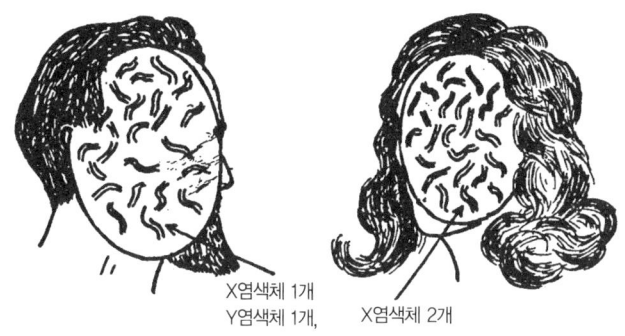

:: 그림 94
남자와 여자의 얼굴 값 차이. 여자의 몸의 모든 세포는 각 쌍 안에 동일한 염색체 48쌍을 포함하는 반면, 남자의 몸의 세포는 비대칭 1쌍을 포함하고 있다. 여자는 X염색체를 2개 갖는 대신, 남자는 X염색체 1개와 Y염색체 1개를 갖는다.

세포[*] 혹은 **웅성 생식체**와 **자성 생식체**로 알려져 있다.

세심한 독자는 원래 생식 세포의 이등분 분열이 어떻게 웅성이나 자성 성질을 가진 생식체를 생기게 하는지 궁금할 것이며, 그 설명은 염색체가 언제나 동일한 쌍으로만 존재한다는 말에서 찾을 수 있다. 특별한 염색체 쌍은 여성의 몸에서는 두 성분이 동일하지만, 남성에서는 다르다. 이 특별한 염색체는 성염색체로 알려져 있으며 X와 Y라는 기호로 구별된다. 여성의 몸속에 있는 세포들은 항상 2개의 X염색체를 갖고 있는 반면, 남성은 X염색체 1개와 Y염색체 1개를 갖고 있다. X염색체 가운데 1개를 Y염색체로 바꾼 것이 성의 기본적인 차이이다(그림 94).

암컷 속에 비축된 모든 생식 세포는 완전한 X염색체 집합을 갖고

---

* 인간과 모든 포유동물에게 해당된다. 그러나 조류에서는 상황이 역전되어서 수탉은 동일한 성염색체를 2개 갖고 있는 반면, 암탉은 다른 성염색체를 2개 갖고 있다.

있기 때문에, 감수분열 과정에서 1개가 2개로 쪼개지면, 절반 세포인 생식체마다 X염색체 1개를 받는다. 그러나 각각의 웅성 생식 세포는 X염색체 1개와 Y염색체 1개를 갖고 있기 때문에, 그것들이 나뉘면 결국 2개의 생식체가 1개는 X염색체를 갖고, 다른 1개는 Y염색체를 갖게 된다.

수정 과정에서 웅성 생식체(정자 세포)가 자성 생식체(난자 세포)와 결합하면 2개의 X염색체를 갖고 있는 세포가 되거나 X염색체와 Y염색체를 1개씩 갖고 있는 세포가 될 가능성은 50:50이다. 첫 번째 경우에는 그 자손이 딸이고, 두 번째 경우에는 아들이다.

이 중요한 문제는 다음 절에서 다루게 될 테니 지금은 생식 과정을 계속 설명해보자.

남성의 정자 세포가 여성의 난자 세포와 결합하는 '유성 생식'으로 알려진 과정에서는 완전한 세포 1개가 만들어져 그림 92에서 설명한 '유사 분열' 과정으로 2개로 나뉘기 시작한다. 그렇게 형성된 2개의 새로운 세포는 짧은 휴식 기간을 거친 뒤에 다시 각각 2개로 나뉜다. 그리고 그렇게 만들어진 4개의 세포 각각이 그 과정을 계속해서 되풀이한다. 각각의 딸세포는 절반은 어머니에게서 오고 절반은 아버지에게서 온 원래의 수정란으로부터 모든 염색체와 똑같은 염색체들을 받는다. 그림 95는 수정란이 점차 성숙한 개체로 발달하는 과정을 대략적으로 보여준다. (a)에서는 정자가 정지해 있는 난자 세포의 몸을 뚫고 들어가고 있다.

두 생식체의 결합이 완성된 세포의 새로운 활동을 자극하므로, 이제 이 세포는 처음에는 2개, 그 뒤엔 4개, 8개, 16개, 이런 식으

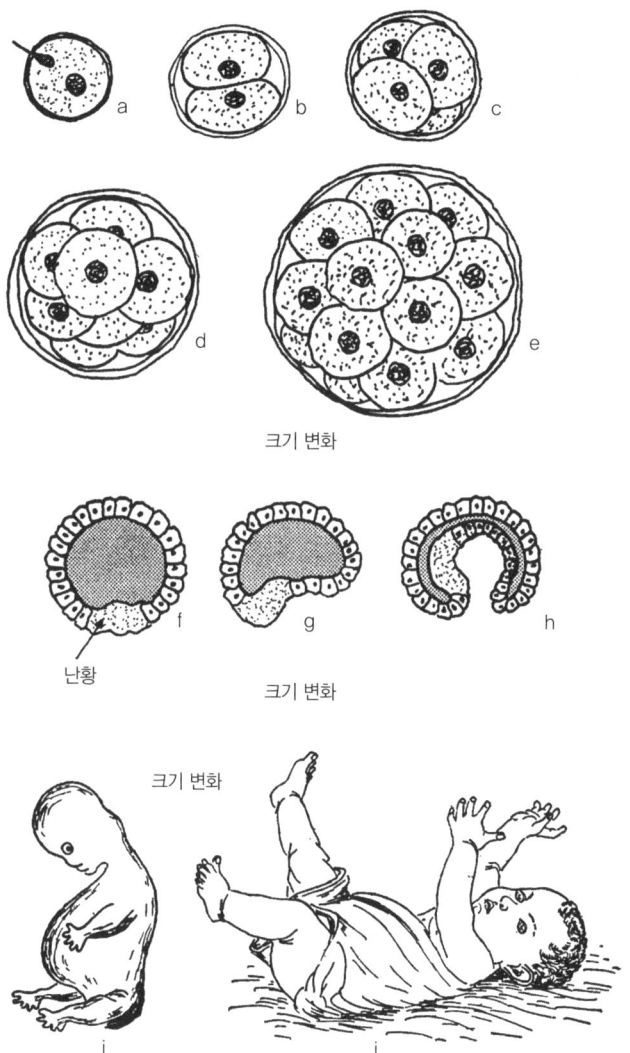

:: 그림 95
난자 세포에서 인간이 되기까지.

로 계속해서 쪼개진다(그림 95b, c, d, e). 각 세포들의 수가 다소 많아지면, 세포들은 주위를 에워싸는 배양기로부터 식량을 얻기에 더 좋은 위치인 표면에 배열하는 경향이 있다. 생물이 얼마쯤 안이 텅 빈 작은 기포처럼 보이는 이런 발달 단계는 '포배'로 알려져 있다(f). 나중에 이 공동의 벽이 안으로 휘어지기 시작하면(g), 이 생물은 '장배'로 알려진 단계로 들어가는데(h), 그 단계 동안은 신선한 음식을 흡수하기에도 좋고 소화된 물질에서 찌꺼기를 배출하기에도 좋은 구멍이 있는 작은 주머니처럼 보인다. 예컨대 산호 같은 간단한 동물들은 이 발달 단계 이후로는 절대 진행하지 않는다. 그러나 더 진보한 종에서는 성장과 발달 변형 과정이 계속된다. 어떤 세포는 골격 구조로 발달하고, 어떤 세포는 소화계와 호흡계와 신경계로 발달하며, 다양한 배胚 단계들을 거치고 나면(i), 마침내 생물은 그 종의 구성원으로 인식할 수 있는 어린 동물이 된다(k).

위에서 언급한 것처럼 성장하는 생물의 발달하는 세포 일부는 심지어 발달 초기 단계에도 미래의 생식 기능을 위해 비축되고 있다. 생물이 성숙기에 도달하면 이런 세포들이 감수분열 과정을 거치고, 생식체들을 만들며, 그것들이 처음부터 다시 전체 과정을 시작한다. 따라서 생명은 계속된다.

형질유전과 유전자

생식 과정의 가장 놀라운 특징은 두 부모의 생식체 한 쌍이 결합해서 생기는 새로운 생물체가 그저 아무 종류의 생명으로 성장하는 게 아니라, 반드시 똑같지는 않지만 그 부모와, 그 부모의 부모와 닮은 개체로 발달한다는 점에서 찾을 수 있다.

사실 우리는 아이리시 세터 한 쌍에서 태어난 강아지가 코끼리나 토끼가 아닌 개가 될 뿐만 아니라, 코끼리만큼 크지도 토끼처럼 작지도 않고, 다리 네 개와 긴 꼬리 하나, 얼굴 한쪽에 하나씩 두 개의 귀와 두 개의 눈을 갖게 되리라는 것을 확신할 수 있다. 또한 우리는 그 강아지의 귀가 부드럽고 늘어져 있으며, 털은 길고 황금빛 갈색이며, 아마도 사냥을 좋아할 거라는 것도 꽤 확신할 수 있다. 게다가 그 아버지나 어머니, 혹은 아마도 더 오랜 조상들까지도 추적할 수 있는 다양한 사소한 특징을 비롯해서, 그 강아지만의 일부 독특한 특징들도 있을 것이다.

순종 아이리시 세터의 다양한 특징이 어떻게 강아지의 발달이 시작된 두 생식체를 구성하는 아주 작은 물질 안에 담겨 있었을까?

위에서 보았듯이 모든 새로운 생물체는 염색체의 절반은 아버지에게서, 나머지 절반은 어머니에게서 받는다. 주어진 종의 주요 특성들은 부계와 모계 염색체 안에 포함되어 있었을 게 틀림없지만, 개체마다 다를 수 있는 다른 작은 특징들은 부모 가운데 오직 한쪽에서만 왔을 것이다. 그리고 비록 오랜 기간에 걸쳐 매우 많은 세대가 흐른 뒤에는 다양한 동물과 식물의 기본 성질들 대부분이 변하기 쉽다고 해도(생물 진화가 그 증거이다), 인간의 지식으로 기술되는 한정된 관찰 기간 동안 알아챌 수 있는 것은 오직 작은 특징들의 비교적 작은 변화들뿐이다.

그런 특징들과 그것들이 부모에서 자식으로 전해지는 것을 연구하는 것이 **유전학**이라는 새로운 과학의 주요 과제이다. 사실상 유전학은 아직 유년기에 있지만, 그럼에도 불구하고 우리에게 생명의 가장 내밀한 비밀들에 대한 매우 흥미진진한 이야기들을 말해줄 수 있다. 예컨대 대부분의 생물학적 현상들과 달리 유전 법칙은 거의 수학적인 단순성을 가지고 있어서, 유전이 생명의 기본적 현상들 가운데 하나임을 암시한다.

붉은색과 초록색을 구별하지 못하는 가장 흔한 형태인 **색맹** 같은 인간의 시력 결함을 예로 들어보자. 색맹을 설명하기 위해서는 먼저 다른 파장의 빛으로 인한 광화학적 반응들과 관련된 문제인, 망막의 복잡한 구조와 특성들의 연구를 통해 우리가 대체 왜 색을 보는지 이해해야만 한다.

그러나 이런 현상 자체의 설명보다 훨씬 더 복잡해 보이는 **색맹의 유전성**에 대해 자문해보면, 그 답은 뜻밖에 간단하고 쉽다. 관측 사실들을 보면 (1) 남자가 여자보다 색맹에 걸릴 가능성이 훨씬 더 크며, (2) 색맹 남자와 '정상' 여자 사이에서 태어난 아이들은 결코 색맹이 되지 않지만, (3) 색맹 여자와 '정상' 남자 사이에 태어난 아이들 가운데 아들들은 색맹인 반면, 딸들은 색맹이 아니라는 것을 알 수 있다. 색맹의 유전성이 얼마쯤 성sex과 관련되었음을 명확히 암시하는 이런 사실들을 알고 있으므로, 색맹의 특성들이 염색체들 가운데 하나의 결함에 기인하며 이 염색체와 함께 세대에서 세대로 전해진다고 가정하기만 하면 지식과 논리적 가정을 결합해서, 우리**가 이전에 X로 표기했던 성염색체의 결함 때문에 색맹이 생긴다**는 한

발 더 나아간 가정을 할 수 있다.

이런 가정을 하면 색맹과 관련된 경험 규칙들이 명명백백해진다. 여성 세포들은 2개의 X염색체들을 갖고 있는 반면 남성 세포들은 오직 1개만 갖고 있다는 것을 기억해라(다른 1개는 Y염색체이다). 만약 남자 안에 있는 단 1개의 X염색체가 이런 특별한 결함이 있다면, 그는 색맹이다. 그러나 색을 인식하는 데는 1개의 염색체만으로도 충분하기 때문에 여자의 경우에는 2개의 X염색체 모두가 영향을 받아야 색맹이 된다. 만약 X염색체가 이런 색 결함을 가질 확률이 $\frac{1}{1000}$이라면, 색맹인 남자는 1,000명 가운데 1명일 것이다. 여자의 X염색체 모두가 색 결함을 가질 **선험** 확률은 확률의 곱 정리에 따라 (8장 참고) $\frac{1}{1000} \times \frac{1}{1000} = \frac{1}{1000000}$로 계산되므로, 여자는 100만 명 가운데 단 1명만 색맹이 된다고 예상할 수 있다.

이제 색맹 남편과 '정상' 아내의 경우를 고찰해보자(그림 96a). 그들의 아들들은 아버지에게서 X염색체를 전혀 받지 않고, 어머니의 '좋은' X염색체 1개를 받으므로 색맹이 될 이유가 없다.

반면에 그들의 딸들은 어머니에게서 '좋은' X염색체 하나와 아버지에게서 '나쁜' X염색체 1개를 받게 될 것이다. 따라서 그들은 색맹이 아니겠지만, 그들의 자식들(아들들)은 색맹이 될 수도 있다.

반대로 아내가 색맹이고 남편은 '정상'인 경우(그림 96b), 아들들이 갖고 있는 단 1개의 X염색체는 어머니에게서 오기 때문에 그들은 분명히 색맹일 것이다. 딸들은 아버지의 '좋은' X염색체와 어머니의 '나쁜' X염색체를 갖겠지만, 앞의 경우처럼 그들의 아들들이 색맹일 것이다. 이보다 더 간단할 수 있을까!

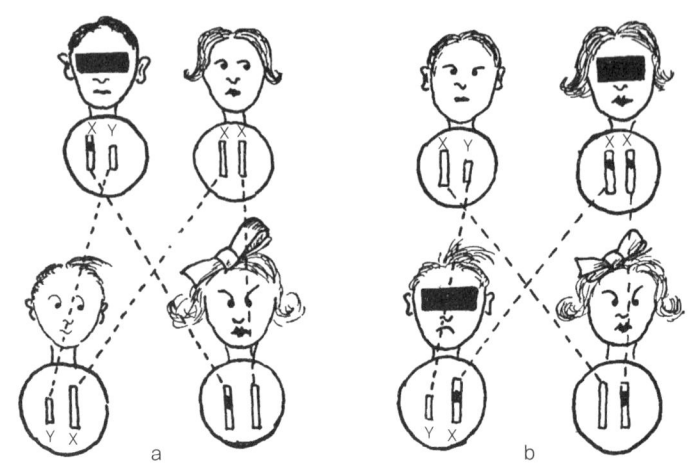

:: 그림 96
색맹의 유전성.

색맹의 유전 성질은 뚜렷한 효과가 나타나기 위해서는 그 쌍의 **2개 염색체** 모두가 영향을 받아야 하기 때문에 '열성'으로 알려졌다. 그런 성질들은 조부모에서 손자에게로 은밀한 형태를 띠며 전해지므로, 훌륭해 보이는 독일 셰퍼드 두 마리에게서 태어난 강아지가 이따금 전혀 독일 셰퍼드처럼 보이지 않는 슬픈 일들이 일어나기도 한다.

반대로 그 쌍의 1개 염색체만 영향을 받아도 뚜렷해지는 이른바 '우성'도 마찬가지다. 유전학의 실제 내용을 피하기 위해서, 귀가 미키마우스의 귀와 닮은 토끼가 있다 가정하고 이 경우를 설명해보자. 만약 '미키마우스의 귀'가 **우성**이어서 단 1개의 염색체 변화만으로도 이런 창피한(토끼에게) 모양으로 자라는 게 충분하다고 가정

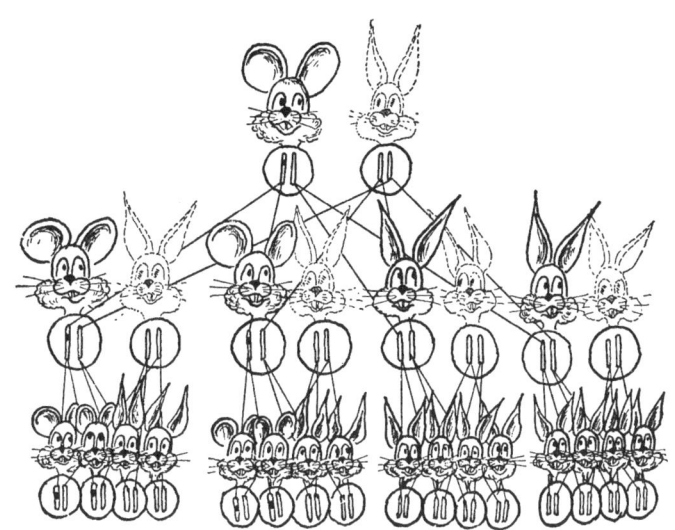

::그림 97

하면, 다음 세대 토끼 자손의 귀 모양은, 처음과 다음 결합으로 태어난 토끼들이 정상 토끼들과 교미한다고 가정할 때 그림 97에서 보는 것처럼 될 것이다. 미키마우스 귀의 원인이 되는 염색체의 정상 일탈은 그림에서 검은 점으로 표시되어 있다.

들쭉날쭉한 **우성**과 **열성** 성질들 이외에 '중성'이라고 불릴 수 있는 성질도 있다. 정원에 붉은색과 하얀색 분꽃이 네 개 있다고 하자. 붉은 꽃을 피우는 식물의 **꽃가루**(식물의 정자 세포)가 바람이나 벌레에 의해 또 다른 붉은 식물의 암술로 옮겨지면 암술의 밑에 있는 밑씨(식물의 난자 세포)와 결합해서 다시 붉은색 꽃을 피우게 될 씨로 발달한다. 따라서 만약 하얀색 꽃의 꽃가루가 다른 하얀색 꽃과 수정한다면, 다음 세대의 꽃들은 모두 하얀색이 될 것이다. 그러

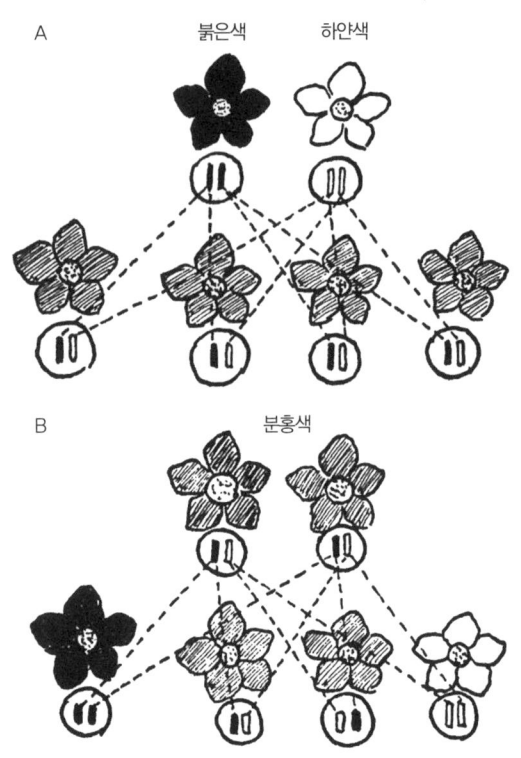

:: 그림 98

나 만약 하얀색 꽃의 꽃가루가 붉은색 꽃 위에 떨어지거나, 그 반대로 된다면, 그 씨앗은 분홍색 꽃을 피우게 될 것이다. 하지만 분홍색 꽃들이 생물학적으로 안정한 변종이 아니라는 것은 쉽게 알 수 있다. 만약 분홍색 꽃들끼리 교배시키면 그 꽃들의 다음 세대는 50퍼센트는 분홍색이고, 25퍼센트는 붉은색이고, 25퍼센트는 하얀색이 된다.

여기서 붉은색이나 하얀색이 되는 성질이 식물의 세포 안에 있는 염색체들 가운데 1개에 의해 보유되며, 순수한 색을 갖기 위해서는 그 쌍의 **2개** 염색체 모두가 이런 점에서 동일해야 한다고 가정하면 쉽게 설명될 수 있다. 만약 한 염색체는 '붉은색'이고, 또 다른 염색체는 '하얀색'이라면, 이 색깔 전쟁의 결과 분홍색 꽃이 생긴다. 자손들 사이에 '색 염색체들'의 분포를 개략적으로 보여주는 그림 98을 살펴보면, 위에서 언급한 수리 관계를 알 수 있을 것이다. 그림 98과 유사한 또 다른 그림을 그리면, 하얀색과 분홍색 분꽃 네 개를 교배시키면 첫 번째 세대에서는 50퍼센트의 분홍색과 50퍼센트의 하얀색을 얻겠지만 붉은색은 없을 것이다. 마찬가지로 붉은색과 분홍색 꽃을 교배시키면 50퍼센트의 붉은색과 50퍼센트의 분홍색은 나오겠지만, 하얀색은 없을 것이다. 그런 유전 법칙은 100년 전쯤에 브룬스 근처의 수도원에서 콩을 키우던 겸손한 모라비아의 수도사 그레고어 멘델Gregor Johann Mendel에 의해 처음으로 발견되었다.

지금까지 우리는 어린 생물체가 전해 받은 다양한 성질을 그 부모에게서 받은 다른 염색체들과 관련시켰다. 그러나 염색체의 수는 비교적 적은 데 비해서(파리의 각 세포마다 8개, 인간의 각 세포마다 48개), 다른 성질들은 거의 헤아릴 수 없이 많기 때문에 섬유같이 긴 염색체에 아주 긴 특성 목록이 분포되어 있다는 것을 인정하지 않을 수 없다. 사실, 초파리의 침샘의 염색체들을 나타내는 플레이트 VA를 살펴보면 염색체의 긴 몸통을 가로지르는 수많은 어두운 줄무늬가 그 염색체가 보유하는 다른 성질들의 장소를 나타낸다는 느낌을 피하기 어렵다. 이런 횡선들 가운데 어떤 것은 파리의 색깔을 조정하고, 어떤 것은 날개의 모양을 조정하며, 또 어떤 것은 약 $\frac{1}{4}$ 인치 길이의 다리 **여섯** 개를 갖게 해서 그 생물체가 지네나 닭이 아니라 대체로 초파리처럼 보이게 만든다.

그리고 유전학은 이런 느낌이 상당히 옳다고 우리에게 말해준다. '유전자'로 알려진 염색체의 이런 작은 구조 단위들은 다양하고 독특한 유전 성질을 보유하고 있음을 입증할 수 있을 뿐만 아니라 많은 경우에 어떤 특별한 유전자가 어떤 특별한 성질을 보유하는지도 알 수 있다.

물론 가능한 최대 배율로 확대를 해도 모든 유전자는 똑같게 보이며, 유전자들의 기능 차이는 그 분자 구조 속에 깊숙이 감춰져 있다.

따라서 유전자들 각각의 '삶의 목적'은 다른 유전 성질들이 주어진 종의 식물이나 동물에서 세대에서 세대로 옮겨가는 방식을 주의 깊게 관찰할 때만 찾을 수 있다.

우리는 새로운 생물체 모두 염색체의 절반은 아버지에게서 받고 절반은 어머니에게서 받는다는 사실을 알았다. 부계와 모계 염색체 집합은 해당 조부모의 염색체들을 50:50 비율로 혼합한 것이기 때문에, 자손은 부계와 모계의 조부모 중 한 명에게서 유전 형질을 받는다고 보아야 한다. 그러나 반드시 그럴 필요는 없다고 알려져 있

---

* 이 특별한 경우에는 대다수의 다른 경우와 달리 염색체들이 대단히 많으므로, 현미경 사진 방법으로 그 구조를 쉽게 연구할 수 있다.

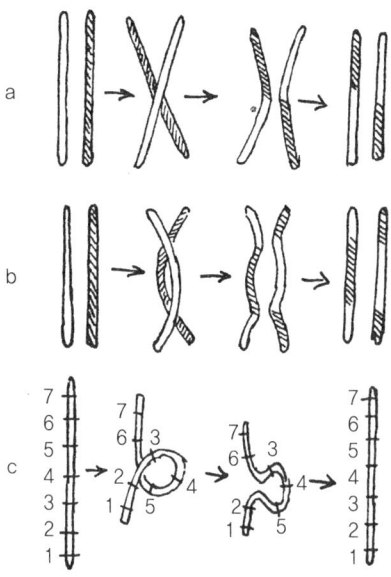

:: 그림 99

으며, **조부모 넷 모두가 손자에게 특성을 물려주는** 경우도 있다.

이 말은 위에서 설명한 염색체-전이 방식이 틀렸다는 뜻일까? 그렇지 않다. 이는 틀리지 않으며 그저 다소 단순화된 것뿐이다. 여전히 고려되어야 할 요소는 비축된 생식 세포가 두 개의 생식체로 쪼개지는 감수분열 과정을 준비할 때, 종종 쌍 염색체들이 서로 뒤엉켜서 자신들의 일부를 교환할 수 있다는 것이다. 그림 99a, b에서 개략적으로 보여준 교환 과정들을 거치면 부모에게서 받은 유전자 서열이 뒤섞이게 되어 유전학적인 혼란을 초래하게 된다. 단 한 개의 염색체가 고리 모양으로 접혔다가 그 뒤 다른 방식으로 쪼개지

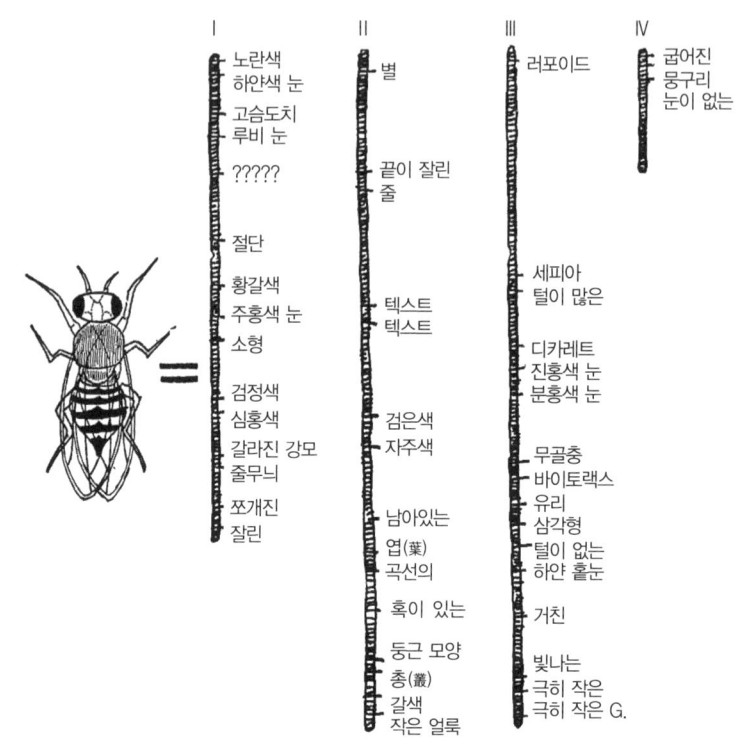

:: 그림 100

면서 그 안에 있는 유전자들의 순서를 혼란스럽게 만드는 경우들도 있다(그림 99c, 플레이트 VB).

한 쌍의 두 염색체 사이에서, 혹은 단 하나의 염색체 안에서 일어나는 그런 유전자 교체는 가까이 있던 유전자들보다 원래 멀리 떨어져 있던 유전자들의 상대적 위치에 영향을 미칠 가능성이 더 클 것이다. 카드 한 묶음의 패를 떼면 나눈 면 아래와 위에 있는 카드들의 상대적 위치는 바뀌겠지만(그리고 그 묶음의 맨 위에 있는 카드와 맨 밑에 있는 카드를 한데 모이게 하겠지만) 인접한 이웃들은 단 한 쌍만 분리되는 것처럼 말이다.

따라서 염색체들이 교차할 때 함께 이동하는 두 개의 뚜렷한 유전 성질들을 관찰하면, 해당 유전자들이 인접한 이웃이라고 결론 내릴 수 있을 것이다. 반대로 교차 과정 때 종종 분리되는 성질들은 염색체의 멀리 떨어진 부분에 자리 잡고 있을 게 틀림없다.

이런 가정에 따라 작업한 미국의 유전학자 T. H. 모건Thomas Hunt Morgan과 그의 연구팀은 초파리의 염색체 안에 있는 유전자들의 일정한 순서를 확립할 수 있었다. 그림 100은 그런 연구로 발견한 초파리의 다른 특성들이 초파리를 형성하는 네 염색체의 유전자 안에 어떻게 분포됐는지를 보여준다.

물론 초파리의 경우에 그림 100과 같은 도표는 훨씬 더 세심하고 상세한 연구가 필요하기는 해도 인간을 포함하는 더 복잡한 동물까지 만들 수 있을 것이다.

'살아 있는 분자' 로서의 유전자

살아 있는 생물의 복잡한 구조를 하나씩 분석하면서, 이제 **생명의 기본 단위**인 듯 보이는 것에 도달했다. 사실 우리는 전체 발달 과정과 성체 생물의 모든 성질이 그 세포의 깊숙한 내부에 감춰져 있는 유전자 집합에 의해 조정된다는 사실을 알았다. 따라서 모든 동물이나 식물이 그 유전자들을 '중심으로 성장한다'고 말할 수 있다. 대단히 단순화된 물리적 비유를 하자면 유전자와 생물의 관계를 원자핵과 커다란 무기 물질 덩어리 사이의 관계에 비유할 수 있다. 또한 주어진 물질의 사실상 모든 물리적 화학적 성질은 오직 전하를 나타내는 하나의 수로만 특징 지워지는 원자핵의 기본 성질들로 단순화될 수 있다. 따라서 6이라는 기본 전하량을 보유하는 핵은 전자 6개로 이루어진 원자 외피로 에워싸여 있어서 원자들을 규칙적인 육각형 패턴으로 배열하게 하고 강도가 대단히 뛰어나고 굴절률이 매우 높은 다이아몬드라는 결정체를 형성하게 한다. 마찬가지로 전하가 29와 16과 8인 핵 집합은 서로 들러붙어서 황산구리로 알려진 물질의 하늘색 결정체들을 만드는 원자들을 생기게 할 것이다. 물론 가장 단순한 생물이라도 어떠한 결정체보다 훨씬 더 복잡하겠지만, 두 경우 모두 거시적인 조직의 전형적인 현상들이 마지막 세부에 이르기까지 미시적 활동 조직 중추들에 의해 결정된다.

　장미의 향기부터 코끼리 코의 생김새까지 생물의 모든 성질을 결정하는 이런 조직 중추들은 얼마나 클까? 이 질문에 대한 답은 보통 염색체의 부피를 그 안에 들어 있는 유전자들의 수로 나누면 쉽게 얻을 수 있다. 현미경 관측에 따르면 평균적인 염색체는 두께가 약 $\frac{1}{1000}$ 밀리미터로, 이것은 그 부피가 10^{-14}세제곱센티미터 정도 된다는 것을 의미한다. 그러나 교배 실험들은 한 염색체가 수천 가지나 되는 다른 유전 성질의 원인이라는 것을 말해준다. **초파리**⁎의 경우

⁎ 보통 크기의 염색체는 현미경으로도 독립된 유전자들을 볼 수 없을 만큼 작다.

염색체들의 긴 몸통을 가로지르는 어두운 띠(아마도 다른 유전자)의 수를 세는 방법으로 관련된 유전 성질들의 수를 직접 구할 수도 있다(플레이트 V). 염색체의 총 부피를 독립된 유전자들의 수로 나누면 유전자 하나의 부피가 10^{-17}세제곱센티미터보다 크지 않다는 것을 알게 된다. 보통 원자의 부피가 약 10^{-23}세제곱센티미터$[\cong (2 \times 10^{-8})^3]$이기 때문에, 각각의 **독립적인 유전자는 원자 100만 개 정도로 만들어지는 게** 틀림없다.

또한 우리는 인간의 몸속에 있는 유전자들의 총무게도 어림할 수 있다. 위에서 본 것처럼, 성인은 약 10^{14}개의 세포로 이루어져 있으며, 이 세포들 각각은 48개의 염색체를 포함한다. 따라서 인체 안에 있는 모든 염색체의 총 부피는 약 $10^{14} \times 48 \times 10^{-14} \cong 50$세제곱센티미터이고 (살아 있는 물질의 밀도는 물의 밀도와 비교되기 때문에) 그것은 2온스(약 3.5세제곱센티미터)도 채 나가지 않는다. 주위에 자기보다 수천 배나 무거운 동물이나 식물의 몸이라는 복잡한 '외피'를 만들고, 그 성장의 모든 단계, 그 구조의 모든 특징, 심지어 그 행동의 대부분까지 '내부로부터' 지배하는 것이 바로 이 무시할 수 있을 만큼 작은 양의 '조직 물질'이다.

그렇다면 유전자 자체는 무엇일까? 그것이 훨씬 더 작은 생물학적 단위로 나뉠 수 있는 복잡한 '동물'로 간주되어야 할까? 이 물음에 대한 답은 확실히 '아니오'이다. 유전자는 살아 있는 물질의 가장 작은 단위이다. 더욱이 유전자들이 생명이 있는 물질과 그렇지 않은 물질을 구별하는 모든 특성을 가진 것은 확실하지만, 또한 다른 면에서는 모든 친근한 보통 화학법칙의 지배를 받는 복잡한 분자들(단백질 분자 같은)과 관련되었다는 것도 의심의 여지가 없다.

다시 말해서 **유전자 안에는 이 장을 시작할 때 숙고하였던 '살아 있는 분자'인 유기 물질과 무기 물질 사이의 잃어버린 고리가 들어 있는 것처럼** 보인다.

사실 유전자가 수천 세대를 거치는 동안 주어진 종의 특성들을 변함없이 보유하는 놀라운 영속성을 갖고 있다는 것과 비교적 적은 수의 원자들로 이루어져 있다는 점을 고려하면, 그것을 원자나 원자 집단이 미리 결정된 장소에 놓여 있는 철저히 계획된 구조로 생각하지 않을 수 없다. 그러면 생물들 사이의 외적 변화에 반영되는 다양한 유전자의 성질과, 그것들이 결정하는 특성들 사이의 차이는 유전자들의 구조 안에 있는 원자들의 분포 변화에 기인하는 것으로 이해할 수 있다.

간단한 예를 들기 위해서, 지난 두 번의 전쟁에서 두드러진 역할을 했던 폭발 물질인 TNT의 분자를 고찰해보자. TNT 분자는 7개의 탄소 원자와, 5개의 수소 원자, 3개의 질소 원자, 그리고 6개의 산소 원자가 다음과 같은 방식들 가운데 하나에 따라 배열된다.

세 배열의 차이는 $N\overset{O}{\underset{O}{\diagdown}}$ 그룹이 C-고리에 붙어 있는 방식에서 찾을 수 있으며, 그 결과 만들어진 물질은 보통 αTNT, βTNT, γTNT로 표기된다. 세 물질 모두 화학 실험실에서 합성할 수 있다. 세 물질 모두 자연에서 폭발하기 쉽지만 밀도, 용해도, 녹는점, 폭발력 등에서 작은 변화들을 보인다. 화학의 표준 방법을 이용하면, $N\overset{O}{\underset{O}{\diagdown}}$ 그룹들을 분자 안에 있는 한 세트의 연결점에서 또 다른 세트의 연결점으로 쉽게 옮겨서 TNT의 종류를 바꿀 수 있다. 그런 종류의 예

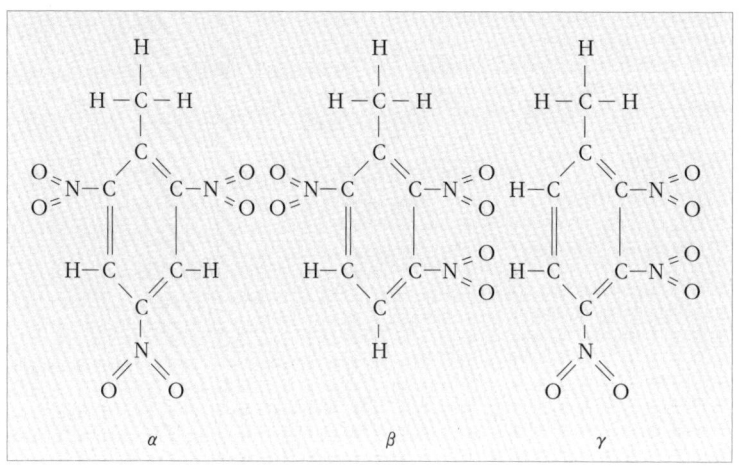

TNT 분자의 개략도

들은 화학에서 매우 흔하며, 문제의 분자가 클수록 그렇게 해서 만들어질 수 있는 변형(**이성체**)의 수가 많아진다.

만약 유전자를 100만 개의 원자로 만들어진 하나의 거대한 분자로 간주한다면, 다양한 원자 그룹을 분자 안의 다른 장소에 배열할 수 있는 가능성들이 엄청나게 많아진다.

유전자를 마치 펜던트들이 달려 있는 팔찌처럼 다양한 원자 집단이 붙어서 주기적으로 반복되는 긴 목걸이로 생각할 수 있다. 사실 최근에 이루어진 생화학의 발전으로 이제 그런 유전팔찌의 정확한 그림을 그릴 수 있다. 탄소, 질소, 인, 산소, 수소의 원자들로 만들어진 이 유전팔찌는 리보핵산으로 알려져 있다. 그림 101은 신생아의 눈 색깔을 결정했던 유전팔찌의 부분에 대한 다소 초현실적인 그림(질소와 수소 원자는 생략된)을 보여준다. 네 개의 펜던트는 아기의 눈이 회색임을 말해준다.

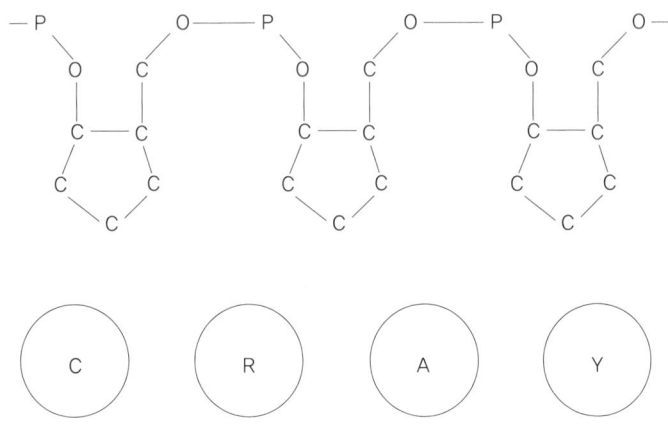

:: 그림 101
눈의 색깔을 결정하는 유전 '팔찌'의 일부(리보핵산의 분자). (대단히 개략적인 표현이다)

   다른 펜던트들을 한 고리에서 또 다른 고리로 바꾸면, 분포가 다른 변형을 무한히 얻을 수 있다.
   따라서 다른 펜던트가 10개 달려 있는 팔찌가 있다면, 우리는 그것들을 $1 \times 2 \times 3 \times 4 \times 5 \times 6 \times 7 \times 8 \times 9 \times 10 = 3628800$가지의 다른 방식으로 분포시킬 수 있다.
   만약 펜던트들 가운데 일부가 똑같다면, 가능한 배열의 수는 더 적어질 것이다. 따라서 펜던트가 5종류만 있다면(1종류당 2개씩) 다른 가능성들은 113,400가지가 존재하게 된다. 그러나 가능성들은 펜던트의 총수와 함께 매우 빠르게 증가하므로 만약 25개의 펜던트가 있고, 다른 종류마다 5개씩 있다면, 가능한 분포의 수는 거의 62조 3,300억이 된다!

따라서 긴 유기 분자들의 다양한 '부착 장소' 가운데 '펜던트들'의 분포를 달리해서 얻을 수 있는 조합들의 수는 알려진 생물 형태의 모든 변종뿐만 아니라 우리의 상상력으로 만들어낼 수 있는 가장 기이하고 존재하지도 않는 형태의 동물과 식물까지 설명할 수 있을 정도로 많다.

섬유 같은 유전자 분자들을 따라 독특한 성질의 펜던트들을 분포시키는 것과 관련해서 매우 중요한 요지는 결국 이 분포가 그 생물체 전체에서 거시적 변화들을 일으키는 자발적 변화들의 지배를 받는다는 것이다. 그런 변화들의 가장 흔한 원인은 분자의 몸통 전체를 마치 세찬 바람에 휘둘리는 나뭇가지들처럼 휘어지고 비틀리게 하는 보통 열운동에서 찾을 수 있다. 온도가 충분히 높으면 이런 진동 운동이 분자들을 조각조각 깨지게 할 정도로 강해진다. 이는 열해리로 알려진 과정이다(8장). 그러나 분자가 대체로 온전하게 유지되는 낮은 온도에서도, 열 진동은 분자 구조의 내부 변화를 일으킬 수 있다. 예컨대 분자가 비틀려서 펜던트들 가운데 하나가 다른 지점에 가까워지는 것을 상상할 수 있다. 그런 경우에 펜던트가 이전의 장소에서 끊어져 새로운 장소에 붙는 일이 쉽게 일어날 수 있다.

이성 변환[*]이라고 불리는 그런 현상은 보통 화학에서 비교적 간단한 분자 구조의 경우에 잘 알려져 있으며, 다른 화학 반응과 함께 **온도가 섭씨 10도씩 상승할 때마다 반응률이 대략 2배씩 증가한다는**

---

[*] 이미 설명했던 것처럼 '이성'이라는 말은 똑같은 원자들로 만들어졌지만 다른 방식으로 배열된 분자들을 뜻한다.

화학 반응 속도론의 기본 법칙을 따른다.

유전자 분자들의 경우 아마 앞으로도 오랫동안 유기 화학자들이 풀 수 없을 만큼 복잡한 구조를 지녔기 때문에, 현재는 이성 변환을 직접적인 화학 분석 방법으로 증명할 길이 없다. 그러나 어떤 관점에서 보면 이 경우에는 화학 분석보다 더 좋은 방법이 있다. 만약 그런 이성 변환이 새로운 생물체를 생기게 하는 웅성 생식체나 자성 생식체 안에 있는 유전자들 가운데 하나에서 일어난다면, 연속적인 유전자 분할과 세포분열 과정에서 충실히 반복되어, 그렇게 만들어진 동물이나 식물의 거시적 특징들에 영향을 미칠 것이다.

그리고 과연 유전학적 연구의 가장 중요한 결과들 가운데 하나는 **생물의 자발적인 유전 변화는 항상 돌연변이로 알려진 불연속적 비약의 형태로 일어난다**는 사실(1902년에 네덜란드의 생물학자 휘호 더프리스Hugo de Vries가 발견한)에서 찾을 수 있다.

예를 들어 이미 언급했던 초파리의 교배 실험을 고찰해보자. 야생 초파리는 회색 몸통과 긴 날개가 있다. 정원에서 초파리 한 마리를 잡아보면 거의 확실하게 이런 특징들이 있을 것이다. 그러나 실험실에서 이 초파리를 여러 세대에 걸쳐 교배시키면, 이따금 이상하게 짧은 날개와 거의 검은 몸통을 가진 독특한 '기형' 파리를 얻게 될 것이다(그림 102).

중요한 요지는 세대들이 점차 변형되고 있을 때는 극단적인 예외(거의 검은색 몸통과 매우 짧은 날개)와 '정상' 조상들 사이에 연속적으로 변화하는 단계들을 보여주는 다양한 회색 몸에 다양한 날개 길이를 가진 다른 파리들과 짧은 날개를 가진 검은 파리들을 동시

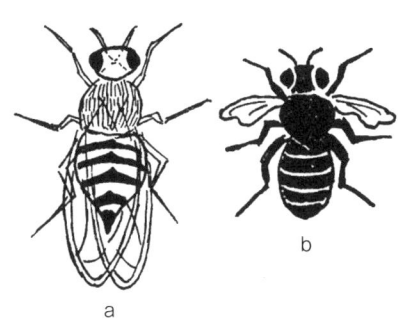

∷ **그림 102**
초파리의 자발적 돌연변이.
(a) 정상 유형: 회색 몸통, 긴 날개. (b) 돌연변이 유형: 검은색 몸통, 짧은(퇴화한) 날개.

에 발견하지는 못할 거라는 사실이다. 일반적으로 새로운 세대의 모든 구성원은(그리고 그런 구성원들이 수백 마리 있을 것이다!) 똑같은 회색 몸통에 똑같이 긴 날개가 있을 것이고, 단 한 마리(혹은 소수)만이 **완전히** 다를 것이다. **실질적인 변화가 전혀 없거나, 아니면 상당히 큰 변화가 있다(돌연변이).** 수백 마리의 다른 경우에도 비슷한 상황을 관측할 수 있다. 따라서 색맹이 반드시 유전을 통해 생기지는 않으며, 조상 쪽에 '잘못'이 없어도 갓난아기가 색맹으로 태어나는 경우가 있다. 남자의 색맹 경우에도 초파리의 짧은 날개처럼, '모 아니면 도'라는 똑같은 원리를 갖고 있다. 즉 그것은 두 색깔을 더 잘 구별하느냐 덜 구별하느냐의 문제가 아니라, 구별하거나 구별하지 못하거나의 문제인 것이다.

찰스 다윈Charles Robert Darwin의 이름을 들어본 사람은 누구나 알겠지만, **생존투쟁**과 **적자생존**과 결합된 새로운 세대의 이런 특성 변화들은 결국 끊임없는 **종의 진화** 과정이 되며, 20억 년 전에 자연의 왕이었던 단순한 연체동물이 이 책처럼 대단히 수준 높은 책까지 읽고 이해할 수 있는 우리 같은 고도의 지능을 가진 생명체로 발달할 수 있었던 것은 바로 그 덕분이다.

유전 형질의 비약적 변화들은 위에서 논의한 유전자 분자들의 이성 변화들의 관점에서 보면 완벽하게 이해할 수 있다. 사실 만약 유전자 분자에서 특성을 결정하는 펜던트가 장소를 바꾼다면 어중되게 할 수는 없다. 따라서 그것은 그냥 옛 장소에 남아 있든지, 아니면 새로운 장소에 붙어서 그 생물체의 특성에 불연속적인 변화를 일으키든지 하게 된다.

'돌연변이'가 유전자 분자의 이성 변화에 기인한다는 관점은 돌연변이의 속도가 동물이나 식물이 교배되는 곳의 온도에 의존한다는 것으로 강력히 입증된다. 사실, 온도가 돌연변이의 속도에 미치는 영향을 조사한 티모페에프-레소프스키 Nikolay Timofeev-Ressovsky와 침머 Karl Günter Zimmer의 실험실 연구는 (주위의 환경과 다른 요인들로 인한 일부 복잡한 상황들은 그렇다치고) 그것이 여느 다른 보통 분자 반응과 똑같은 기본적 물리 화학법칙을 따른다는 것을 말해준다. 이 중요한 발견 덕분에 막스 델브뤼크 Max Ludwig Henning Delbrück (이전에는 이론물리학자였지만, 이제는 실험 유전학자가 된)는 생물학적 현상인 돌연변이와 순전히 물리 화학적 과정인 분자의 이성 변화 사이

---

* 돌연변이의 발견이 다윈의 고전 이론에 도입했던 차이라고는, 진화가 다윈이 염두에 두었던 연속적인 작은 변화들에 기인하는 게 아니라 불연속적인 비약적 변화들에 기인한다는 것뿐이다.

의 동등성에 관한 획기적인 견해를 발전시킬 수 있었다.

우리는 유전자 이론의 물리학적 기초에 대해서, 특히 X선을 비롯한 다른 복사들이 일으킨 돌연변이들의 연구를 통해 얻은 중요한 증거에 대해서 언제까지나 논의를 계속할 수 있지만, **과학이 이제 막 생명의 '불가사의한' 현상에 대한 순전히 물리학적인 설명의 실마리를 잡은 상태**라는 사실을 납득시키기에는 이미 말했던 것으로도 충분해 보인다.

이 장을 끝내기 전에 주위에 세포가 없는 **자유 유전자**처럼 보이는 **바이러스**로 알려진 생물학적 단위에 대해 언급하고자 한다. 최근까지 생물학자들은 생물의 가장 간단한 형태가 동물과 식물의 살아 있는 조직에서 자라고 증식하며 때로 다양한 종류의 질병을 일으키는 단세포 미생물인 **박테리아**라고 믿었다. 예컨대 장티푸스를 일으키는 건 굉장히 길게 늘어진 몸통의, 길이 3미크론, 지름 $\frac{1}{2}$ 미크론인 특별한 종류의 박테리아이지만, 성홍열을 일으키는 박테리아는 지름이 2미크론 정도인 구형의 세포라는 것을 현미경 연구를 통해 알게 되었다.

그러나 인간의 인플루엔자나 담배 식물의 모자이크병처럼, 보통의 현미경으로는 박테리아를 발견할 수 없는 병들이 많았다. 그러나 이런 '박테리아 없는' 질병들은 다른 질병과 똑같은 '전염' 방식으로 병에 걸린 개체의 몸에서 건강한 개체의 몸으로 옮겨진다고 알려져 있었기 때문에, 그리고 그렇게 '전염'된 질병의 원인 인자는 전염된 개체의 몸 전체로 급속히 퍼지기 때문에, 그런 질병들은 특별한 종류의 가설적인 생물학적 전염병 매개체와 관련되어 있다고 가정해야 했고, 그 매개체는 **바이러스**라는 이름을 얻게 되었다.

그러나 미생물학자들이 이전에 감춰져 있던 바이러스들의 구조를 처음으로 볼 수 있게 된 것은 비교적 최근에 이르러서였고, 결정적인 역할을 했던 것은 **암시야 현미경 기술**(자외선을 이용하는)의 발달과 특히 **전자 현미경**(보통 광선 대신 전자 빔을 이용해서 훨씬 더 크게 확대시킬 수 있는)의 발명이었다.

다양한 바이러스들은 크기가 보통 박테리아와 같거나 훨씬 더 작은 독립적인 입자들의 집합이라는 사실이 밝혀졌다(그림 103). 따라서 인플루엔자 바이러스의 입자들은 지름이 0.1미크론인 작은 구형인 반면, 담배모자이크 바이러스의 가는 막대형 입자는 길이가 0.280미크론이고 지름이 0.015미크론이다.

플레이트 VI에는 현존하는 가장 작은 단위로 알려진 담배모자이크바이러스 입자들의 매우 인상적인 전자 현미경 사진이 있다. 원자 하나의 지름이 약 0.0003미크론이라는 것을 기억할 때, 담배모자이크바이러스의 입자는 지름이 원자의 50배 정도밖에 되지 않으며, 그 길이에는 약 1,000개의 원자를 늘어놓을 수 있다는 결론이 된다. 요컨대 그것은 200만 개의 원자를 모아놓은 것에 불과하다!

이런 수는 한 개의 유전자 속에 있는 원자들의 수에 대해서 얻어진 유사한 수를 떠올리게 하며, 바이러스 입자들이 염색체처럼 긴 군체로 결합하지도 않고 비교적 무거운 질량의 세포 원형질로 에워싸이지도 않은 '자유 유전자'로 간주될 가능성을 제기한다.

그리고 바이러스 입자들의 생식 과정은 세포분열 과정에서 염색체들이 두 배씩 늘어나는 것과 정확히 똑같은 경로를 따라가는 것

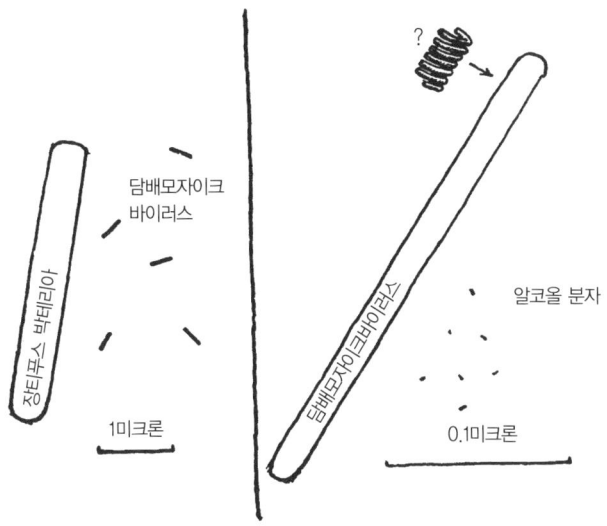

::: 그림 103
박테리아와 바이러스, 분자의 비교.

처럼 보인다. 즉 바이러스의 전체 몸이 축을 따라 쪼개져서 완전한 크기의 새로운 입자 두 개가 생긴다. 명백히 우리는 여기서 복잡한 분자의 길이를 따라 놓여 있는 다양한 원자 집단이 주위 환경에서

---

* 바이러스 입자 하나를 이루는 원자들의 수는 사실 이것보다 상당히 적을 수도 있다. 왜냐하면 바이러스 입자들이 '안은 텅 비어 있어서' 그림 101에서 보여준 유형의 고리를 이룬 분자 목걸이들로 이루어졌을 가능성이 크기 때문이다. 만약 담배모자이크 바이러스가 실제로 그런 구조(그림 103에 개략적으로 보여준)로 되어 있어서, 다양한 원자 집단이 원통의 표면에만 놓여 있다면, 입자당 총 원자 수는 고작 수십만 개 정도로 줄어들 것이다. 유전자 한 개 속에 들어 있는 원자들의 수에 대해서도 물론 똑같은 논의를 할 수 있다.

유사한 원자 집단들을 끌어당겨서 원래의 분자와 똑같은 패턴으로 배열시키는 기본적인 생식 과정(알코올 재생산이라는 가공의 경우에 대해 그림 91에서 설명한)을 본다. 이 배열이 완성되면 이미 성숙한 새로운 분자가 원래의 분자에서 떨어져 나간다. 사실 이런 원시적인 생물체들의 경우에는 보통 '성장' 과정이 일어나지 않고, 그저 새로운 생물체들이 이전의 생물체의 곁에 '부분적으로' 만들어지는 것처럼 보인다. 이 상황은 인간의 아기가 어머니의 몸 밖에서, 어머니의 몸에 착 달라붙어 생활하고 발달하다가 완전한 남자나 여자로 성장하면 떨어져서 분리되는 것을 생각하면 쉽게 이해할 수 있다. 그런 증식 과정을 가능하게 하기 위해서는 부분적으로 조직화된 특별한 환경에서 발달이 진행되어야 하는 것은 말할 필요도 없다. 그리고 사실 나름의 원형질을 갖고 있는 박테리아와 달리, 바이러스 입자들은 다른 생물체의 살아 있는 원형질 안에서만 증식할 수 있으므로 일반적으로 '먹이'를 매우 가린다.

바이러스의 또 다른 흔한 특성은 돌연변이를 일으키기 쉬우며 돌연변이가 된 개체들은 새로이 획득한 형질을 모든 친숙한 유전학 법칙에 따라 그 자손에게 전해준다는 것이다. 사실 생물학자들은 똑같은 바이러스의 몇 가지 유전 계통들을 분류해서 '종 발달 race development'을 추적할 수 있었다. 새로운 인플루엔자 전염병들이 지역 사회 전체를 휩쓸 때, 그 전염병들이 인간이 아직 면역성을 발달시킬 기회를 갖지 못했던 어떤 새로운 '나쁜' 성질들을 갖고 있는 새로운 유형의 변종 인플루엔자 바이러스 때문이라고 확신할 수 있다.

앞에서 **바이러스 입자들이 살아 있는 개체로 간주되어야만 함**을 보여주는 논거들의 발전 과정을 보았다. 이제 **이런 입자들도 물리학과 화학의 모든 법칙과 규칙의 지배를 받는 규칙적인 화학적 분자들로 간주되어야 한다고** 강력하게 주장할 수 있다. 사실 바이러스 물질의 순전히 화학적인 연구는 바이러스가 윤곽이 뚜렷한 화학적 화합물로 간주될 수 있고, 다양한 복합 유기(그러나 살아 있지는 않은) 화합물과 똑같은 방식으로 다루어질 수 있으며, 다양한 형태의 치환 반응의 영향을 받을 수도 있다는 사실을 입증해준다. 사실 생화학자가 현재 알코올이나 글리세린이나 당의 공식을 쓰는 것만큼이나 쉽게 각 바이러스의 구조적 화학 공식을 쓸 수 있게 되는 것은 그저 시간 문제처럼 보인다. 훨씬 더 놀라운 것은 주어진 유형의 바이러스 입자들이 마지막 원자까지 **정확히 똑같은 크기**인 것처럼 보인다는 사실이다.

사실 자신들이 먹고 사는 먹이 환경을 빼앗긴 바이러스 입자들은 스스로를 규칙적인 패턴이 있는 보통 결정체로 조정한다는 것이 입증되었다. 예컨대 부시스턴트 바이러스bushy stunt virus(**토마토덤불성장위축 바이러스**)라는 크고 아름다운 사방 십이면체의 형태로 결정화된다! 이 결정체를 장석과 암연과 함께 광물 캐비닛 안에 보관할 수도 있다. 하지만 그것을 다시 토마토 식물 안에 놓으면 수많은 살아 있는 개체로 변할 것이다.

무기 물질로부터 살아 있는 생물체를 합성하는 데 있어서 첫 번째 중요한 단계가 최근 캘리포니아 대학교 바이러스 연구소의 하인즈 프렌켈 콘라트Heinz Fraenkel Conrat와 로블리 윌리엄스Robley Williams에 의해 이루어졌다. 그들은 담배모자이크바이러스로 연구하면서 이 바이러스 입자들을 살아 있지는 않지만 다소 복잡한 유기 분자인 두 부분으로 나누었다. 긴 장대 모양을 갖고 있는 이 바이러스(플레이트 VI)가 마치 전자석의 철심 주위를 둘둘 감고 있는 전선 코일처럼, 긴 단백질 분자들이 주위를 둘둘 감고 있는 일직선의 긴 조직 물질(**리보핵산**으로 알려진)의 분자 다발로 이루어졌다는 것은 오랫동안 알려졌다. 프렌켈 콘라드와 윌리엄스는 다양한 화학 시약을 사용하여 이 바이러스 입자들을 쪼개서 리보핵산으로부터 단백질 분자들을 분리하는 데 성공했다. 따라서 그들은 한 시험관에는 리보핵산 수용액을, 또 다른 시험관에는 단백질 분자들의 수용액을 얻었다. 전자 현미경 사진들은 그 시험관들 안에 오직 이 두 물질의 분자들만 있으며 생명의 흔적은 전혀 없다는 것을 보여주었다.

그러나 두 수용액을 다시 합치자, 리보핵산 분자들이 24개씩 모여 한 다발을 만들기 시작했고, 단백질 분자들이 그 주위를 돌기 시작하면서 처음에 사용했던 바이러스 입자들과 정확히 똑같은 형태가 만들어지기 시작했다. 그리고 담배 식물의 잎에 갖다 대자, 떨어졌다가 다시 붙은 바이러스 입자들이 마치 전혀 떨어진 적이 없었던 것처럼 그 식물에 모자이크병을 일으켰다. 그러나 요지는 이제 생화학자들이 보통 화학원소들로부터 리보핵산과 단백질 분자들을 합성하는 방법들을 알고 있다는 사실이다. 비록 현재는(1960년) 두 물질로 이루어진 비교적 짧은 분자들만 합성할 수 있지만, 시간이 흐르면 간단한 원소들로부터 바이러스의 분자들만큼이나 긴 분자들도 만들 수 있게 되리라는 것은 의심의 여지가 없다. 그리고 그것들을 결합시켜서 인공 바이러스 입자도 만들 수 있게 될 것이다.

4부

거시우주

ONE TWO THREE...
                INFINITY
Facts and Speculations at Science

10

팽창하는
지평선

EXPANDING
HORIZONG

10
팽창하는 지평선

지구와 그 이웃

이제 분자와 원자와 핵이 지배하는 세계에서 우리에게 더 익숙한 크기의 사물들이 지배하는 세계로 돌아왔으니 새로운 여행을 시작할 준비가 되었다. 하지만 이번에는 반대 방향으로, 태양과 별과 먼 성운을 비롯해서 우리 우주의 바깥 경계들 쪽으로 여행하게 된다. 여기서도 미시우주의 경우처럼, 과학의 발달은 우리의 지평선을 점점 더 넓혀준다.

 인간 문명 초기에는, 우주라고 부르는 것이 우스울 정도로 인식이 미미했다. 땅은 주위를 에워싸는 바다의 표면 위에 둥둥 떠 있는 크고 평평한 원반이라고 믿었다. 아래로는 인간이 생각할 수 있는 깊이까지 물로 채워졌고, 위에는 신들의 거처인 하늘이 있었다. 이

:: 그림 104
고대인들의 세계.

원반은 유럽의 인근 지역들과 아프리카, 아시아 일부와 함께 지중해 해변을 포함하는 당시의 지리학에 알려진 모든 땅을 품고 있을 정도로 컸다. 지구 원반의 북쪽 가장자리는 높은 산맥으로 제한되어 있었고, 밤이 되면 태양이 그 뒤로 넘어가 바다의 표면 위에서 휴식을 취했다. 그림 104는 고대인들이 세상을 어떻게 바라봤는지 상당히 구체적으로 설명해준다. 그러나 BC 3세기의 그리스에서는 이런 간단하고 일반적으로 받아들여지는 세상의 모습에 대해서 다른 의견을 가진 사람이 있었다. 바로 아리스토텔레스Aristoteles라는 유명한 철학자였다(당시에는 과학자를 그렇게 불렀다).

아리스토텔레스는 《하늘에 관하여About Heaven》에서 사실 우리의 지구가 구이며 일부는 땅으로, 일부는 물로, 일부는 공기로 덮여 있다는 이론을 제기했다. 그는 자신의 생각을 뒷받침하는 증거로 지금 우리에게는 친숙하고 하찮아 보이는 많은 논거를 제시했다. 그는 육지에서 멀어져가는 배가 처음에는 선체가 사라지고 다음에는 돛이 사라지다가 마침내 수평선 너머로 완전히 사라지는 것은, 바다 표면이 평평한 것이 아니라 굽어 있음의 증거라고 지적했다. 그는 월식 현상도 지구가 달의 표면으로 그림자를 드리우기 때문에 생기는 것이며, 이 그림자가 둥글기 때문에 지구 자체도 둥근 모양이어야 한다고 주장했다. 그러나 당시 그의 말을 믿는 사람은 극소수에 불과했다. 사람들은 그의 말이 사실이라면, 지구 반대편에 사는 사람들(예컨대 우리에게 정반대인 오스트레일리아에 있는 사람들)이 어떻게 지구에서 떨어지지 않고 거꾸로 걸어다닐 수 있는지, 그곳의 물은 왜 푸른 하늘을 향해 흐르지 않는지(그림 105) 이해할 수 없었다.

  당시 사람들은 지구가 사물을 끌어당기기 때문에 밑으로 떨어지지 않는다는 사실을 깨닫지 못했다. 그들에게는 '위'와 '아래'가 어디서나 똑같아야 하는 공간의 절대적인 방향이었다. 지구 둘레의 절반을 여행하면 '위'가 '아래'가 될 수 있고 '아래'가 '위'가 된다는 생각은 아인슈타인이 상대성이론에서 설명한 말들이 수많은 이에게 터무니없어 보였던 것만큼이나 그들에게도 터무니없이 보였을 게 틀림없다. 무거운 물체들의 낙하는 우리가 지금 막 설명한 대로 지구의 인력으로 설명되지 않고 모든 사물이 아래쪽으로 움직이려는 '자연적 경향'으로 설명되었다. 그리고 만약 위험을 무릅쓰고

1, 2, 3 그리고 무한

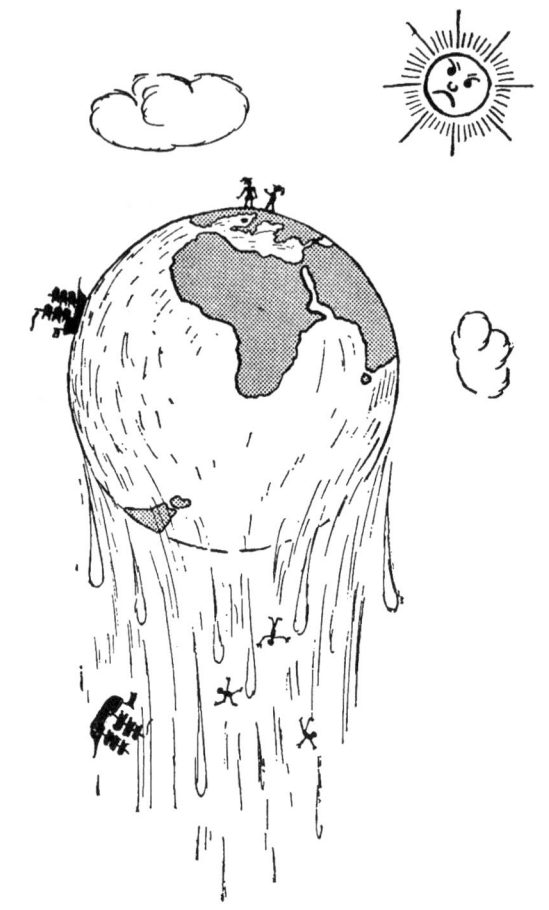

∷ **그림 105**
구형 지구에 반하는 논거.

지구의 아래쪽에 위치한 지역으로 간다면 푸른 하늘로 떨어지게 된다고 설명했다! 이 새로운 개념에 대한 반론이 어찌나 강하고 적응하기 힘들었던지 심지어 아리스토텔레스 이후 2,000년이 지난 15

세기에 출간된 많은 책에서도 정반대 쪽에 사는 거주자들이 지구의 '밑'에 머리를 두고 서서 지구가 구형이라는 생각을 비웃는 사진들을 찾을 수 있을 정도였다. 아마 '반대 방향으로 인도로 돌아오는 길'을 찾기 위해 여행에 나섰던 콜럼버스Christopher Columbus도 자신의 계획이 안전한 건지 확신하지 못했을 것이다. 사실 그는 아메리카 대륙이 가로막고 있었기 때문에 목적을 달성하지 못했다. 그리고 마갈량이스(마젤란)의 유명한 세계일주 이후에야 비로소 지구의 모양에 대한 마지막 의심이 사라지게 되었다.

지구가 거대한 구형 모양이라는 사실을 처음 깨달았을 때, 이 구가 그 당시에 알려진 세계의 지역들과 비교해서 얼마나 큰지 묻는 것은 당연했다. 그러나 세계일주를 하지 않고 어떻게 지구의 크기를 잴까? 물론 그것은 고대 그리스의 철학자들에게는 불가능한 일이었다.

하지만 방법은 있고, 그 방법을 가장 먼저 알아낸 사람은 BC 3세기의 유명한 과학자 에라토스테네스였다. 이집트의 알렉산드리아라는 그리스 식민지에 살았던 에라토스테네스는 알렉산드리아에서 남쪽으로 5,000스타디아 정도 떨어진 나일 강 상류에 있는 시에나의 거주자들에게서, 그 도시의 하지에는 정오에 해가 머리 위에 있어서 수직 물체들이 그림자를 드리우지 않는다는 말을 들은 적이 있었다. 반면에 에라토스테네스는 그런 일이 알렉산드리아에서도 일어났으며, 같은 날에 해가 천정(머리 바로 위에 있는 점)에서 7도

---

* 현재 아스완 댐이 있는 곳 부근.

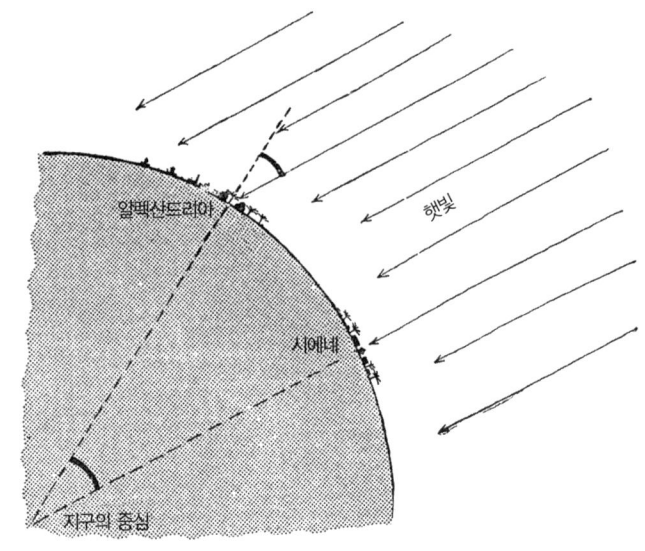
:: 그림 106

혹은 원의 $\frac{1}{50}$ 정도 떨어져 있다는 것을 알았다. 에라토스테네스는 지구가 둥글다고 가정하고 사실에 대한 매우 간단한 설명을 제시했다. 그의 설명은 그림 106을 보면 쉽게 이해할 수 있다. 사실 지구의 표면이 두 도시 사이에서 굽어져 있기 때문에 시에네에서 수직으로 비추는 햇살은 더 북쪽에 위치한 알렉산드리아의 경우 틀림없이 어떤 특정한 각도로 지구를 비춘다. 또한 우리는 지구의 중심에서 하나는 알렉산드리아를 통과하고 또 하나는 시에네를 통과하는 두 직선을 그리면, 그 직선들이 만나는 점에서 이루는 각이 지구의 중심에서 알렉산드리아를 지나는 선(즉 알렉산드리아에서 천정 방향)과 해가 시에나 바로 위에 있을 때 광선이 만나서 이루는 각과 똑같다는 것도 알 수 있다.

이 각이 원의 $\frac{1}{50}$이기 때문에, 지구의 원주 둘레는 두 도시 사이 길이의 50배, 즉 25만 스타디아이어야 할 것이다. 이집트의 1스타디아는 약 $\frac{1}{10}$마일이므로 에라토스테네스의 결과는 2만 5,000마일 혹은 4만 킬로미터로, 현대의 최적 추정지에 정말로 가까운 수치이다.

그러나 지구의 크기를 처음으로 측정했다는 것의 중요한 요지는 수치의 정확성에 있는 게 아니라 지구가 매우 크다는 사실을 깨달았다는 데 있었다. 지구의 표면은 알려진 모든 땅의 면적보다 수백 배는 더 클 게 틀림없다! 그게 만약 사실일 수 있다면, 알려진 경계 너머에는 무엇이 있을까?

천문학적 거리에 대해서 말할 때, 간단히 **시차**로 알려진 **시차변위**의 개념을 이해해야 한다. 시차는 유용할 뿐만 아니라 매우 간단한 것이다.

시차에 대해 알아보기 위해 먼저 바늘구멍에 실을 꿰어보자. 한쪽 눈을 감고 바늘구멍에 실을 꿰려면 잘 되지 않는다는 것을 금방 깨닫게 될 것이다. 실 끝이 바늘 뒤로 너무 멀리 가거나 그 바로 앞에서 멈출 것이다. 한쪽 눈만으로는 바늘과 실까지의 거리를 가늠할 수가 없다. 그러나 두 눈을 다 뜨고 있다면 매우 쉽게 실을 꿸 수 있으며, 꿰는 방법을 배울 수 있다. 두 눈으로 물체를 바라볼 때는 저절로 두 눈 모두 사물에 집중할 것이다. 물체가 가까울수록 두 눈을 안으로 모아야 하며, 그런 조정으로 인한 근육의 느낌이 상당히 정확하게 거리를 가늠해준다.

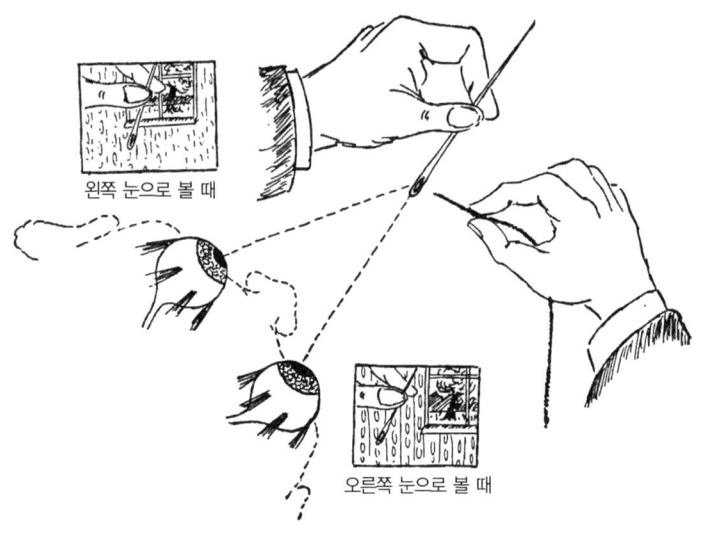

왼쪽 눈으로 볼 때

오른쪽 눈으로 볼 때

:: 그림 107

　만약 두 눈으로 보는 대신 먼저 한쪽 눈을 감았다가 다른 쪽 눈을 감으면, 먼 배경(이를테면, 방 맞은편의 창문)에 대한 물체(이 경우에는 바늘)의 상대적 위치가 변했다는 것을 깨닫게 될 것이다. 이런 효과는 **시차변위**로 알려져 있으며 누구나 다 아는 사실이다. 만약 이런 효과에 대해 한 번도 들어본 적이 없다면, 직접 시험해보거나 왼쪽 눈과 오른쪽 눈으로 본 바늘과 창문을 보여주는 그림 107을 참고해라. 물체가 멀리 떨어져 있을수록 **시차변위**가 작아질 것이므로, 우리는 그것을 이용해서 거리를 측정할 수 있다. **시차변위**는 호의 각도로 정확히 측정할 수 있기 때문에 이 방법은 눈동자의 근육 느낌을 기초로 해서 거리를 가늠하는 것보다 더 정확하다. 그러나 우리두 눈은 고작 3인치 정도 떨어져 있으므로, 몇 피트가 넘는 거리를

:: 그림 108

측정할 때는 좋지 못하다. 더 먼 물체들의 경우에는 두 눈의 축이 거의 평행해지기 때문에 측정할 수 없을 정도로 시차변위가 작아진다. 더 큰 거리를 가늠하기 위해서는 우리의 두 눈을 더 멀리 떨어지게 해서 시차변위의 각을 증가시켜야 한다. 이 방법은 거울을 이용하면 쓸 수 있다.

그림 108에는 해군에서(레이더가 발명되기 전에) 전시에 적의 군함까지의 거리를 측정하기 위해 사용한 장치가 있다. 이 장치는 각 눈 앞에 두 개의 거울(A, A′)이 있는 긴 관으로, 이 관의 양쪽 끝에도 다른 거울 두 개(B, B′)가 있다. 그런 거리 측정기를 통해서 보면, 사실 B에서 한쪽 눈으로, B′에서 또 다른 눈으로 보게 된다. 눈 사이의 거리인 이른바 광학 거리가 사실상 훨씬 더 커지므로, 우리는 훨씬 더 먼 거리를 가늠할 수 있다. 물론 해군 병사들은 눈동자의 근육으로 느끼는 거리감에만 의존하지 않는다. 이 거리 측정기에는 시차변위

:: 그림 109

를 최대한 정확하게 측정하는 특별한 도구들과 눈금판들이 갖춰져 있다.

그러나 적의 군함이 수평선 너머에 있을 때에도 완벽하게 작동하는 해군의 거리 측정기가 달처럼 비교적 가까운 천체까지의 거리를 측정하려고 할 때에는 여지없이 실패하고 만다. 사실 먼 별들에 대한 달의 시차변위를 알아채기 위해서는 광학적 기준인 두 눈 사이의 거리가 적어도 수백 마일이 되어야 한다. 물론 워싱턴에서 한쪽 눈으로, 뉴욕에서 또 다른 쪽 눈으로 볼 수 있게 하는 광학계를 준비할 필요는 없다. 왜냐하면 두 도시에서 주위에 별들이 있는 달의 사진을 동시에 두 장만 찍으면 되기 때문이다. 두 사진을 보통 입체경에 놓으면 별을 배경으로 공간에 떠 있는 달을 보게 될 것이다. 같은 순간에 지구 표면의 다른 두 장소에서 찍은 달과 주위의 별들의 사진들을 측정하는 방법으로(그림 109), 천문학자들은 지구 지름의 두 반대편에서 관측될 지구의 시차변위가 1도 24분 5초라는 것을 알아냈다. 그리고 이 시차변위로부터 달까지의 거리를 계산하면 지구 지름의 30.14배인 38만 4,403킬로미터 즉 23만 8,857마일이 된다.

또 이 거리와 관측된 각 지름으로부터 달의 지름이 지구 지름의 약 $\frac{1}{4}$이라는 것을 알게 된다. 달의 표면은 지구 표면의 $\frac{1}{16}$에 불과한, 아프리카 대륙 정도의 크기이다.

마찬가지로 태양까지의 거리도 측정할 수 있지만, 태양은 훨씬 더 멀리 떨어져 있기 때문에, 측정하기가 더 어렵다. 천문학자들은 이 거리가 1억 4,945만 킬로미터(9,287만 마일) 혹은 달까지 거리의 385배라는 것을 알아냈다. 태양이 달과 거의 똑같은 크기로 보이는 것은 그저 이렇게 멀리 떨어져 있기 때문이다. 사실 태양은 훨씬 더 커서, 지름이 지구 지름의 109배나 된다.

  만약 태양이 커다란 호박이라면, 지구는 콩이고, 달은 양귀비 씨이며, 뉴욕의 엠파이어 스테이트 빌딩은 우리가 현미경으로 볼 수 있는 가장 작은 박테리아 정도로 작을 것이다. 여기서 고대 그리스 시대에 아낙사고라스Anaxagoras라는 철학자가 태양이 그리스라는 나라만큼이나 큰 불덩어리라고 가르쳤다는 이유로 추방당하고 죽음의 위협을 받았던 사건은 기억해둘 만하다.

  마찬가지로 천문학자들은 우리 태양계에 있는 다른 행성들의 거리들도 예측할 수 있었다. 상당히 최근에 발견한 명왕성이라는 가장 먼 행성은 태양에서 지구보다 40배 정도나 더 멀리 떨어져 있다. 정확히 말하면 36억 6,800만 마일이다.

별들의 은하

우주여행의 다음 단계는 행성에서 별로 가는 것이고, 여기서도 시차 방법을 사용할 수 있다. 그러나 가장 가까운 별들조차 너무 멀리 떨어져 있어서 지구에서 가능한 가장 먼 관측 지점(지구의 반대편)에서 일반적인 별을 배경으로는 눈에 띄는 시차 변화를 보이지 않는다. 그러나 아직 이런 막대한 거리를 측정할 방법이 있기는 하다. 지구의 크기를 이용해서 지구의 태양 공전 궤도를 측정한다면, 이 궤도를 이용해서 별까지의 거리를 얻을 수 있다. 다시 말해서 지구 궤도의 반대쪽 끝에서 별을 관측하면 적어도 일부 별들의 상대적 변위를 알아챌 수 있지 않을까? 물론 그렇게 하려면 6개월 간격을 두고 두 번의 관측이 이루어져야 한다.

이런 생각을 하면서 독일의 천문학자 베셀은 1838년에 6개월 간격을 두고 다른 날에 관측한 별들의 상대적 위치를 비교하기 시작했다. 처음에는 운이 없었다. 그가 고른 별들이 너무 멀리 떨어져 있어서 지구 궤도의 지름을 기초로 했는데도 눈에 띄는 시차변위를 보이지 않았던 것이다. 그러나 천체 목록에 61시그니(백조자리에 있는 61번째 희미한 별)로 등재된 별이 6개월 전의 위치에서 약간 떨어진 것처럼 보였다(그림 110).

또다시 6개월이 지났고 그 별은 다시 원래의 자리로 돌아와 있었다. 따라서 그것은 결국 시차 효과였고, 베셀은 자를 들고 우리 행성계의 한계 너머에 있는 성간 우주에 뛰어든 최초의 인물이 되었다.

61시그니의 관측된 연중 변위는 정말로 매우 작아서 고작 0.6각초*에 불과했는데, 이는 만약 500마일 떨어진 거리까지 볼 수 있다면 그렇게 멀리 있는 사람까지 볼 수 있을 각이다! 그러나 천문학 장비들이 몹시 정확해서, 그렇게 작은 각도 매우 정확히 측정할 수 있다. 베셀은 관측된 시차와, 알려진 지구 궤도의 지름으로부터 이 별이 103조 킬로미터 떨어져 있다고 계산했다. 그것은 태양보다 69만 배나 멀리 떨어진 거리였다! 이 숫자의 의미를 이해하기는 다소 어렵다. 태양이 호박이고, 지구가 200피트 거리에서 그 주위를 도는 콩이라고 했던 앞의 예에서는 이 별의 거리가 3만 마일에 해당할

---

* 더 정확히 하면 0.600 ± 0.06

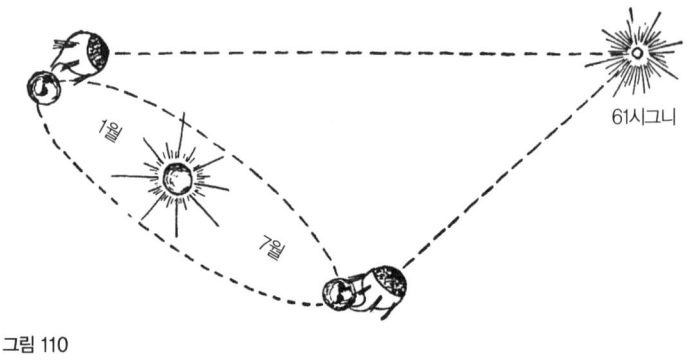

::: 그림 110

것이다!

　천문학에서 매우 큰 거리에 대해 말할 때 초속 3만 킬로미터라는 엄청난 속도로 여행하는 빛이 여행할 수 있는 시간으로 나타내는 게 통상적이다. 빛이 지구를 한 바퀴 도는 데는 단 $\frac{1}{7}$초밖에 걸리지 않고, 달에서 여기까지 오는 데는 1초 남짓이 걸리며, 태양에서 오는 데는 약 8분이 걸릴 것이다. 우리의 가장 가까운 우주 이웃들 가운데 하나인 61시그니라는 별에서 빛이 지구까지 여행하는 데는 약 11년이 걸린다. 우주의 어떤 대격변 때문에 61시그니에서 나온 빛이 없어지거나, 혹은 (별들에게 종종 일어나는 일이지만) 갑자기 섬광을 일으키면서 폭발할 수 있다면, 성간공간을 질주하는 폭발의 섬광과 꺼져가는 마지막 빛줄기가 마침내 어떤 별이 사라졌다는 우주의 최신 뉴스를 지구에 전해줄 때까지 우리는 11년이라는 긴 세월을 기다려야 한다.

　61시그니까지의 거리를 측정하자, 베셀은 어두운 밤하늘을 배경으로 조용히 반짝이는 매우 작은 광점처럼 보이는 이 별이 사실 우리의 아름다운 태양보다 30퍼센트 정도 작고 약간 덜 밝은 거대한 발광체라고 생각했다. 이것은 태양이 그저 무한한 우주 공간의 엄청 먼 거리에 흩어져 있는 수많은 별 가운데 하나에 지나지 않는다는, 코페르니쿠스Nicolaus Copernicus가 처음으로 제기했던 혁명적인 생각에 대한 최초의 직접적인 증거였다.

베셀의 발견 이후 많은 성간 시차들이 측정되었다. 소수의 별은 61시그니보다 더 가깝게 있는 것으로 밝혀졌고, 가장 가까운 별은 고작 4.3광년밖에 떨어져 있지 않은 알파센타우리(센타우루스자리의 가장 밝은 별)다. 이 별은 크기와 광도가 태양과 매우 유사하다. 대부분의 별은 훨씬 더 멀리 떨어져 있으며, 사실 무척 멀리 떨어져 있어서 심지어 지구 공전 궤도의 지름도 거리 측정의 기준으로 삼기에는 너무 작기까지 하다.

또한 별들은 크기와 광도가 매우 다양한 것으로 밝혀져서, 태양보다 400배 정도 더 크고 3,600배 더 밝은 베텔게우스Betelgeuse(300광년 떨어져 있다) 같은 밝은 거성부터, 우리 지구보다 더 작으며(지름이 지구 지름의 75퍼센트이다) 태양보다 1만 배나 더 희미한 이른바 반마넨의 별Van Maanen's star 같은 희미한 왜성까지 다양하다.

이제 우리는 존재하는 모든 별의 수를 세는 중요한 문제에 도달한다. 사람들은 그 누구도 하늘의 별을 다 셀 수 없다고 믿는다. 그러나 너무나 많은 믿음이 그렇듯, 이 믿음 또한 적어도 육안으로 보이는 별에 관한 한은 꽤 많은 부분이 사실과 다르다. 사실 두 반구에서 관측할 수 있는 별들의 총수는 고작 6,000개에서 7,000개 정도에 불과하며, 어느 때고 지평선 위에 있는 별은 그 절반뿐이고, 지평선에 가까운 별들의 가시거리가 대기 흡수 때문에 상당히 감소되므로, 달이 없는 맑은 밤에 육안으로 볼 수 있는 별들은 약 2,000개에 지나지 않는다. 예컨대 초당 1개의 속도로 부지런히 별을 센다고 하면, 거의 30분이 지나야 모든 별을 셀 수 있을 것이다!

그러나 만약 쌍안경을 사용한다면 5만 개 정도의 별을 더 셀 수 있을 테고, $2\frac{1}{2}$인치 망원경이 있다면 약 100만 개의 별을 더 볼 수 있을 것이다. 캘리포니아 윌슨 산 천문대에 있는 유명한 100인치 망원경을 사용하면 약 5억 개의 별을 볼 수 있을 것이다. 그것들을 초당 1개의 속도로 매일 해질 무렵부터 동틀 때까지 세려면, 천문학자들은 거의 100년이 걸려야 그 별을 모두 셀 수 있을 것이다!

물론 대형 망원경으로 보이는 모든 별을 하나씩 세려고 했던 사람은 아무도 없었다. 별들의 총수는 하늘의 어느 면적에서 보이는 실제 별들을 세고 그 평균을 총면적에 적용해서 계산한다.

100년도 더 전에 영국의 유명한 천문학자 윌리엄 허셜John Frederick William Herschel은 자기가 직접 만든 대형 망원경으로 하늘을 관측하고는 육안으로 볼 수 없는 별들의 대부분이, 밤하늘을 가로지르는 은하수로 알려진 희미하게 빛나는 띠 안에 모여 있는 것처럼 보인다는 사실을 깨닫고 깜짝 놀랐다. 그리고 그 덕분에 우리는 은하수가 보통 성운 모양의 물질이나 우주 공간을 가로질러 퍼져 있는 가스 구름의 띠가 아니라, 사실 굉장히 멀리 떨어져 있고 너무 희미해서 육안으로는 따로따로 인식할 수 없는 수많은 별로 이루어졌다는 사실을 깨닫게 되었다.

점점 더 고성능의 망원경을 사용하면서 은하수를 전보다 더 많은 수의 독립적인 별들로 볼 수 있게 되었지만, 별들의 대부분은 여전히 희미한 배경으로 남아 있다. 그러나 별들이 다른 부분보다 은하수 지역에 더 밀집해 있다고 생각하면 오산이다. 하늘에서 어떤 특정 공간에 별들이 더 많아 보이는 것은 사실 이 방향에 별들이 더 밀집해 있기 때문이 아니라 별들이 더 멀리까지 분포되어 있기 때문이다. 은하수의 방향에서는 눈이(망원경으로 강화된) 볼 수 있는 거리까지 별들이 뻗어 있는 반면, 다른 방향에서는 별들이 가시거리까지 뻗어 있지 않아서, 그 너머에서 우리는 텅 빈 공간을 마주하게 된다.

은하수 방향을 들여다볼 때는 수많은 나뭇가지가 서로 겹쳐서 끊임없는 배경을 이루는 깊은 숲 속을 보고 있는 반면, 다른 방향에서는 마치 머리 위의 무성한 나뭇잎들 사이로 파란 하늘을 드문드문 보는 것처럼, 별들 사이의 텅 빈 공간을 드문드문 보는 것과 같다.

따라서 우리의 태양이 하찮은 구성원으로 속해 있는 별들의 우주는 공간에서 평평한 면적을 점유하고 있으며, 은하수의 평면에서는 먼 거리까지 뻗어 있고, 그 평면에 수직인 방향에서는 비교적 얇아진다.

여러 세대에 걸친 천문학자들의 더 상세한 연구 결과 우리의 성계는 약 400억 개의 별을 포함하고 있으며, 이 별들은 지름이 약 10만 광년이고 두께가 5,000에서 1만 광년인 렌즈 모양의 면적 안에 분포되어 있다는 결론에 이르게 된다. 그리고 이 연구 결과 가운데 하나는 우리의 태양이 이 거대한 별 사회의 중심에 있지 않고 다소

:: 그림 111
1해 배로 축소된 은하수의 성계를 바라보고 있는 천문학자. 이 천문학자의 머리가 대략 우리 태양이 있는 위치에 있다.

가장자리 근처에 있다는 사실을 알게 해줌으로써 인간의 자존심에 큰 상처를 입힌다.

그림 111은 별들이 모여 있는 이 거대한 장소의 모양이 어떤지를 독자들에게 보여준다. 그런데 이 은하수라는 성계는 더 과학적인 용어로 **은하**Galaxy(물론 라틴어다!)로 알려져 있다. 여기서 이 은하의

크기는 $\frac{1}{10^{18}}$로 축소되어 있지만, 독립적인 별들을 나타내는 점들의 수는 인쇄 이유 때문에 400억 배나 더 적다.

은하계를 이루는 이 거대한 성계의 독특한 성질들 가운데 하나는 태양계를 움직이는 것과 유사하게 빠른 회전 상태에 있다는 것이다. 금성과 지구와 목성을 비롯한 행성들이 태양 주위에서 거의 원형에 가까운 궤도를 따라 움직이는 것처럼, 은하수라는 성계를 이루는 수십억 개의 별들도 은하의 중심으로 알려진 것의 주위를 돌고 있다. 이 은하의 회전 중심은 궁수자리 방향에 놓여 있으며, 사실 하늘을 가로지르는 은하수의 희미한 모양을 따라간다면, 이 별자리에 가까워지면서 은하수가 점점 더 넓어져서 우리가 이 렌즈 모양 은하의 중심에 있는 더 두꺼운 부분 쪽을 바라보고 있음을 알게 될 것이다(그림 111에 있는 우리의 천문학자가 이 방향을 보고 있다).

은하의 중심은 어떻게 생겼을까? 불행히도 그것은 우주 공간에 있는 어두운 성간 물질의 짙은 구름으로 가려져 있기 때문에 볼 수 없다. 사실 궁수자리* 지역에서 은하수의 넓은 부분을 바라보면 처음에는 신비한 하늘 길이 두 개의 '일방통행 길'로 나누어지는 것처럼 보일 것이다. 그러나 그것은 실제로 길이 나누어지는 게 아니라, 그저 우리와 은하의 중심 사이에 놓여 있는 성간 먼지와 가스로 이루어진 어두운 구름이 이 넓은 부분의 한가운데로 지나가기 때문에 그렇게 보이는 것뿐이다. 따라서 은하수의 양쪽에 있는 어둠은 어두운 텅 빈 공간의 배경 때문인 반면, 은하수 중간의 암흑은 어둡고

---

* 초여름의 맑은 밤에 가장 잘 관측할 수 있다.

:: 그림 112
만약 은하의 중심 쪽을 바라본다면, 신비한 하늘 길이 두 개의 일방통행 길로 갈라지는 것처럼 보일 것이다.

불투명한 구름 때문에 생긴다(그림 112).

물론 우리의 태양이 수십억 개의 다른 별들과 함께 회전하고 있는 이 신비한 은하의 중심을 볼 수 없는 것은 안타까운 일이다. 그러나 어떤 면에서 우리는 우리 은하수의 한계 훨씬 너머의 공간에 흩어져 있는 다른 성계나 은하의 관측을 통해 그 모양이 어떻게 생겼을지 알고 있다. 그것은 태양이 행성 가족을 지배하는 것처럼, 성계의 다른 모든 구성원을 거느리고 있는 엄청나게 큰 초거성이 아니다. 다른 은하들의 중심부에 대한 연구(우리는 이것에 대해 조금 뒤 논의할 것이다)는, 여기에서는 별들이 태양이 속해 있는 외곽 부분들보다 훨씬 더 조밀하게 밀집되어 있다는 사실만 다를 뿐 그 부분들 역시 수많은 별로 이루어졌다는 것을 말해준다. 만약 우리가 행성계를 태양이 행성들을 지배하는 독재국으로 생각한다면, 별들의 은하는 어떤 구성원들은 영향력 있는 중심 위치를 차지하는 반면, 어떤 구성원들은 그 사회의 외곽에 있는 더 낮은 지위에 만족하는 일종의 민주주의 체제와 유사할 수 있다.

위에서 언급한 대로, 우리의 태양을 비롯한 모든 별은 거대한 원을 그리며 은하계의 중심 주위를 돈다. 이것은 어떻게 입증될 수 있고, 이런 별 궤도들의 반지름은 얼마나 크며, 별이 궤도를 완전히 한 바퀴 도는 데는 얼마나 걸릴까?

이 모든 물음에 대한 답은 네덜란드의 천문학자 오르트Jan Hendrik Oort가 찾아냈다. 그는 은하수로 알려진 성계에 코페르니쿠스가 행성계를 고찰할 때 했던 것과 매우 유사한 관측 방법을 적용했다.

먼저 코페르니쿠스의 논법을 기억해보자. 토성이나 목성 같은 큰 행성들이 하늘에서 다소 독특한 방식으로 움직이는 것처럼 보이는 것은 고대인들과 바빌로니아인들과 이집트인들에 의해 관측됐다. 행성들은 태양처럼 다원을 따라 진행하다가 갑자기 멈춰서 거꾸로 가고, 운동 방향을 두 번 바꾼 뒤, 다시 계속해서 원래의 방향으로 가는 것처럼 보였다. 그림 113의 아래쪽 그림은 토성이 약 2년 정도의 기간에 걸쳐 움직인 듯한 모습을 대략적으로 보여준다(토성이 완전히 한 바퀴 도는 데 걸리는 기간은 $29\frac{1}{2}$년이다). 우리의 지구가 우주의 중심이라는 종교적 편견으로 인해, 모든 행성과 태양 자체가 지구 주위를 도는 것으로 믿었기 때문에, 위에 설명한 독특한 운동은 행성 궤도가 구불구불 이어지는 매우 독특한 모양을 갖고 있다는 가정으로 설명해야 했다.

그러나 코페르니쿠스는 천재적인 혜안으로, 궤도가 이렇게 고리처럼 구불거리는 불가사의한 현상이 생기는 것은 다른 모든 행성뿐만 아니라 지구 또한 태양의 주위를 원형으로 돌기 때문이라고 설

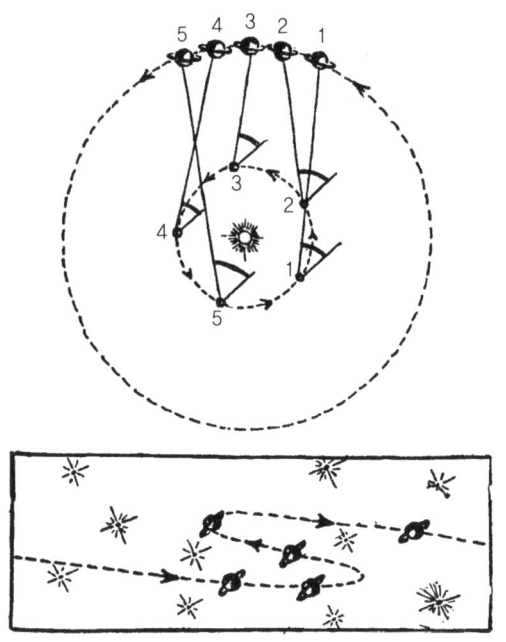

:: 그림 113

명했다. 고리 효과에 대한 이런 설명은 그림 113을 살펴보면 쉽게 이해할 수 있다.

태양이 중심에 있고, 지구(작은 구)는 작은 원을 따라 움직이며, 토성은(고리가 있는) 더 큰 원을 따라 지구와 같은 방향으로 움직인다. 1, 2, 3, 4, 5라는 수는 1년이 흐르는 동안 지구의 다른 위치들과, 훨씬 더 느리게 움직이는 토성의 대응 위치를 나타낸다. 지구의 다른 위치에서 내린 수직선들은 어떤 항성의 방향을 나타낸다. 지구의 다양한 위치에서 토성의 대응 위치까지 직선을 그리면, 두 방

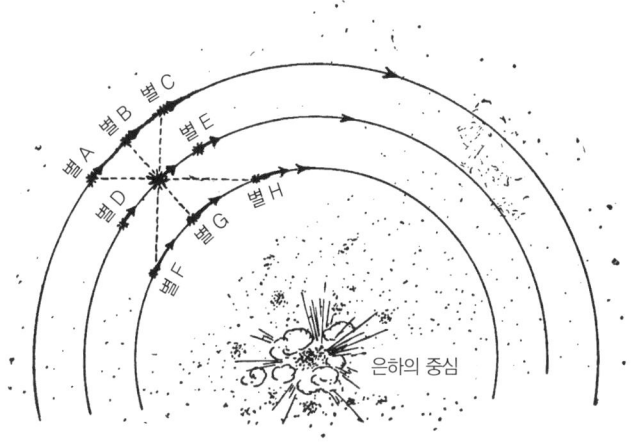

:: 그림 114

향(토성과 항성의)으로 만들어지는 각이 처음에는 증가하다가 감소한 뒤 다시 증가하는 것을 알게 된다. 따라서 고리처럼 보이는 현상은 토성 운동의 특성을 의미하는 것이 아니라, 우리가 움직이는 지구에서 다른 각도로 이 운동을 관측하여 생기는 현상인 것이다.

별들의 은하의 회전에 대한 오르트의 논법은 아마 그림 114를 살펴보면 더 쉽게 이해할 수 있을 것이다. 이 그림의 아래쪽에는 은하의 중심(어두운 구름과 그 밖의 모든 것이 있는!)이 있으며 이 중심 주위에는 많은 별이 있다. 세 개의 원은 중심에서 다른 거리에 있는 별들의 궤도를 나타내고, 한가운데의 원은 태양의 궤도를 나타낸다.

이제 여덟 개의 별을 생각하고(다른 점들과 구별하기 위해 별 모양으로 표시했다), 그 가운데 둘은 태양과 같은 궤도를 따라 움직이지만, 하나는 약간 앞에서 가고 또 하나는 약간 뒤에서 따라가며, 다른 것들은 그림에서 보여준 것처럼 다소 더 크고 작은 궤도에 놓여 있다고 하자. 우리는 중력 법칙(5장 참고) 때문에 바깥쪽에 있는 별들은 태양의 궤도에 있는 별들보다 속도가 더 느리며 안쪽에 있는 별들은 속도가 더 빠르다는 것을 기억해야 한다(이 그림에서는 이런 속도 차이를 다른 길이의 화살표로 표시했다).

만약 태양에서 관측한다면 이 여덟 개의 별의 운동이 어떻게 보일까? 또 이 똑같은 운동이 지구에서는 어떻게 보일까? 우리는 여기서 시선을 따르는 운동에 대해서 말하고 있으며, 이것은 이른바 도플러 효과Doppler effect*를 이용하여 가장 편리하게 관측할 수 있다. 무엇보다도 태양과 동일한 궤도를 따라 태양과 똑같은 속도로 움직이는 두 별은 태양의(혹은 지구의) 관측자에게 정지해 있는 것처럼 보일 것이 분명하다. 그 반지름을 따라 놓여 있는 다른 두 별(B와 G)의 경우도 마찬가지이다. 왜냐하면 그것들은 태양에 평행하게 움직여서 시선을 따르는 속도 성분이 없기 때문이다.

이제 바깥쪽 원에 있는 별 A와 C는 어떨까? 두 별 모두 태양보다 더 느리게 움직이기 때문에 이 그림에서 명확히 보이는 것처럼, 별 A는 뒤처지고 있지만 별 C는 태양에 추월당하고 있다고 보아야 한다. 별 A까지의 거리는 증가하지만, C까지의 거리는 감소할 것이고, 두 별에서 오는 빛은 각각 적색과 청색 도플러 효과를 보일 게 틀림없다. 안쪽 원에 있는 별 F와 H의 경우에는 상황이 역전될 것이므로, F의 경우에는 청색 도플러 효과가, H의 경우에는 적색 도

---

* 462쪽에 있는 도플러 효과에 대한 논의를 참고해라.

플러 효과가 나타날 것이다.

　지금 설명한 현상은 별들의 원 운동에 의해서만 생기는 것으로 볼 수 있으며, 그런 원 운동의 존재는 우리가 이 가정을 입증할 수 있게 할 뿐만 아니라 별 궤도의 반지름과 별 운동의 속도도 어림할 수 있게 해준다. 하늘에 있는 모든 별의 겉보기 운동에 대한 관측 자료를 수집함으로써, 오르트는 예상된 적색과 청색 도플러 효과가 정말로 존재한다는 것을 입증하여 은하의 회전을 한 치의 의심도 없이 입증할 수 있었다.

　은하 회전의 효과가 시선에 수직인 별들의 겉보기 속도에 영향을 미친다는 것도 유사한 방식으로 입증될 수 있을 것이다. 비록 이 속도 성분이 정확한 측정을 훨씬 더 어렵게 하기는 하지만(왜냐하면 먼 별들의 매우 큰 선형 속도조차 천구에서는 극히 작은 각 변위에 해당하기 때문에) 이 효과 역시 오르트를 비롯한 여러 사람들이 관측하였다.

　오르트의 별의 운동 효과에 대한 정확한 측정은 이제 별의 궤도를 측정하고 회전주기를 결정할 수 있게 해준다. 이 계산 방법을 이용해서 궁수자리에 중심을 둔 태양 궤도의 반지름이 3만 광년으로, 우리 은하계 전체의 가장 바깥쪽 궤도 반지름의 $\frac{2}{3}$ 정도 된다는 사실이 알려졌다. 태양이 은하 중심 주위를 완전히 한 바퀴 도는 데 걸리는 시간은 약 2억 년 정도 된다. 물론 이는 긴 시간이지만, 우리 성계의 나이가 50억 년이라는 것을 기억할 때, 행성 가족을 거느린 우리의 태양은 평생 29번 정도 완전히 회전했음을 알게 된다. 만약 지구 나이라는 용어처럼 태양의 회전주기를 '태양 나이'라고 한다면, 우리 우주의 나이는 고작 20살밖에 되지 않는다. 과연 별의 세계에서는 일의 속도가 더 느리며, 태양 나이는 우주의 역사에서 시간을 측정하는 데 아주 편리한 단위이다!

미지의 세계의 한계를 향해서

이미 위에서 언급했듯이, 광대한 우주 공간에 떠 있는 별들의 사회는 은하만 있는 게 아니다. 망원경 연구는 멀리 떨어진 우주에서 우리의 태양이 속해 있는 것과 매우 유사한 수많은 거대한 별 집단의 존재를 드러낸다. 가장 가까이 있는 유명한 안드로메다 성운 Andromeda Nebula은 심지어 육안으로도 볼 수 있다. 이 성운은 작고 희미하고 다소 길쭉하게 보인다. 윌슨 산 천문대의 대형 망원경으로 찍은 천체 사진인 플레이트 VIIA와 B도 그러하다. 이 사진에서 볼 수 있는 두 천체는 아래쪽에서 직선으로 보이는 머리털자리 성운과, 위에서 보이는 큰곰자리 성운이다. 우리는 우리 은하처럼 독특한 렌즈 모양을 한 이들 성운이 전형적인 나선 구조를 갖고 있어서 나선 성운spiral nebulae이라고 불린다는 것을 알게 된다. 우리 성계의 구조도 유사하게 나선형이라는 많은 암시가 있지만, 안에서 볼 때는 어떤 구조의 모양을 결정하기가 매우 어렵다. 사실 우리의 태양은 '은하수라는 거대한 성운'의 나선 팔spiral arms 가운데 하나의 끝부분에 자리 잡고 있을 가능성이 매우 크다.

오랫동안 천문학자들은 이 나선 성운들이 우리 은하수와 유사한 거대한 성계라는 것을 깨닫지 못하고, 은하 안에 있는 별들 사이의 거대한 성간먼지구름인 오리온자리의 성운처럼 널리 퍼진 보통 성운들과 혼동했었다. 그러나 나중에 이런 안개 같은 나선 모양의 천체들이 실은 전혀 안개가 아니며 독립적인 별들로 이루어져 있어서 최대 배율로 확대하면 아주 작은 독립적인 점으로 보일 수 있다는 것이 밝혀졌다. 그러나 그 별들은 어떤 시차 측정으로도 실제 거리를 나타낼 수 없을 만큼 멀리 떨어져 있다.

따라서 언뜻 보기에 천체의 거리를 측정할 수 있는 방법의 한계에 도달한 것처럼 보일 것이다. 그러나 과학에서 극복할 수 없을 것 같은 어려움은 일시적인 현상일 뿐이다. 왜냐하면 항상 그런 어려움을 극복할 수 있는 돌파구들이 생기기 때문이다. 이 경우에는 하버드의 천문학자 할로 섀플리Harlow Shapley가 세페이드라는 맥동성 pulsating star에서 아주 새로운 '측정자'를 발견했다.

별들은 수없이 많다. 대부분의 별은 하늘에서 조용히 빛나지만 규칙적인 간격을 두고 밝아졌다 희미해졌다, 희미해졌다 밝아졌다를 반복하는 별들이 소수 있다. 이런 별들은 마치 심장이 뛰는 것처럼 규칙적으로 맥동하며, 이런 맥동과 함께 밝기도 주기적으로 변한다. 긴 진자가 짧은 진자보다 진동을 완성하는 데 더 많은 시간이 걸리는 것처럼, 별이 클수록 맥동 주기도 길어진다. 정말로 작은 별들은 몇 시간 간격으로 주기를 완성하는 반면, 무척 큰 별들은 맥동을 한 번 거치는 데 수년이 걸린다. 이제 더 큰 별이 더 밝기 때문에, 별의 맥동 주기와 별의 평균 밝기 사이에는 겉보기 상관관계가

---

* 처음으로 맥동 현상을 발견한 β-세페이드라는 별을 따서 그렇게 불리게 되었다.

있다. 이 관계는 그 거리와 실제 밝기를 직접 관측할 수 있을 정도로 가까운 세페이드들을 관측하면 파악할 수 있다.

이제 시차 측정의 한계 너머에 놓인 맥동성이 발견되면, 그 별을 망원경으로 관측해서 맥동 주기로 소모되는 시간을 알아내기만 하면 된다. 이 주기를 알게 되면 별의 실제 밝기를 알게 되고, 그것을 겉보기 밝기와 비교하면 그 별이 얼마나 멀리 떨어져 있는지 금방 알 수 있다. 이 기발한 방법은 섀플리가 은하수 안에 있는 특히 먼 거리들을 측정하는 데 사용해서 좋은 결과를 얻었으며 또 그동안 우리 성계의 일반적인 크기들을 측정하는 데도 가장 유용하게 쓰였다.

똑같은 방법을 적용해서 거대한 안드로메다 성운 안에 있는 것으로 밝혀진 몇몇 맥동성의 거리를 측정한 섀플리는 깜짝 놀라고 말았다. 지구에서 이들 별까지의 거리가 170만 광년으로 드러났고, 따라서 안드로메다 성운 자체까지의 거리도 이와 똑같을 게 틀림없기 때문이다! 그리고 안드로메다 성운의 크기는 우리 은하 전체의 크기보다 약간 작은 것으로 밝혀졌다. 우리의 플레이트에 있는 두 나선 성운은 훨씬 더 멀리 떨어져 있으며 그 지름은 안드로메다의 지름과 똑같다.

이 발견은 나선 성운이 우리 은하 안에 놓인 비교적 '작은 것들'이라는 초기의 가정들을 무너뜨리고 그것들을 우리 성계인 은하수와 매우 비슷한 독립적인 별들의 은하로 자리 잡게 했다. 이제 거대

---

* 우리는 이 맥동성과 이른바 식변광성(eclipsing variables)을 혼동하지 말아야 한다. 식변광성은 주위를 돌며 주기적으로 서로를 가리는 두 별로 이루어진 성계이다.

한 안드로메다 성운을 이루는 수십억 개의 별들 가운데 하나의 주위를 돌고 있는 어떤 작은 행성의 관측자에게, 안드로메다가 우리에게 보이는 것처럼 우리 은하수 또한 그렇게 보일 것임을 의심하는 천문학자는 없다.

멀리 떨어진 별들의 사회에 대한 더 상세한 연구는 주로 윌슨 산 천문대의 저명한 은하 관측자인 에드윈 허블Edwin Powell Hubble에 의해 이루어졌다. 그의 연구를 통해 흥미롭고 중요한 사실들이 많이 밝혀졌는데, 우선 성능 좋은 망원경으로 보면 보통 별보다 더 많은 것처럼 보이는 은하들이 반드시 나선형은 아니며, 매우 다양한 형태를 보이는 것으로 밝혀졌다. 경계가 뚜렷하지 않은 규칙적인 원반처럼 생긴 **구형 은하**도 있고, 길게 늘어진 정도가 다른 **타원형 은하**도 있다. 나선 은하들은 '감긴 정도'에 따라 여러 종류로 나뉘며, 또한 '막대 나선 은하'로 알려진 독특한 모양들도 있다.

관측된 모든 다양한 형태의 은하들이 이런 거대한 별 사회들이 진화해가는 각각의 단계에 해당하는 규칙적인 순서로 배열될 수 있다는 것은 대단히 중요한 사실이다(그림 115).

비록 우리가 아직 은하의 진화에 대해 상세히 이해하고 있지는 못하지만, 그것은 점진적인 수축 과정에 기인할 가능성이 매우 높아 보인다. 느리게 회전하는 가스 구상체가 꾸준한 수축을 겪으면, 회전 속도는 증가하고 모양은 납작한 타원형이 된다. 수축하는 과정에서 적도 반지름에 대한 극반지름의 비가 $\frac{7}{10}$과 같아지면, 이 회전체는 적도 방향이 뾰족해지는 렌즈 모양이 될 게 틀림없다. 훨씬 더 많이 수축하면 렌즈 모양은 그대로 있지만, 회전체를 이루는 가

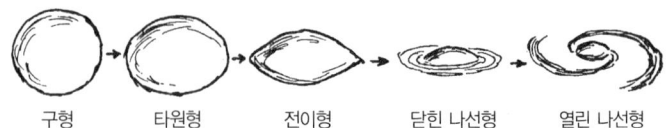

:: **그림 115**
표준적인 은하 진화의 다양한 단계들.

스들이 뾰족해진 적도를 따라 주위 공간으로 흘러나오기 시작해서 결국 적도 평면에 얇은 가스 베일이 펼쳐진 모양이 된다.

위에 기술한 모든 내용은 영국의 저명한 물리학자이자 천문학자인 제임스 진스James Hopwood Jeans가 회전하는 가스 구에 대해서 수학적으로 입증했지만, 은하라고 불리는 거대한 별 구름에도 그대로 적용할 수 있다. 사실 우리는 수십억 개의 별이 모여 있는 그런 집단을 이제 각각의 별들이 분자의 역할을 하는 가스 덩어리로 생각할 수 있다.

진스의 이론적 계산과 허블의 경험적인 은하 분류를 비교하면, 이런 거대한 별 사회들이 이론에 의해 기술된 진화 과정을 그대로 따른다는 것을 알게 된다. 특히 가장 길게 늘여진 타원 성운의 모양이 $\frac{7}{10}$의 반지름 비에 해당하며, 그것이 바로 적도 방향이 뾰족해지는 첫 번째 경우라는 것을 알게 된다. 진화의 나중 단계에서 발달하는 나선 은하들은 빠른 회전에 의해 배출된 물질로부터 형성된 것처럼 보이지만, 지금까지는 이런 나선형들이 왜 어떻게 만들어지며 단순한 나선형과 막대 나선형 사이의 차이를 일으키는 것은 무엇인지 완전히 만족할 만한 설명이 없다.

은하의 구조와 운동, 그리고 은하의 다른 부분에 있는 별들의 양에 대해서는 여전히 더 많은 연구를 통해 배워야 할 게 많다. 예를 들면, 2년 전 윌슨 산 천문대에서는 천문학자 월터 바데Walter Baade가 매우 흥미로운 결과 하나를 얻었다. 그는 나선 성운들의 중심부(핵)는 구형 은하와 타원 은하와 똑같은 유형의 별들에 의해 형성되는 반면, 나선 팔 자체는 다소 다른 유형의 별 집단을 보여준다는 것을 입증할 수 있었다. 이 '나선 팔' 유형의 별 집단에는 매우 뜨겁고 밝은 별들인 이른바 '청색 거성'이 존재한다는 점에서 중심 지역의 집단과 다르다. 청색 거성은 구형과 타원형 은하들뿐만 아니라 중심 지역에도 없다. 나중에 알게 되겠지만(11장), 청색 거성은 가장 최근에 만들어진 별들이므로 나선 팔이 새로운 별 집단의 양성소라고 생각하는 게 온당하다. 우리는 수축하는 타원 은하의 적도 팽대부에서 배출된 물질 대부분이 차가운 성간공간으로 빠져나가 독립적인 커다란 물질 덩어리들로 응축하는 성간가스들로 이루어져 있으며, 이 덩어리들이 잇단 수축을 통해 매우 뜨겁고 밝아진다고 상상할 수 있을 것이다.

11장에서 다시 별의 탄생과 죽음의 문제를 다룰 것이기 때문에, 지금은 광대한 우주에 퍼져 있는 독립적인 은하들의 분포에 대해 일반적으로 고찰할 것이다.

그러나 맥동성을 기초로 한 거리 측정 방법들이 우리 은하의 이웃에 놓여 있는 상당히 많은 은하에 적용될 때는 뛰어난 결과들을 얻을 수 있지만, 머지않아 가장 강력한 망원경으로 봐도 독립적인 별을 구별할 수 없고 은하들이 작은 성운 모양의 물질처럼 보이는 거리에 도달하게 되므로, 더 깊은 우주 공간으로 나아가면 실패한다는 것을 명심해야 한다. 이 지점 너머에서는, 별들과 달리 모든 은하가 거의 같은 크기라는 사실이 상당히 잘 입증되어 있기 때문에 우리는 오직 보이는 크기에만 의존할 수 있다. 만약 모든 사람이 키가 같으며 거인도 난쟁이도 없다는 것을 알고 있다면, 겉보기 크기를 관측해서 어떤 사람이 얼마나 멀리 떨어져 있는지 말할 수 있다.

허블은 이 방법을 먼 외곽 영역에 있는 은하의 거리를 어림하는 데 이용해서 은하가 망원경으로 볼 수 있는 데까지 공간에 다소 균일하게 흩어져 있음을 입증할 수 있었다. 우리가 '다소'라고 말한 것은 독립된 별들이 모여서 은하를 이루는 것처럼, 은하들이 모여서 수천 개의 구성원들을 포함하는 큰 집단을 이루는 경우가 많기 때문이다.

우리 은하인 은하수는 세 개의 나선 은하(우리 은하와 안드로메다 은하를 포함하는)와 여섯 개의 타원 은하와 네 개의 불규칙 성운(그 가운데 두 개는 마젤란운이다)을 구성원으로 하는 비교적 작은 은하 집단의 구성원인 것처럼 보인다.

그러나 그렇게 가끔 집단을 이루는 경우를 제외하면, 팔로마 산 천문대의 200인치 망원경으로 관측했을 때, 은하들은 최대 10억 광년 거리까지의 공간에 다소 균일하게 흩어져 있다. 이웃하는 두 은하들 사이의 평균 거리는 약 500만 광년이며, 볼 수 있는 우주의 지평선은 약 수십억 개의 별 세계들을 포함하고 있다!

앞에서 엠파이어스테이트 빌딩을 박테리아에 비유하고, 지구를 콩에, 태양을 호박에 비유했던 것을 따르면, 은하들은 수십억 개의 호박들이 대략 목성의 궤도 안에 분포된 모습으로 비유할 수 있다.

이렇게 되면 호박 집단들은 가장 가까운 별까지의 거리보다 약간 더 작은 반지름을 가진 구의 부피 안에 흩어져 있게 된다. 그렇다, 우주의 거리가 얼마나 되는지 적당한 크기를 알기가 매우 어려우므로, 지구를 콩의 크기로 어림해도, 알려진 우주의 크기는 천문학적 숫자로 나온다! 그림 116은 천문학자들이 우주의 거리를 탐구할 때 지구에서, 달까지, 태양까지, 별까지, 먼 은하까지 그리고 미지의 한계 쪽으로 나아갔던 과정을 단계별로 설명한다.

이제 우주의 크기에 관한 기본적인 물음에 답할 준비가 되었다. 우주가 영원히 팽창한다고 생각해서 더 크고 더 성능 좋은 망원경만 있으면 천문학자가 항상 새로운 미지의 우주 영역을 발견할 수 있다고 결론 내려야 하는 걸까, 아니면 반대로 우주가 매우 크기는 해도 유한해서 적어도 원칙적으로는 마지막 별 하나까지 다 탐구할 수 있다고 믿어야 하는 걸까?

물론 우주가 '유한한' 크기일 가능성에 대해 말한다고 해서 우주 탐험가가 수십억 광년 떨어진 어딘가에서 '출입금지'라고 쓰인 벽보가 붙은 막다른 벽을 만나게 될 거라는 뜻은 아니다.

3장에서 우주가 꼭 어떤 경계에 의해 제한되지 않아도 유한할 수 있다는 것을 알았다. 우주가 그저 굽어져서 '닫혀 있을' 수 있으므로, 자신이 탄 로켓 우주선을 가능한 한 곧게 조종하려는 가상의 우주 탐험가는 우주 공간에서 측지선을 따라가다가 출발 지점으로 다시 되돌아오게 될 것이다.

이 상황은 물론 자신의 고향인 아테네라는 도시에서 서쪽으로 여행하다가 오랜 여정 끝에 자신이 그 도시의 동쪽 성문으로 들어가

:: 그림 116
우주 탐험의 이정표.
거리는 광년으로 표시했다.

고 있다는 사실을 깨닫게 된 고대 그리스 탐험가의 경우와 상당히 비슷할 것이다.

그리고 비교적 작은 지역의 기하학을 조사하기만 하면 굳이 세계 일주를 하지 않아도 지구 표면의 곡률을 알아낼 수 있듯이, 이용 가능한 망원경들의 범위 내에서 유사한 관측들을 하면 3차원 우주 공간의 곡률을 알아낼 수 있다. 5장에서 유한한 부피의 닫힌 우주에 해당하는 양의 곡률과, 안장처럼 생긴 무한한 열린 우주에 해당하는 음의 곡률을 구별해야 한다는 것을 알았다(그림 42). 이들 두 우주의 차이는 **닫힌 우주**에서는 관측자로부터 주어진 거리 이내에 있는 균일하게 흩어진 천체들의 수가 그 거리의 세제곱보다 더 느리게 증가하는 반면, **열린 우주**에는 그게 오히려 감소한다는 사실에서 찾을 수 있다.

우주에서는 '균일하게 흩어진 천체들'의 역할을 하는 게 독립적인 은하들이므로, 우주 곡률의 문제를 해결하기 위해서는 그저 우리에게서 다른 거리에 떨어져 있는 은하들의 수를 세기만 하면 된다.

실제로 그렇게 은하의 수를 세는 작업을 한 사람이 바로 허블이었고, 그는 **은하들의 수가 거리의 세제곱보다 다소 더 느리게 증가하는 것 같으며, 따라서 양의 곡률과 우주의 유한성을 암시하는 것 같다**는 것을 발견했다. 그러나 허블이 관측한 효과가 매우 작아서 윌슨 산의 100인치 망원경으로 관측할 수 있는 거리의 한계 근처에서만 알아챌 수 있으며, 팔로마 산에 있는 새로운 200인치 굴절 망원경을 이용한 최근의 관측으로도 아직 이 문제가 해결되지 못했다는 사실을 주목해야 한다.

우주의 유한성에 관한 최종적 대답이 불확실해질 수밖에 없는 것은 멀리 떨어져 있는 은하들의 거리를 오로지 겉보기 밝기(역제곱 법칙)를 기초로 해서 판단해야 하기 때문이다. 그러나 이 방법은 모든 은하가 똑같은 평균 광도를 갖고 있다고 가정하므로 만약 각 은하들의 광도가 시간에 따라 변해서 광도가 나이에 의존한다는 것을 암시한다면 잘못된 결과를 낳을 수도 있다. 사실 팔로마 산 망원경으로 본 가장 먼 은하들은 10억 광년 떨어져 있으며, 따라서 우리가 보는 것은 그것들의 10억 년 전의 상태라는 것을 기억해야 한다. 만약 은하들이 나이를 먹어가면서 점차 희미해진다면(아마도 각각의 구성원들이 죽어가면서 활동하는 별의 수가 감소하기 때문에) 허블이 도달한 결론은 수정되어야 한다. 사실 은하의 광도가 10억 년(은하들의 총 수명의 $\frac{1}{7}$ 정도인) 동안 아주 조금만 변해도, 우주가 유한하다는 현재의 결론이 뒤바뀌게 될 것이다.

따라서 우리의 우주가 유한한지 무한한지 확실히 말하려면 아직 많은 연구가 필요하다는 것을 알게 된다.

11

창조의 시대

The
DAYS
of
CREATION

11
창조의 시대

행성의 탄생

세계의 일곱 대륙에서 살고 있는 인간에게 '단단한 땅'이라는 표현은 사실상 안정성과 영구성의 개념과 동의어이다. 우리가 관계하는 한, 지구의 표면과 대륙과 해양, 산과 강에 대한 친근한 모든 특징은 시간이 시작된 이후 죽 존재했을 수 있다. 사실 역사적인 지질학 자료들은 지구의 표면이 점차 변하고 있으며, 대륙 대부분은 바닷속에 잠기는 반면, 잠겼던 지역들은 표면으로 나올 수 있음을 암시한다.

또한 우리는 오래된 산들이 비에 씻겨 내려가고 있으며 판 구조 활동 때문에 새로운 산등성이들이 올라온다는 사실도 알지만, 지구의 단단한 지각에서 일어나는 변화들은 이런 변화가 고작이다.

그러나 지구가 단단한 지각을 갖고 있지도 않았고 그저 점점 자라는 녹은 암석 덩어리에 불과했던 시간이 분명히 있었을 것임은 어렵지 않게 알 수 있다. 지구 내부의 연구는, 대부분이 고온에 녹아내린 액체 상태이고, 우리가 말하는 '단단한 땅'은 그저 녹은 마그마의 표면 위에 떠 있는 비교적 얇은 판에 불과하다는 것을 말해준다. 지구 표면 아래의 다른 깊이에서 측정된 온도가 1킬로미터 내려갈 때마다 섭씨 30도(혹은 1,000피트당 화씨 16도) 정도의 속도로 증가하므로, 지구의 가장 깊은 광산(남아프리카의 로빈슨 딥에 있는 금광상)에서는 광부들이 화상을 입을 것을 방지하기 위해서 에어컨이 설치되어야 할 정도로 벽이 뜨겁다는 것을 기억하면 이런 결론에 쉽게 도달할 수 있다.

그런 속도로 증가하면, 표면 아래로 고작 50킬로미터만 내려가도, 즉 지구 중심으로부터 전체 거리의 1퍼센트도 되지 않는 깊이만 내려가도 지구의 온도는 돌의 녹는점(섭씨 1,200도와 1,800도 사이)에 도달한다. 그러니 지구의 97퍼센트 이상을 형성하는 더 아래의 모든 물질은 완전히 녹은 상태로 있을 게 틀림없다.

그런 상태가 영원히 존재할 수는 없을 것이고, 아주 옛날 옛적에 지구가 완전히 녹은 물체였을 때 시작되었고, 먼 미래의 어느 때 지구가 중심까지 완전히 굳어버리면 끝날 점차적인 냉각 과정의 어떤 단계를 우리가 여전히 관측하고 있는 게 분명하다. 단단한 지각의 냉각과 성장 속도를 대충 어림해보면 이 냉각 과정이 수십억 년 전에 시작되었음을 말해준다.

지구의 지각을 형성하는 암석들의 나이를 가늠해도 동일한 숫자를 얻을 수 있다. 언뜻 보기에는 암석들이 변화무쌍하게 변하지 않아서 '돌처럼 변함이 없다'는 표현을 쓰기도 하지만, 사실 이전의 녹은 상태에서 굳어진 이후 경과한 시간을 말해주는 일종의 자연적 시계가 담겨 있다.

이렇게 나이를 드러내는 지질학적 시계는 종종 지구의 표면과 여러 깊이에서 채취된 다양한 암석 속에서 발견되는 미량의 우라늄과 토륨으로 대표된다. 7장에서 보았던 것처럼 이들 원소의 원자들은 자발적으로 느리게 방사성 붕괴를 해서 결국 납이라는 안정된 원소가 된다.

이런 방사성 원소들을 포함하는 암석의 나이를 결정하기 위해서는 방사성 붕괴의 결과로 수 세기에 걸쳐 축적되었던 납의 양을 측정하기만 하면 된다.

사실 암석의 물질이 녹은 상태로 존재하는 한, 방사성 붕괴의 산물들은 이 녹은 물질에서 확산과 대류 과정을 통해 원래의 장소에서부터 지속적으로 옮겨질 수 있었을 것이다. 그러나 물질이 암석으로 굳어지는 한, 방사성 원소와 함께 납의 축적도 시작되었을 것이고, 그 양은 얼마나 오랫동안 그런 일이 지속되었는지 정확히 말해준다. 이것은 태평양의 두 섬에서 야자나무들 사이에 흩어져 있는 빈 맥주 캔의 상대적인 수가 적의 스파이에게 해군의 주둔군이 각 섬에 얼마나 오랫동안 머물렀는지 말해주는 것과 같은 이치다.

향상된 기술을 이용해서 암석 속에서 납의 동위원소를 비롯한 라듐-87과 칼륨-40 같은 다른 불안정한 화학 동위원소들의 붕괴 산물의 축적량을 정확히 측정하는 최근의 조사들을 통해, 알려진 가장 오래된 암석들의 나이가 약 45억 년인 것으로 추산되었다. 그래서 **지구의 단단한 지각은 약 45억 년 전에 녹은 물질에서 형성되었다**라는 결론을 내리게 된다.

따라서 50억 년 전에는 지구가 공기와 수증기를 비롯해 휘발성 높은 물질들로 이루어진 짙은 대기로 에워싸인 완전히 녹은 구상체였다고 상상할 수 있다.

이 뜨거운 우주 물질 덩어리는 어떻게 존재하게 되었으며, 어떤 힘들이 작용해서 덩어리가 만들어졌고, 그 구조 물질은 어떻게 투입되었을까? 태양계의 다른 행성의 기원뿐만 아니라 지구의 기원에 관한 이런 물음들이 수 세기 동안 천문학자들의 머릿속을 떠나지 않았던 과학적 **우주론**(우주의 기원에 관한 이론)의 기본적 의문들이었다.

이런 물음들에 최초로 과학적인 방법으로 답하려던 사람은 프랑스의 저명한 자연주의자인 뷔퐁이었다. 1749년에 총 44권으로 이루어진 《박물지 Histoire naturelle générale et particuliére》를 출간했던 뷔퐁은 그 책들 가운데 하나에서 행성계의 기원을 태양과 성간공간의 깊숙한 곳에서 온 혜성 사이의 충돌의 결과로 설명했다. 그는 길고 밝은 꼬리를 가진 치명적인 혜성 comete fatale이 당시에는 행성들을 거느리지 않았던 우리 태양의 표면을 스치고 지나가면서 이 거대한 물체로부터 수많은 작은 '방울'을 떼어냈고, 그 방울들이 충돌의 힘 때문에 우주 공간에서 빙글빙글 도는 모습을 상상했다(그림 117a).

수십 년 뒤 독일의 유명한 철학자 임마누엘 칸트 Immanuel Kant에 의해 우리 행성계의 기원에 관한 완전히 다른 견해들이 제기되었다.

a	b
뷔퐁의 충돌 가설	칸트의 고리 가설

:: **그림 117**
우주론에 대한 두 학계의 생각.

그는 태양이 어떤 다른 천체의 간섭 없이 완전히 혼자 힘으로 행성계를 만들었다는 의견 쪽으로 힘을 더 실었다. 칸트는 태양의 초기 상태를 현재의 행성계 전체의 부피를 차지하고 그 축을 중심으로 천천히 돌고 있는 거대하고 비교적 차가운 가스 덩어리로 상상했다. 주위의 텅 빈 공간으로 복사를 방출해서 꾸준히 냉각하던 가스 덩어리는 결국 점차 수축하여 회전 속도가 증가하게 되었을 것이다. 그런 회전의 결과 원심력이 증가해서 가스로 이루어진 원시 태양은 점차 납작해지고, 결국 팽창된 적도 방향으로 일련의 가스 고리들이 분출되었을 것이다(그림 117b). 그렇게 회전체에서부터 고리가 만들어지는 것은 플라톤Plato의 고전 실험으로 입증할 수 있다. 이 실험에서 밀도는 같지만 종류가 다른 액체에 떠 있는 커다란 기름방울(태양의 경우처럼 가스가 아니라)을 보조 역학 장치로 갑자기 빠르게 회전시키면 회전 속도가 일정한 한계를 넘을 때 기름 고리가 형성되기 시작한다. 그리고 이런 방식으로 만들어진 고리들은 나중에 해체해서 태양 주위의 여러 거리에서 회전하는 다양한 행성으로 응축했다고 생각했다.

나중에 프랑스의 유명한 수학자 라플라스Pierre Simon Laplace 후작은 이 견해들을 발전시켜 1796년에 《세계의 체계에 대한 해설Exposition du systéme du monde》이라는 저서를 출간했다. 그러나 라플라스는 위대한 수학자였음에도 불구하고 이런 개념들을 수학적으로 처리하지 않고 대중들에게 별로 알려져 있지 않은 이론의 질적인 논의만 했다.

60년 뒤 영국의 물리학자 제임스 맥스웰James Clerk Matwell이 최초로 그런 수학적 처리를 시도했을 때, 칸트와 라플라스의 우주론적 견해들은 극복할 수 없는 것처럼 보이는 모순의 벽에 부딪혔다. 사실 현재 태양계의 다양한 행성에 집중된 물질을 지금 태양계가 점유하는 공간 전체에 균일하게 분포시키면 물질이 너무나 얇게 분포되어서 중력의 힘들이 그것을 모아 독립된 행성들로 만들지 못함이 입증되었다. 따라서 수축하는 태양에서 분출된 고리들은 토성의 고리처럼 영원히 남아 있게 될 것이다. 토성의 고리는 토성 주위에서 원형 궤도로 계속 돌고 있는 수없이 많은 작은 입자로 이루어졌다고 알려져 있지만 이 입자들이 '엉겨서' 단단한 하나의 위성으로 굳어지려는 경향은 전혀 보이지 않는다.

이 난관을 해결하기 위해서는 태양의 원시 껍질이 우리가 지금 행성들에서 발견하는 것보다 훨씬 더 많은 물질(적어도 100배는 많은)을 포함하고 있으며, 이 물질 대부분이 태양에 집중되어 있고 약 1퍼센트만 행성체들을 형성하는 데 남긴다고 가정하기만 하면 된다.

그러나 그런 가정은 다소 심각한 또 다른 모순을 일으킨다. 실제로 처음에는 행성들과 똑같은 속도로 회전했을 물질이 태양에 있었다면, 그 물질은 불가피하게 태양이 현재 갖고 있는 속도보다 5,000배나 더 큰 각속도를 주었을 것이다. 만약 이게 사실이라면, 태양은 4주에 한 번이 아니라 시간당 일곱 번의 속도로 회전하게 될 것이다.

이런 고찰들은 칸트-라플라스 가설을 부정하는 것처럼 보였으며, 천문학자들이 희망을 걸고 다른 곳으로 눈을 돌린 결과, 미국의 과학자 토머스 체임벌린Thomas Chrowder Chamberlin과 포레스트 몰턴Forest Ray Moulton, 그리고 영국의 유명한 과학자 제임스 진스의 연구로 뷔퐁의 충돌 이론이 다시 소생하게 되었다. 물론 뷔퐁의 원래 견해들은 그 이후 알게 된 중요한 지식에 의해 상당히 현대적으로 수정되었다. 태양과 충돌했던 천체가 혜성이라는 믿음은 이제 폐기되었다. 왜냐하면 혜성의 질량이 당시까지는 달의 질량과 비교했을 때 무시할 수 있을 만큼 작은 것으로 알려져 있었기 때문이다. 그 뒤 이 돌진하는 천체는 크기와 질량이 태양에 필적하는 또 다른 별로 믿었다.

그러나 당시에는 칸트-라플라스 가설의 기본적 난관들을 해결할 수 있는 유일한 탈출구처럼 보였던 이 다시 만들어진 충돌 이론 역시 진흙탕 속을 걷고 있는 것으로 드러났다. 또 다른 별이 전해준 강력한 충격 때문에 떨어져 나온 태양의 조각들이 왜 길게 늘여진 타원 궤도를 그리지 않고, 모든 행성이 따르는 원형에 가까운 궤도를 따라 움직이는지 이해하기가 매우 힘들었던 것이다.

상황을 해결하기 위해서는 행성들이 지나가는 별의 충격 때문에 형성되었을 당시에, 태양이 균일하게 회전하는 가스 껍질로 에워싸여 있어서 원래의 길게 늘여진 행성 궤도들을 규칙적인 원으로 바꾸도록 도와주었다고 가정해야 할 필요가 있었다. 그런 매질은 행성들이 있는 지역에 존재하지 않는 것으로 알려졌었기 때문에, 그것은 나중에 점차 성간공간으로 흩어지며, 과거의 영광으로부터 남겨진 것이라고는 현재 태양에서 황도 평면에 퍼지는 **황도광**이라는 희미한 빛뿐이라고 가정되었다. 하지만 태양의 가스 껍질을 가정했던 칸트-라플라스의 가설과 뷔퐁의 충돌 가설을 혼합한 이런 묘사는 매우 불만족스러웠다. 그러나 어쨌든 충돌 가설이 옳은 것으로 받아들여졌고 최근까지도 과학 논문과 교재, 유명한 문헌(저자의 두 책인 1940년에 출간된 《태양의 탄생과 죽음》과 1941년에 처음 출간되고 1959년에 개정된 《지구의 일대기》를 포함하는)에는 그 가설이 쓰였다.

독일의 물리학자 칼 프리드리히 바이츠제커 Carl-Friedrich von Weizäcker가 행성 이론의 난문제를 해결한 것은 1943년 가을에 이르러서였다. 최근의 천체물리학적 연구에서 수집한 새로운 정보를 이용하여, 그는 칸트-라플라스 가설에 대한 과거의 난점들이 쉽게 제거될 수 있으며, 이런 방침에 따라 나아가다 보면 과거의 다른 어떤 이론들도 다룬 적 없었던 행성계의 중요한 특징들을 설명하는 상세한 행성 기원 이론을 확립할 수 있음을 입증할 수 있었다.

바이츠제커 연구의 중요한 요지는 지난 20년 동안 천체물리학자들이 우주에 있는 물질의 화학적 조성에 대해 완전히 생각을 바꾸었다는 것이다. 이전에는 일반적으로 태양을 비롯한 다른 모든 별이 우리가 지구에서 알게 된 것과 똑같은 퍼센트의 화학원소들로 형성되어 있다고 믿었다. 지구화학적 분석은 지구가 주로 산소(다양한 산화물의 형태로), 규소, 철 그리고 더 적은 양의 다른 무거운 원소들로 구성되어 있음을 말해준다. 수소와 헬륨 같은 가벼운 가스들은(네온, 아르곤 등과 같은 다른 희귀 원소들과 함께) 지구에 매우 적은 양만 존재한다.*

더 나은 증거가 없었으므로, 천문학자들은 이런 가스들이 태양과 다른 별에도 매우 드물다고 가정했었다. 그러나 별의 구조를 더 상세히 연구한 결과 덴마크의 천체물리학자 벵트 스트룀그렌Bengt Strömgren은 그런 가정이 잘못되었으며, 태양계 물질의 적어도 35퍼센트는 순수한 수소라고 결론 내리게 되었다. 나중에 이런 어림은 50퍼센트 이상으로 증가되었고, 태양의 다른 주요 성분은 순수한 헬륨이라는 것도 밝혀졌다. 물리학자들은 태양 내부의 이론적 연구(최근에 마틴 슈바르츠실트Martin Schwarzschild의 중요한 연구에서 절정에 달한)와 그 표면에 대한 더 정교한 분광 분석을 통해 지구를 형성하는 흔한 화학원소들은 태양 질량의 약 1퍼센트 정도만 구성할 뿐이며,

---

* 수소는 우리 행성에서 주로 물에서 산소와의 결합 상태로 발견된다. 그러나 물이 지구 표면의 $\frac{3}{4}$을 덮고 있다고 해도, 물의 총질량은 지구 전체의 질량에 비해 매우 작다는 것은 누구나 알고 있다.

나머지는 수소가 약간 더 많기는 해도 수소와 헬륨이 동등한 양을 차지한다는 놀라운 결론에 이르게 되었다. 이 분석은 다른 별들의 조성에도 맞는 것 같다.

더욱이 이제 **성간공간은 전혀 텅 비어 있지 않고, 100만 세제곱마일에 1밀리그램 정도의 평균 밀도**로 가스와 미세한 먼지의 혼합물로 채워져 있으며, 희박하게 퍼져 있는 이 물질은 태양을 비롯한 다른 별들과 똑같은 화학 조성을 갖는 것으로 알려져 있다.

믿을 수 없을 정도로 낮은 밀도에도 불구하고, 이런 성간 물질의 존재는 쉽게 입증될 수 있다. 왜냐하면 우주 공간을 통해 수십만 광년을 여행해야 비로소 망원경에 도달할 정도로 멀리 떨어진 별들의 빛을 성간 물질이 현저하게 선택 흡수하기 때문이다. 이들 '성간 흡수선'들의 강도와 위치는 우주에 퍼져 있는 물질의 밀도를 상당히 정확하게 어림할 수 있게 해주며 또한 그것이 오로지 수소와 헬륨으로 이루어졌다는 것도 입증할 수 있게 해준다. 사실 다양한 '지구' 물질의 작은 입자들(지름이 약 0.001밀리미터)로 이루어진 먼지는 그 총질량의 고작 1퍼센트만 구성할 뿐이다.

바이츠제커 이론의 기본적 개념으로 돌아가기 위해서, 우주 물질의 화학 조성에 관한 이 새로운 지식이 칸트-라플라스 가설에 힘을 실어준다고 말해야 할지도 모른다. 사실 태양의 원시 가스 껍질이 처음에 그런 물질로부터 만들어졌다면, **더 무거운 지구의 원소들을 대표하는 아주 적은 양만 지구와 다른 행성들을 만드는 데 쓰일 수 있었을 것이다**. 그리고 응축할 수 없는 수소와 헬륨 가스로 대표되는 나머지는 태양 안으로 떨어지든 혹은 주위의 성간공간으로 흩어지든 어떻게든 제거되었을 것이다. 첫 번째 가능성은 위에서 설명한 것처럼 결국 태양의 빠른 축 회전을 일으킬 것이므로, 행성들이 '지구' 화합물에서부터 형성된 직후 가스의 '잉여 물질'이 우주 공간으로 흩어졌다는 또 다른 가설을 받아들이게 될 것이다.

이제 행성계의 형성에 대해서 다음과 같은 묘사할 수 있다. 태양이 처음에 성간 물질의 응축으로 만들어졌을 때 아마도 현재 행성들의 질량을 다 합한 것보다 100배쯤은 더 많았을 그 대부분은 회전하는 거대한 껍데기를 형성하는 바깥쪽에 남아 있었다(그런 행동을 보이는 이유는 원시 태양으로 응축하고 있는 성간가스의 다양한 부분의 회전 상태가 다르다는 데서 쉽게 찾을 수 있다). 빠르게 회전하는 이 껍데기는 **응축할 수 없는 가스들**(수소와 헬륨을 비롯한 소량의 다른 가스들)과 가스 안쪽에 떠 있다가 회전 운동 때문에 옮겨지는 다양한 지구 물질의 **먼지 입자들**(철 산화물, 규소 화합물, 물방울, 얼음 결정과 같은)로 이루어졌다고 상상해야 한다. 행성이라고 부르는 '지구' 물질로 이루어진 큰 덩어리는 먼지 입자들이 충돌하고 점차 모여 점점 더 크게 자라나서 만들어졌음이 틀림없다. 그림 118은 운석의 속도에 필적하는 속도로 일어났을 상호충돌의 결과들을 보여준다.

그런 속도라면 거의 같은 질량의 두 입자가 충돌할 경우 결국 성장이 아니라 더 큰 물질 덩어리의 파괴로 이어지는 상호분쇄 과정(그림 118a)을 일으키게 될 거라고 결론 내려야 한다. 반면에 작은 입자가 훨씬 더 큰 입자와 충돌할 때는(그림 118b) 작은 입자가 큰 입자 속에 묻혀서 다소 더 큰 새로운 덩어리가 만들어질 것이 분명하다.

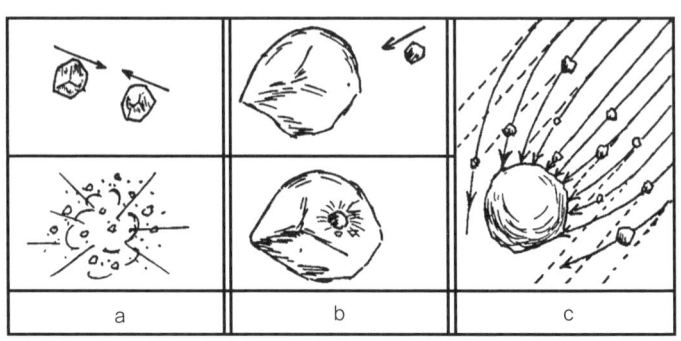

:: 그림 118

확실히 이들 두 과정의 결과 작은 입자들은 점차 사라지고 더 큰 입자들이 만들어질 것이다. 나중 단계에서는 큰 물질 덩어리가 옆으로 지나가는 작은 입자들을 중력으로 끌어당겨서 점점 더 커지게 되므로 이 과정이 더 가속될 것이다. 이것은 그림 118c에 설명되어 있으며, 이 경우에는 무거운 물질 덩어리의 포획 효율이 훨씬 더 커진다는 것을 보여준다.

처음에 바이츠제커는 **오늘날 행성계가 차지하는 지역 전체에 흩어진 미세한 먼지가 약 1억 년이라는 기간 안에 몇 개의 커다란 덩어리로 모여서 행성을 만들어졌다**는 것을 입증할 수 있었다.

행성들이 태양 주위를 돌고 있는 다양한 크기의 우주 물질 조각들의 부착에 의해 자라는 동안, 새로운 물질이 그 표면을 계속 폭격해서 매우 뜨겁게 했을 것이다. 그러나 별의 먼지와 자갈과 더 큰 암석들의 공급이 고갈되어서 성장이 멈추자마자, 복사가 성간공간으로 빠져나가면서 갓 만들어진 천체의 외곽 층을 급속히 식혔고

행성의 이름	지구의 거리를 기준으로 나타낸 태양으로부터의 거리	위에 실린 행성의 태양으로부터의 거리에 대한, 태양으로부터의 각 행성의 거리의 비
수성	0.387	
금성	0.723	1.86
지구	1.000	1.38
화성	1.524	1.52
소행성대	약 2.7	1.77
목성	5.203	1.92
토성	9.539	1.83
천왕성	19.191	2.001
해왕성	30.07	1.56
명왕성	39.52	1.31

결국 단단한 지각을 형성시켰을 것이다. 그리고 내부의 느린 냉각이 계속되고 있기 때문에 심지어 지금도 지각은 점점 더 두꺼워지고 있다.

행성의 기원에 관한 모든 이론이 공격받는 또 하나의 중요한 요지는 티투스-보데 규칙으로 알려진, 행성들이 태양으로부터 떨어진 거리를 결정하는 고유 법칙 때문이다. 위 표에 태양계의 아홉 개 행성과 소행성대에 대한 이 거리들이 나열되어 있다. 소행성대는 독립된 조각들이 한 개의 커다란 덩어리로 모이는 데 실패했던 특별한 경우에 해당한다.

마지막 세로줄에 있는 숫자들은 특히 흥미롭다. 다소 편차가 있기는 해도 어느 것 하나 2라는 수에서 크게 벗어나지 않고 있다. 이것으로 **각 행성 궤도의 반지름이 태양 방향에서 그것에 가장 가까운 궤도 반지름의 대략 두 배가 된다는** 근사한 규칙을 공식화할 수 있다.

위성의 이름	토성의 반지름으로 나타낸 거리	두 연속적인 거리의 증가율
미마스	3.11	
엔셀라두스	3.99	1.28
테티스	4.94	1.24
디오네	6.33	1.28
레아	8.84	1.39
타이탄	20.48	2.31
히페리온	24.82	1.21
이아페투스	59.68	2.40
포이베	216.8	3.63

각 행성의 위성들에 대해서도 유사한 규칙이 적용된다는 것이 흥미롭다. 이 사실은 예컨대 토성의 위성 아홉 개의 상대적 거리를 보여주는 위의 표를 보면 입증될 수 있다.

행성들의 경우처럼 여기서도 상당히 큰 편차를 보이지만(특히 포이베의 경우!) 이번에도 똑같은 형태의 규칙성이 뚜렷한 경향으로 나타난다는 것은 의심의 여지가 없다.

태양을 에워싸는 원래의 먼지 구름에서 일어나는 집적 과정이 애당초 단 하나의 커다란 행성을 생기지 못하게 했던 사실을 어떻게 설명할 수 있을까? 그리고 몇 개의 커다란 덩어리들은 왜 태양으로부터 떨어진 이런 특별한 거리에서 만들어졌을까?

이 물음에 답하기 위해서는 원래의 먼지 구름에서 일어나는 운동에 대해 상세하게 조사해야 한다. 무엇보다도 태양 주위에서 뉴턴의 중력 법칙에 따라 움직이는 모든 물체(아주 작은 먼지 입자든, 작은 운석이든, 혹은 커다란 행성이든)는 태양을 초점으로 하는 타원형 궤

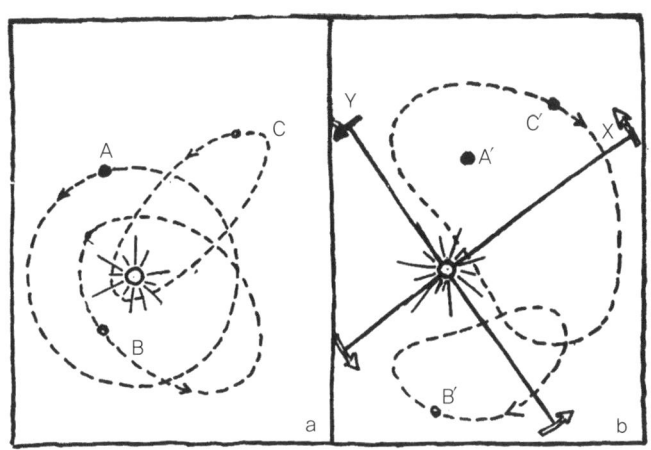

:: 그림 119
정지(a) 좌표계와 회전(b) 좌표계에서 본 원 운동과 타원 운동.

도를 그리게 되어 있다는 사실을 기억해야 한다. 만약 행성들을 형성하는 물질이 예컨대 처음에 지름이 0.0001센티미터인 독립된 입자들의 형태로 존재했다면,* 크기와 이각離角이 다른 온갖 타원 궤도를 따라 움직이는 입자들은 10^{45}개가 있었을 것이다. 그런 상태에서는 각 입자들 사이에 수많은 충돌이 일어났을 것이고, 충돌의 결과로 입자 무리 전체의 운동이 어느 정도 체계화되었을 것이다. 충돌이 '통행 위반자들'을 분쇄하거나 억지로 덜 붐비는 '통행 차선'으로 '우회'하게 하는 데 도움이 되었다는 것은 어렵지 않게 이해가 된다. 그런 '체계화된' 혹은 적어도 부분적으로 체계화된 '통행'을 정리하는 법칙은 무엇일까?

---

* 성간 물질을 형성하는 먼지 입자들의 대략적인 크기.

우선 이 문제에 접근하기 위해서 태양 주위에서 동일한 회전주기로 도는 입자들의 집단을 골라보자. 어떤 것은 해당 반지름을 가진 원형 궤도를 따라 움직이고 있지만, 또 어떤 것은 다소 잡아 늘여져 있는 다양한 타원 궤도를 그리고 있었다(그림 119a). 이제 이 입자들과 똑같은 주기로 태양의 중심 주위를 회전하는 좌표계(X, Y)의 관점에서 이 다양한 입자의 운동을 기술해보도록 하자.

무엇보다도 그런 회전 좌표계의 관점에서 보면 원형 궤도를 따라 움직이던 입자(A)는 어떤 점 A′에서 완전히 정지한 것처럼 보이는 게 분명하다. 타원 궤적을 따라 태양 주위를 움직이는 입자 B는 태양에 점점 더 가까워지다가 태양으로부터 멀어진다. 그리고 그 입자가 중심 주위를 도는 각속도는 첫 번째 경우에 더 크고 두 번째 경우에는 더 작다. 따라서 그 입자는 때로 일정하게 회전하는 좌표계(X, Y)보다 앞서 가고, 때로 뒤처질 것이다. 이 좌표계의 관점에서는 이 입자가 그림 119에 B′로 표시된 콩 모양의 **닫힌 궤적**을 그리는 것으로 나타난다는 것을 쉽게 알 수 있다. 더 길게 잡아 늘여진 타원을 따라 움직이던 또 다른 입자 C는 이 좌표계(X, Y)에서 비슷하지만 다소 더 큰 콩 모양의 궤적 C′를 그리는 것처럼 보일 것이다.

이제 입자들이 서로 절대 충돌하지 않도록 무리 전체의 운동을 배열하고 싶다면, **일정하게 회전된 좌표계(X, Y)가 그리는 콩 모양의 궤적들이 서로 교차하지 않도록 해야 한다는 것은 명백하다.**

태양 주위에서 공통의 회전주기를 갖는 입자들은 태양으로부터 똑같은 평균 거리를 유지한다는 사실을 기억하면, 좌표계(X, Y)에서 서로 교차하지 않는 그 입자들의 궤적 패턴이 태양을 에워싸는

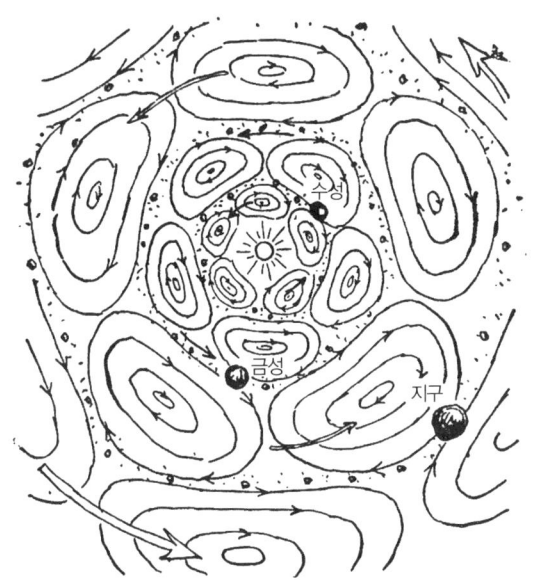
::: 그림 120
원시 태양을 뒤덮은 먼지-통행 차선.

'콩 목걸이'처럼 보일 것임은 짐작할 수 있다.

독자에게는 어려울지 모르지만 원칙적으로는 간단한 이런 분석을 하는 목적은, 태양으로부터 동일한 평균 거리에서 움직여 동일한 회전주기를 갖는 각 입자 무리들의 **교차하지 않는 통행법칙 양상**을 제시하기 위함이다.

원시 태양을 에워싸는 원래의 먼지 구름에서는 각기 다른 다양한 평균 거리와 회전주기가 존재할 것이기 때문에, 실제 상황은 더 복잡했을 것이다. 따라서 '콩 목걸이'가 하나만 있는 게 아니라 서로에 대해서 다양한 속도로 회전하는 '목걸이'가 굉장히 많았을 것이다. 상황을 주의 깊게 분석함으로써, 바이츠제커는 그런 체제의 안정을 위해서는 각 독립적인 '목걸이'가 반드시 다섯 개의 다른 소용돌이 시스템을 포함해서 전체의 운동 모습이 그림 120처럼 되었어야 한다는 것을 입증할 수 있었다. 그런 배열은 개개의 고리 안에서는 '안전한 통행'을 담보하겠지만, 이 고리들이 다른 주기로 회전하기 때문에 고리들이 서로 만날 때는 '교통사고'가 일어났을 것이다. 한 고리에 속하는 입자들과 이웃하는 고리에 속하는 입자들 사이의 경계 지역에서 일어나는 수많은 상호충돌이 집적 과정을 일으켜서 태양으로부터 이렇게 특별한 거리만큼 떨어진 곳에서 물질 덩어리들은 점점 커졌을 것이다. 따라서 각 고리 안에서는 입자들이 점점 더 줄어들고, 고리들 사이의 경계 지역에서는 물질이 축적되는 과정을 통해, 마침내 행성들이 만들어졌을 것이다.

위에 기술된 행성계의 형성에 대한 묘사는 행성 궤도의 반지름을 지배하는 오랜 규칙을 쉽게 설명해준다. 사실 간단한 기하학적 고찰만 해보면 그림 120에서 보여준 유형의 패턴에서 **이웃하는 고리들 사이에 있는 연속적인 경계선들의 반지름들이 간단한 등비수열을 이루어서, 그들 각각이 이전보다 두 배씩 커진다**는 것을 알 수 있다. 또한 우리는 이 규칙이 상당히 정확할 거라고 기대할 수 없는 이유도 알게 된다. 사실 그것은 원래의 먼지 구름에 있는 입자들의 운동을 지배하는 어떤 엄연한 법칙의 결과가 아니라, 그렇지 않았다면 불규칙했을 먼지 통행 과정의 어떤 경향을 나타내는 것으로 생각해야 한다.

태양계에 있는 다른 행성들의 위성들에 대해서도 동일한 규칙이 적용된다는 사실은 위성도 대략 같은 방식으로 형성된다는 것을 암시한다. 태양을 에워싸는 원래의 먼지 구름이 각 행성을 형성하게 될 독립된 입자들 무리로 해체될 때, 물질 대부분이 중심에 집중되어 있는 각각의 경우에 그 과정이 되풀이되어 행성체를 형성하고, 주위를 도는 나머지는 점차 응축해서 많은 위성이 되었다.

상호충돌과 먼지 입자들의 성장에 관한 논의를 하는 동안, 우리는 처음에 그 전체 질량의 99퍼센트 정도를 구성했던 원시 태양 겉쪽의 가스 부분에는 어떤 일이 일어났는지 잊고 있었다. 이 물음에 대한 답은 비교적 간단하다.

먼지 입자들이 충돌하면서 점점 더 큰 물질 덩어리들을 만드는 동안, 이 과정에 참여할 수 없는 가스들은 점차 성간공간으로 흩어지고 있었다. 그런 소산에 필요한 시간이 약 1억 년으로, 행성 성장의 주기와 거의 같다는 것은 비교적 간단한 계산으로 나타낼 수 있다. 따라서 행성들이 마침내 형성되었을 무렵에는, 원래의 태양 겉을 이루었던 수소와 헬륨 대부분이 태양계에서 빠져나가고 위에서 언급했던 황도광 같은 작은 흔적들만 남았을 것이다.

바이츠제커 이론의 한 가지 중요한 요지는 **행성계의 형성이 특별한 사건이 아니라, 사실상 모든 별이 만들어질 때 일어나야 하는 사건이었다**는 결론에 있다. 이 말은 행성들이 형성되는 과정을 우주 역사에서 매우 이례적인 사건으로 간주하는 충돌 이론의 결론과 뚜렷하게 다른 입장을 견지한다. 사실 행성계를 생기게 하는 것으로 추정하는 별의 충돌들은 극히 드문 사건이며, 은하수라는 우리 성계를 이루는 400억 개의 별들 가운데, 그것이 존재했던 수십억 년 동안 충돌은 단 몇 차례만 일어날 수 있었을 것으로 계산되었다.

그러니 만약 지금 생각하는 것처럼 **별마다 행성계가 있다면**, 우리 은하 안에만 해도 지구와 똑같은 물리적 조건들을 갖춘 행성이 수백만 개는 있을 것이다. 그리고 심지어 고등 형태인 생명이 이런 '서식 가능한' 세상에서 발달하지 못했다면 그것이야말로 굉장히 이상한 일이 될 것이다.

사실 9장에서 보았듯이, 다양한 종류의 바이러스 같은 가장 간단한 형태의 생명은 주로 탄소와 수소와 산소와 질소의 원자들로 이루어진 다소 복잡한 분자에 불과하다. 이런 원소들은 갓 형성된 행성의 표면에 풍부하게 존재했었기 때문에 땅의 단단한 지각이 만들어지고 대기의 수증기가 광대한 바다를 이룬 뒤에는, 우연히 필요한 원자들이 필요한 순서대로 결합하면서 그런 유형의 분자들 소수가 나타났으리라고 믿어야 한다. 확실히 살아 있는 분자들은 매우 복잡하기 때문에 우연히 만들어졌을 가능성이 극히 적으므로, 그것은 퍼즐 조각들을 상자에 넣고 그저 흔들기만 해서 우연히 제대로 배열되는 가능성에 비교할 수 있다. 반면에 서로 연속해서 충돌하는 원자들이 엄청나게 많았으며, 필요한 결과를 이루어낼 시간 또한 많았다는 사실도 잊어서는 안 된다. 지각이 형성된 직후에 우리 지구에 생명이 출현했다는 사실은, 비록 있을 법하지 않은 일처럼 보이기는 해도, 어떤 복잡한 유기 분자가 우연히 만들어지는 데는 고작 수억 년밖에 필요하지 않았다는 것을 암시한다. 일단 이 갓 형성된 행성 표면에 가장 간단한 형태의 생명이 출현하자, 유기생식 과정과 점차적인 진화로 결국 점점 더 복잡한 형태의 생명체가 형성되었을 것이다. 다른 '서식 가능한' 행성에서도 우리 지구에서와 똑같은 경로로 생명의 진화가 일어나는지는 아무도 모른다. 다른 세계의 생명에 대한 연구는 신화 과정을 이해하는 데 지대하게 기여할 것이다.

그러나 화성과 금성(태양계에서 가장 '서식 가능한' 행성들)에서 발달했을지도 모르는 생명의 형태들에 대해서는 아마 머지않은 미래에 '핵력으로 추진되는 우주선'을 타고 가서 연구할 수 있겠지만, 수백 수천 광년 떨어져 있는 다른 별 세계의 생명 형태들은 아마도 영원히 풀 수 없는 숙제로 남을 것이다.

별의 사생활

각각의 별이 어떻게 그 행성 가족을 만드는지 알게 되었으니 이제 별 자체에 대해서 알아보도록 하자.

별의 일대기는 어떻게 될까? 별은 어떻게 태어나고, 그 긴 수명 동안 어떤 변화를 겪으며, 결국에는 어떻게 될까?

은하수라는 성계를 이루는 수십억 개의 별들 가운데 다소 전형적인 구성원인 우리의 태양을 먼저 살펴보는 것으로 이 문제에 접근할 수 있다. 우선 태양이 꽤 오래된 별이라는 것은 누구나 알고 있다. 고생물학의 자료를 보면 태양이 수십억 년 동안 변함없이 빛나면서 지구의 생명을 부양해왔기 때문이다. 보통 에너지원은 그렇게

---

* 우리 행성의 생물 기원과 진화에 관한 더 상세한 논의는 앞에서 언급한 《지구의 일대기》에서 찾을 수 있다.

많은 에너지를 오랫동안 공급할 수 없으므로, 태양복사의 문제는 방사성 변환과 원소들의 인공적 변환의 발견으로 원자핵의 깊숙한 곳에 감춰져 있는 막대한 에너지원이 밝혀질 때까지 과학의 가장 어려운 수수께끼들 가운데 하나로 남아 있었다. 우리는 이미 7장에서 사실상 모든 화학원소가 잠재적으로 막대한 에너지를 지닌 연금술적 연료이며, 이 물질들을 수백만 도로 가열시키면 에너지를 방출시킬 수 있다는 것을 알았다.

실험실에서 그렇게 높은 온도는 도달할 수 없지만, 별의 세계에서는 흔하다. 예컨대 태양의 경우 표면 온도는 고작 섭씨 6,000도지만 안으로 들어갈수록 온도가 점차 높아져서 중심에 이르면 2,000만 도에 달한다. 중심 온도는 태양의 표면 온도를 관측하고 그것을 이루는 가스들의 열전도 성질을 이용하면 어렵지 않게 계산할 수 있다. 마찬가지로 뜨거운 감자의 표면이 얼마나 뜨거우며 그 물질의 열전도율이 얼마인지만 알면, 굳이 감자를 자르지 않아도 내부의 온도를 계산할 수 있다.

태양의 중심 온도에 관한 정보를 다양한 핵변환의 반응률과 결합시키면, 태양에서 에너지를 만들어내는 반응이 어떤 것인지 알아낼 수 있다. '탄소 순환'으로 알려진 이 중요한 핵 과정은 천체물리학적 문제에 흥미를 갖게 된 두 명의 핵물리학자에 의해 동시에 발견되었다. 그들은 바로 한스 베테Hans Albrecht Bethe와 바이츠제커였다.

태양에서 에너지 생산의 주요 원인이 되는 열핵과정은 단일 핵 과정으로 한정되어 있지 않고, 함께 **반응 고리**를 이루는 일련의 변환들로 이루어져 있다. 이런 연쇄반응의 흥미로운 특징들 가운데 하나는 그것이 **닫힌 원형 고리**여서 여섯 단계를 거칠 때마다 시작점으로 돌아간다는 것이다. 태양의 이런 반응 고리를 개략적으로 보여주는 그림 121을 보면 **이 연쇄반응에 주로 참여하는 것은 탄소와 질소의 핵, 그리고 이 핵들이 충돌하는 열적 양성자들**이라는 사실을 알게 된다.

예를 들어 보통 탄소(C^{12})로 시작하면 양성자와 충돌한 결과, 질소의 더 가벼운 동위원소(N^{13})가 만들어지고, 아원자 에너지의 일부가 감마(γ)선의 형태로 방출된다는 것을 알 수 있다. 핵물리학자들은 이 특별한 반응을 잘 알고 있으며, 실험실 환경에서도 인공적으로 가속시킨 고에너지 양성자들을 이용해서 일으킬 수 있다. N^{13}의 핵은 불안정하기 때문에 양의 전자, 즉 양의 베타 입자 하나를 방출하고, 보통 탄소에는 소량만 존재하는 것으로 알려진 더 무거운 탄소 동위원소(C^{13})의 안정한 핵이 되어서 환경에 순응한다. 또 하나의 열적 양성자와 충돌하면, 이 탄소 동위원소는 보통 질소(N^{14})로 변환되면서 여분의 강력한 감마 복사를 방출한다. 이제 N^{14}의 핵(이것으로 시작해도 순환을 쉽게 설명할 수 있었을 것이다)은 또 다른(세 번째) 열적 양성자와 충돌해서 불안정한 산소동위원소(O^{15})를 생기게 하고, 이것은 양의 전자를 방출해서 매우 빠르게 안정한 N^{15}로 넘어간다. 마지막으로 N^{15}는 네 번째 양성자를 받은 뒤, 두 개의 불안정한 부분으로 쪼개진다. 이때 하나는 C^{12} 핵이고 다른 하나는 헬륨 핵, 즉 알파 입자이다.

따라서 **원형 반응 고리에 있는 탄소와 질소의 핵들이 영원히 재생산되고 있으며, 오직 촉매로서만 작용한다**고 말할 수 있다. 이 반응 고리의 최종적인 결과는 네 개의 양성자가 연속적으로 이 순환에

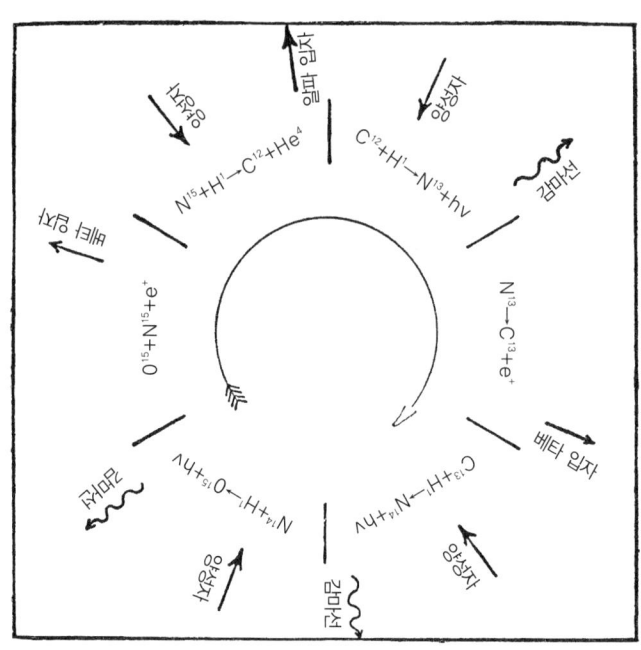

:: 그림 121
태양에서 에너지를 발생시키는 순환 핵반응.

들어가서 한 개의 헬륨 핵이 만들어진다는 것이다. 따라서 우리는 이 전체 과정을 **고온에서 탄소와 질소의 촉매 작용으로 수소가 헬륨으로 바뀌는 변환**으로 기술할 수 있다.

베테는 2,000만 도에서 이 연쇄반응으로 방출된 에너지가 우리의 태양이 복사하는 실제 에너지양과 일치한다는 것을 입증할 수 있었다. 가능한 다른 모든 반응은 천체물리학적 증거와 불일치하는 결과를 낳기 때문에 **태양의 에너지 생산 과정은 주로 탄소-질소 순환**이라고 이해해야 할 것이다. 여기서 태양의 내부 온도에서는 그림

121에 제시한 순환이 완성되는 데 약 500만 년이 필요하므로, 이 기간이 끝나면 처음에 이 반응에 들어갔던 탄소(혹은 질소) 핵 하나마다 그 과정을 다시 시작할 수 있는 새로운 핵이 나타날 것이다.

이 과정에서 탄소가 했던 기본적 역할에 비추어, 태양의 열이 석탄에서 나왔다는 구식 견해에 대해서는 이제 '석탄'이 실제의 연료라기보다 전설적인 불사조 역할을 한다고 말할 수 있다.

태양에서 에너지를 생산하는 반응 속도는 사실상 중심 온도와 밀도에 의존하는 까닭에, 그것은 또한 태양을 형성하는 물질 속에 있는 수소와 탄소와 질소의 양에도 어느 정도 의존한다는 사실에 주목해야 한다. 이런 추론을 통해 우리는 태양의 관측된 광도에 정확히 맞도록 관련된 반응물들(즉 반응하는 물질들)의 농도를 조절해서 태양 가스의 조성을 분석할 수 있다. 이 방법에 기초한 계산들을 아주 최근에 슈바르츠실트가 수행하였고, 결국 **태양 물질의 절반 이상이 순수한 수소로 이루어져 있으며, 절반이 조금 안 되는 양은 순수한 헬륨으로, 그리고 나머지 소량은 모든 다른 원소로 이루어져 있다**는 것을 알게 되었다.

태양의 에너지 생산에 대한 설명은 대부분의 다른 별에도 쉽게 확장될 수 있어서, 질량이 다른 별들은 중심 온도도 다르며, 결과적으로 에너지 생산율도 다르다는 결론에 도달한다. 따라서 O_2 에리다니 C로 알려진 별은 태양보다 약 5배 정도 더 가벼우며 태양의 1퍼센트밖에 안 되는 강도로 빛난다. 반면에 시리우스로 알려진 X 큰개자리 A는 태양보다 2.5배 더 무거우며 40배나 더 밝다. 또한 Y 380 시그니 같은 거대한 별들도 있는데, 이 별은 태양보다 40배 정도 더 무거

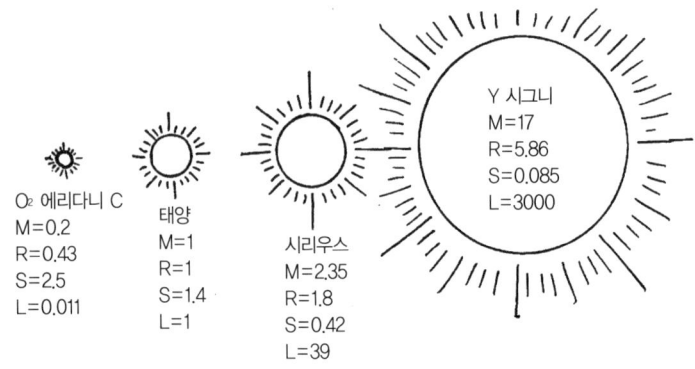

::: 그림 122
별들의 주계열.

우며 수십만 배나 더 밝다. 이처럼 별의 질량이 커지면 광도도 훨씬 더 커지는 관계는 중심 온도가 높아지면 '탄소-순환'의 속도가 증가하기 때문이라고 설명할 수 있다. 이른바 별들의 '주계열'을 따라가 보면, 질량이 증가하면 결국 별의 반지름도 증가하지만(O_2 에리다니 C의 경우 태양 반지름의 0.43에서 Y 380 시그니의 경우 태양 지름의 29배로) 평균 밀도는 감소한다(O_2 에리다니 C의 경우 2.5에서 태양의 경우 1.4, Y 380 시그니의 경우 0.002로)는 것을 알게 된다. 그림 122는 주계열성에 대한 자료를 보여준다.

천문학자들은 반지름과 밀도와 광도가 질량으로 결정되는 '보통' 별들 이외에, 이런 단순한 규칙성에서 명백히 벗어나는 유형의 별들도 발견한다.

우선 '적색 거성'과 '초거성'이 있다. 이 별들은 광도가 똑같은 '보통' 물질과 동일한 양의 물질을 갖고 있는데도, 크기는 훨씬 더

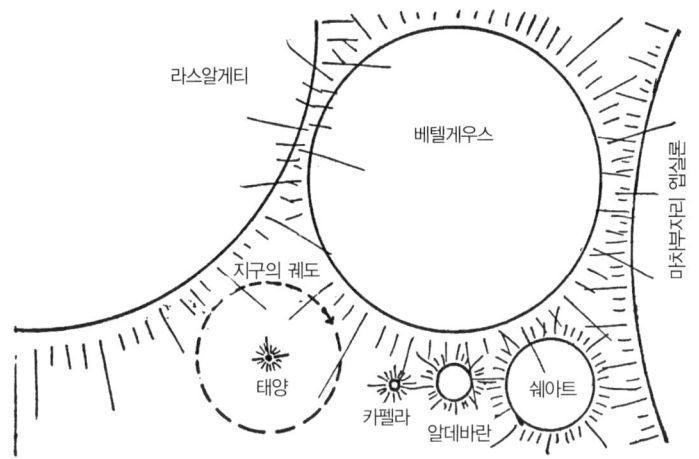

:: **그림 123**
우리의 행성계와 비교한 거성과 초거성들.

크다. 그림 123은 카펠라(마차부자리 알파별), 쉐아트(페가수스자리 베타별), 알데바란(황소자리 알파별), 베텔게우스(오리온자리 알파별), 라스알게티(허큘리스자리 알파별), 마차부자리 엡실론 같은 유명한 별들을 포함하는 이런 이상한 무리의 별들을 개략적으로 보여준다.

이런 별들은 우리가 아직 설명할 수 없는 내부의 힘 때문에 믿을 수 없을 만큼 커다랗게 부풀어서 평균 밀도가 여느 보통 별들의 밀도보다 한참 작아졌던 것처럼 보인다.

이렇게 '부풀어 오른' 별들과 반대로 매우 작은 반지름으로 줄어든 또 다른 무리의 별들도 있다. 그림 124는 '백색 왜성'으로 알려진 이런 별들 가운데 하나와 지구의 크기를 비교해준다. '시리우스의 동반성'은 질량이 태양과 거의 같지만, 크기는 지구보다 오직 3배

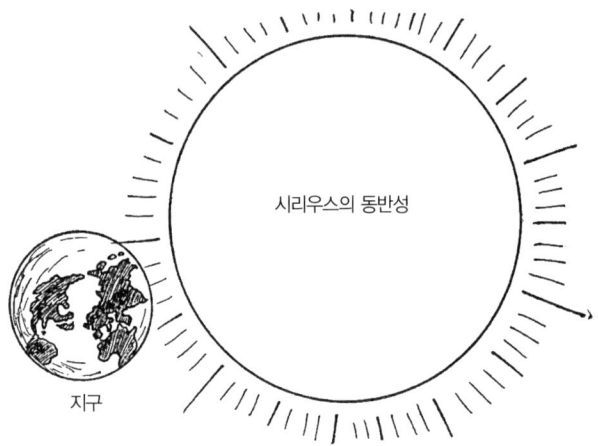

:: 그림 124
지구와 비교된 백색 왜성들.

더 클 뿐이다. 이 별의 평균 밀도는 물의 밀도보다 50만 배 정도 더 클 게 틀림없다! 백색 왜성은 별이 가능한 수소 연료를 모두 소비한 상태인 별 진화의 말기 단계에 해당하는 게 분명하다.

위에서 보았듯이 별들의 생명 원천은 수소를 헬륨으로 서서히 바꾸는 연금술적 반응에 있다. 그저 흩어진 성간 물질의 응축으로만 형성된 젊은 별에서는 수소의 함량이 전체 질량의 50퍼센트를 넘기 때문에, 별의 수명이 대단히 길다는 것을 예상할 수 있다. 따라서 태양의 관측된 광도로부터 우리 태양이 매초 약 6억 6,000만 톤의

---

* '적색 거성'과 '백색 왜성' 같은 용어들의 기원은 표면과 광도의 관계에서 찾을 수 있다. 밀도가 희박해진 별들은 내부에서 생산된 에너지를 복사할 표면이 매우 크기 때문에 표면 온도가 비교적 낮아서 붉은색을 띠게 된다. 반면에 밀도가 높은 별들의 표면은 매우 뜨거워서 백열일 게 틀림없다.

수소를 소비하고 있음을 계산할 수 있다. 태양의 총질량이 2×10^{27} 톤이고, 그 절반이 수소이기 때문에 우리 태양의 수명은 15×10^{18}초 혹은 약 500억 년이라는 것을 알 수 있다! 우리 태양의 나이가 이제 고작 30, 40억년이라는 것을 기억하면,** 태양은 아직 매우 어리다고 생각해야 하며, 향후 수십억 년 동안은 지금과 같은 강도로 계속 빛날 것임을 알 수 있다.

그러나 질량이 더 크고 더 밝은 별들은 원래의 수소 공급량을 훨씬 더 빠른 속도로 소비한다. 따라서 태양보다 2.3배나 더 무겁고, 처음에 2.3배나 더 많은 수소 연료를 포함하는 시리우스는 태양보다 39배나 더 밝다. 그러나 주어진 시간에 태양보다 39배나 많은 연료를 사용하고 있고, 원래의 공급량은 2.3배밖에 되지 않기 때문에, 시리우스는 30억 년 후에는 모든 연료를 소모하게 될 것이다. 예컨대 Y 시그니(태양 질량의 17배이고, 3만 배나 더 밝은) 같은 훨씬 더 밝은 별들의 경우에는, 원래의 수소 공급량이 겨우 1억 년 동안 지속될 것이다.

수소 공급량이 결국 다 고갈되면 별에 어떤 일이 생길까?

긴 수명 동안 현상 유지하던 핵 에너지원이 고갈되면, 별은 수축하기 시작해서 밀도가 점점 더 커지는 연속적인 단계를 거치게 될 것이다.

천문학적 관측으로 평균 밀도가 물의 밀도보다 수십만 배나 높은

** 왜냐하면 바이츠제커의 이론에 따르면, 태양은 행성계가 형성되기 얼마 전에 형성되었을 게 틀림없고, 우리 지구의 추산된 나이가 그 정도의 크기이기 때문이다.

그런 '수축된 별들'이 발견되었다. 이 별들은 여전히 몹시 뜨거우며 표면 온도가 매우 높기 때문에 주계열의 노란빛이나 붉은빛을 띠는 보통 별들과는 뚜렷이 다른 밝은 백색 빛으로 빛난다. 그러나 이런 별들은 크기가 매우 작기 때문에, 전체 광도는 다소 낮아서 태양의 광도보다 수천 배나 더 낮다. 천문학자들은 이렇게 별 진화의 말기 단계에 있는 별들을 '백색 왜성'이라고 부르며, 이런 용어는 총 광도의 의미뿐만 아니라 기하학적 크기의 의미 모두에서 쓰인다. 시간이 계속 흐르는 동안 백열의 백색 왜성은 점차 그 빛을 잃게 되고 마침내 보통 천문학적 관측으로는 발견할 수 없는 크고 차가운 물질 덩어리인 '흑색 왜성'으로 변할 것이다.

그러나 생명에 필요한 모든 수소 연료를 다 써버린 늙은 별들이 수축하면서 점차 냉각하는 과정은 항상 조용하고 정돈된 방식으로 진행되지는 않으며, '마지막 걸음'을 걷는 동안, 이 죽어가는 별들은 종종 마치 그 운명에 반항하기라도 하듯 엄청난 격변을 겪게 된다.

신성과 초신성 폭발로 알려진 이런 격변적인 사건들은 별 연구의 가장 흥미진진한 주제들 가운데 하나이다. 전에는 하늘에서 여느 다른 별과 크게 달라 보이지 않았던 어떤 별이 며칠 안에 광도가 수십만 배나 증가하고 표면은 극도로 뜨거워진다. 이렇게 갑작스러운 광도 증가를 동반하는 스펙트럼의 변화를 연구하면 이 별이 급속히 부풀어 오르고 있으며, 외곽 층들이 초당 2,000킬로미터 정도의 속도로 팽창하고 있음을 말해준다. 그러나 광도 증가는 일시적일 뿐이며, 최대치를 통과한 뒤에는 별이 서서히 안정되기 시작한다. 약 1년 정도가 지나면 이 폭발한 별의 광도는 원래 값으로 돌아가지만,

별의 복사는 상당히 더 오랜 시간이 흐른 뒤에도 약간의 변화가 관측됐다. 그러나 별의 광도가 다시 정상이 된다고 해도, 다른 성질들 역시 똑같다고 말할 수는 없다. 폭발하는 동안 급속히 팽창하는 별 대기의 일부가 계속 바깥쪽으로 움직이면서, 별은 지름이 점점 증가하는 밝은 독가스탄으로 에워싸인다. 본래의 별이 완전히 변했는지에 대해서는 아직 증거가 뚜렷하지 않은데, 이것은 별이 폭발하기 전에 스펙트럼이 찍혔던 경우가 단 한 건밖에 없기 때문이다 (1918년의 마차부자리 신성). 그러나 이 사진조차도 굉장히 불완전해서 표면 온도와 신성 전 단계의 반지름에 관한 결론은 매우 불확실하게 여겨질 게 틀림없다.

별의 폭발 결과에 관한 더 나은 증거는 이른바 초신성 폭발의 관측에서 얻을 수 있다. 우리의 성계에서 700년 동안 단 한 번만 일어나는(연간 40회 정도의 빈도로 나타나는 보통 신성과 달리) 이런 거대한 별의 폭발은 보통 신성의 광도보다 수천 배나 더 밝다. 최대치에 도달했을 때, 그런 폭발하는 별에서 방출되는 빛은 성계 전체가 방출하는 빛에 필적한다. 1572년에 튀코 브라헤Tycho Brahe가 관측했고 밝은 대낮에도 보였던 별, 1054년에 중국의 천문학자들이 기록한 별, 그리고 아마도 예수의 탄생 때 나타난 베들레헴의 별이 우리의 성계인 은하수 안에서 발생한 그런 초신성의 전형적인 예들이다.

최초의 외부 은하 초신성은 1885년에 안드로메다 대성운으로 알려진 이웃 성계에서 관측되었는데, 광도가 그동안 이 성계에서 관측된 모든 신성의 광도보다 1,000배는 더 컸다. 이런 막대한 폭발은 비교적 매우 드문데도 불구하고, 바데와 츠비키Fritz Zwicky의 관측 덕분에 그 성질에 대한 연구가 최근 몇 년 동안 상당한 진전을 보였다. 두 사람은 신성과 초신성이라는 이 두 가지 유형의 폭발이 큰 차이가 있다는 사실을 최초로 인식하고 다양한 먼 성계에서 나타나는 초신성의 체계적인 연구를 시작했다.

광도의 엄청난 차이에도 불구하고 초신성 폭발 현상들은 보통 신성 현상과 유사한 특징을 보여준다. 두 경우 모두 광도의 급상승과 그 뒤의 완만한 감소는 사실상 동일한 곡선들로 표현된다(규모는 별개로 하고). 보통 신성처럼 초신성 폭발도 빠르게 팽창하는 독가스탄을 만들지만, 초신성의 경우에는 독가스탄이 별 질량의 훨씬 더 많은 부분을 차지한다. 사실 신성이 방출한 독가스탄은 점점 더 얇아지다가 주위의 공간으로 급속히 흩어지는 반면, 초신성이 방출한 가스 덩어리들은 폭발 장소를 감싸는 광대하고 밝은 성운을 형성한다. 예컨대 1054년의 초신성 장소에서 발견된 '게성운'이 그런 폭발 동안 축출된 가스들에 의해 형성되었다는 것은 명백히 입증된 사실이다(플레이트 VIII).

이 특별한 초신성의 경우에는 폭발 후에 남아 있는 별과 관련된 증거도 있다. 사실 관측 결과, 게성운의 중심에는 희미한 별이 존재하는 것으로 드러났는데, 관측된 성질들로는 그 별은 밀도가 매우 높은 백색 왜성으로 분류된다.

이 모든 것은 초신성 폭발의 물리적 과정들이 비록 규모가 훨씬 더 크기는 해도 보통 신성과 유사하다는 것을 말해준다.

신성과 초신성의 '충돌 이론'을 가정하면, 우선 별 전체를 그렇게 빠르게 수축시킬 수 있는 원인들에 대해서 자문해야 한다. 현재 그 별들이 뜨거운 가스로 이루어진 거대한 덩어리이며, 평형 상태에서는 전적으로 내부에 있는 이 뜨거운 물질의 높은 가스 압력으로 지탱된다는 것은 확실하다. 위에서 설명한 '탄소 순환'이 이 별의 중심에서 진행되고 있는 한, 표면에서 복사된 에너지는 내부에서 만들어진 아원자 에너지에 의해 계속 보충될 것이다.

그러나 수소가 완전히 고갈되자마자, 더 이상의 아원자 에너지는 쓸 수 없으므로 별은 수축하면서 잠재적인 중력 에너지를 복사로 바꾸기 시작한다. 그런데 그런 중력 수축 과정은 매우 천천히 진행될 것이다. 왜냐하면 별 물질이 매우 불투명해서 열이 내부에서 표면까지 빠져나가는 속도가 몹시 느리기 때문이다. 예컨대 우리 태양이 현재 반지름의 절반으로 수축하기 위해서는 1,000만 년 이상이 걸릴 것이다. 그리고 그것보다 더 빨리 수축하려고 한다면 여분의 중력 에너지가 즉시 방출되어서 내부의 온도와 가스 압력을 증가시키고 수축을 늦출 것이다.

이와 같은 고찰로 별의 수축을 가속시켜서 신성과 초신성에서 관측된 것처럼 급속히 붕괴시키기 위해서는 내부에서 수축으로 방출된 에너지를 제거할 어떤 메커니즘을 고안해야만 한다는 것을 알 수 있다. 예를 들어 별 물질의 불투명도가 수십억 분의 1로 감소될 수 있다면, 수축도 똑같은 비율로 가속될 것이고, 수축하는 별은 며칠 안에 붕괴될 것이다. 그러나 이 가능성은 배제된다. 왜냐하면 현재의 복사 이론은 별 물질의 불투명도가 밀도와 온도의 함수여서 $\frac{1}{10}$이나 $\frac{1}{100}$로 감소되기가 어렵다는 것을 보여주기 때문이다.

최근에 나의 동료 쉰베르크 박사는 별 붕괴의 진정한 원인이 중성미자들의 대량 형성이라고 제안했다. 중성미자는 이 책의 7장에서 상세히 논의된 아주 작은 핵입자이다. 중성미자의 설명을 보면 수축하는 별의 내부에서 잉여 에너지를 제거하기에는 그 입자만한 것이 없다. 왜냐하면 보통 빛이 창유리를 통과하듯이 중성미자도 별 전체를 통과하기 때문이다. 그러나 중성미자들이 수축하는 별의 뜨거운 내부에서 충분히 만들어질지 어떨지는 두고 봐야 한다.

중성미자 방출로 반드시 동반되는 반응들은 다양한 원소의 핵이 빠르게 움직이는 전자들을 포획하는 것이다. 빠른 전자가 원자의 핵 안으로 뚫고 들어가면 즉시 고에너지 중성미자가 방출되며, 전자는 계속 존속하면서 원래의 핵을 동일한 원자 무게를 갖는 불안정한 핵으로 바꾼다. 이 새로 만들어진 핵은 불안정하기 때문에 일정 기간만 존재할 수 있으며, 그 뒤 붕괴하면서 전자를 방출하고 또 다른 중성미자를 맞이한다. 그리고 그 과정은 처음부터 다시 시작되어, 결국 새로운 중성미자가 방출된다(그림 125).

만약 온도와 밀도가 수축하는 별들의 내부만큼 충분히 높다면, 중성미자 방출을 통한 에너지 손실은 엄청나게 커진다. 따라서 철 원자의 핵이 전자를 포획하고 다시 방출하는 과정은 1그램당 매초 10^{11}에르그(1에르그는 어떤 물체에 1다인의 힘이 작용하여서 그 방향으로 물체를 1센티미터 움직였을 때 한 일의 양)만큼의 중성미자 에너지로 바뀔 것이다. 산소(불안정한 산물이 9초의 반감기를 갖는 방사성 질소인)의 경우에는 별이 이 물질 1그램당 매초 10^{17}에르그나 되는 에너지를 잃을 수 있다. 후자의 경우, 단 25분 안에 별이 완전히 붕괴할 수 있을 정도로 에너지 손실이 크다.

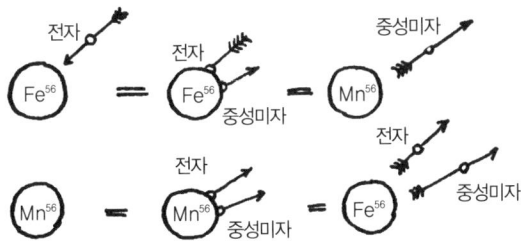

:: 그림 125
중성자를 무한히 형성시키는 철 핵의 우르카(Urca) 과정.

따라서 우리는 수축하는 별의 뜨거운 중심 지역에서 나오는 중성미자 복사의 시작이 별 붕괴의 원인들을 완벽하게 설명해준다는 것을 알 수 있다.

그러나 중성미자 방출을 통한 에너지 손실 속도를 비교적 쉽게 어림할 수 있다고 해도, 붕괴 과정 자체에 대한 연구는 많은 수학적 난점을 제시하므로 현재로서는 그 사건들의 질적 설명만 가능하다는 것을 언급해야 한다.

별의 내부에서는 가스 압력이 부족해져서 거대한 외곽 부분을 이루는 질량들이 중력의 힘 때문에 중심 쪽으로 떨어지기 시작한다고 생각해야 한다. 그러나 모든 별은 대개 다소 빠른 회전 상태에 있기 때문에, 붕괴 과정이 비대칭적으로 진행되어 극의 질량들이(즉, 회전축 부근에 있는 것들)이 먼저 떨어져서 적도의 질량들을 바깥쪽으로 밀어낸다(그림 126).

이 결과 이전에 별의 내부 깊숙이 감춰져서 수억 도의 온도까지 가열되었던 물질이 바깥으로 나오고, 이것이 바로 별의 갑작스런

:: **그림 126**
초신성 폭발의 초기와 말기 단계.

광도 증가를 설명한다. 이 과정이 계속되는 동안 이 늙은 별의 붕괴하는 물질은 중심에서 밀도가 높은 백색 왜성으로 응축하는 반면, 축출된 질량들은 점차 식고 계속 팽창해서 게성운에서 관측된 것 같은 성운 모양의 물질을 형성한다.

초기의 혼돈과 팽창하는 우주

우주를 생각할 때 곧바로 시간에 따른 우주의 진화라는 중요한 물음들과 맞닥뜨리게 된다. 우주가 과거에도 지금 관측하는 것과 거의 같은 상태로 존재했으며, 미래에도 여전히 존재할 것이라고 가정해야 할까? 아니면 우주가 계속 변해서 다른 진화 단계를 거치게 될까?

다양한 과학 분야에서 수집된 경험적 사실들을 바탕으로 이 문제를 살펴보면, 우리는 상당히 명확한 답에 도달한다. **그렇다, 우주는 점차 변하고 있다.** 오래 전에 잊힌 과거의 상태와 현재의 상태, 그리고 먼 미래의 상태 모두가 매우 다르다. 다양한 과학 분야에서 수집된 수많은 사실은 더욱이 우주가 어떤 시작을 갖고 있었으며, 점차적인 진화 과정을 거쳐 현재의 상태로 발달했음을 암시한다. 위에서 본 것처럼 우리 행성계의 나이는 수십억 년으로 어림할 수 있는데, 이 숫자는 몇 가지 방향에서 이 문제를 해결하려는 많은 독립적인 공략에도 어김없이 나온다. 태양의 강력한 중력 때문에 지구에서 떨어져 나간 것처럼 보이는 달도 수십억 년 전에 형성되었을 게 틀림없다.

개별적 별들의 진화를 연구해보면(앞 절 참고) 우리가 지금 하늘에서 보는 별들 대부분도 나이가 **수십억 세**라는 것을 알 수 있다. 별들의 운동과, 특히 쌍성계와 삼성계의 상대적 운동, 그리고 은하단으로 알려진 더 복잡한 별 집단들의 운동을 연구한 결과, 천문학자들은 그런 배치가 그보다 더 오랫동안 존재했을 수는 없을 거라는 결론에 도달한다.

다양한 화학원소의 상대적 함량과, 특히 점차 붕괴하는 것으로 알려진 토륨과 우라늄 같은 방사성 원소들의 양을 고찰하면 독립적인 증거를 얻게 된다. 만약 이 원소들이 점진적인 붕괴에도 불구하고 여전히 우주에 존재한다면, 이 원소들이 현재에도 다른 더 가벼운 핵으로부터 계속 만들어지고 있거나, 어떤 먼 과거에 자연에 의해 형성된 비축량의 마지막 잔존물이라고 가정해야 한다.

핵변환 과정에 대한 우리의 현재 지식으로는 첫 번째 가능성을 포기할 수밖에 없다. 왜냐하면 가장 뜨거운 별의 내부에서도 무거운 방사성 핵들을 '요리'하는 데 필요한 막대한 온도까지 올라가지 않기 때문이다. 사실 앞에서 보았던 것처럼 별의 내부 온도는 수천만 도 정도로 측정할 수 있지만, 더 가벼운 원소들로부터 방사성 핵들을 '요리'하기 위해서는 수십억 도가 필요하다.

따라서 무거운 원소들의 핵이 우주 진화의 어떤 과거 시대에 만들어졌으며 **특별한 시대에는 모든 물질이 엄청나게 높은 온도와 압력을 받고 있었다고 가정해야 한다.**

또한 우주의 이런 '연옥' 시대를 대략적으로 어림할 수도 있다. 각각 180억 년과 45억 년의 평균 수명을 지닌 토륨과 우라늄-238은 현재에도 다른 안정한 무거운 원소들만큼 풍부하기 때문에 형성된 이후 현저하게 붕괴하지 않고 있다. 반면에, 고작 5억 년 정도의 평균 수명을 지닌 우라늄-235는 우라늄-238보다 140배나 더 적다. 현재 우라늄-238과 토륨이 풍부하다는 것은 원소들이 수십억 년보다 더 오래 전에 형성되었을 수는 없다는 것을 말해주므로, 우라늄-235의 적은 양은 훨씬 더 가까운 어림값을 가능하게 한다. 사실 만약 이 원소의 양이 5억 년마다 절반으로 줄어든다면, 그것을 $\frac{1}{140}$로 줄어들게 하기 위해서는 그런 주기를 일곱 번 정도 거쳤을 것이므로 35억 년 정도 흘렀다고 생각할 수 있다(왜냐하면 $\frac{1}{2} \times \frac{1}{2} \times \frac{1}{2} \times \frac{1}{2} \times \frac{1}{2} \times \frac{1}{2}$

$\times \frac{1}{2} = \frac{1}{128}$ 이기 때문에).

오로지 핵물리학 자료로만 얻은 화학원소들의 이런 나이 어림은 순전히 천문학 자료로만 얻은 행성과 별과 별 집단들의 어림된 나이와 멋지게 들어맞는다!

그러나 모든 것이 형성되었던 듯 보이는 수십억 년 전인 초기 시대 동안 우주의 상태는 어떠했을까? 그리고 우주가 현재 상태로 되기까지 어떤 변화들이 일어났을까?

위의 물음들에 대한 가장 완전한 답은 '우주 팽창'이라는 현상의 연구를 통해 얻을 수 있다. 우리는 앞에서 막대한 우주 공간이 수많은 거대한 성계인 은하로 채워져 있으며, 태양은 그런 은하들 가운데 은하수로 알려진 은하 안의 별들 수십억 개 중 하나에 불과하다고 정리했다. 또한 이 은하들이 눈(물론 200인치 망원경의 도움을 받아)으로 볼 수 있는 한, 공간에 얼마쯤 균일하게 흩어져 있다는 것도 살펴보았다.

이들 먼 은하에서 오는 빛의 스펙트럼을 연구한 윌슨 산의 천문학자 E. 허블은 그 스펙트럼선들이 스펙트럼의 적색 쪽으로 약간 이동되어 있으며, 이른바 이런 '적색 이동'이 먼 은하에서는 더 강해진다는 것을 발견했다. 사실 다른 은하들에서 관측된 '적색 이동'은 은하들이 우리에게서 떨어져 있는 거리에 직접 비례한다는 것이 발견되었다.

이 현상을 설명하는 가장 자연스러운 방법은 **모든 은하가 우리에게서 떨어진 거리에 따라 증가하는 속도로 우리로부터 후퇴한다**고 가정하는 것이다. 이런 설명은 이른바 '도플러 효과'에 근거한다. 이 효과는 우리에게 다가오는 광원에서 오는 빛의 색깔은 스펙트럼의 파란색 쪽으로 변하게 만들고, 후퇴하는 광원에서 오는 빛은 붉은색 쪽으로 변하게 만든다. 물론 두드러진 변화를 얻기 위해서는 관측자의 위치에 대한 광원의 상대적 속도가 다소 커야만 한다. 로버트 우드Robert Williams Wood가 볼티모어에서 신호등에 빨간불이 켜졌는데도 통과하려다가 잡혀서는, 그가 차를 타고 신호등 쪽으로 다가가고 있었으므로 이 현상 때문에 신호등 불빛이 초록색으로 보였다고 판사에게 말한 것은 그저 판사를 우롱한 것일 뿐이다. 판사가 물리학에 대해 더 잘 알았더라면, 우드에게 붉은빛에서 초록색을 보기 위해서는 얼마나 빠른 속도로 운전해야 하는지 계산하게 하여 과속 벌금을 물렸을 것이다!

은하에서 관측된 '적색 이동' 문제로 돌아가면, 다소 이상한 결론에 도달한다. 우주의 모든 은하가, 우리 은하가 무슨 프랑켄슈타인 괴물이라도 되는 것처럼 멀리 달아나는 듯 보이는 것이다! 그러면 우리 성계의 무시무시한 성질은 무엇이고, 그것은 왜 다른 은하들 사이에서 인기가 없는 것처럼 보이는 걸까? 만약 이 문제에 대해 조금만 생각한다면, 우리 은하수에는 특별히 잘못된 것이 없으며, 사실 다른 은하들이 우리 은하에서만 멀어지는 게 아니라 모든 은하가 서로에게서 멀어지고 있다는 결론에 이르게 될 것이다. 표면에 물방울 무늬가 있는 고무풍선을 상상해보자(그림 127). 만약 풍선을 불어서 표면이 점점 더 크게 늘어나기 시작하면, 각 점들 사이의 거리가 계속 증가해서 점들 가운데 하나에 앉아 있는 벌레는 모든 다른 점이 자신으로부터 '달아나고' 있다는 인상을 받을 것이다. 더욱이 팽창

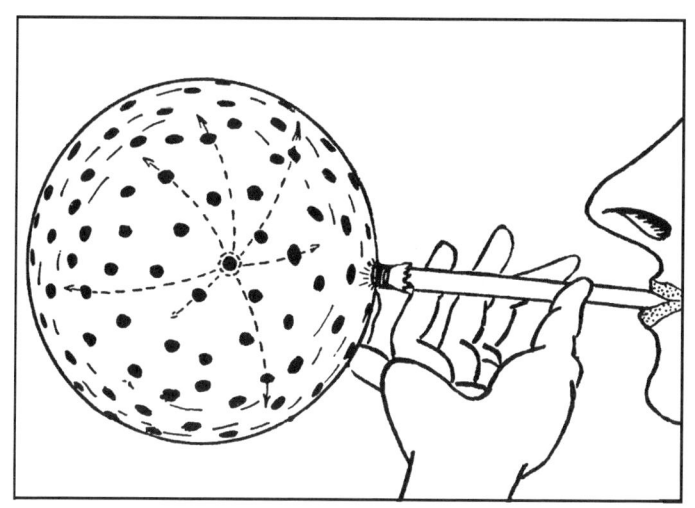

:: 그림 127
고무풍선이 팽창하고 있을 때 서로에게서 멀어지는 점들.

하는 풍선 위에 있는 다른 점들의 후퇴 속도는 그 벌레의 관측 지점으로부터 점들이 떨어진 거리에 직접 비례할 것이다.

이 예는 허블이 관측한 은하들의 후퇴가 우리 은하의 특별한 성질이나 위치와는 전혀 관계가 없으며, 그저 **우주 공간에 흩어진 은하들이 대체로 균일하게 팽창하기** 때문이라고 해석되어야 한다는 사실을 아주 명백히 해준다.

우리는 관측된 팽창 속도와 이웃 은하들 사이의 현재 거리로부터 이 팽창이 50억 년도 더 전에 시작되었음을 쉽게 계산할 수 있다.

저 시간 이전에는 지금 은하라고 부르는 독립된 별 구름들이 우주 공간 곳곳에서 별들이 균일하게 분포하는 지역들을 만들고 있었고, 훨씬 이전에는 별들 자체가 한데 모여서 끊임없이 분포된 뜨거운 가스로 우주를 가득 채우고 있었다. 훨씬 더 먼 과거로 돌아가면 이 가스가 더 조밀하고 더 뜨거웠으며, 이때가 바로 다른 화학(그리고 특히 방사성) 원소들이 만들어진 시대였음을 알 수 있게 된다. 그리고 한 단계 더 거슬러 올라가면 우주의 물질이 7장에서 논의된 매우 조밀하고 매우 뜨거운 핵 유체 안에 틀어박혀 있었다는 것도 알 수 있다.

이제 우리는 이런 관측 사실들을 모아서 우주의 진화론적 발달을 규정하는 사건들을 볼 수 있다.

이 이야기는 지금 볼 수 있는 윌슨 산 망원경의 시야 한계(즉 5억 광년의 반지름 이내)까지의 공간에 흩어져 있는 모든 물질이 태양 반지름의 여덟 배 정도밖에 안 되는 반지름을 가진 구 안에 틀어박혀 있었던 우주의 태아 단계로 시작된다.** 그러나 이 극도로 조밀한 상태는 그렇게 오래 지속되지 않았다. 왜냐하면 급속한 팽창으로 처음 2초 안에 우주의 밀도가 물의 밀도의 100만 배 정도까지 감소되었고, 또 몇 시간 이내에 물의 밀도 정도로 감소되었을 게 틀림없기 때문이다. 대략 이 시간 즈음에는 이전에 끊임없이 분포되어 있던 가스가 독립적인 가스 구로 해체되어 이제 개개의 별이 되었을 게 틀림없다. 계속되는 팽창 때문에 분리되고 있는 이런 별들은 나중

---

* 허블의 원래 자료에 따르면, 이웃하는 두 은하 사이의 평균 거리는 약 170만 광년(혹은 $1 \cdot 6 \cdot 10^{19}$킬로미터)인 반면, 그 은하들의 상호 후퇴 속도는 초당 약 300킬로미터이다. 균일한 팽창률을 가정할 때, 우리는 $\frac{1 \cdot 6 \cdot 10^{19}}{300} = 5 \cdot 10^{16}$초$= 1 \cdot 8 \cdot 10^9$년의 팽창 시간을 얻는다. 그러나 더 최근의 정보를 바탕으로 하면 팽창 시간이 다소 길어진다.

에 독립적인 별 구름들로 쪼개졌고, 이것이 바로 지금 우리가 은하라고 부르는 것이다. 은하들은 여전히 서로에게서 후퇴하며 우주의 미지의 깊이로 들어가고 있다.

이제 우주의 팽창을 일으키는 힘들이 어떤 것이며, 이런 팽창이 멈추거나 할지 혹은 심지어 수축하게 될지 자문해볼 수 있다. 팽창하는 우주의 질량 덩어리들이 우리 쪽으로 방향을 돌려 우리의 성계인 은하수와 태양과 지구와 지구의 인류를 핵 밀도를 가진 덩어리 안에 몰아넣을 가능성이 있을까?

알아볼 수 있는 한 최고의 정보를 바탕으로 결론을 내리면, 이런 일은 결코 일어나지 않을 것이다. 이 팽창하는 우주는 오래전 진화의 초기 단계에 그것을 결합시켰을지도 모르는 모든 연결을 끊었고, 이제 그저 간단한 관성 법칙에 따라 무한히 팽창하고 있다. 우리가 막 언급했던 연결들은 우주의 질량 덩어리들이 떨어져 나가지 못하게 방해하는 경향이 있는 중력에 의해 형성되었다.

이 설명에 필요한 간단한 예를 들기 위해서, 지구 표면에서 성간 공간으로 로켓을 쏘아 올린다고 가정해보자. 우리는 현존하는 어떤 로켓도, 심지어 그 유명한 V2조차도 자유 공간으로 빠져나가기에 충분한 추진력을 갖고 있지 못하며, 항상 상승하다 말고 중력 때문에 멈춰서 다시 지구로 끌어 당겨진다는 것을 알고 있다. 그러나 만

** 핵 유체의 밀도는 $10^{14} \frac{gm}{cm^3}$이고, 현재 공간에 있는 물질의 평균 밀도는 $10^{-30} \frac{gm}{cm^3}$이기 때문에, 선형 수축은 $\sqrt[3]{\frac{10^{14}}{10^{-30}}} = 5 \cdot 10^{14}$이다. 따라서 현재의 거리인 $5 \cdot 10^9$광년은 그 당시에는 고작 $\frac{5 \cdot 10^9}{5 \cdot 10^{14}} = 10^{-6}$광년 = 1000만 킬로미터에 불과했다.

약 로켓이 초속 11킬로미터가 넘는 초기 속도로 지구를 떠나게끔 로켓에 동력을 공급할 수 있다면(원자 제트기로 추진되는 로켓의 발달로 성취 가능한 목표처럼 보이는), 로켓이 지구 중력의 인력 너머로 밀고 나가 자유 공간으로 탈출해서 아무런 방해 없이 계속 이동할 수 있을 것이다. 초속 11킬로미터라는 속도는 보통 지구 중력에서 벗어나는 '탈출 속도'로 알려져 있다.

이제 공중에서 폭발해서 사방으로 파편 조각을 퍼지게 하는 포탄을 상상해보자(그림 128a). 폭발력 때문에 떨어져 나온 파편 조각들은 다시 공통 중심으로 끌어당기는 경향을 가진 중력을 거스르고 멀리 날아가 버린다. 포탄 조각들의 경우에는, 이런 상호 중력적 인력의 힘들이 매우 작으므로 공간으로 날아가는 파편 조각들의 모든 운동에 영향을 미치지 못한다. 그러나 만약 이 힘들이 더 강했다면, 파편 조각들이 날아가지 못하게 막고 다시 중력의 공통 중심으로 떨어지게 할 수 있을 것이다(그림 128b). 파편 조각들이 되돌아올 것인지 무한히 날아가 버릴 것인지에 관한 문제는 그 조각들의 상대적인 운동 에너지와, 그것들 사이의 중력의 위치 에너지에 의해 결정된다.

포탄 조각들을 독립된 은하들로 대체하면, 앞에서 묘사한 것처럼 팽창하는 우주에 대해서 설명할 수 있을 것이다. 그러나 여기서는 각 조각 은하들의 질량이 매우 크기 때문에, 중력의 위치 에너지가 운동 에너지에 비해 상당히 중요해지므로, 팽창의 미래는 관련된 두 양을 주의 깊게 연구해야만 결정된다.

은하의 질량에 관한 입수 가능한 최고의 정보에 따르면, 현재 후

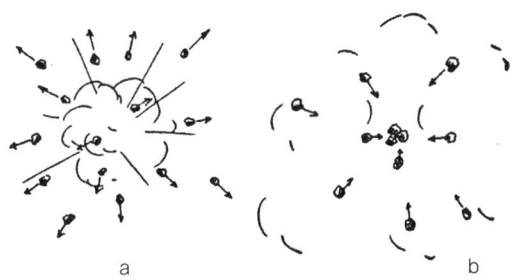
:: 그림 128

퇴하는 은하들의 운동 에너지는 그것들의 상호 중력적 위치 에너지보다 일곱 배나 크므로, **우리의 우주는 무한히 팽창할 것이며 중력 때문에 다시 끌어 당겨질 가능성은 거의 없을 것이다.** 그러나 우주에 관한 수리적 자료의 대부분이 매우 정확한 것은 아니므로, 미래의 연구가 이런 결론을 뒤집을 가능성도 있다는 것을 명심해야 한다. 하지만 비록 팽창하는 우주가 도중에 갑자기 멈추어서 다시 수축 운동으로 돌아간다고 해도, '별들이 떨어지기 시작할 때when the stars begin to fall'라는 흑인 영가가 상상하는 것 같은 끔찍한 날이 와서 우리가 붕괴하는 은하들의 무게에 짓눌리는 상황은 수십억 년 뒤에나 올 것이다!

우주의 파편 조각들을 그렇게 무시무시한 속도로 날려보냈던 이 폭발력 강한 물질은 무엇이었을까? 그 답은 다소 실망스러울지도

---

* 움직이는 입자들의 운동 에너지는 그 질량에 비례하는 반면, 그 입자들의 상호 위치 에너지는 그 질량의 제곱에 따라 증가한다.

모르겠다. 아마 보통 의미의 폭발은 전혀 없었을 것이다. 우주가 지금 팽창하고 있는 것은 과거의 어떤 기간 동안(물론 어떤 기록도 남아 있지 않은) 무한히 수축해서 매우 조밀한 상태로 되었다가 압축된 물질 속에 본래부터 가지고 있던 강력한 탄성력으로 인해 도로 튀었기 때문이다. 만약 운동을 하러 체육관으로 들어갔는데 마침 탁구공이 바닥에서 공중으로 높이 튀어 오르는 것을 보았다면, 그 공간으로 들어서기 직전에 공이 동등한 높이에서 바닥으로 떨어졌으며, 그 탄성 때문에 다시 튀어 오르는 거라고 결론 내릴 것이다.

우리는 이제 상상력을 무한히 발휘해서 우주의 압축 이전 단계에서는 지금 일어나는 모든 일이 역순으로 일어났었는지 자문해볼 수 있다.

80억 년이나 100억 년 전에 우리는 이 책을 마지막 페이지부터 첫 페이지까지 거꾸로 읽고 있었을까? 그리고 그 시대의 사람들은 기름에 튀겨진 닭들을 입에서 꺼내 부엌에서 소생시킨 다음 농장으로 보냈을까? 그리고 그곳에서 닭들은 다시 병아리가 되었다가 마침내 달걀 껍데기 속으로 기어들어가고 몇 주 뒤에는 금방 낳은 알이 되었을까? 흥미롭기는 하지만, 그런 물음들은 순전히 과학적인 관점으로는 답할 수가 없다. 왜냐하면 우주가 최대로 압축되어 있을 때는 모든 물질이 균일한 핵 유체 안에 밀어 넣어져 있어서 이전 압축 단계의 모든 기록을 완전히 지워버렸을 것이기 때문이다.

찾아보기

ㄱ

각 좌표 · 82,
갈릴레오 · 126~128, 170
골드바흐의 추측 · 62~63
극 좌표계 · 82
끓는점 · 294, 335

ㄴ

녹는점 · 192, 294, 372, 428
뉴턴, 아이작 · 147
뉴턴의 작용-반작용 법칙 · 216
뉴턴의 중력 법칙 · 440

ㄷ

다윈, 찰스 · 377
닫힌 공간 · 102, 174
달리, 살바도르 · 103
담배모자이크바이러스 · 383
델브뤼크, 막스 · 378
도플러 효과 · 412~413, 465

동위원소 · 227, 230, 259, 279~280, 428, 449
디오판토스 · 65~66

ㅁ

마젤란 · 393
맥스웰, 제임스 · 432
멘델, 그레고르 요한 · 365
멘델레예프, 드미트리 이바노비치 · 206
몰턴, 포레스트 · 433
뫼비우스의 띠 · 107~109
민코프스키, 헤르만 · 136

ㅂ

방사능 · 259~261
방사성 붕괴 · 260, 429
베셀 · 401
베테, 한스 · 17
보어, 닐스 · 217, 255, 312

불확정성의 원리 • 211, 217~218, 220
뷔퐁 • 327, 430, 433~434
비노그라도프 • 62~63
빛의 속도 • 128~129, 151~152, 156, 170, 194

ㅅ

4차원 • 76, 84, 114, 116~117
생식 세포 • 350, 354~355, 367
세계선 • 123~124, 144, 173
세포분열 • 352~353, 376, 380
(세포의) 중심체 • 351
세포핵 • 354
쇤베르크 • 459
슈바르츠실트, 마틴 • 435, 451
시차변위 • 395~397, 399, 401

ㅇ

아르키메데스 • 31~33
아리스토텔레스 • 390, 392
아인슈타인, 알베르트 • 76, 133~136, 170, 172~174, 391
안드로메다 성운 • 414, 416~417
알레프 • 53
암호문 • 318~320, 322~323
양성자 • 227~228, 230~231, 234~238, 241~244
에라토스테네스 • 60~61, 393~395

X선 회절 • 221
엔트로피 법칙 • 307, 332~334, 336
엠페도클레스 • 183, 187~188
연금술 • 186, 306
열린 공간 • 174
열적 이온화 • 295
염색질 • 349
염색체 • 350~352, 354, 359~360, 362~363, 365~366, 368~371
우주론 • 430
우주의 나이 • 413
원자번호 • 282
원자의 회절 • 221
원자핵 • 159, 204~205, 227, 233, 235, 237, 239, 244, 253~254, 258, 260, 271~273, 296, 370, 448
원형질 • 349, 380, 382
유클리드 기하학 • 58, 96, 136, 151, 168, 172
유클리드 • 59
은하계 • 407, 409, 413
은하수 • 404~409, 414, 416~417, 420, 445, 447, 457, 465
은하의 중심 • 407~408, 411
이성체 • 373
이온화 • 263~264, 269

ㅈ

자유전자 · 202, 210~211, 272, 296, 305
전기력 · 210~211, 241, 255, 259
절대 영도 · 290
종의 진화 · 377
준안정 상태 · 255
중력 · 125, 173, 205, 211, 412, 432, 438, 440, 459, 461, 463, 469~471
중성미자 · 236~237, 239~243, 460~461
직각 좌표계 · 82

ㅊ

측지선 · 168, 421

ㅋ

카르다노, 기롤라모 · 68~70
칸토어, 게오르크 · 42~43, 53
칸트, 임마누엘 · 430~432
코페르니쿠스, 니콜라스 · 403, 409
클라인의 항아리 · 108

ㅌ

타원 궤도 · 211, 434, 441~442
탄소 순환 · 448, 452, 459
탈출 속도 · 470

ㅍ

페르마, 피에르 · 61~62, 65~67
표준속도 · 125
플루토늄 · 188, 206, 275, 282
피조, 아르망 · 128~129, 152, 194
피츠제럴드 수축 · 157
피타고라스의 삼각형 · 65

ㅎ

핵공학 · 272~273
핵분열 · 255, 258, 270, 273~277, 280, 282~284
화학원소 · 188, 206, 225, 227, 272, 282~283, 295, 306, 384, 435, 448, 463, 465
황도광 · 434, 445
회절 · 218, 220~221
회절격자 · 219, 221
힐베르트, 다비트 · 45~57

ONE TWO
THREE...
INFINITY